JN417924

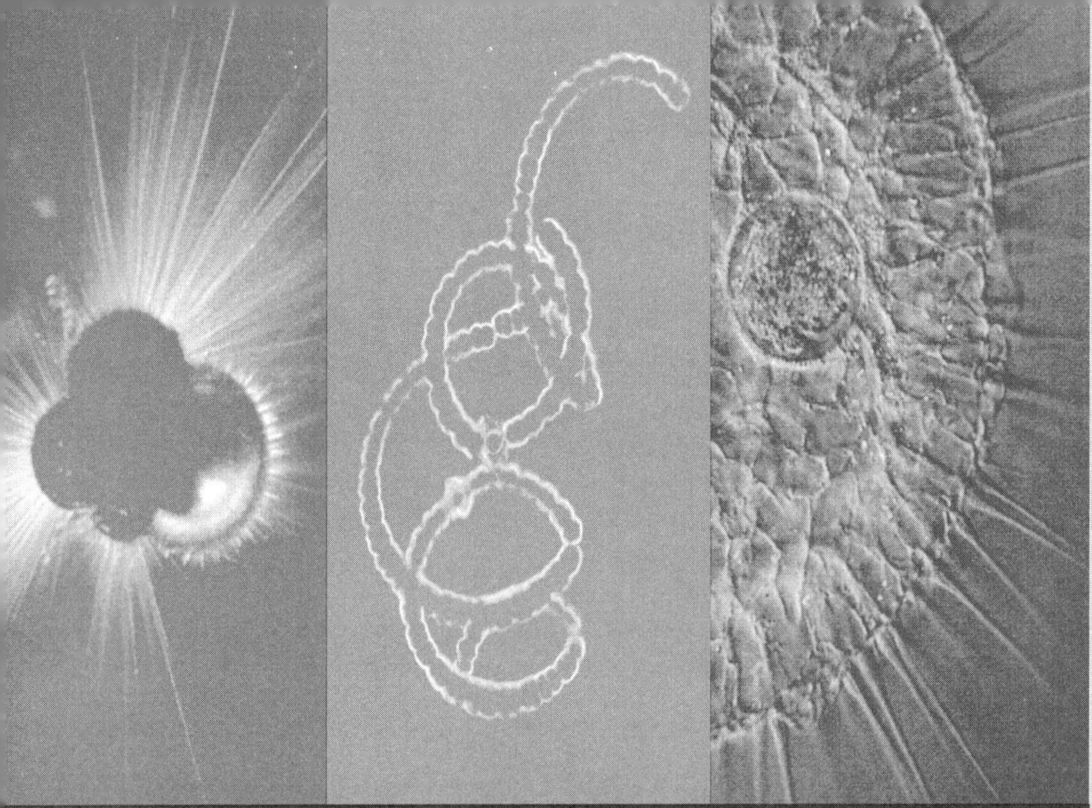

미생물생태학

이상준 · 손홍주 · 이태호 · 정성윤

 도서출판 동화기술

머 리 말

자연환경에서 미생물과 환경의 상호작용, 즉 미생물의 생태적 역할을 연구하는 학문이 미생물 생태학이다. 미생물 생태학은 1960년대 초에 등장하여 1970년대 후반에 학문적 기반을 마련하게 되었다. 그 후 경제성장과 인구 증가 등으로 인한 환경오염으로 생태계에 서서히 변화가 일어나게 되었고 그 근본적인 역할을 담당하는 것이 미생물이라는 사실을 인식하게 되었다. 1980년대에 들어서 환경과 생태계의 중요성이 대두되어 미생물 생태 연구에 관심을 가지게 된 연구자들이 늘어남으로서 미생물 생태학은 급진적인 발전을 이루게 되었다. 환경문제가 제기될 때마다 우리는 항상 경제개발과 자연생태 보전이라는 화두에 직면하게 된다. 미생물은 생태계의 구성원일 뿐만 아니라 생명공학, 농업, 공업, 의학 등에서도 이용되고 있다. 더욱이 원유와 PCB 등 유해화학물질로 오염된 환경의 복원에도 미생물의 활용이 기대되고 있다. 이러한 문제의 슬기롭고 조화로운 해결을 위해서 우리에게 요구되는 기초학문이 미생물 생태학 분야이다.

지구온난화와 화학물질 오염 등의 환경문제가 심각해짐으로써 미생물 생태학도 크게 발전해왔다. 이것은 급속히 발전한 분자생물학과 안정동위체 과학의 기술을 적극적으로 미생물 생태학 분야에 접목시킨 결과이다. 미생물 생태학은 현재 우리나라의 많은 대학에서 정규 커리큘럼으로 가르치고 있지만 한국어로 출판된 미생물 생태학 교재는 거의 없는 실정이다. 이에 저자들은 학부 3, 4학년과 대학원 수준의 학생들을 위한 한 학기용 강의 교재로 활용할 미생물 생태학 교재를 발간하게 되었다. 또한 미생물 생태학 분야 연구자들이 참고할 수 있도록 내용의 수준을 높이고 종합적으로 활용할 수 있도록 구성하였다. 이 책을 통해 학생들은 미생물 생태학 분야의 체계적인 기초 지식을 얻고 일반인들은 개괄적인 이해에 도움이 되기를 바란다. 또한 부록에 용어정리와 색인을 수록하여 독자들의 이해를 돕고 쉽게 찾아볼 수 있도록 하였다.

본 교재의 내용은 지금까지 발간된 미생물생태학 관련 저서, 특히 Microbial Ecology (Ronald M. Atlas & Richard Bartha, 3rd & 4th edition)와 미생물 생태학 입문(일본 미생물생태학회 편저, 日科技連)을 많이 참고하였고, 또한 저자들의 자료와 연구 데이터를 많이 활용하였다. 아직도 부족한 점이 많아 선배학자 및 동료학자들의 지적과 도움을 바라며 용기를 내어 발간하며, 끊임없는 지적과 충고는 차후 보다 더 알찬 내용으로 보완하는데 큰 힘이 될 것으로 기대한다. 끝으로 이 책의 발간에 여러 가지로 도움을 주신 도서출판 동화기술 관계자 여러분께 감사드린다.

저자 일동

차 례

제 III 부 군집 생태학 171

제 IV 부 미생물 생태학의 응용 263

제 I 부

미생물 생태학 기초

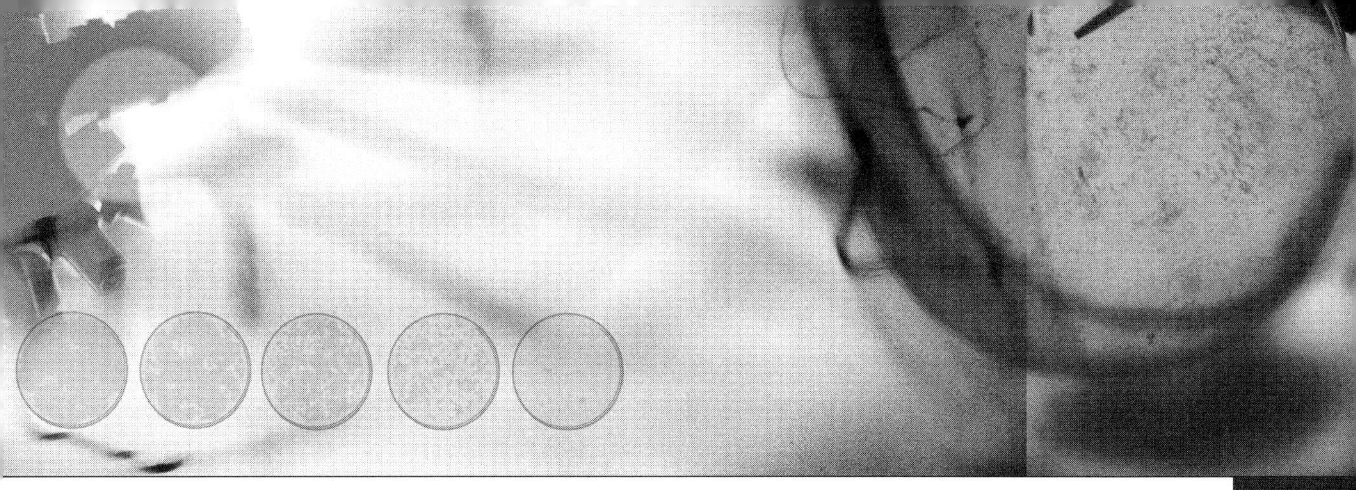

제 1 장
미생물 생태학의 기초

생태학(ecology)이라는 말은 그리스어의 'oikos'(거주 장소)와 'logos'(법칙)에서 유래되었다. 따라서 생태학은 '거주 장소의 법칙'이란 뜻이며, 생물과 그 주변의 생물적, 무생물적 환경과의 상호작용을 연구하는 학문이다. 특히 미생물과 이를 둘러싼 생물적, 무생물적 환경과의 상호관계를 연구하는 학문을 미생물 생태학이라고 한다.

미생물 생태학은 1866년에 독일의 생물학자인 헥켈(E. Häeckel)이 최초로 정의하여 사용되었는데, 1960년대에 자주 사용되었다. 최근 30년간 이 분야가 급속히 발전하게 된 원인은 생태학의 중요성에 관한 인식이 강화되었고, 환경의 질을 유지하는 데 있어서 미생물의 역할－미생물의 무기물 및 유기물을 변화시키는 능력 때문에 생태계 내의 물질과 에너지의 순환에 있어서 주된 위치를 차지－을 인식하였음에 기인한다.

1.1 생태학의 기본 원리

자연계에서 미생물이 수행하고 있는 역할과 기능을 이해하기 위해서는 생태학의 기본원리를 파악하는 것이 필수적이다. 왜냐하면 생태학은 자연계에서 일어나는 다양하면서도 복잡한 미생물 공정을 서로 연결시켜주는 기본구조를 제공하기 때문이다. 미생물은 지표상의 무생물 성분과 모든 생물 성분을 연결시켜주는 일종의 생물학적인 촉매이다. 녹색식물과 미생물인 조류는 빛에너지를 이용하여 무기물을 살아있는 세포의 기본 구성물질인 유기물로 전환시킨다. 따라서 이것들은 다른 생물체를 위한 영양원을 공급해 주는 기본적인 원천이 된다. 그리고 만약 미생물에 의한 분해활동이 없다면 죽은 동물과 식물은 지구상에 축적되어 지표면을 가득 채우게 되며, 동시에 생물체의 성장에 필수적인 무기물인 질소나 인 등이 급속히 부족하게 될 것이다.

토양이나 물이 본래의 기능을 제대로 수행하지 못하는 것은 과도한 영양원의 유입, 필수적인 물질의 결핍, 또는 유독성 화학물질의 유입 등에서 그 원인을 찾아 볼 수 있다. 이것으로 인하여 생태계에 큰 변화가 생기게 된다면 미생물 작용을 과다하게 촉진시키거나 억제하는 현상이 일어나게 된다. 한 가지 예로서, 식수원인 저수지 속으로 암모니아 비료의 유입은 세균에 의한 산화작용으로서 종종 유해한 질산염을 농축시키게 되고, 이것은 생물학적 군집의 기본구조를 흔들어 놓게 된다. 이러한 예기치 않은 물질들은 생물학적인 사회의 기본적인 구조를 회복할 수 없을 정도로 파괴시킬 수 있다. 환경오염 제어의 궁극적인 목적은 생물권의 생태학적 안정을 유지하고자 하는 것이다.

1.1.1 생태학의 기본개념

자연계에 있어서 녹색식물은 환경으로부터 무기물을 이용하여 유기물을 만들고, 동물은 녹색식물이 만든 유기물을 직접 또는 간접적으로 섭취하여 생활한다. 이들 동식물이 죽게 되면 몸체를 구성하던 물질은 분해되어 무기 환경으로 되돌아가게 되며, 식물은 이들 물질을 다시 섭취하여 식물체를 구성하게 된다. 이와 같이 어떠한 지역의 자연환경에서는 환경과 생물 사이 또는 생물과 생물 사이에 물질순환이 일어나고 있다. 생물과 무생물적 환경을 종합해 보면 이들은 하나의 물질계를 이루고 있는데, 이것을 생태계(ecosystem)라고 한다.

생태계는 규모에 따라 여러 가지로 구분된다. 대규모의 일반적인 형태의 생태계로는 침엽수림, 초원, 극지방의 툰드라 지역, 사막 등이 있으며, 연못, 호수, 삼림 및 미생물을 배양하는 시험관이나 플라스크 등은 작은 형태의 생태계이다. 생물이 살고 있는 지구 공간 전체인 생물권(biosphere)은 빛에너지의 유입과 열에너지의 방출에서 항상성(homeostasis)을 유지하므로 하나의 생태계로 볼 수 있다. 특히, 규모가 큰 생태계를 생물군계(biomes)라고 부른다.

1.1.2 생태계의 구성

생태계의 구성은 생물적 요소(biotic component)와 무생물적 요소(abiotic component)로 이루어져 있다. 생물적 요소는 생태계 내에서 수행하는 역할에 따라 생산자, 소비자, 분해자의 세 가지로 구분된다. 생태계 내에서 생물적 요소를 제외한 무생물적 요소도 생태계의 구성요소이며, 이들은 생물적 요소에 커다란 영향을 미친다. 이러한 두 가지 범주의 요소들은 한 생태계가 계속 기능을 할 수 있는 기본적인 구조를 형성한다.

생물적 요소는 생산자, 소비자 및 분해자로 구성되어 있다. 생산자는 빛에너지를 화학에너지로 전환시키고, 간단한 무기물로부터 유기물을 합성하는 독립영양 생물(autotrophic organism)이며, 주로 고등 녹색식물과 홍조류와 갈조류 등의 조류(algae)들이 여기에 속한다.

소비자는 다른 생물이나 고형 유기물을 섭취하는 종속영양 생물(heterotrophic organism)로서, 대부분의 초식 및 육식동물과 종속영양 미생물 등이 여기에 속한다. 소비자들은 그들 사이에 복잡하고 다양한 상호관계를 지닌 매우 다양한 생물체 집단이다. 소비자는 이들 상호관계에 따라 많은 부분집단으로 구분된다. 소비자 중에서 녹색식물과 같은 생산자를 먹고사는 초식자(hervivores)를 1차 소비자라 하고, 이들 1차 소비자를 잡아먹는 육식자(carnivores)를 2차 소비자라 한다.

생태계 내의 많은 죽은 생물은 또 다른 소비자에게 의하여 분해되는데, 이러한 분해작용에 관계하는 생물체를 분해자라고 한다. 분해자는 생산자나 소비자의 사체 등 죽은 원형질의 복잡한 화합물을 분해하여 그 산물을 섭취하고 무기염을 방출하는 종속영양 생물로서, 세균 및 진균 등이 여기에 속한다. 분해자에 속하는 진균에는 곰팡이와 효모가 있다. 이들은 부생자(saprotrophs)라고도 하며, 여기에서 방출된 영양원은 다시 생산자에 의하여 이용되고 다른 생물에 대하여 생장 억제 또는 생장 촉진 작용을 하게 된다.

무생물적 요소는 환경을 구성하는 모든 물리적, 화학적 요소들을 포함하는데, 생태계 내에서 순환하는 탄소, 질소, 이산화탄소, 물과 같은 무기물, 생물과 무생물 사이를 연결하는 탄수화물, 지방, 단백질 등의 유기물, 그리고 온도, 습도 등 물리적 기후조건 등이 포함된다. 이러한 모든 무생물적 요소들은 다양한 조합에 의하여 생태계의 구조, 특히 생물상의 결정에 큰 영향을 미친다.

1.1.3 생태계의 기능

생태계를 기능적인 면에서 살펴보면 에너지 순환, 먹이사슬, 생산과 분해작용, 물질의 생물지구화학적 순환, 생태계의 성장과 진화, 생태계의 항상성 및 안정성(cybernetics) 등의 작용을 수행한다.

하나의 생태계에는 적절하게 조화를 이루면서 공존하고 있는 일련의 생물 개체군(population)이 포함되어 있다. 개체군은 한 가지 종(species)으로 이루어진 생물체 집단을 의미하며, 다수의 서로 다른 개체군이 공존하는 것을 군집(community)이라고 한다.

군집내의 개체군은 그 종류와 양적인 비율이 시간의 경과에 따라 변한다. 이러한 변화는 생태계 내의 무생물 및 생물요소간의 상호작용에 의하여 조절된다. 이러한 생물군집의 변화과정을 생태적 천이(succession)라고 한다. 다시 말해, 어떤 지역에 생물군집이 발생하고 발전하는 과정을 천이라고 한다. 천이의 원리는 생태학의 가장 중요한 원리 중의 하나이다.

화산활동 또는 천재지변에 의하여 식생이 전혀 없는 불모의 환경인 나지도 시간의 경과에 따라 어떤 생물이 최초로 정착하게 되는데, 이러한 생물을 개척자(pioneer)라고 한다. 개척자는 대체로 독립영양 생물이며 영양요구도 단순한데, 증식수단이 간단한 남조류나 선태류, 광합성 세균 등이 포함된다. 개척자는 나지에서 증식하면서 몇 가지 환경요인을 변화시키게 되는데, 이 변화된 환경에서 더욱 우세하게 생활력을 나타내는 식물이 유입되면 먼저 들어온 개척자는 더 이상 발전하지 못하고 발전이 정지되거나 쇠퇴하는 반면, 다음에 유입된 식물은 번성하게 된다. 이와 같은 식생과 환경과의 작용 및 반작용이 되풀이되면서 생물군집의 구성이 변천하여 가는 과정이 천이이며, 천이과정의 전 계열을 천이계열이라고 한다.

천이의 근본 원인은 생물 자체의 작용에 있다. 어느 개체군이 번성하면 토양의 성질과 개체군 공간 내의 온도, 습도 등을 변화시켜 자체의 생육에 불리한 환경을 조성하게 되는 반면, 변화된 환경에 적합한 다음 대의 개체군이 침입하는 계기를 마련함으로써 개체군의 변천이 일어나는 것이다. 이러한 개체군의 변화에서 식생의 천이과정과 함께 토양의 변화에 주목하지 않으면 안 된다. 사구와 같이 보수능력과 영양원이 빈약한 환경은 시간의 경과와 함께 동식물의 유기체가 첨가되어 부식토로 변화되는데, 이러한 토양조건의 변화는 토양 내의 미생물 천이의 원동력이 된다. 사구와 같은 환경에 있어 초기에는 광합성 세균, 남조류, 이끼류와 같은 독립영양 생물이 유입되고, 동식물의 유기체가 사구에 첨가됨으로써 유기체와 식물의 근권(rhizosphere)에서 분비되는 영양원을 이용하는 종속영양 미생물이 나타나며, 또한 동식물체에 공생하는 미생물과 식물체의 지상부에 분포하는 엽권(phyllosphere)에서도 미생물의 천이가 진행된다.

천이의 최종단계, 즉 안정 상태에 있는 군집을 극상군집(climax community)이라고 한다. 극상군집은 무기환경과 생물환경이 평형을 유지함으로써 환경요인의 극심한 변동, 환경오염 및 천재지변이 없는 한 오랜 세월동안 유지된다. 천이계열이 진행되는 동안 불안정한 군집에서는 천이가 진행됨에 따라 연 순생산량(annual net production)이 점점 증가하는데 비하여 안정된 극상군집에서는 연 순생산량 및 수입량이 연 소비량 및 수출량과 평형을 유지하게 된다. 즉, 극상군집에서는 생태계에 유입되는 에너지량과 유출되는 에너지량이 같다.

1.1.4 에너지 전달

생물권내에 존재하고 있는 모든 생물체는 기초 에너지원으로 빛에너지와 지각에 저장되어 있는 각종 화학물질을 이용한다. 이 에너지는 지구상에 그물처럼 복잡하게 얽혀있는 생명체를 유지하기 위하여 하나의 생물체에서 다른 생물체로 전달되어진다.

에너지는 생물권내에서 먹이사슬(food chain)을 통하여, 더 정확히는 먹이망(food web)을 통하여 전달된다. 빛에너지를 생물물질로 최초로 고정시키는 활동은 기초 생산자에 의하여 수행된다. 계속 이어지는 각 영양단계에서는 상당한 양의 에너지가 열로서 손실되고, 총괄적인 에너지 운영은 미생물의 분해작용에 의해서 더욱 복잡해진다. 그리고 모든 영양단계는 섭취의 형태로 나타나는 생물학적 분해현상에 영향을 받는다.

성숙된 군집에서는 기초생산자에 의하여 고정된 에너지가 생산자, 소비자 및 분해자의 호흡과정에서 열의 형태로 모두 소모된다. 영양원은 거의 대부분이 생산자와 소비자 개체군을 재생산하기 위해서 순환된다. 지구상에 도달하는 빛에너지의 지극히 적은 부분, 아마 0.1% 미만에 해당하는 에너지만이 기초생산에 이용된다. 따라서 이 단계가 생물권내 생물학적 생산성에 영향을 미치는 궁극적인 제한요인(limiting factor)임을 알 수 있다. 연속되는 각 영양단계의 전달과정에서는 각각 고정된 빛에너지의 80~90% 이상이 손실된다. 따라서 첫 영양단계에 있는 쌀을 먹는 것이 영양단계 네 번째나 다섯 번째 단계에 있는 고기를 먹는 것보다 생태학적으로 훨씬 효율적이라는 것을 알 수 있다.

1.1.5 물질순환

생태계에서는 생물과 환경 사이에 원소의 순환이 일어난다. 물질의 생물지구화학적 순환(biogeochemical cycle)으로 알려진 이러한 과정은 생물이 생활하는데 필요로 하는 30~40가지의 원소들에서 주로 일어난다. 생물지구화학적 순환은 탄소, 질소, 산소와 같이 대기나 해양이 저장소로 되어 있는 기체형 순환과 인, 황, 철 등과 같이 지각이 저장소로 되어 있는 퇴적형 순환으로 구별된다. 여기에 관련된 내용은 후술되어 있다.

1.2 역사적 고찰

미생물 생태학이라는 용어가 최근에 널리 사용되고 있지만 미생물에 대한 생태학적 연구는 미생물의 존재가 알려짐과 동시에 시작되었다. 이러한 연구의 많은 부분은 토양미생물학이나 수서미생물학에 포함되어 있고, 일반 미생물학 또한 자연의 평형에 있어서 중요한 미생물의 활동을 이해하는데 많은 공헌을 하였다.

1.2.1 미생물 생태학의 발달

미생물이 지구상에 출현한 최초의 생물체였다고는 하지만 17세기 중반에 현미경이 출현하기 전까지는 미생물을 관찰할 수 없었다. 이 기간 중 영국의 로버트 훅(R. Hooke)은 균류와 원생동물에 대한 관찰 결과를 기록하였다. 1680년대에 레벤후크(Antonie Van Leeuwenhoek)는 효모 및 세균과 같은 미생물의 복잡성과 다양성을 최초로 관찰하고 기록하였다. 레벤후크는 빗물 중의 미생물을 묘사하였고 후추가 미생물에 미치는 영향 등을 서술하였는데, 이것은 세균에 대한 최초의 기록일 뿐만 아니라 미생물 생태학의 최초 연구라고도 볼 수 있다.

18세기에 들어서 이탈리아의 스팔란자니(L. Spallanzani)는 그때까지 통용되었던 자연발생설을 반박하면서, 유기물의 부패는 자연적으로 발생하지 않고 미세한 생물에 의해 야기된다는 실험적 증거를 제시하였다. 스팔란자니는 이러한 생물들이 가열하면 파괴되며, 가열 후 용기를 밀폐하면 부패를 영구히 방지할 수 있음을 증명하였다. 그러나 가열이 언제나 부패를 방지하지는 못하였다. 그 당시에는 알려지지 않았던 열에 저항성이 있는 세균의 내생포자 때문에 가끔 일관성이 없는 결과가 나왔기 때문이다.

자연발생설은 파스퇴르(L. Pasteur)에 의하여 실험적으로 완전히 부정되었다. 그는 현미경에 의한 직접 관찰과 배양법에 의해서 대기 중에서의 미생물의 존재를 입증하였고, 미리 멸균한 배지에 있어서 발효나 부패를 시작하는 미생물의 역할을 입증하였다. 또한 파스퇴르는 다양한 발효과정의 원인체가 미생물임을 명백히 확립했다.

코흐(R. Koch)와 그의 동료들은 고체배지 상에서 미생물을 순수분리하고 이를 유지시키는 방법을 개발하였다. 코흐가 처음에 사용한 젤라틴과 그 후에 사용한 한천(agar)은 원하는 어떠한 조성의 액체배지라도 굳게 할 수 있었으며, 질병을 일으키는 병원체의 명확한 동정에 매우 적합하였다. 이 후, 이 고화제는 이질적 군집으로부터 미생물을 유형별로 분리하여 복잡한 상호작용을 배제하고, 정확하고 재현성이 있는 방법으로 각 미생물의 유형별 활성을 연구할 수 있도록 해주었다. 이러한 발전의 중요성은 기념할 만한 것이며 미생물학을 임의적인 기술로부터 정확한 과학으로 변모시켰다. 코흐가 고안한 많은 순수배양기법은 100여년이 지난 오늘날에도 별다른 변화 없이 사용되고 있다.

미생물학자들의 순수배양을 이용한 연구는 미생물의 생태학 연구에 있어서 상대적으로 소홀했던 부분에 공헌하였다. 그러나 생태학 연구는 수많은 방법론적 문제를 극복해야만 했다. 미생물의 미소한 크기, 형태적인 세부특징이 별로 없는 점, 행동적 구분이 뚜렷하지 못한 점 등이 종래 생태학적 관찰 및 연구에 커다란 장애물이었다.

그럼에도 불구하고 19세기 미생물학자들의 연구는 지구의 생태학적 과정에 있어서 미생물의 대사활동이 수행하는 역할을 확증하기 시작하였다. 파스퇴르의 연구는 유기물의 생물분해에 있어서 미생물의 역할을 명확히 확립시켰다. 그는 비록 입증하지는 못했지만 미생물에 의해 암모늄이 질산염으로 변화되는 과정을 예상하였다.

위노그라드스키(S. Winogradsky)는 파리의 파스퇴르 연구소에서 연구하면서 질산균을 성공적으로 분리하였다. 또한 그는 황화수소와 유황의 미생물적 산화를 기술하였으며, 2가 철이온의 산화 및 미생물의 화학독립영양(chemoautotrophy) 개념을 확립시켰다. 동시에 그는 혐기성 질소고정세균을 보고하였으며, 질산염의 환원과 공생적 질소고정에 관한 연구에 공헌하였다. 그는 토양미생물을 토착성 유기물분해(autochthonous humus-utilizing) 세균과 기회성(zymogenous opportunistic) 세균으로 구분하였으며, 많은 사람들이 그를 토양미생물의 시조로 생각하고 있다.

네덜란드의 미생물학자 베이제링크(M.W. Beijerink)의 업적도 중요하다. 1905년 미생물 생태학이 하나의 전문분야로서 출현하기 반세기 전에 그는 "내가 미생물학을 접근하는 방법은 정확히 말해서 미생물 생태학적인 연구이다. 예를 들면, 환경조건과 이에 대응하는 특정한 생명체와의 관계에 관한 것이다."라고 말하였다. 그는 공생적 호기성 질소고정세균과 비공생적 호기성 질소고정세균을 분리하였으며, 또한 황산염 환원균도 분리하였다. 그는 위노그라드스키의 연구를 활용하여 농화배양법(enrichment culture)을 발전시켰다. 이 배양법은 특정 대사능력을 가진 미생물에게 이로운 배양조건을 맞춤으로써 시료 중에 원하는 미생물의 숫자가 매우 낮더라도 재빨리 우점적으로 번성시켜 분리할 수 있도록 하는 것이다. 그 후, 질산염 환원에 대한 논문과 메탄생성, 수소세균의 분리 등에 의해 미생물에 의한 물질순환과정이 명백하게 되었다.

클루이베르(A.J. Kluyver)는 미생물 생리학에 폭넓은 관심을 가졌었는데, 그의 제자와 동료들과 함께 다양한 산화적, 발효적, 화학적 독립영양형 미생물과 특수한 대사유형을 연구하였다. 그의 가장 큰 공헌은 아마도 다양한 미생물계에 있어서 미생물대사의 공통된 특성을 강조한 그의 비교생리학적 방법론일 것이다.

클루이베르의 제자인 반 니엘(C.B. Van Niel)은 광합성 유황세균과 녹색식물의 광합성 과정에 있어 황화수소와 물의 유사성을 지적하였다. 반 니엘의 제자인 스타니어(R. Stanier)는 생태학적 과정에 있어서 미생물대사의 역할을 알아내는 연구를 수행하였으며, *Pseudomonas*에 대한 연구로 복잡한 유기화합물을 분해하는 데 있어서 미생물의 다양한 능력을 알게 되었다.

1.2.2 일반 생태학과 미생물 생태학의 관계

20세기 초반, 미생물학자들은 생태학 이론에 별 관심이 없었기 때문에 이 기간 동안에는 일반 생태학자들이 분해, 잔재물 형성, 무기물의 순환과 같은 생태학적 과정들을 경미하게 다루었다. 영양물질의 순환이 1차 생산에 있어서 제한조건임을 감안할 때 이러한 무관심은 다소 놀라운 일이다.

일반 생태학의 주된 접근방법은 야외에서의 관찰임에 비하여, 미생물학자들의 주된 연구방법은 실험실에서 순수배양미생물에 대한 실험이었다. 미생물은 크기가 작고 세대시간이 짧기 때문에 개체군 역학(population dynamics)을 연구하는 데 편리하지만 관찰이 어렵기 때문에 이전에는 연구자들이 미생물을 연구대상으로 하기가 어려웠다. 특기할 만한 예외가 되는 것은 섬모충류 원생동물의 개체군에 대한 가우스(Gause)의 *Paramecium caudatum*을 포식하는 *Didinium nasutum* 개체군에 대한 연구이다. 이 실험 결과는 자연계의 일부 포식자-피식자 개체군에서 볼 수 있는 특징인 페이스를 벗어난 순환적 변동을 나타내었다. 그 당시에 이런 혼합배양 실험은 미생물학자들에게 별다른 반응을 일으키지 못했지만 동물학자와 생태학자들에게는 추가적인 연구와 활발한 토론을 하게 하는 계기가 되었다.

20세기 초에는 고전적 생태학자와 미생물 생태학자 사이의 의사교환이 거의 없었으며, 두 분야의 공통적인 접근방법도 없었다. 그러나 이 기간 중에 개발된 일부 미생물학적 방법은 고전적인 생태학적 방법에 의해 미생물을 관찰할 수 있게 하였다. 20세기 초반에 개발된 몇몇 기법 중에서 언급될 만한 것은 '접촉 슬라이드법'이다. 이 방법은 슬라이드를 토양이나 퇴적물에 매립하여 미생물이 자랄 수 있는 토양입자 표면과 비슷한 표면을 제공하는 것이다. 이러한 슬라이드를 조심스럽게 빼내어 현미경으로 검경함으로써 자연환경 중에서 미생물의 성장과 상호작용을 관찰할 수 있었다.

이러한 초기의 연구는 나중의 미생물 생태학 연구의 기초를 확립하였다. 1960년대 초반의 생태학적 미생물학 연구는 환경 및 생태학에 대한 일반적 관심의 증가, 방사성 추적자의 이용, 미량분석 및 전자현미경 기법의 도움으로 빠른 속도로 발달하였다. 이런 연구의 대부분은 난분해성 물질에 의한 환경오염과 합성세제나 비료의 사용에 의한 부영양화 문제로 인하여 촉진되었다. 또한 토양과 자연수계에 있어서 방사선과 오염물질이 미생물의 활동에 미치는 영향에 대한 관심이 생겼다. DDT, PCB, 수은 등에 의한 생물농축(biomagnification)은 먹이망에서의 상호작용과 수 먹이망에서 1차 생산자의 주된 위치를 차지하는 미생물에 대한 관심을 불러일으켰다.

미생물 생태학에 있어서 가장 큰 자극은 우주탐험이었다. 먼 위성에 연착륙 할 수 있는 장비의 개발이 가능하였기 때문에 미생물을 탐지할 수 있는 방법과 제 장비의 개발을 촉진하였다. 이러한 방법과 장비의 시험이 남극의 건조한 계곡 등 혹심한 육상 환경 중에 서식하는 미생물 군집에 대한 관심을 촉발하였다. 1970년대 초기의 에너지 위기와 함께 시작된 질소비료의 부족은 공생적 및 비공생적 질소고정 과정에 대한 관심을 크게 불러일으켰다. 또한 에너지 위기는 미생물을 이용하여 유기성 폐기물이나 식물체와 같이 재생가능한 자원으로부터 연료를 생산하는 연구를 촉구하였다.

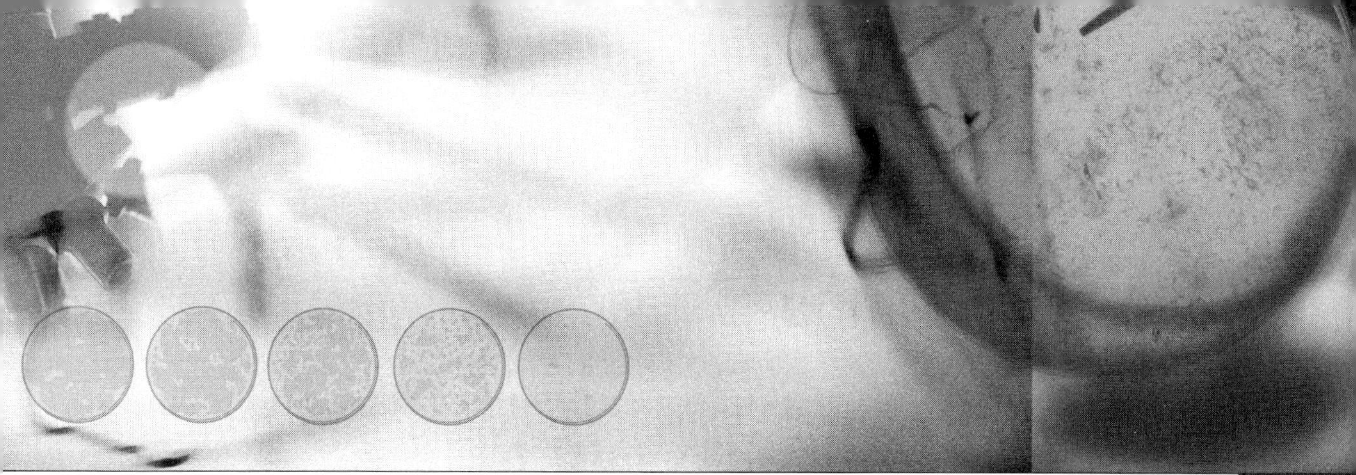

제 2 장
미생물의 과학

2.1 미생물의 다양성

19세기 이전에는 생물계를 동물계와 식물계로 양분하였으나 동물에도 식물에도 포함시킬 수 없는 두 계(kingdom)의 성질을 함께 가지는 생물이 발견됨에 따라 독일의 동물학자인 헥켈(E. Häeckel)은 단세포 미생물까지 포함하는 원생생물계(Protista)를 제시하였다. 원생생물계에는 하등원생생물인 세균 및 남조류와 고등원생생물인 조류, 균류, 원생동물을 포함한다. 이후 많은 생물학자에 의하여 분류적 생물계통수가 발표되었으나 1969년에 Wittaker가 제안한 5개 생물체계(그림 2-1)가 좀 더 포괄적이고 타당한 것으로 받아들여지고 있다. 원핵생물계에 속하는 것은 세균, 사이아노박테리아(cyanobacteria)가 있고, 거대조류(macroalgae)와 원생동물이 속하는 원생생물계에서는 3가지 영양형이 있다. 광합성형(photosynthesis mode)으로 진화한 것은 식물계로, 섭취형(ingestion mode)은 동물계로, 흡수형(absorption mode)은 균류계로 발전하였다.

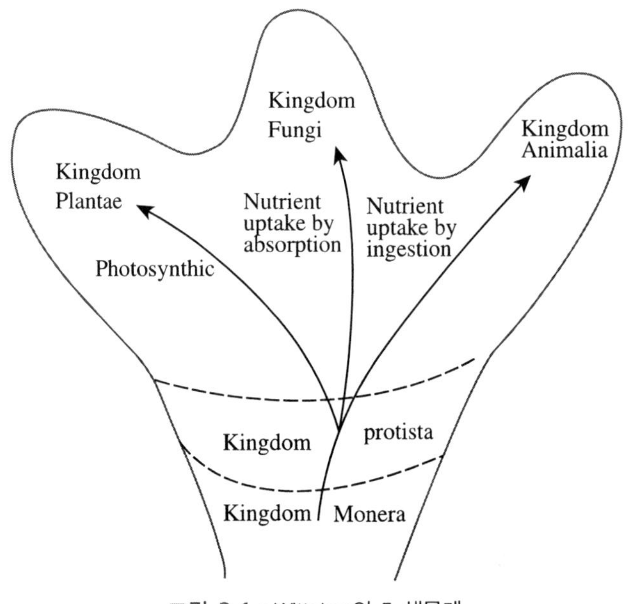

그림 2-1 • Wittaker의 5 생물계.

2.2 미생물의 특성

모든 미생물은 본질적으로 동등한 기능과 특성을 가지고 있으나 분화정도에 따라 차이가 나타난다. 조직의 분화가 없고 단세포 또는 엽상으로 분화된 생물의 집단이다. 크기가 미세하고,

유전자형이 단순하고, 세포질 구조와 구성이 간단하고 제한적이며 세포벽으로 구성되며 운동 기관을 소유하기도 한다(표 2-1). 생식은 유성 및 무성생식을 공유하기도 하며, 유성생식을 볼 수 없는 경우와 무성생식만 고집하는 미생물도 있다.

표 2-1 • 원핵과 진핵 미생물의 특징

구 분		원핵 미생물	진핵 미생물
	미생물 군	세균, 남조류	조류, 균류, 원생동물
	크기	1～2×1～4 μm 이하	5 μm 이상
	유전계	nucleoid, chromatin body or nuclear material	핵, mitochondria, 엽록소
	핵의 구조	핵막이 없다, one circular chromosome	핵막, 1개 이상의 chromosome
	생식	mero-zygote	diploid-zygote
세포질	cytoplasmic stream	없다	있다
	picocytosis	없다	있다
	gas vacuoles	있을 수 있다	없다
	mesosome	있다	없다
	ribosome	70S(세포질)	80S(소포체), 70S(mitochondria와 엽록소)
	mitochondria	없다	있다
	chloroplast	없다	있다
	Golgi structure	없다	있다
	endoplasmic reticulum	없다	있다
	membrane bound vacuole	없다	있다
외부구조	세포막	sterol 없다	sterol 함유
	세포벽	peptidoglycan으로 구성	
	운동기관	단순섬유	multifibrill(9+2 microtubules)
	위족	없다	종에 따라 있다
	DNA base-ratio(G+C%)	28～73	약 40

2.3 미생물의 분류

초기에는 미생물의 형태적 특징을 정리하여 체계화하는 인위적인 분류법이 이용되었으나 C. Darwin의 진화론에 의하여 계통분류학이 등장하였다. 분류(classification)의 기본은 동일하거나 유사한 형태, 화학적, 배양상, 대사상, 면역학적, 유전적, 병원성, 생리·생태적, 분자생물학적 특징을 갖는 생물들을 무리 지어 상호연관성을 밝히는 것을 말한다. 미생물 분류학자들은 첫째, 미생물에 대한 추가정보가 제공되어도 변화가 적은 stability를 목표로 분류하고,

둘째, 군(群) 중의 한 개체의 특성을 알게 되면 다른 개체의 특성도 예측할 수 있는 predictability를 도입하여 분류한다.

미생물 분류방법은 일반적으로 미생물의 특성을 잘 알고 있는 연구자가 결정하는 직관적인 방법(intuitive method), 미생물의 특징들을 % similarity에 따라 정리배열 하는 수치분류법(numerical taxonomy), DNA의 염기조성 또는 상동성, RNA 상동성, 유전자 재조합의 응용, 단백질 비교, 화학분류 등을 이용하는 분자유전학적 분류법(genetic relatedness) 등이 있다.

표 2-2 • 미생물 군의 분류학상 위치

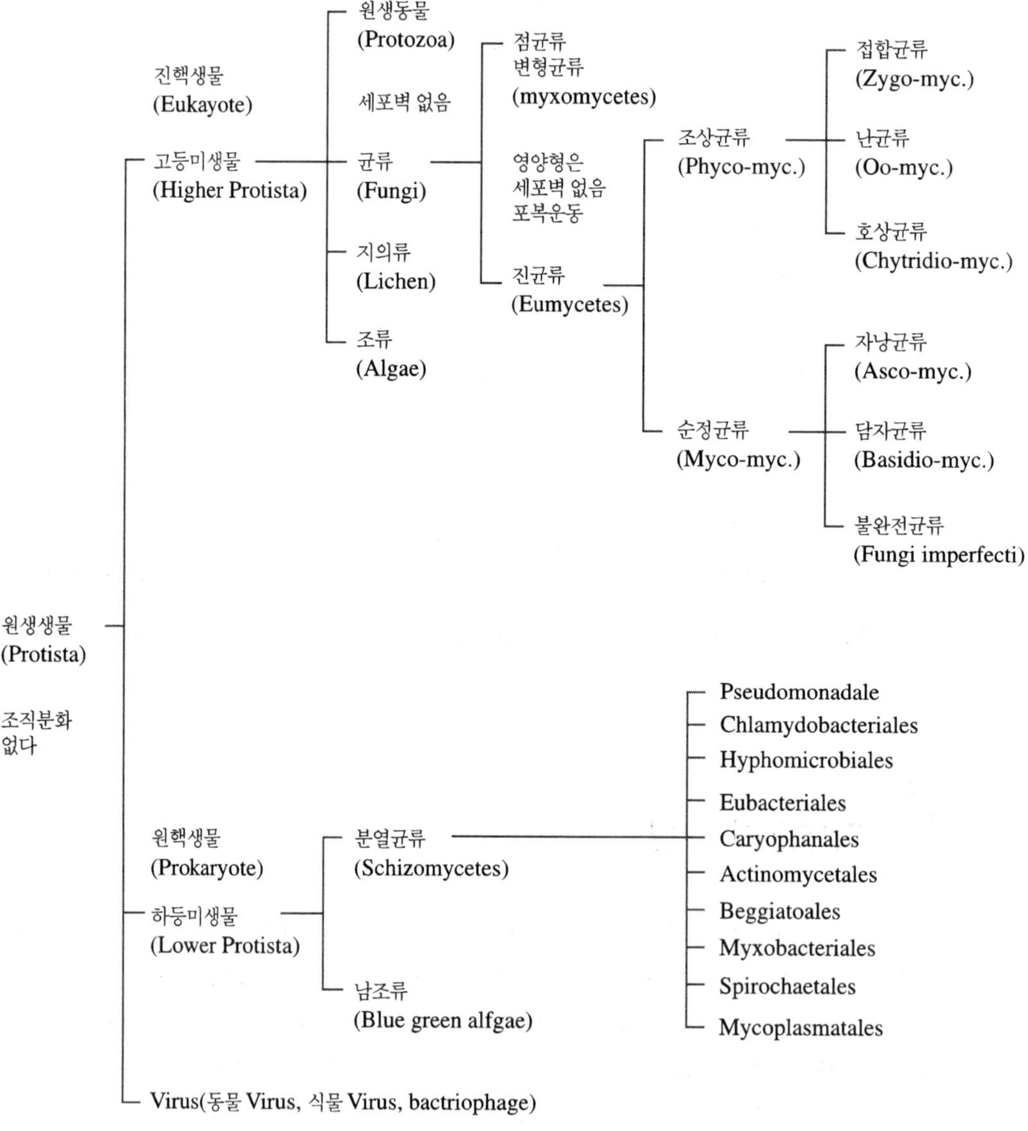

2.3.1 미생물의 분류학상 위치

진핵세포를 가진 미생물을 고등미생물이라 하며 사상균(filamentous fungi), 효모(yeast), 원생동물(protozoa), 조류(algae)가 속한다. 원핵세포를 가진 미생물을 하등미생물이라 하며 세균(bacteria), 방선균(actinomycetes), 남조류(blue-green algae)가 여기에 속하며 바이러스(virus)는 생물과 무생물의 중간에 위치한다. 생물계에서 미생물의 분류학상 위치는 표 2-2와 같다.

2.3.2 동정과 명명

대상이 되는 미생물개체에 대한 특성을 조사하여 그 결과로서 그 미생물의 분류학상의 위치를 결정하고 속과 종을 밝히는 과정을 동정(identification)이라 한다. 밝혀진 미생물의 특성은 형태적(구형, 난형, 간상, 사상형 등), 생태적(운동성, 환경기호, 상호작용 등), 생리적(효소생성 및 반응, gas 생산, 특정물질 이용 및 생산 등), 분자생물학적(염기조성비, 염기배열의 상동성 등)인 것 등으로 다른 미생물과 구분되는 특성을 정리하여 신뢰할 수 있는 분류체계의 분류기준(Bergey's Manual of Determinative Bacteriology 등)과 대조하여 종합적으로 판단한다.

밝혀진 미생물은 각각의 이름을 찾거나 새로운 이름을 붙이게 된다. 미생물의 이름은 일반적인 이름(common name)과, 여러 나라의 많은 학자들이 공통적으로 이용하는 국제적 규약(code of nomenclature)에 따라 붙여진 학명(scientific name)이 있다. 국제규약에 의하면 버섯, 효모, 곰팡이 같은 진균류의 명명은 국제식물명명규약(International code of botanical nomenclature)을 따르고, 세균, 방선균은 국제세균명명규약(International code of bacterial nomenclature)을 따른다. 이름의 표시는 이명법(binomial nomenclature)에 따르며 라틴어 또는 고유명사를 이용하며 속명+종명+명명자+(년도)로 기재하고, 속명의 머리글은 대문자로 표

표 2-3 • 분류 군의 계급

분류 군의 계급*	어 미
문(Division)	−phyta(균류 : −mycota)
강(Class)	−phyceae(균류 : −mycetes)
목(Order)	−ales
과(Family)	−aceae
족(Tribe)	−eae
속(Genus)	
구(Section)	
열(Series)	
종(Species)	
주(Strain)	

*: 각 계급 사이에는 아강(subclass), 아목(suborder), 아과(subfamily), 아족(subtribe), 아속(subgenus), 아종(subspecies) 등 성상과 분화정도에 따라서 한 계급을 더 둘 수 있다.

시하며 이탤릭체 또는 이름 밑에 밑줄을 쳐서 구분한다. 일반적으로 미생물의 학명에는 명명자의 이름이 생략된다(Aspergillus flavus Link(1809) → Aspergillus flavus). 미생물 분류군의 계급(표 2-3)은 다음과 같다.

2.3.3 원핵생물

진핵미생물에 비하여 세포에 핵막과 미토콘드리아가 없는 것이 주 특징이며, 구조적으로 단순한 미생물이지만, 기능, 생태학적 중요성은 매우 크다. 원생생물 중에서 미생물 군은 세균(bacteria), 방선균(actinomycetes), 남조류(blue-green algae)가 포함된다.

1) 세균

Bergey's Manual of Systematic Bacteriology에 의하면 세균을 그람음성 세균, 그람양성 세균,

표 2-4 • 그람음성 세균의 분류

분 류	중요한 성상
ⓐ 나선균	Flexible; 나선상 주모균 부생체 또는 기생체
ⓑ 호기성/미호기성, 운동성, 나선균/콤마형, 그람음성세균	Rigid; 극모로 운동, 산화형 대사 부생체 또는 기생체
ⓒ 비 운동성(또는 드물게 운동) 그람음성 굽은 세균	Rigid; 만곡, ring-shaped, 무편모 나선세포 부생체
ⓓ 호기성 그람음성 간균 및 구균	Rigid; 선형 또는 비나선형 만곡 간균 및 구균 산화형 대사, 부생체 또는 기생체
ⓔ 통성혐기성 그람음성 간균	Rigid; 선형 또는 만곡 간균, 산화형 및 발효형 대사 공유 부생체 및 기생체
ⓖ 혐기성 그람음성 직선, 만곡, 나선상 간균	Rigid; 발효 또는 전자수용체로서 황화합물을 이용하지 않는 혐기성 호흡으로 energy 획득; 기생체
ⓗ 황산염 분해 또는 황 환원 세균	Rigid; 혐기성; 전자수용체로 황화합물 이용; 부생체 또는 기생체
ⓘ 혐기성 그람음성 구균	Rigid; 비운동성; 발효성; 기생체
ⓙ Rickettsias & Chlamidias	Rigid; 박막세포; 사람, 다른 동물, 절족동물의 세포내 기생체; 숙주세포 및 가끔 배지에서 분리·배양 가능
ⓚ Mycoplasmas	Soft & plastic; 비운동성; 세포벽이 없다; 기생체 및 부생체
ⓛ 내부공생자(endosymbionts)	원생동물, 절족동물 또는 다른 숙주에서 세균성 절대기생체; 간혹 숙주에 유용; 분리·배양되지 않았음

예외적인 세균 및 복합형의 그람양성 사상세균으로 나누고 있다. 각 세균의 분류는 표 2-4~2-7에서 보는 바와 같다.

2) 남조류

남조류는 현미경적이고 가장 원시적인 조류로서, 엽록소 a를 가지며 광합성을 하는 점이 세균의 화학합성과 다르다. 원핵을 소유하며, 유성생식을 하지 않으므로 세균과 더불어 하등미생물로 분류된다. 종에 따라 엽록소 외에 β-carotene, myxoxanthin, 그리고 phycobilin류의 C-phycocyanin과 소량의 C-phycoerythrin을 함유하고 있다. 세포는 일반적으로 점액질 물질

표 2-5 • 그람양성 세균의 분류

분 류	중요한 성상
ⓐ 그람양성 구균	절대호흡형, 호흡과 발효병행 또는 절대발효형 대사; 후자는 호기적 생육가능 또는 혐기성
ⓑ 내생포자 형성 그람양성 세균	대부분 간균, 일부 구균; 호기성, 통성혐기성, 혐기성으로 광범위; 대부분은 발효에 의존하는 혐기성, 황과 함께 혐기적 호흡
ⓒ 내생포자 비형성, 비정형 그람양성 간균	팽창된 Y 또는 V형, 간상/구형 순환 또는 변형세포; 호기성, 통성혐기성, 혐기성을 포함
ⓓ Mycobacteria	호기성, 약간 만곡 또는 가끔 분지하는 선형; stain acid-fast
ⓔ Nocardio-forms	균사체와 기균사를 형성하는 호기성 미생물; 균사에서 간상 또는 구형의 분절체 형성; 기균사로부터 분생자 형성

표 2-6 • 특이세균의 분류

분 류	중요한 성상
무산소성 광영양세균	그람음성; 빛에너지를 이용할 수 있다(세균엽록소를 함유); 혐기성 세균이지만 광합성 하는 동안 산소 배출하지 않음.
산소이용 광영양세균	엽록소 함유, 일반식물과 같이 광합성 *Cyanobacteria*, Blue green algae
활주·자실체형성세균	그람음성, 편모 없음; 고체표면에서 활주운동, cells swarm together in masses, 자실체 형성
활주 비자실체형성세균	그람음성, 비광영양성 간균; 사상체, trichome으로 활주, 자실체를 형성치 못함
협막세균	그람음성, 비광영양성 세균; 연쇄상 또는 trichomes의 외부에 협막형성
출아 또는 appendaged 세균	그람음성, 비광영양성 세균; 비대칭적 출아, 유병(stalk), 또는 prosthecae 형성
화학합성(chemolithotrophic)	그람음성, 비광영양세균; 암모니아, nitrite, 황화합물 및 철세균 이온의 고정에 필요한 에너지획득(CO_2)
원시세균(archeobacteria)	그람양성 또는 음성; 진정균류에서 식물발생성 세균; 종류에 따라 메탄가스생산 균, 생장을 위하여 고농도의 염분을 요구, 낮은 pH, 고온에서 증식가능 균도 있다.

로 싸여져 있으며 담수 또는 토양 중에서 활주운동을 하고 약 160속이 알려져 있다.

표 2-7 • 그람양성 사상세균의 분류

분 류	중요한 성상
1평면 이상으로 나뉘는 사상세균	균사는 종횡으로 분지하여 세포의 괴 또는 포자를 형성; 세포벽 제Ⅲ형, 토양세균, 동물병원균, 질소고정세균과 공생
진정포자낭을 가지는 사상세균	단일 평면으로 분지하는 균사; 특별한 주머니에 포자형성, 세포벽 형 Ⅱ 또는 Ⅲ
*Strepomyces*와 유사 종	단일 평면으로 분지하는 균사; 연쇄상 분생포자; 토양미생물에 유해, 항생물질 생산; 세포벽형 Ⅰ의 사람 및 식물 병원성도 있다.
기타 불확실한 분류체계를 가진 사상세균	그람양성 사상세균에 포함되지 못한 균; 세포벽형은 다양; 독특한 형태적, 생리적 특성; 병원성 있는 것도 있다.

2.3.4 진핵미생물

1) 곰팡이

곰팡이는 분류학상 균류(fungi)의 진정균류(eumycetes)에 속하며, 분류는 형태 및 구조, 생활사를 기준으로 조상균류, 자낭균류, 담자균류, 불완전균류로 나누어진다.

조상균류(phycomycetes)는 균사에 격벽이 없고, 다핵체적 세포를 가지며, 발생학적으로 다양한 집단이다. 편모균류 1,160종 접합균류 145속 705종이 알려져 있다(표 2-8). 균사 끝의 포자낭에 포자낭(무성)포자를 형성한다. 균사가 접합하여 핵이 융합하는 접합균류는 두터운 막을 가진 접합포자(유성)를 형성한다. 난균류는 난포자를 형성하고, 편모균류는 식물병원균이 많고, *Achlya*와 *Saprolegnia*는 어류에 기생하기도 한다.

자낭균류(ascomycetes)는 균사에 격벽이 없고 자낭 속에 1~8개의 자낭(유성)포자를 형성한다. 기중균사(aerial hyphae) 위에 다수의 분생(무성)포자를 형성하기도 한다. 자낭의 분화정도에 따라 반자낭균류(hemiascomycetes), 원시자낭균류(protoascomycetes), 진정자낭균류(euascomycetes)로 나뉜다. 자낭균류의 분류는 표 2-9와 같다.

담자균류는 균사에 격벽이 있고, 유성인 담자포자를 담자기 위에 외생하는 균류로서 담자균류의 분류는 표 2-10과 같다.

표 2-8 • 조상균류의 분류

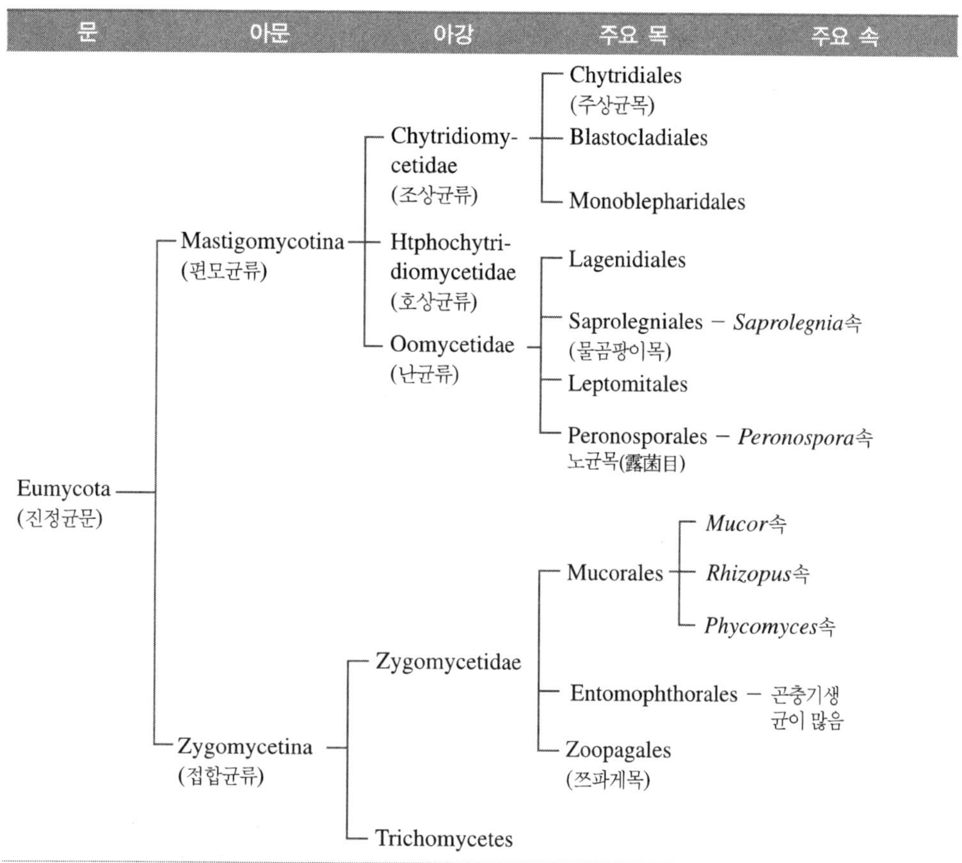
문
아문
아강
주요 목
주요 속
Eumycota
(진정균문)
Mastigomycotina
(편모균류)
Chytridiomy-
cetidae
(조상균류)
Chytridiales
(주상균목)
Blastocladiales
Monoblepharidales
Htphochytri-
diomycetidae
(호상균류)
Oomycetidae
(난균류)
Lagenidiales
Saprolegniales – Saprolegnia속
(물곰팡이목)
Leptomitales
Peronosporales – Peronospora속
노균목(露菌目)
Zygomycetina
(접합균류)
Zygomycetidae
Mucorales
Mucor속
Rhizopus속
Phycomyces속
Entomophthorales – 곤충기생
균이 많음
Zoopagales
(쯔파게목)
Trichomycetes

표 2-9 • 자낭균류의 분류

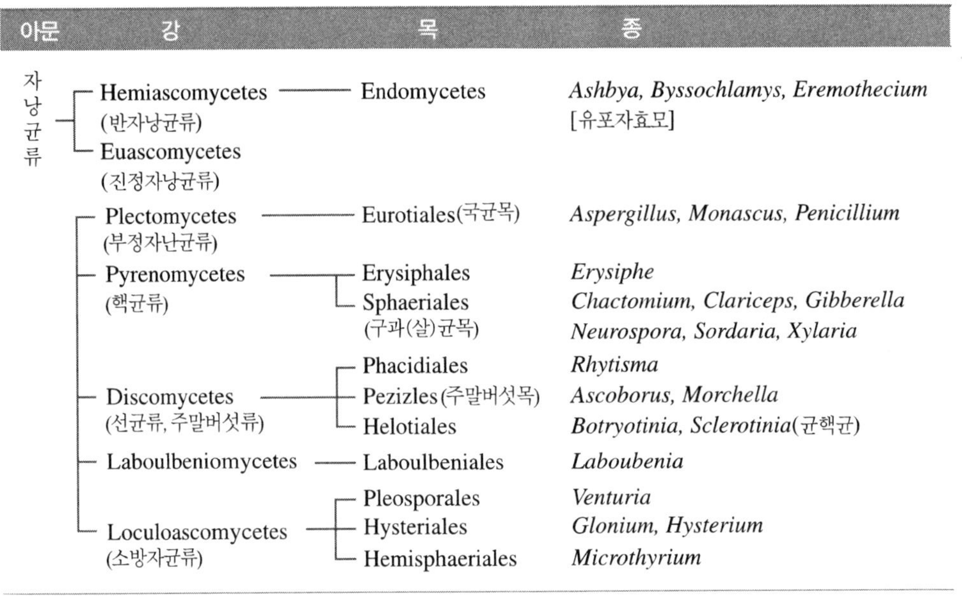

아문	강	목	종
자낭균류	Hemiascomycetes (반자낭균류)	Endomycetes	*Ashbya, Byssochlamys, Eremothecium* [유포자효모]
	Euascomycetes (진정자낭균류)		
	Plectomycetes (부정자난균류)	Eurotiales(국균목)	*Aspergillus, Monascus, Penicillium*
	Pyrenomycetes (핵균류)	Erysiphales	*Erysiphe*
		Sphaeriales (구과(살)균목)	*Chactomium, Clariceps, Gibberella* *Neurospora, Sordaria, Xylaria*
	Discomycetes (선균류, 주말버섯류)	Phacidiales	*Rhytisma*
		Pezizles(주말버섯목)	*Ascoborus, Morchella*
		Helotiales	*Botryotinia, Sclerotinia*(균핵균)
	Laboulbeniomycetes	Laboulbeniales	*Laboubenia*
	Loculoascomycetes (소방자균류)	Pleosporales	*Venturia*
		Hysteriales	*Glonium, Hysterium*
		Hemisphaeriales	*Microthyrium*

표 2-10 • 담자균류의 분류

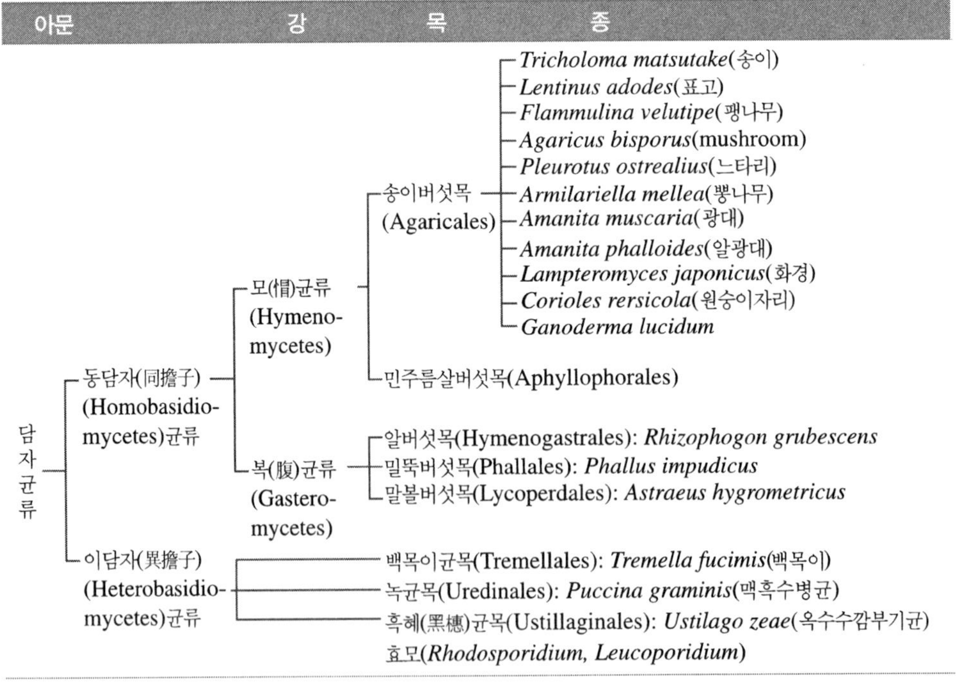

아문		강	목	종
담자균류	동담자(同擔子) (Homobasidiomycetes)균류	모(帽)균류 (Hymenomycetes)	송이버섯목 (Agaricales)	*Tricholoma matsutake*(송이)
				Lentinus adodes(표고)
				Flammulina velutipe(팽나무)
				Agaricus bisporus(mushroom)
				Pleurotus ostrealius(느타리)
				Armilariella mellea(뽕나무)
				Amanita muscaria(광대)
				Amanita phalloides(알광대)
				Lampteromyces japonicus(화경)
				Corioles rersicola(원숭이자리)
				Ganoderma lucidum
			민주름살버섯목(Aphyllophorales)	
		복(腹)균류 (Gasteromycetes)	알버섯목(Hymenogastrales)	*Rhizophogon grubescens*
			밀뚝버섯목(Phallales)	*Phallus impudicus*
			말볼버섯목(Lycoperdales)	*Astraeus hygrometricus*
	이담자(異擔子) (Heterobasidiomycetes)균류		백목이균목(Tremellales)	*Tremella fucimis*(백목이)
			녹균목(Uredinales)	*Puccina graminis*(맥혹수병균)
			흑혜(黑穗)균목(Ustillaginales)	*Ustilago zeae*(옥수수깜부기균)
			효모(*Rhodosporidium, Leucoporidium*)	

불완전 균류(imperfect fungi)는 진균류에서 유성세대가 밝혀지지 않는 것으로, 약 17,000여 종이 알려져 있다. 연구결과 유성기관이 판명되면 다른 균계로 위치가 이동된다. 대부분이 자낭균류의 무성세대에 해당되지만 소수의 담자균류의 무성세대도 포함되어 있다. 불완전 균류의 분류는 표 2-11과 같다.

표 2-11 • 불완전 균류의 분류

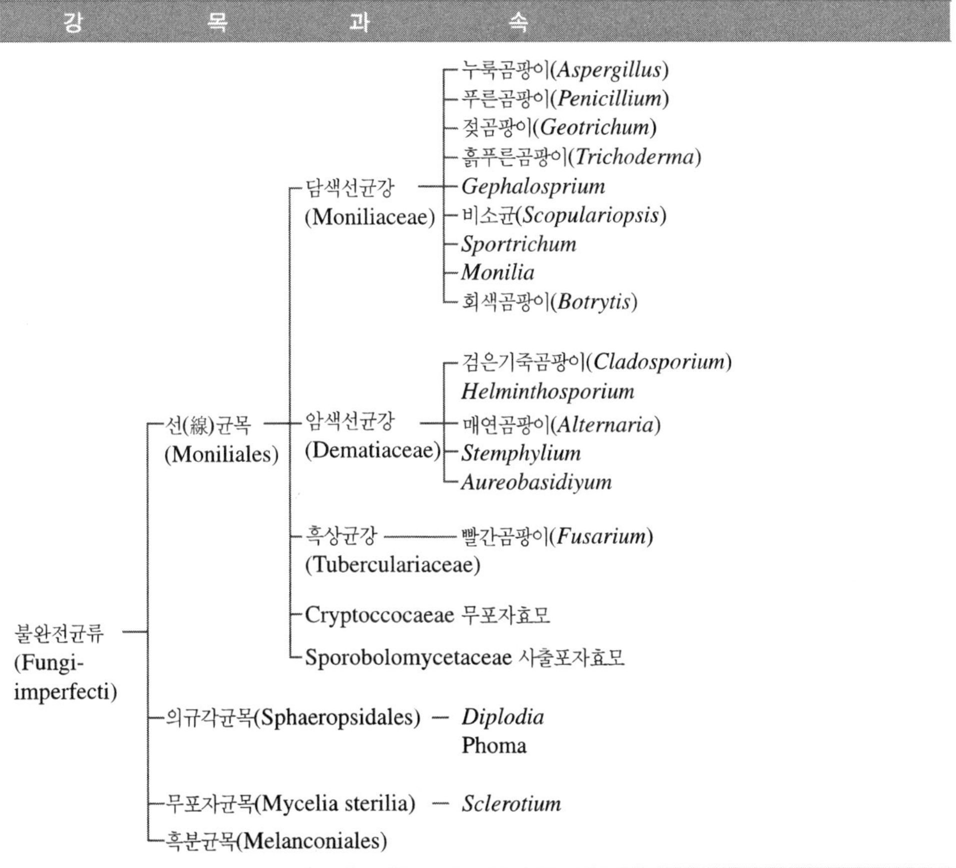

강	목	과	속
불완전균류 (Fungi-imperfecti)	선(線)균목 (Moniliales)	담색선균강 (Moniliaceae)	누룩곰팡이(*Aspergillus*)
			푸른곰팡이(*Penicillium*)
			젖곰팡이(*Geotrichum*)
			흙푸른곰팡이(*Trichoderma*)
			Gephalosprium
			비소균(*Scopulariopsis*)
			Sportrichum
			Monilia
			회색곰팡이(*Botrytis*)
		암색선균강 (Dematiaceae)	검은기죽곰팡이(*Cladosporium*)
			Helminthosporium
			매연곰팡이(*Alternaria*)
			Stemphylium
			Aureobasidiyum
		혹상균강 (Tuberculariaceae)	빨간곰팡이(*Fusarium*)
		Cryptoccocaeae 무포자효모	
		Sporobolomycetaceae 사출포자효모	
	의규각균목(Sphaeropsidales)		*Diplodia*
			Phoma
	무포자균목(Mycelia sterilia)		*Sclerotium*
	흑분균목(Melanconiales)		

2) 효모

효모(yeast)는 자낭균류와 불완전균류에 속하는 것이 대부분이지만 일반적으로 균사를 형성치 않고 단세포로 증식한다. 효모는 자연계에 널리 분포하여 공기, 토양, 담수, 해수, 동물, 식물, 우유 등에서 분리된다.

효모의 분류는 'The Yeasts, A Taxonomic Study'를 기준으로 분류된다. 자낭포자 효모 33속, 담자포자 효모 10속, 불완전 효모 10속 총 60속 500여종이 포함된다.

3) 조류

조류(algae)는 세포구조상 조직의 분화정도가 낮고 체제가 간단하며, 수중에 서식하며 엽록소를 가지고 광합성을 하는 하등식물을 말한다. 그러나 갈조류 및 홍조류는 다세포형을 이루므로 미생물이라 하기 곤란하다. 분류는 색소생산, 대사생성물질, 생식방법 등에 따른다(표 2-12).

표 2-12 • 조류의 분류와 특성

분 류	중요한 성상
Chlorophycophyta (녹조류문)	녹조류, 광합성 색소로서 a, b, 카로틴, 몇 종의 크산토필을 가진다. 저장물질은 녹말이다. 세포벽은 셀룰로오스, xylans, mannans 등으로 구성됨. 어떤 종은 세포벽이 없고 어떤 종은 칼슘이 세포벽에 침적된다. 편모는 1개 또는 2~8개, 다수. 같은 크기의 편모 또는 극편모를 가진다.
Chrysophycophyta (금색 및 황녹조류문)	금색 및 황녹조류. 규조(diatom)가 여기에 속한다. 광합성 색소로서 엽록소 c, 카로틴, facoxanthins, 몇 종의 xanthophylls를 가진다. 저장물질은 chrysolaminarin이다. 세포벽은 셀룰로오스, 규소 탄산칼슘으로 구성됨. 편모가 존재할 때는 1~2개, 불균장 또는 균장(equal)편모, 극편모(apical)를 가진다.
Cryptophycophyta (암색 편모충류)	암색편모층, 광합성색소는 엽록소 a, c, 카로틴, 크산토필(alloxanthin, crocoxanthin, monadoxanthin), phycobillins을 가진다. 저장물질은 전분이다. 세포막은 없다. 2개의 불균장, 측극편모(subapical)를 가진다.
Euglenophycophyta (연두벌레문)	연두벌레류, 광합성색소는 엽록소 a, c, 카로틴, 몇 종의 크산토필을 함유한다. 저장물질은 paramylon이다. 세포벽은 없다. 편모는 1~3개. 극편모 또는 측극편모를 가진다.
Phoalcophycophyta (갈조류문)	갈색조류, 광합성색소는 엽록소 a, c, 카로틴, fucoxanthin, 몇 종의 xanthophyll을 함유. 저장물질은 laminarin이다. 세포벽은 셀룰로오스, alginic acid, sulfated mucopolysaccharides로 됨. 편모가 존재할 시는 2개, 측생편모임(lateral).
Pyrrophycophyta (황적조류문)	황적조류문, 또는 화조류. 광합성색소는 엽록소 a, c, 카로틴, 몇 종의 xanthophyll을 함유. 저장물질은 전분이다. 세포벽은 셀룰로오스로 되어 있거나 세포벽이 없다. 2개의 편모를 가지며 1개는 밑으로, 다른 1개는 옆으로 뻗는다.
Rhodophycophyta (홍조류문)	홍조류. 광합성색소는 엽록소 a(몇몇 종은 엽록소 d), phycocyanin, 카로틴, 몇 종의 크산토필을 함유. 저장물질은 floridean 전분이다. 세포벽은 셀룰로오스, 자일란(xylans), 갈락탄(galactans)으로 구성됨. 편모는 없다.

4) 원생동물

단세포 동물인 원생동물(protozoa)은 7개 강(綱)으로 분류한다(표 2-13).

표 2-13 • 원생동물의 분류와 특성

강	운동	생식	영양	대표적인 속
위족편모강 (Sarco-mastigophora)	위족(sarcodina) 편모(mastigophora)	무성—이분법 —세로이분법 유성—접합	포식영양 흡수영양	*Amoeba, Leishmania, etc.*
섬모충강 (Ciliophora)	섬모	무성—세로이분, 출아, 다분열 유성—자가, 세포	흡수영양	*Paramecium, Didinium, etc.*
다세포포자강 (Acetospora)		다세포형 포자	기생생활	*Paramyxa*
극부복합체강 (Apicomplexa)	극부(apical) 복합체 형성		기생생활	*Eimeria, Toxoplasma*
단세포포자강 (Microspora)		단세포형 포자	기생생활	*Metchnikovella*
극부캡슐강 (Myxospora)	극부캡슐	다세포형 포자	기생생활	*Myxidium, Kudoa*
망상점질균강 (Labyrintho-morpha)	세포 외부에 망상의 물질 (ectoplasm)형성	구형 또는 방추형의 아메바성 세포		

2.4 미생물의 진화계통과 생태

2.4.1 유전자에 의한 진화계통수

생물진화의 근거는 화석시료 등으로부터 얻어져 왔다. 그렇기 때문에 화석정보가 적은 미생물의 계통과 진화에 대해서는 단순한 추론에 근거해 왔으나, 유전자 염기배열의 염기치환(변이)의 빈도(頻度)로부터 생물 간의 근연관계를 계산에 의해 유추하는 분자진화중립(分子進化中立)이론이 키무라(Kimura)에 의해 명확하게 되었고, 더욱이 컴퓨터에 의한 분자진화계통해석법의 확립과 sequence기술의 진보에 의해 이러한 상황이 타개되었다.

유전자 중에서 염기수가 1,500개 정도의 16S rRNA 염기배열에 기초한 계통수(系統樹, phylogenetic tree)가 만들어져서, 생물을 종 레벨까지 식별 가능한 계통수가 만들어져왔다(그림 2-2). 지금은 유전자정보 데이터베이스(DDBJ, GenBank, EMBL)에 여러 가지 생물의 염기배열이 등록되고 인터넷상에 공개되어 생물계 전체를 ribosomal RNA 유전자의 염기배열로 파악하는 것도 가능하게 되었다. 그러나 유전자의 염기배열로부터 추정하는 계통수는 화석에 기초한 생물진화계통수와는 다르다. 화석계통수에서는 절멸(絕滅)한 생물계통이 포함되어있으나, 유전자계통수는 현생(現生)하는 생물로부터 만들어졌기 때문에 절멸(絕滅)한 생물의 계통을 나타내는 것이 불가능하다.

유전자의 염기배열로부터 진화계통을 추정하는 것이 옳은 것일까 하는 의문은 계통수의 해석에 있어서 항상 염두에 둘 필요가 있다. 생명유지에 필요불가결한 유전자군인 에너지 대사, 단백질 합성, 유전자 복제계 등은 모든 생물에 공통의 기능이다. 이것들의 유전자 염기배열로부터 산출한 계통관계에서는 유사성이 높은 계통수를 얻는 것이 가능하다. 그러나 수평전이한 유전자에서는 전술한 유전자군과 일치하지 않는 계통수가 나타나는 경우도 있다. 유전자의 분자진화에 의한 계통수가 생물진화의 근원을 올바르게 나타내고 있다고 판정하기 위해서는 지구의 역사, 화석 기록, 생식 환경, 생물 생태 등의 증거와 종합하여 판단할 필요가 있다. 유전자 진화계통수를 그리는 것은 그다지 어려운 일이 아니다. 그러나 이것이 무엇을 나타내고 있는지를 올바르게 설명하기 위해서는 많은 노력이 필요하다.

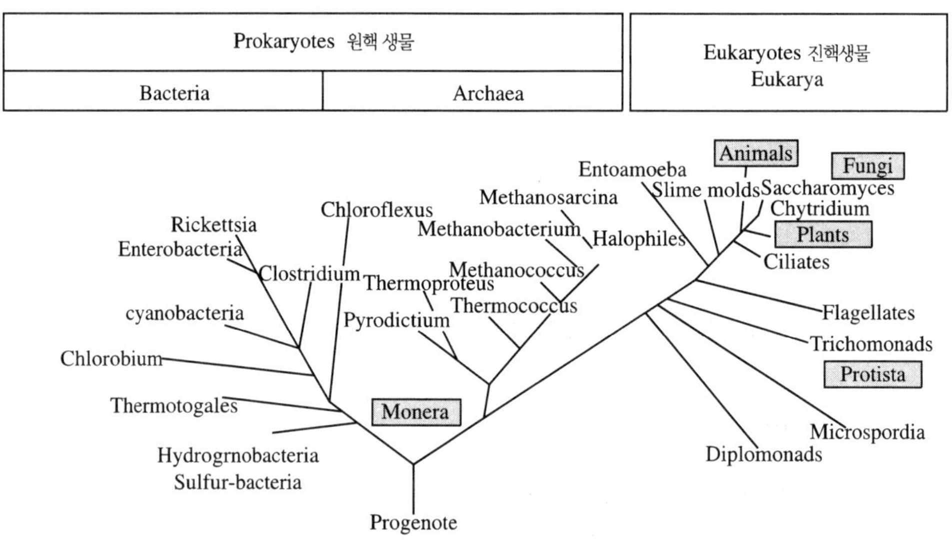

그림 2-2 • 16S rRNA가 나타내는 생물의 진화계통.

2.4.2 지구에 출현한 최초의 미생물 생태계

38억 년 전의 해양에 미생물이 존재했을 가능성은 퇴적암에 남아있는 유기탄소의 안정동위체의 비율로부터 시사되어진다. 또한 약 32억 년 전의 퇴적암으로부터 미생물 모양의 형태로 인정되어지는 화석이 발견되었다. 주변의 광물조성을 조사함으로써 이 퇴적암을 검정해 보았더니 수심 1,000 m의 열수분출공에서 형성되었다고 추정되어졌다. 초기 지구에서 지구표층의 환경은 자외선 및 하전입자의 조사, 또는 운석충돌에 좌우되었다. 이 때문에 생물권으로서 존속 가능한 환경은 심해저 밖에 없어서, 모든 생명활동을 유지하는 에너지원으로서 열수(熱水)가 안정하게 공급되어졌던 장소에 한정되어졌다고 추정되어진다. 이러한 추론은 유전자에 의한 진화계통수에서도 증명되어진다. 즉, 호기성으로 화학합성을 가지는 미생물이 분자진화 계통수의 근원부근(원시생물에 가깝다)의 위치에서 계통을 점하고 있다(그림 2-2). 이러한 미생물은 온천 및 해저의 열수분출공에 서식하고 있고, 유화수소 및 수소 등을 에너지원으로서 성장했다. 이러한 결과로부터 최초로 번성했던 미생물 생태계를 형성했던 것은 호기성 화학합성 무기영양세균이었다고 생각되어진다.

화학합성세균이 무기물로부터 생산한 고분자 유기물이 환경에 축적되어지면, 다음으로 이 유기물을 에너지원으로 하는 계통이 출현하고, 더욱더 지구표층 환경이 개선됨으로써 광합성 계통이 출현하였다. 이러한 에너지 획득계의 진화가설은 지구과학과 고생물학의 증거, 미생물의 진화계통과 생태를 종합하여 판단하면 납득 가능한 과정이라고 판단된다. 지구환경의 변동이 생물의 다양성, 즉 종의 다양성뿐만 아니라 생물기능의 다양성도 만들어 내었다고 판단되어진다.

2.4.3 미생물에 의한 지구환경의 대변동

지구생물의 역사에 있어서 최대의 사건인 지구환경의 산화는 광합성세균인 사이아노박테리아(남조류, cyanobacteria)가 만들어낸 것이라 볼 수 있다. 이 미생물에 의한 대규모의 지구개조(改造)의 증거는 25～19억 년 전의 퇴적암에 남겨져 있다. 해수 중에 방출되었던 산소는 용존태 철과 반응해서 산화철로 되어 침전하여 대규모의 철광상(鐵鑛床)이 되었고, 이어서 넓은 해양에서 번성한 사이아노박테리아가 형성한 대규모의 바이오 매트(biomat)는 스트로마톨라이트(stromatolite)화석이 되어 지층에 남겨졌다. 사이아노박테리아에 의해 지구대기에 산소가 방출되었을 뿐만 아니라, 이 시대에 침적된 철광석(鐵鑛石)도 인간사회에 필수불가결한 자원이 되었다.

사이아노박테리아의 광합성 능력은 혼자만의 힘으로 만들어 낸 것이 아니다. 최초에 만들어진 광합성은 2종류의 사이아노박테리아 계통에서 만들어졌다. 광합성이 언제 생겨났는지는 확실하지 않으나, 적어도 27억 년 전이라는 것은 확실하다. 최초에 출현한 이러한 광합성에서는 산소발생의 기능이 없어서 광 에너지원을 부차적으로 이용하였다. 그러나 독립적으로 만들어진 2종류의 광합성 unit이 한 개의 세포에 직렬로 연결되면, 물 분자를 분해할 정도의 고(高) 에너지를 빛으로부터 얻는 것이 가능하게 되었다. 이러한 광합성 unit의 유전자를 해석한 결과로부터, 사이아노박테리아는 산소를 발생시키지 않는 광합성세균으로부터 유전자를 수평전이에 의해 받아들여 2종류의 유전자로부터 산소발생형 광합성 unit을 만들어 내었다고 생각되어진다.

2.4.4 진핵세포로의 진화: 세포내 공생

진화계통수에서는 생물이 원핵생물로부터 진핵생물로 변이를 반복해가면서 직진(直進)했다고 생각되어진다. 그러나 현존하는 동식물 및 세균을 만들어 낸 진핵생물은, 복수의 원핵생물이 세포내 공생을 계속해서 반복한 결과라는 것이 유전자 및 세포 기능의 해석에 의해 명확하게 되었다. 예를 들어 엽록체는 진핵생물의 세포내에 사이아노박테리아가, 미토콘드리아는 호기성 세균이 각각 세포내 공생을 통하여 세대를 반복한 것과 함께 세포내 소기관으로 진화한 결과이다. 이러한 세포내 공생진화의 이론은 1970년에 이론적으로 정립되었다.

현존하는 진핵생물과 같은 모양의 세포막 성분을 가진 원시원핵세포의 흔적은 약 27억 년 전의 퇴적암 중의 유기탄소에 포함되어져 있던 분자화석의 분석에 의해 발견되었다. 진핵생물의 출현은 미생물 생태계에 막대한 변화를 불러 일으켰다. 박테리아 등의 원핵생물은 세포막으로 환경의 저분자를 영양물로서 흡수한다. 그러나 일부 진핵생물은 원생동물인 아메바와 같이 입자상의 영양물(예를 들어, 세균)을 세포내에 집어넣는 섭식의 기능을 획득해서 생물 간에 먹이연쇄의 관계를 만들어 내었다. 이러한 섭식자의 출현에 의해 약 25억 년 전에 극도로 번성하여 스트로마톨라이트(stromatolite)라는 거대한 화석을 남긴 사이아노박테리아 군집은 멸종되었다고 생각되어진다.

현존하는 진핵생물에서는 세포내에 박테리아가 공생하고 있는 사례가 많이 알려져 있다. 엽록체 및 미토콘드리아의 예에서 알 수 있듯이 공생은 생물에 엄청난 생리기능을 전해준다. 세포내 공생은 유전자 변이에 의존하지 않고도 생물진화가 가능한 수단이라고 말할 수 있다. 그러나 세포내 공생은 기생 및 감염의 위험성이 있다. 세포내에 침입한 미생물의 힘이 커져 이겨버리면 숙주세포는 파괴되어 버린다. 과연 어떠한 조절이 숙주세포와 공생 미생물 사이에 성립되어져 있는지는 지금부터의 연구과제이기도 하다.

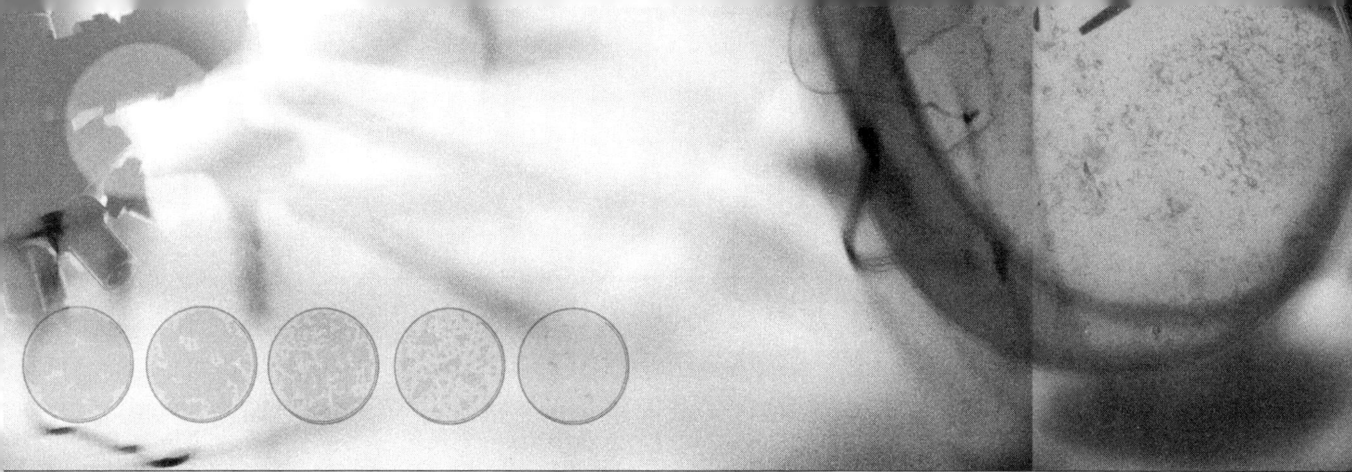

제 3 장
미생물 생태학의 연구 방법

3.1 미생물 실험 준비

3.1.1 멸균과 소독

미생물 실험에서 가장 기본적인 것은 미생물의 오염을 막고 정확한 실험결과를 얻기 위한 준비로서 청결과 살균이 필요하다. 미생물의 오염은 취급자, 기계 및 기구, 공기, 물, 기타의 모든 수단이 관련되므로 실험과 관계있는 이들 모든 대상에 대하여 이화학적 살균이 실시되어야 한다.

1) 물리적 소독

① 화염멸균(Flame sterilization)

알코올램프, 천연 gas 등을 이용하여 유리봉, 백금이, 금속류, 도자기와 같은 기구의 표면살균에 쓰이며, 태워 없애는 방법도 있다.

② 건열멸균(Dry heat sterilization)

Dry oven을 이용하여 주사바늘, 시험관, 배양접시(petri dish), 초자기구 등을 살균하는 방법으로 140～170℃에서 1～3시간 살균하는 방법이다. 열에 의하여 변형될 수 있는 것은 건열멸균을 피하거나 aluminum foil에 싸서 살균한다.

③ 저온살균(Low temperature sterilization)

포자를 형성하지 않는 결핵균, *Salmonella* 등의 세균을 살균하는 방법으로 우유는 61～63℃에서 30분, 포도주는 55℃에서 10분, 건조 과실은 72℃에서 30분, ice cream 원료는 80℃에서 30분 살균하여 이용한다.

④ 고온살균(High temperature sterilization)

우유 살균 등에 이용되며 71～73℃에서 15초 살균하는 방법이다.

⑤ 자비소독(Boiling)

주사기, 식기, 도자기, 의류 등을 15～20분 끓는 물에 처리하는 방법으로 영양형은 살균되지만 포자의 파괴는 어렵다.

⑥ 간헐멸균법(Fractional sterilization)

자비소독으로 파괴 불가능한 포자를 영양형으로 전환시켜 살균하는 방법으로 100℃ 유통

증기를 30~60분간 살균을 3일에 걸쳐 3번 실시하는 방법이다. 살균 후 20℃의 상온에 보존한다.

⑦ 고압증기멸균법(Autoclaving)

의류, 초자기구, 고무제품, 배지, 약품 등을 대상으로 고압의 증기에 의한 살균방법이다. 일반적으로 10 lbs에서 30분, 15 lbs는 20분, 20 lbs는 15분 처리로 포자까지 파괴시키는 방법이다.

⑧ 초고온순간살균법(Ultra high temperature sterilization)

살균시간 단축과 영양물질의 파괴를 최소화하기 위한 시도이지만 시설에 막대한 경비가 필요하다. 우유 살균에서 120~140℃에서 1~3초 처리한다.

⑨ 자외선살균(Ultra-violet ray disinfection)

태양 energy가 우주공간을 통하여 지구에 도달되는 전파 중 자외선은 미생물의 살균작용이 크다. 자외선은 핵산의 purine과 pyrimidine 염기 및 방향족 amino acid에 흡수되어 세균을 사멸시킨다. 자외선의 파장은 150~3,900Å이지만 2,650Å에서 살균력이 가장 강하다.

⑩ 초음파 살균(Ultrasonic disintegration)

초음파를 이용하여 미생물 구조에 손상을 주어 살균하고, 초음파로 기질과 매질간의 밀도차이를 이용하여 계면을 활성화시켜 세척효과를 얻는 방법도 이용된다.

⑪ 여과법(Filtration)

화학물질 또는 열을 이용하여 살균할 수 없을 때 세균을 여과하는 장치를 이용하여 제거하는 방법이다. 백토와 석영사를 혼합하여 제조한 pore size 0.2~0.4 μm인 chamberland, pore size 2.8~4.1 μm인 berkfeld, pore size 0.2~0.45 μm인 membrane filter, size 등이 이용된다.

2) 화학적 소독

물리적 살균 이외에 화학약품을 이용한 살균방법이 이용되고 있다. 화학약품의 구비조건은 살균력이 강하고, 표백성과 부식성이 없어야 하고, 안전성 및 용해성이 높아야 하고, 사용방법이 간단하고 경제적이어야 한다. 이들 화학물질의 살균기전은 ① 산화작용: 염소와 그 유도체, 과산화수소, ozone, $KMnO_4$; ② 단백질 응고: 석탄산, alcohol, cresol, formalin, 승홍; ③ 효소 불활성화: alcohol, 석탄산, 중금속염, 역성비누; ④ 가수분해: 강산, 강alkali, 열탕수; ⑤ 탈수: 식염, 설탕, alcohol, formalin; ⑥ 중금속염 형성: 승홍, mercurochrome, 질산 등이 있다. 이들 중 어떤 것은 복합작용으로 상승효과를 나타내는 것이 많다.

① Alcohol

포자를 형성하지 않는 균에 효과가 있고 피부소독에 이용되며, 75%의 ethanol이 이용된다.

② Mercurochrome

피부상처의 소독에 이용되며 자극성이 없고 살균력이 약하다.

③ 과산화수소(Hydrogen peroxide)

과산화수소 2.5～3.5%의 수용액이 상처, 구내염, 인두염 등에 사용되며 포자를 형성하지 않는 균을 빠르게 살균한다.

④ Cresol

물에 녹지 않으므로 cresol 비누액 3에 물 97의 비율로 만들어 사용한다. 석탄산보다 2배의 소독력이 있으며, 손, 오물소독에 사용된다. 유기물에 의하여 소독력이 약화되지 않고 세균소독에 효과가 크다.

⑤ 승홍(Mercury dichloride, $HgCl_2$)

온도가 높을수록 살균력이 강하고, 조제는 승홍 : 식염 : 물을 각각 1:1:1000의 비로 한다. 색이 없이 독성이 강하므로 fuchsin으로 염색하여 사용하며 피부소독은 0.1%의 수용액을 이용하고, 금속과 cement에 부식성이 있으므로 주의가 필요하다.

⑥ 석탄산(Phenol)

의류, 실험대, 오물, 용기 등을 소독하며 3%의 방역용 석탄산수용액을 사용한다. 석탄산은 단백응고, 세포용해, 효소계 침투작용에 의하여 소독효과를 높이는데 안정된 살균력과 유기물에 의하여 소독력이 약화되지 않는 장점이 있다. 반면 피부점막의 자극, 금속의 부식, 냄새와 독성이 강한 단점이 있고, 온도가 높을수록 효과가 높다. 다른 소독제와 소독력을 비교하기 위하여 석탄산 계수(phenol coefficient)를 이용하며, 다음 식으로 산출한다.

$$\text{석탄산 계수} = \frac{\text{소독약의 희석배수}}{\text{석탄산의 희석배수}}$$

어떤 미생물을 20℃에서 10분에 살균할 수 있는 석탄산 희석배율이 10일 때 어떤 소독약을 20배 희석한 것이 같은 조건에서 같은 살균력을 가진다면 석탄산 계수는 2가 된다.

⑦ 생석회(Lime, CaO)

결핵균, 포자형성균에 효과가 있으며 변소소독에 많이 사용하지만 공기 중에 오래 노출되면 살균력이 떨어진다.

⑧ 역성비누(Invert soap)

사람에게 독성이 적고, 자극성이 없고 맛이 없고 해가 적기 때문에 식품소독에 많이 이용되며, 침투력과 살균력이 강하여 0.001~0.1% 용액을 주로 사용한다.

3.1.2 배지의 조제와 배양

배지(medium)는 미생물의 증식에 필요한 영양소를 인공적으로 혼합하여 제조한 미생물의 영양원을 말하며, 영양소는 탄소원, 질소원, 무기 ion, amino acid, vitamin, 생육인자를 모두 갖추고 있어야 한다. 실험대상 미생물과 내용에 따라 각종 영양원의 배합과 pH 등 변화가 필요할 수도 있고, 간, 뇌, 혈액, 조직추출물 등의 천연물이 필요할 때도 있다.

1) 배지의 종류

물리적 성상에 따라 배지를 분류하면 액체(liquid medium), 고체(solid), 반고체(semi-solid) 배지로 구분되며, 성분에 의한 분류는 천연배지(natural medium), 합성배지(synthetic), 복합(complex)배지로 구분되고, 목적에 따라 선택배지(selective medium), 분별배지(differential), 강화배지(enriched) 등으로 구분한다.

미생물 증식에 필요한 필수영양물질을 순수화학성분으로 조성하는 것을 합성배지(synthetic medium)라 하며, 각종 식물(malt extract 등), 동물(beef extract 등), 미생물(yeast extract 등)의 추출물과 화학성분을 조합하여 조성한 것을 복합배지(complex medium)라 한다.

① 액체배지

영양성분을 증류수에 용해시켜 살균한 것으로 배지가 액체상태를 유지하며, 미생물의 증식과 대사를 측정할 수 있다. 필요에 따라서 정치 또는 진탕하여 배양할 수 있다.

② 고체배지

액체배지에 고형화 성분, agar 1.5~2%, gelatine 15~20%를 넣어 배지성상을 고형화 시킨 것으로 균의 분리, 순수분리, 선별, 보존의 목적에 쓰인다.

③ 천연배지

식물, 동물, 미생물의 추출물을 이용한 배지로서 malt extract(맥아즙), 효모즙(yeast extract), 육즙(beef extract) 등을 이용한 배지를 예로 들 수 있다.

④ 합성배지

미생물 배양에 필요한 영양성분을 화합물을 혼합하여 조제한 배지를 말한다. 대부분의 실험용 배지가 여기에 속한다.

⑤ 복합배지

합성배지에 부족하기 쉬운 생장소를 보충하기 위하여 천연배지를 첨가한 배지를 말한다.

⑥ 선택배지

특정한 생리를 가진 미생물을 분리하기 위하여 다른 미생물들이 상대적으로 생육하기 어려운 환경을 조성한 배지, 포도상구균의 선택적 분리에 이용되는 M110 배지를 예로 들 수 있다.

⑦ 분별배지

특별한 미생물을 다른 미생물 군락과 구별하기 쉽도록 조성한 배지를 분별배지(differential medium)라 한다. 예를 들면, DCA(deoxycholate-citrate) medium은 젖당과 지시약을 포함하고 있으므로 젖당을 발효하는 세균이 증식하는 배지는 붉은 색을, 분해하지 못하는 세균의 배지는 무색 또는 연분홍색을 띄므로 쉽게 구별할 수 있다.

⑧ 영양배지

세균배양의 기초배지로서 그 조성은,

peptone		10.0 g
Lab-Lemco meat extract		10.0 g
sodium chloride		5.0 g
distilled water	1 liter	pH 7.2로 조정

⑨ 영양한천배지

세균배양을 위한 기초 고체배지로서 그 조성은 영양배지 1 L에 한천 15.0 g 또는 20(여름) g을 첨가하여 pH 7.2로 조정하여 고형화한 배지

⑩ Czapek-Dox agar

일반적으로 효모와 곰팡이의 배양을 위한 기초배지로서 그 조성은,

sodium nitrate		2.0 g
potassium chloride		0.5 g
magnesium sulphate(hydrated)		0.5 g
dipotassium hydrogen phosphate		1.0 g
ferrous sulphate(hydrated)		0.01 g
sucrose		30.0 g
agar		15.0 g
distilled water	1 liter	pH 6.6으로 조정

⑪ Hugh and Liefson's medium(modified)

*Staphylococcus*와 *Micrococcus*에 의한 glucose와 mannitol의 산화 및 발효의 분별을 목적으로 이용하는 배지로서 그 조성은,

tryptone		10.0 g
yeast extract(Difco)		1.0 g
D-glucose and mannitol		10.0 g
bromcresol purple(1% sol'n.)		4.0 ml
agar		2.0 g
distilled water	1.0 liter	pH 7.0으로 조정

⑫ BGLB(brilliant green lactose bile broth)

장내세균과 대장균의 분리를 위한 선택배지로서 그 조성은,

peptone		10.0 g
lactose		10.0 g
ox-bile(oxoid L50 or equivalent)		20.0 g
brilliant green(1% aqueous soln)		13.3 g
distilled water	1 liter	pH 7.0으로 조정

2) 배양조건

미생물의 배양은 그 종류에 따라 각각 다른 영양, 온도, pH 등의 환경을 요구하므로 알맞은 조건에서 배양하여 소기의 목적을 달성하도록 노력한다.

① 희석액

많은 미생물이 서로 혼합되어 있는 자연환경에서 미생물을 분리할 때 및 특정한 미생물을 분리 또는 순수분리 하기 위하여 시료를 희석하여 단일 세포를 얻는 것이 중요하며, 이 단일 세포에서 단일군집이 형성되면 성공적으로 순수분리를 할 수 있게 된다.

희석에 이용되는 희석수는 증류수와 인산염 희석수를 일반적으로 사용한다. 인산염 희석수는 NaH_2PO_4 35 g을 증류수 500 ml에 녹인 후 4% NaOH로 적정하여 pH를 7.2로 보정한 후 전량 1 L로 제조한 용액 1.25 ml을 증류수 1 L에 가하여 사용한다. 이 희석수는 121℃에서 15분간 고압증기멸균 한 후 사용한다.

② 배양온도

배양온도는 목적하는 실험과 균의 성상에 따라 달라지며, 일반적으로 저온균은 5~20℃, 병원균 및 중온균은 35~37℃, 고온균은 40℃ 이상에서 배양한다.

③ 기초 pH

미생물의 배양 pH는 일반적으로 중성인 pH 6.8~7.2에서 배양하지만, 삼투압성 효모 및 곰팡이는 약산성(pH 5.0~6.5)을 요구한다.

④ 생균수(Viable counts, colony counts)

생균수를 측정하기 위하여 시료를 고체배지 위에 도말한 후 일정한 조건에서 배양한 후 집락이 형성되면 그 집락을 헤아리고 희석배율을 역산하여 ml당 몇 개의 미생물이 존재하는지 알 수 있다(그림 3-1).

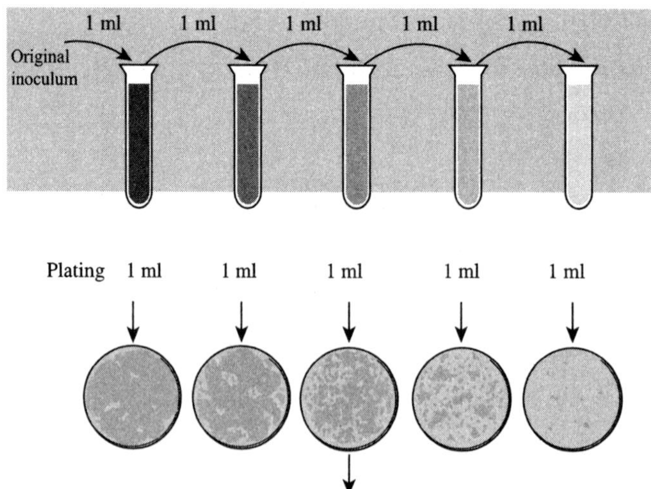

그림 3-1 • 희석단계에 따른 미생물의 집락(colony).

2) 분리

자연계 또는 특정 환경에서 목적하는 미생물을 찾거나 동정하기 위하여 여러 종 또는 한 종의 미생물을 별도로 증식시키는 방법을 미생물의 '분리'라 하고, 이때 순수분리법이 이용된다. 하·폐수처리에 이용되거나 발효공업에 이용되는 미생물은 자연계에서 분리하여 이용하거나 이들의 변이주를 이용하며, 많은 유익한 미생물이 발견되어 이용되고 있다.

① 분포

미생물은 자연계에 널리 분포하며 물질의 합성, 분해, 질소고정 등의 생태학적 기능을 수행한다. 자연계에서 미생물이 많이 존재하는 곳은 토양으로 세균 10^7~10^8 CFU(colony forming unit)/g, 진균 10^4/g이며, 하천수에 세균 10^4/ml, 진균 10^3/ml 정도로 검출된다. 미생물의 종류와 수는 환경요인에 영향을 받는다. 보다 상세한 내용은 '제Ⅱ부 지구환경과 미생물'을 참고 바란다.

② 순수분리

고체배지의 개발과 함께 미생물의 분리가 용이하게 되고 보편화되었다. 한천은 녹는 온도(90~100℃)와 고체화 온도(40~59℃)의 차이가 크므로 평판(plate) 및 혼합평판(pour-plate), 사면(slant) 등 자유롭게 이용이 가능하여 다양한 용도로 쓰이고 있다. 적절한 액체배지에서 잘 증식한 미생물의 분리를 위하여 고체배지에 옮긴다. 분리과정은 멸균된 백금선 또는 백금이를 사용하여 평판배지에 직접도말 또는 희석(dilute) 후 평판에 도말(streak, 그림 3-2)하는 방법을 몇 차례 이용한다. 미생물을 액체배지에 옮길(植菌) 때는 pipette 또는 백금이를 이용한다.

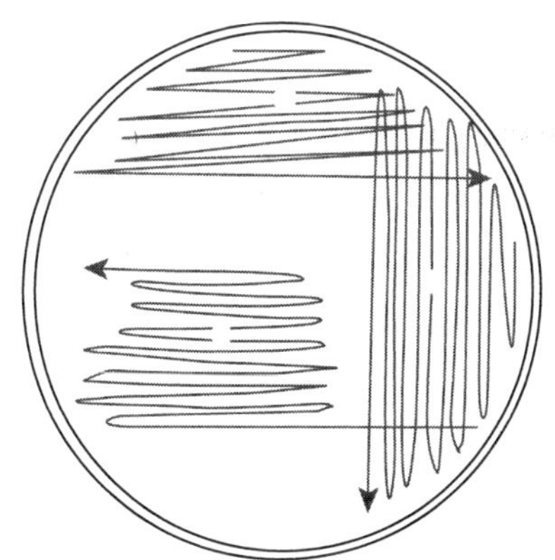

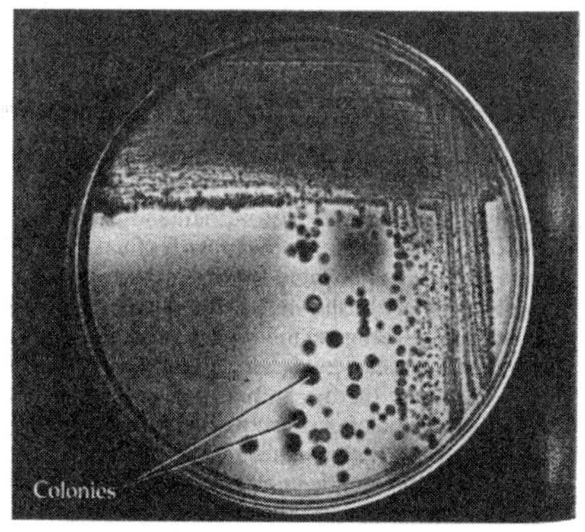

그림 3-2 • 미생물의 순수분리 streaking.

3) 배양

미생물 배양에서 요구되는 중요한 것은 배지조성, 통기조건, 배양온도, 배양시간 등이다. 혐기성 균의 고체배양은 탈산소제(脫酸素劑)로 산소를 제거한 desiccator 안에서 실시하고 액체배양은 액층을 깊게 하여 정치배양 한다. 호기성균의 액체배양은 용기, 마개, 배지량을 변경하거나 진탕배양 장치(shaker; reciprocal, rotary)를 이용하여 진탕 회수를 조절하며, gas fermenter는 통기량을 조절하여 실시한다.

배양 최적온도는 균주마다 차이가 있으나 일반적으로 세균·방선균이 30~35℃(병원성세균 36~37℃), 효모 곰팡이 25~30℃를 이용한다. 증식적온과 어떤 물질의 생산적온은 일치하지 않는 때가 많다.

액체배지를 사용하는 일반적인 방법인 회분배양(回分, batch culture)은 배양기간에 따라 배양환경이 변하므로 장기간 배양환경을 일정하게 유지할 필요가 있을 때는 연속배양(連續, continuous culture)을 통하여 영양의 공급과 gas 및 불필요한 성분을 제거한다. 미생물 발육의 특수 시기의 생리적 현상을 실험하기 위하여 cell age를 동일하게 하는 동조배양(同調, synchronous culture)이 이용된다.

4) 보존

미생물의 보존은 세포의 대사활동을 중단, 노화를 방지하고, 실험시기에 알맞게 유지함에 목적이 있다. 연구시설에서는 계대(繼代)배양과 아울러 동결건조 또는 paraffin 봉입을 병용하고 있다. 이때 배지조성과 온도조건이 중요하며, 배양조건과 보존기간 역시 중요하고, 배양 중의 형질변화를 막기 위한 지속적인 관찰이 필요하다. 1950년 이후 한천배지에 colony를 형성시켜 보존하는 계대보존이 주종을 이루었으나 이는 형질의 변이를 초래하기 쉬우므로 paraffin 봉입, 토양보존, 진공 동결건조 등이 일반화되었다.

① 배지조성

보존용 배지의 종류는 미생물 균에 따라 다르므로 사상균, 효모, 세균용으로 대별하고, 같은 균이라도 같은 배지에 같은 환경조건으로 계대배양하는 것은 바람직하지 못하다. 계대배양 할 때 주의할 점은 첫째, 영양이 풍부한 배지와 그렇지 못한 배지를 교대로 이용; 둘째, 건·습배지를 교대로 이용; 셋째, 탄수화물 성분의 농도를 낮게 하고; 넷째, 질소원 선정을 신중히 고려하고; 다섯째, 천연 extract를 이용할 것 등이다.

② 영양

세균용 배지의 종류는 다양하여 균의 성상에 따라 조성이 다르다. 일반 세균용으로는 조성이 간단한 nutrient agar가 많이 쓰이나 보존을 위하여 TYG agar(USDA의 ARS Culture Collection)가 권장된다.

③ 온도

미생물을 최적온도로 배양하면 증식이 지나치게 자극되고 노화가 빠르게 진행되어 변이세포의 발현 가능성이 높아지므로 사상균과 효모는 일반적으로 25℃ 이하를 유지하여 배양하는 것이 바람직하며, 대수기 말에 이르러 배양을 정지하여 5~7℃에 보존함이 바람직하다. 최근 agar slant를 −17~−21℃에 냉동보존(deep freezing)하는 방법이 활용되기도 한다.

④ 일반보존

일반적으로 곰팡이와 효모는 koji juice한천배지 또는 맥아즙한천배지를 사용하며, 세균은 육즙한천배지, 방선균은 glucose asparagine한천배지를 사용한다. 이식(implantation)은 곰팡이와 세균은 6개월, 효모는 3~6개월마다 실시하며 2~4℃에 보존한다.

잘 알려진 주요 균주 보존기관은 아래와 같다.

KFCC	한국종균협회
IAM	Tokyo University 유용균주 보존시설
IFO	재단법인 발효연구소
ATCC	American Type Culture Collection
NRRL	Northern Regional Research Laboratory, USDA
CBS	Central Bureau vor Schimmelcutures
CMI	Common Wealth Mycological Institute
NCTC	National Collection of Type Culture

⑤ 특수보존

살균된 10% 설탕액에 신선한 효모를 소량 넣어 냉·암소에 보존하는 당액보존방법; 깨끗한 바다모래를 산, 알칼리, 물로 번갈아 세척하여 시험관에 넣고 건열로 살균한 다음 배양 3~4일된 acetone 균을 1 ml 넣고 모래와 혼합한 다음 진공 desiccator에서 완전히 건조시켜 시험관을 녹여 봉한 후 보존하는 토사(土砂)보존방법이 있다. 곰팡이, 세균, 효모의 장기간 보존을 위하여 토양중보존방법 및 동결건조법, 곰팡이를 위한 유중(油中)보존법 등이 있다.

3.2 시료채취 및 처리

미생물은 자연계의 모든 공간에 존재하며, 우리가 생각하는 고도(고산)와 심도(해구), 경도와 위도, 온도(0～100℃), pH를 초월하여 생존하며, 적당한 조건에서는 활발하게 증식한다. 미생물은 이와 같이 넓게 존재하며, 종류도 많고, 증식능력이 커서 단위면적에 많은 개체수를 가지며, 생리적 특성도 다양하여 자연계에서 그 역할도 크다. 이 특성이 어우러져 물질순환의 큰 역할을 수행한다.

3.2.1 시료채취

자연계에 널리 분포하며 물질순환과 같은 생태계 평형을 유지하는 미생물을 채취하여 그 각각의 성상과 기능을 밝히려면 시료의 채취, 처리, 관찰이 중요하다. 시료의 채취는 각종 상·하수, 하수처리장, 폐수 등 물을 이용하는 모든 곳, 각양각색의 토양, 대기, 동·식물의 모든 것이 대상이 된다. 대상이 되는 시료를 그 특성에 맞도록 채취하고 처리할 수 있어야 목적한 바를 이룰 수 있으므로 이 장에서는 실험적 미생물학을 이해하고자 한다.

1) 수중 미생물

담수의 미생물은 이미 존재하는 미생물과 대기 중에 있는 미생물의 침강 또는 우수와 함께 이동되며, 강과 호수의 물과 같은 지표수는 토양미생물이 주변에 흐르는 물에 의하여 이동되어 기존의 미생물과 함께 증식한다. 담수의 미생물상(micro-flora)은 영양원, 기후, 생태계 등에 영향을 받는다.

해양에는 3% 전후의 염분이 용해되어 있고, 해수 중에는 색소를 지닌 세균, 발광세균, 단백질 분해세균이 많다. 해저의 퇴적물에도 세균이 많고, 심해의 고압상태의 퇴적물에서도 세균이 검출되며, 고압환경에서 생존하는 미생물의 수가 상압환경보다 많은 것이 알려졌다. 하·폐수의 미생물은 그 물의 성상에 따라서 크게 차이를 나타내므로 배지선정과 배양환경요인 설정이 매우 까다로움을 인식하고 준비한다.

미생물은 그 세대기간이 짧으므로 미생물의 수량적 측정 또는 대사측정은 시간이 흐름에 따라 많은 오차를 나타내므로 단시간 내에 실험이 이루어져야 바람직하다. 만약 시간이 길어질 수밖에 없다면 증식이 정지될 수 있는 정도의 저온을 유지할 필요가 있다. 상수 시료는 5℃ 이하, 활성오니 시료는 10℃를 유지하여 운반하고 실험한다. 즉시 실험할 수 없을 때는 환경오염공정시험법의 수질편에 의한 원칙을 따라 0～5℃에 보존하여 실험하지만 이때에도 일반물 시료는 12시간, 오염된 물은 6시간을 초과할 수 없다.

① 시료의 채취

상・하수 시료의 성상, 유량, 유속과 같은 경시변화 또는 조업상태 등을 고려하여 그 현장의 모든 여건을 감안한 성질을 대표할 수 있는 시료를 취한다. 단일 시료가 불가능하다면 몇 개 지점 또는 내・외부를 고려하고, 시간적인 차이가 인정되면 시간 등 요인을 고려한 시료를 실험에 충분한 양을 채취한다.

채수용기는 경질의 초자제품 또는 polyethylene 용기를 이용하고 마개는 오염을 방지할 수 있는 것을 사용한다. 이 용기는 미리 산(酸)으로 충분히 수세한 것으로 현지의 물 시료로 5회 이상 씻은 후 오염되지 않도록 채수한다. 미생물학적 검사를 위한 시료는 용기멸균, 운반, 채수 및 실험의 전 과정을 무균적으로 처리한다.

시료채취 용기로 직접 채취하며, 직접 채취할 수 없는 경우에는 채수기(그림 3-3)를 이용하여 채취한다. 표층수 시료는 통상 용량 100~1,000 ml의 멸균된 유리병을 사용하며, 손 또는 취급으로 인한 오염방지에 세심한 주의가 필요하고, 시료병의 2/3 정도 채워서 공기의 접촉과 혼합이 쉽도록 한다. 잔류염소를 함유하는 수돗물은 티오황산나트륨 분말 0.02~0.05 g을 넣고 고압증기 멸균시킨 시료병을 사용한다.

조류(algae) 및 원생동물의 채취는 plankton pot를 사용하고, 토양시료는 삽을 이용하면 되고, 하수 및 하천의 하상 퇴적물질은 니층(泥層) 채토기(peloscope)를 이용한다.

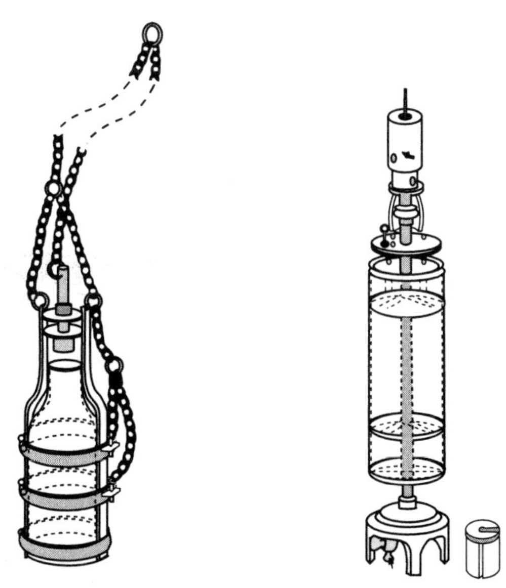

< 하이드로형 채수기 >　　< 북원식 절연 채수기 >

그림 3-3 • 채수기의 종류.

② 시료의 관찰

시료를 현미경으로 관찰할 때는 보통 0.5 ml을 사용하고, 검체에 존재하는 미생물의 수는 50~300 정도가 포함된 것이 좋지만, 많은 미생물이 예상되면 1/10 희석단계에 의한 희석법을 이용한다. 희석할 때 주의할 점은 희석액에서 미생물의 분포가 균일하게 되도록 하는 것이 중요하다. 희석은 증류수, 인산염, peptone water 등을 이용한다. 활성오니의 농축은 시험관에 시료를 10~50 ml 정도로 하여 2,000 rpm, 5~10분간 원심분리한 후 침전물이 흐트러지지 않도록 상등액을 버린 5~10배 정도 농축되게 침전물을 잘 교반하여 검체로 한다.

㉮ 조류: 하천 또는 호수의 물을 beaker에 채취하여, 시료 0.1 ml을 slide glass 위에 옮겨놓고 그 위에 cover glass를 놓고 현미경으로 관찰한다. 직접 관찰이 불가능하거나 종조성 또는 계수가 필요할 때는 Lugol's 용액 등의 고정액으로 고정시킨 후 실험실에 운반하여 관찰한다. 만약 보존이 필요한 표본은 cover glass 주위에 enamel을 바르고 암소에서 보관한다. Euglenophyta, Chlorophyta, Chrysophyta, Phacophyta, Pyrrophyta 등이 속한다.

㉯ 원생동물: 조류관찰과 같은 방법으로 크기, 형태, 운동성, 구조를 관찰하고, 수분의 증발에 따라 활동이 감소하면 고배율로 관찰하며, I_2+KI 용액으로 염색하여 보다 자세히 관찰할 수 있다.

㉰ 총균수(Total counts): Hemocytometer와 이와 유사한 용도로 제조된 slide glass 위에 시료를 일정량 넣고 계수하는 방법이며, 간혹 죽은 세포도 계수되므로 정확도가 떨어질 수 있다.

㉱ 생균수(Viable counts, CFU): 미생물 세포는 살아있으면 배지에서 증식하여 일정기간이 지나면 colony가 형성되어 육안관찰이 가능하게 되므로 그 colony를 헤아려 시료 중의 세포수를 파악할 수 있다.

㉲ 동정(Identification): 순수분리된 미생물을 염색, 운동성, 형태적 특성, 생화학적 반응, 핵산의 염기조성 등을 이용하기도 하며, 미생물의 동정을 위하여 개발된 API 20E kit와 같은 장치와 시약을 활용하여 미생물의 종과 속을 밝힌다.

2) 토양 미생물

토양 미생물을 측정하는 내용은 미생물의 수, 생체량, 활동성 등이다. 대체로 미생물의 수를 가장 많이 측정하지만 보완적인 의미에서 생체량과 활동성이 측정된다.

① 시료의 채취

토양의 미생물은 그 수가 많으므로 공기 또는 시료 채취병에 의한 오염은 크게 영향을 미치지 못하지만 정확성을 고려하여 오염예방에 주의가 필요하다. 일정한 깊이의 토양을 채취하려면 토양 채취기(soil corer, 그림 3-4)가 사용된다. 토양의 미생물이 상대적으로 적을 때는 유인제 또는 미끼를 써서 모이도록 할 수 있으며, 토양과 물 속 sediment의 미생물은 매립 slide 법을 이용한다. 편평한 유리모세관(pedoscope)도 이용할 수 있으며, 이는 미생물이 자유롭게 들어갈 수 있고 편평하므로 현미경 관찰과 계수가 쉽다.

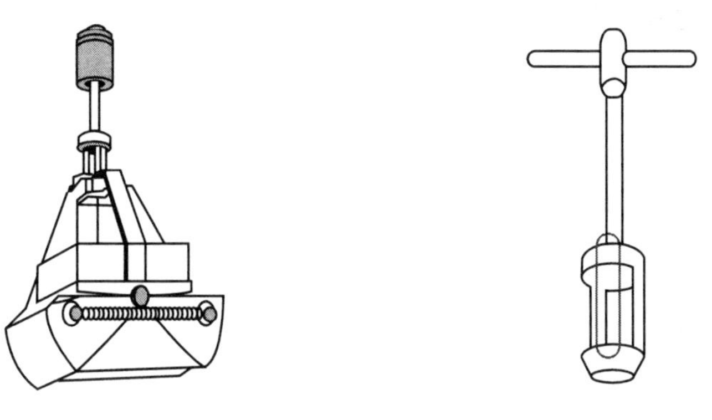

<에크민 파지형 오니채취기> <토양시료 채취기 (토양 코아 샘플러) >

그림 3-4 • 오니와 토양시료 채취기.

② 시료의 분석 및 관찰

토양 중의 미생물은 매립 slide를 직접 관찰할 수도 있고, 증류수, 인산염, peptone 등의 희석액을 이용하여 토양을 수세한 후 그 용액을 수중 미생물과 같은 방법으로 관찰할 수 있다. 조류, 원생동물, 총균수, 생균수, 동정 및 분석시험 역시 수중미생물 시험과 같다.

3) 대기 미생물

대기 중의 미생물은 흙의 성상, 동식물의 존재, 기후 및 바람의 강도 및 방향에 좌우된다.

① 시료의 채취

지상으로 낙하하는 미생물은 멸균한 고체배지를 측정 장소에 두고 뚜껑을 열어 일정시간 방치한 후 뚜껑을 덮어 실험실에 운반하고 배양하여 생성되는 집락을 계수한다. 배지의 개방시간은 여건에 따라 달라지지만 일반미생물은 10～20분, 선택배지 등 특수목적의 특정미생물은 시간을 연장할 수 있다.

대기 중에 부유하는 미생물은 일정량의 공기를 흡입하여 고체배지에 충돌시키거나, 액체배지 또는 막을 통과시켜 포집·배양하는 방법이다. Slit를 통하여 공기를 흡입하여 채취하는 slit sampling method, 적당한 여과막에 일정량의 공기를 흡입 통과시켜 막에 포착된 미생물을 배지에 접촉시킨 후 배양하여 계수하는 방법인 filtering sampler, 분당 30 L의 공기를 가느다란 구멍으로 흡입하는 Anderson sampler를 이용하여 크기가 다른 입자를 채취할 수 있다. 이 방법으로 채취한 미생물이 colony를 형성하면 생균수(CFU)를 의미한다.

3.3 미생물 계수

미생물의 계수에 쓰이는 방법은 미생물 군(群)에 따라 전혀 다르다. 그러나 근본적으로 직접 관찰, 생균수 측정법, 생체량, 생화학적 성분으로 미생물의 수를 파악한다.

3.3.1 총균수(Total counts)

특정 미생물 또는 일정 환경에 존재하는 미생물의 수를 현미경으로 직접 관찰하여 계수한다. 이 방법의 단점은 시료를 계속하여 다른 실험에 이용할 수 없고, 생(生)균과 사(死)균을 구분할 수 없다는 것이다.

① 계수판(Counting chamber): 크기가 비교적 큰 미생물은 haemocytometer와 같은 chamber에 시료를 넣고 간격 속의 미생물을 계수한다.

② 한천막법(Agar film technique): 균류의 직접관찰 계수에 이용되며, 시료를 한천과 혼합한 후 slide glass 위에 혼합시료를 pipette으로 놓아 얇은 막을 형성토록 하여 한천이 굳으면 phenolic aniline blue로 염색하여 관찰한다. 현미경 영상을 screen에 투사시켜 길이를 잰 후 균사의 폭을 알 수 있으면 균류의 생체량을 계산할 수 있다. 시료가 충분히 분산되지 않으면 정확한 계산이 어렵다.

③ 세포분열 횟수: RNA 합성은 세포분열 횟수와 같은 증식지표로 볼 수 있으므로 RNA량을 측정하여 간접적으로 증식률을 정할 수 있다. RNA 합성율은 방사선동위원소로 표지한 adenine을 RNA의 분자구조에 조합(incorporation)시켜 파악할 수 있다. 그러나 광학현미경으로 분열하는 세포를 분별하기 쉽지 않다.

3.3.2 생균수(Viable counts)

① 집락수(Plate count, colony count): 일반적으로 생균수 측정은 평판도말(surface spread) 또는 혼화평판(pour plate)법을 이용한다. 살아 있는 세균을 한천평판배지에 도말하여 일정기간이 지나면 colony가 형성되고 육안관찰이 가능하므로 그 colony를 계수하여 시료 중의 세포를 파악할 수 있다. 그러나 곰팡이 포자는 건조하면 흩어지므로 시료를 놓고 한천배지를 붓

표 3-1 • 최확수표(Table for most probable number).
기하급수적으로 3단계 희석한 것의 각각을 5개씩 접종하여 얻은 시료 100 ml 당 MPN.

(1)			(2)	(1)			(2)	(1)			(2)	(1)			(2)	(1)			(2)	(1)			(2)
10	1	0.1		10	1	0.1		10	1	0.1		10	1	0.1		10	1	0.1		10	1	0.1	
0	0	0	0	1	0	0	2	2	0	0	4.5	3	0	0	7.8	4	0	0	13	5	0	0	23
0	0	1	1.8	1	0	1	4	2	0	1	6.8	3	0	1	11	4	0	1	17	5	0	1	31
0	0	2	3.6	1	0	2	6	2	0	2	9.1	3	0	2	13	4	0	2	21	5	0	2	43
0	0	3	5.4	1	0	3	8	2	0	3	12	3	0	3	16	4	0	3	25	5	0	3	58
0	0	4	7.2	1	0	4	10	2	0	4	14	3	0	4	20	4	0	4	30	5	0	4	76
0	0	5	9	1	0	5	12	2	0	5	16	3	0	5	23	4	0	5	36	5	0	5	95
0	1	0	1.8	1	1	0	4	2	1	0	6.8	3	1	0	11	4	1	0	17	5	1	0	33
0	1	1	3.6	1	1	1	6.1	2	1	1	9.2	3	1	1	14	4	1	1	21	5	1	1	46
0	1	2	5.5	1	1	2	8.1	2	1	2	12	3	1	2	17	4	1	2	26	5	1	2	64
0	1	3	7.3	1	1	3	10	2	1	3	14	3	1	3	20	4	1	3	31	5	1	3	84
0	1	4	9.1	1	1	4	12	2	1	4	17	3	1	4	23	4	1	4	36	5	1	4	110
0	1	5	11	1	1	5	14	2	1	5	19	3	1	5	27	4	1	5	42	5	1	5	130
0	2	0	3.7	1	2	0	6.1	2	2	0	9.3	3	2	0	14	4	2	0	22	5	2	0	49
0	2	1	5.5	1	2	1	8.2	2	2	1	12	3	2	1	17	4	2	1	26	5	2	1	70
0	2	2	7.4	1	2	2	10	2	2	2	14	3	2	2	20	4	2	2	32	5	2	2	95
0	2	3	9.2	1	2	3	12	2	2	3	17	3	2	3	24	4	2	3	38	5	2	3	120
0	2	4	11	1	2	4	15	2	2	4	19	3	2	4	27	4	2	4	44	5	2	4	150
0	2	5	13	1	2	5	17	2	2	5	22	3	2	5	31	4	2	5	50	5	2	5	180
0	3	0	5.6	1	3	0	8.3	2	3	0	12	3	3	0	17	4	3	0	27	5	3	0	79
0	3	1	7.4	1	3	1	10	2	3	1	14	3	3	1	21	4	3	1	33	5	3	1	110
0	3	2	9.3	1	3	2	13	2	3	2	17	3	3	2	24	4	3	2	39	5	3	2	140
0	3	3	11	1	3	3	15	2	3	3	20	3	3	3	28	4	3	3	45	5	3	3	180
0	3	4	13	1	3	4	17	2	3	4	22	3	3	4	31	4	3	4	52	5	3	4	210
0	3	5	15	1	3	5	19	2	3	5	25	3	3	5	35	4	3	5	59	5	3	5	250
0	4	0	7.5	1	4	0	11	2	4	0	15	3	4	0	21	4	4	0	34	5	4	0	130
0	4	1	9.4	1	4	1	13	2	4	1	17	3	4	1	24	4	4	1	40	5	4	1	170
0	4	2	11	1	4	2	15	2	4	2	20	3	4	2	28	4	4	2	47	5	4	2	220
0	4	3	13	1	4	3	17	2	4	3	23	3	4	3	32	4	4	3	54	5	4	3	280
0	4	4	15	1	4	4	19	2	4	4	25	3	4	4	36	4	4	4	62	5	4	4	350
0	4	5	17	1	4	5	22	2	4	5	28	3	4	5	40	4	4	5	69	5	4	5	430
0	5	0	9.4	1	5	0	13	2	5	0	17	3	5	0	25	4	5	0	41	5	5	0	240
0	5	1	11	1	5	1	15	2	5	1	23	3	5	1	29	4	5	1	48	5	5	1	350
0	5	2	13	1	5	2	17	2	5	2	25	3	5	2	32	4	5	2	56	5	5	2	540
0	5	3	15	1	5	3	19	2	5	3	26	3	5	3	37	4	5	3	64	5	5	3	920
0	5	4	17	1	5	4	22	2	5	4	29	3	5	4	41	4	5	4	72	5	5	4	1600
0	5	5	19	1	5	5	24	2	5	5	32	3	5	5	45	4	5	5	81	5	5	5	2400+

(1) 이식량에 대한 발효관양성수, (2) 시료 100 ml 중의 최확수.

고 혼합하여 굳힌 다음 배양하여 colony를 계수한다. 세균도 pour plate하여 계수할 수 있다. 시료에 많은 미생물이 존재할 때는 계수할 수 없으므로 배지 위에 50～300 정도의 집락이 형성될 수 있도록 1/10씩 희석하여 시료 당 2개 이상의 배지를 이용하여 배양하고 colony를 계수하여 평균치를 얻는다. 배양온도는 장내세균 및 병원균을 대상으로 하면 체온부근 37℃를 이용하지만 통상 25～30℃, 24±2℃를 이용한다.

② 최확수(最確數, Most probable number): 이 방법은 대장균군(coli form group)의 성상을 이용하여 당을 발효하여 gas를 발생하는 정성적 성상을 파악하여 정량적으로 환산하는데서 비롯한 것이다. 시료를 희석한 3단계(100 ml, 10 ml, 1 ml, or 1, 0.1, 0.01)의 시료를 배양하여 gas를 생성한 배양관의 수를 각각 헤아려 최확수표(표 3-1)를 읽어 계산한다. 만약 gas 생성 발효관이 5, 3, 1이라면 최확수표를 읽어 세포수를 확인하고, 만약 희석배율이 10^3이라면 세포수×1,000하여 계산하면 원래의 시료 100 ml에 포함된 세포수를 알게 된다. 마찬가지로 대장균군의 gas 발생을 대신하여 원하는 미생물의 증식을 확인하여 확인된 증식배양관의 수를 계수하고 최확수표를 읽어 세포수를 계산할 수 있다. 이 방법은 plate count보다 정확도가 떨어지지만 많이 이용되고 있다.

3.3.3 활성도 측정

이것은 생리학적으로 세포의 활성도를 파악하는 방법으로 주로 호흡활동에 근거를 둔다.

1) 분해활동

대사결과 발생하는 CO_2의 양, 방사성 원소로 표지된 특정 기질(포도당, glutamate, acetate, amino acid), ^{14}C로 표시된 광합성 산물 등을 이용하여 그 활성(이용성)을 측정한다.

2) 합성활동

탄산가스의 동화는 방사성 원소로 표지한 중탄산염(bicarbonate)을 이용한다. 방사성 원소로 표지된 기질을 제공하여 배양하고, 여과한 후 여과지에 잔류하는 ^{14}C의 양을 측정하여 세포 내에 유기물로 전환된 ^{14}C의 양을 결정하는 것이다. 여과지를 수세하면 이용되지 않은 중탄산염이 제거되고, ^{14}C을 포함한 유기물질은 산성 중크롬산염으로 산화시켜 방출되는 $^{14}CO_2$를 포집하여 측정한다.

3) 효소분석

미생물의 대사활동을 특정효소를 분석하여 특정한 활동을 측정하는 데 이용된다. 미생물의 비교적 큰 부분을 차지하는 일반적인 활동성을 분석하는 탈수소효소 및 탈인산효소 분석법이 이용되기도 하며, 일부분을 차지하지만 특정한 활동을 측정하는 cellulase, chitinase, nitrogenase 등의 분석법이 이용된다. 특히 주의할 것은 배양기간을 짧게 하고, 온도, 수분함량, Eh 등에 세심한 배려가 필요하다.

3.4 배양기술

3.4.1 회분 및 연속배양

미생물의 작용으로 어떤 물질을 생산하는 과정 및 폐수처리 과정에 이용되는 배양방법에는 batch, fed-batch, continuous culture 등 여러 배양방법이 있다(그림 3-5).

1) 회분(回分)배양(Batch culture)

미생물의 시험적 배양 또는 미생물을 이용한 특정물질의 공업적 생산을 위한 발효조의 세척, 살균, 멸균배지의 첨가, 미생물 접종, 발효, 분리수확이 1회에 끝나는 배양방법이다. 이 방법은 미생물 증식의 기본과정을 수행하므로 일반적인 증식 pattern을 파악하고 1회의 효과를 측정할 수 있고 단기간에 끝나므로 오염을 방지할 수 있는 장점이 있으나, 대량생산을 위한 공업적 이용에는 불리한 점이 있다.

2) 반회분배양(Fed-batch or semi-batch culture)

Batch culture에서 한 번에 공급되는 모든 기질이 fed-batch에서는 미생물의 기질소비 속도에 맞추어 기질농도를 조절하여 공급할 수 있고, 특정성분이 균의 증식 및 대사산물의 생성에 현저한 영향을 미칠 때 지속적인 공급으로 더욱 유리하다.

3) 연속배양

미생물 배양의 연속적인 조작은 배양액 중의 영양물질의 농도를 직접 측정하여 영양소의 공급량이 조절되는 nutristat 방식, 미생물 증식에 따라 대사산물의 양이 증가하고 여러 부산물이 배양액 중에 존재하여 탁도를 증가시키므로 탁도를 조절하면서 연속적으로 배양하는 turbidostat 방식, feedback 조절이 없이 연속적인 배양을 실시하는 chemostat 방식으로 구분한다. 배양 조작 시 연속적으로 DO를 측정하거나, 휘발성 물질의 연속적인 측정 system을 확립하여 이용할 수 있다.

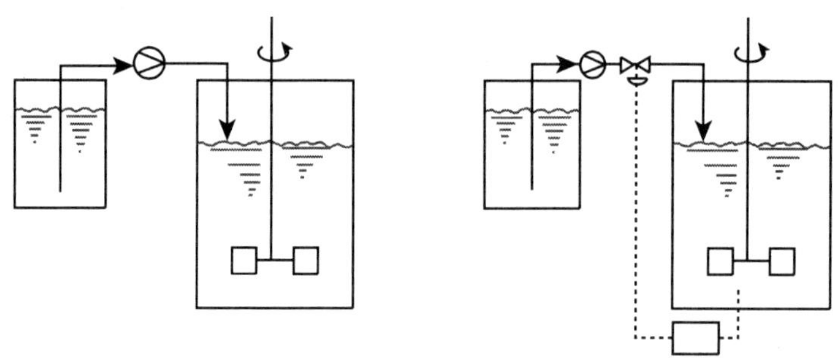

그림 3-5 • Fed-batch culture의 개념도.

3.4.2 집식 · 농화배양

1) 집식(集殖)배양

시료 중의 미생물이 희소하거나 배양방법이 부적당하면 목적하는 미생물이 잘 분리되지 않는다. 이러한 경우 집식배양을 하면 쉽게 분리할 수 있다. 미생물이 있을 가능성이 있는 천연물을 선택하고, 그것에 목적하는 미생물이 가장 잘 자랄 수 있는 최적배양조건을 제공하여 우선적으로 증식시킬 수 있으나 잡균을 동반할 수 있으므로 순수분리를 되풀이 할 필요가 있다.

곰팡이를 얻기 위하여 5% 설탕용액에 빵을 담갔다가 petri dish에 넣어 25～30℃에 배양하면 곰팡이가 발생한다. 황록색은 황국균(*Aspergillus oryzae*), 청록색은 푸른곰팡이(*Penicillium*), 거미줄 곰팡이(*Rhizopus*)도 자란다. 효모를 얻기 위하여 과실을 으깨어 면전 시험관에 넣어 30℃에서 1～2일 배양하고, 고초균(*B. subtilis*)은 삶은 콩을 멸균한 후 신선한 볏짚을 넣어 37℃에서 24시간 지나면 얻을 수 있다.

2) 농화배양

액체배지에서 서로 다른 미생물의 경쟁에 근거하여 선택적 액체배지에 여러 미생물을 접종하여 특정 조건하에 배양하면 목적하는 미생물의 생육조건에 맞으므로 그 미생물이 우세한 증식을 하게 되고 쉽게 분리할 수 있게 된다. 시료는 몇 g을 접종하여도 되며 토양, 식품, 하수, 폐수, 토양 등을 이용할 수 있다. 주의할 점은 목적하는 미생물의 적합한 배양조건을 사전에 알고, 다른 미생물의 증식에 불리한 환경을 조성해야 한다는 것이다.

3) 동조(同調)배양(Synchronous culture)

배양 미생물의 생리실험을 위하여 생육의 일정시기(cell age) 또는 일정한 크기의 세포집단이 요구된다. 이 특정시기의 세포를 얻기 위한 배양방법을 동조배양이라 한다.

① 동조화 유도

배양온도를 최적온도보다 저온으로 유지하여 분열직전의 단계에서 특이적으로 일정한 시간동안 저지시킨 후 최적온도로 복귀시켜 동조화한다. 분열하기 전의 세포를 얻기 위하여 세포분열에 필요한 물질, tymine 또는 amino acid를 제한하여 동조화한다. Chlorella와 같은 조류의 성장은 빛에 의존하므로 한 세대 동안 암(暗)처리 8시간과 명(明)처리 16시간을 반복하여 동조화한다.

② 동조화 선별

일정한 pore size를 가진 여과장치에서 여과하여 통과 세포와 걸러진 세포간의 동조화를 시도하거나, 원심분리에 의하여 분획화하여 동조한 후 배양하는 방법이다.

3.5 미생물 생물량의 결정

생물량(biomass)은 생물군집의 특정한 구획에 저장되는 에너지양의 척도이므로 하나의 중요한 생태학적 파라미터가 된다. 생물량은 '살아있는 물질의 질량'이며, 중량(g) 단위로 표현될 수 있다. 그러나 순수배양에 있어서 생물량의 결정에 사용되는 여과나 건조중량, 원심분리 등은 생물량의 직접적 측정법은 환경시료에는 거의 적용할 수 없다. 이러한 방법을 환경시료에 적용하면 미생물의 생물량과 함께 광물질 및 잔재물 입자, 미생물이 아닌 기타 생물의 생물량까지 측정될 수 있으며, 생산자와 소비자와의 생물량을 구분할 수 없다.

3.5.1 생화학적 분석

미생물의 생물량을 결정하는 실용적인 접근법은 미생물의 존재를 나타내는 특정한 생화학적 성분을 분석하는 것이다. 이 경우 계수하고자 하는 모든 미생물이 모두 분석하려는 생화학적 성분을 같은 양으로 가지고 있어서, 측정된 성분의 양과 미생물의 수 사이에 직접적인 상관관계가 성립하며, 또한 측정하는 성분이 계수하려는 미생물에만 존재한다면 이상적이다. 그러나 이러한 조건이 다 충족되기 어렵기 때문에 특정한 생화학 성분의 측정값을 가지고 미생물의 수나 생물량을 추정하려면 특별히 주의하여 평가해야 한다.

1) DNA

DNA는 미생물 세포내에서 비교적 일정한 비율을 유지하고 있기 때문에 미생물의 생물량 측정에 이용될 수 있다. 환경시료에 있어서는 ethidium bromide나 Hoecjst 33258과 같은 형광염료를 이용하거나 형광광도계로 DNA의 농도를 측정한다. DNA 농도 측정에 의한 생물량 추정값과 직접 계수값과는 유의한 상관관계가 존재한다.

2) 단백질

단백질은 Coomassie blue 반응, Folin 반응 등 다양한 방법에 의하여 쉽게 정량할 수 있다. 각 분석 시약과 존재하는 단백질과의 반응에 의하여 생성된 색을 측정하여 존재하는 단백질을 농도를 측정한다. 그러나 미생물의 수를 추정하기 위한 단백질 측정은 배경 단백질량이 무시할 수 있을 정도로 적을 때에만 사용된다. 또한 단백질의 농도는 미생물에 따라 다르므로 단백질 측정은 한 가지 개체군만 존재할 때 미생물의 생물량을 추정하는 방법으로서 가장 많이 이용된다.

3) ATP

ATP는 모든 미생물에 존재하며, 생리적 상태에 따라 차이는 있지만 ATP의 농도는 많은 세균, 조류, 원생동물의 세포내 탄소에 비해 비교적 일정하다. ATP는 세포가 죽은 후 급속히 소멸하기 때문에 ATP 농도의 측정은 살아있는 생물량을 추정하는 데 사용된다. ATP는 luciferin-luciferase 분석으로 검출할 수 있는데 이 방법은 환원형 luciferin이 luciferase 효소와 마그네슘 이온, ATP의 존재 하에 산소와 반응하여 산화형 luciferin으로 변할 때 발생하는 빛의 강도를 측정하는 것이다. 이때 생성되는 빛의 양은 ATP의 농도와 비례하므로 생물량의 추정이 가능하다. ATP는 또한 고압 액체 크로마토그래피(HPLC)로 정량할 수도 있다.

물 시료의 경우, ATP를 세포내 탄소로 환산하기 위해 보통 ATP의 농도에 250~286을 곱해준다. 토양시료는 ATP의 농도에 120을 곱하여 세포내 탄소로 환산된다. 그러나 일부 미생물은 영양조건이나 생리적 조건이 변하면 세포 내의 ATP 농도가 바뀌기 때문에 ATP 측정값으로 미생물 생체량을 추정하는 데는 정확도에 문제가 있다.

4) 세포벽 성분

대체로 모든 세균이 세포벽에 세균의 생물량 추정에 유용하게 될 수 있는 muramic acid를 함유하고 있다. Muramic acid 측정값을 생물량으로 환산할 경우, 그람양성세균은 탄소 1 mg 당 44 μg의 muramic acid가 존재한다고 가정하고, 그람음성세균은 탄소 1 mg당 12 μg의 muramic acid가 존재한다고 가정하여 계산한다. 이 방법을 정확히 사용하기 위해서는 시료 속에 존재하는 그람음성세균과 그람양성세균의 비율을 알아야 한다. 이 비율의 추정이 잘못되면 생물량의 추정도 부정확하게 된다.

그람음성세균의 세포벽에는 lipopolysaccharide(LPS)가 함유되어 있다. LPS의 농도는 말발굽게(*Limulus polyphemus*)의 혈액세포에서 추출한 수용성 추출물이 LPS와 반응하여 용액의 탁도를 증가시키는 특성을 이용하여 측정할 수 있다. 탁도의 증가는 LPS의 농도와 비례하므로 정량이 가능하다. LPS는 그람음성세균의 세포벽에만 존재하므로 그람음성세균이 우점한 환경에 존재하는 세균수를 추정하는 데 유용하다.

키틴은 많은 균류의 세포벽에 존재하지만 식물이나 토양 미생물의 세포벽에는 존재하지 않기 때문에 균류의 생물량을 추정하는데 이용될 수 있으며, 다른 미생물 개체군과 공존하는 균류의 생물량을 선택적으로 측정할 수 있으나 미소절지동물이 존재하면 정확한 값을 산출할 수 없다.

5) 광합성 색소

식물이 존재하지 않는다면 엽록소 또는 기타 광합성 색소의 양을 측정함으로써 광합성 조류나 광합성 세균의 수를 추정할 수 있다. 생물량과 엽록소 함량 사이에 일관적인 관계가 없는 경우도 있기는 하지만 조류 및 사이아노박테리아의 엽록소 a는 생물량을 추정하는 유용한 척도가 된다. 엽록소의 양으로 추정한 광합성 미생물의 생물량은 ATP의 양으로 추정한 생물량과 좋은 상관관계를 보이고 있다. 엽록소 a는 아세톤 등의 용매로 추출하여 665 nm의 파장에서 흡광도를 측정한다. 세균엽록소의 종류에 따라 상응하는 최대의 흡광도를 얻기 위하여 파장을 조절할 수 있는데, 예를 들면 자색유황세균은 850 nm에서 흡광도를 측정한다. 한 개의 시료 내에 여러 가지 광합성 세균이 존재하더라도 각 세균엽록소가 서로 다른 파장을 흡수하기 때문에 시료 내에 공존하는 여러 광합성 미생물의 생물량을 동시에 측정할 수 있다.

엽록소의 농도는 형광광도계로도 측정할 수 있다. 엽록소 a는 430 nm에서 형광을 발하기 시작하여 685 nm 부근에서 최대의 형광을 발한다. 이 경우, 형광이 시작되는 파장과 최대 형광을 발하는 파장을 조사함으로써 비특이적 흡광에 의한 간섭을 줄일 수 있기 때문에 형광광도법은 흡광광도법보다 선택성이 강하다.

6) 건조중량 측정

곰팡이는 균사의 발육이 특징적이고 어느 시점에 자실체를 가지게 되므로 개개의 세포를 헤아릴 수 없다. 이때는 발육시점을 정하여 발육한 균체를 여과하고 수세하여 건조한 후 양을 측정하여 생체량으로 표시한다. 세균 및 효모도 여과 또는 원심분리를 통하여 균체를 수집하고, 수세하여 건조한 후 균체량을 측정할 수 있으나 세균 및 효모는 통상 CFU 산정 또는 흡광도를 이용하여 증식정도를 파악한다.

7) 흡광도 측정

액체배지에 미생물을 배양하여 일정시간이 지난 후 흡광광도계로 빛을 통과시키면 미생물의 증식정도에 따라 빛의 투과도에 차이가 나타나므로 이를 이용하여 증식정도를 파악하는 방법이다(그림 3-6). 대부분의 미생물 배양에서 이용되지만 배양액의 균질화가 요구되며, 상·하면효모 또는 곰팡이 균사는 측정에 어려움이 있다.

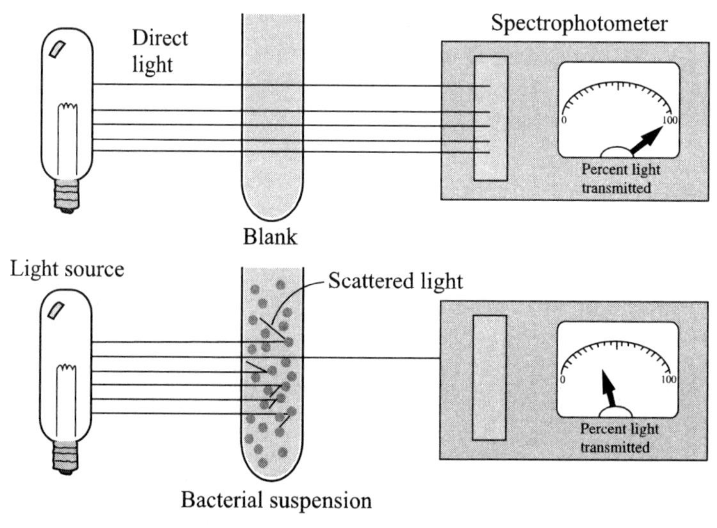

그림 3-6 • 흡광도 측정.

3.5.2 생리학적 분석

미생물의 생물량을 추정하기 위한 생리학적 분석법은 호흡에 기초한다. 이러한 분석법의 하나로서 토양에서 미생물의 생물량을 측정하는 방법이 있는데 이는 토양을 클로로포름으로 훈증하여 미생물을 사멸시킨 후, 사멸된 미생물이 분해되어 무기물화되는 과정에서 방출되는 CO_2의 양을 측정하는 것이다. 즉, 토양 시료를 클로로포름으로 훈증하여 이것을 다시 토양에 접종하여 배양하면 토양미생물이 죽어 있는 미생물을 분해하여 무기물화가 진행된다. 대조군으로서는 클로로포름으로 훈증하지 않은 토양을 사용한다. 미생물 탄소량은 훈증시료와 대조군에서 발생되는 CO_2-C의 차이로 계산한다. 방사성원소로 표지한 각종의 세균과 균류에 의해 이 방법의 효율을 결정한 결과, 환산인자 0.4~0.5를 사용하도록 추천하고 있다. 균류의 평균 무기물 비율은 44±5%이며, 세균은 33±10%로 추정된다. 토양 중에 세균과 균류의 생물량 비가 1 : 3으로 존재한다면 종합적인 평균 광물화도는 41%가 될 것이다. 토양 중의 ATP와 이러한 훈증법에 의해 측정된 생물량 사이에는 높은 상관관계가 존재한다.

미생물의 생물량을 추정하는 또 다른 방법은 기질을 첨가한 후 호흡률을 측정하는 것이다. 단기간 동안에 측정된 최고 호흡률은 시료 중의 생존 미생물 수와 비례한다고 가정한다. 세균과 균류의 생물량을 따로따로 추정하기 위하여 미생물 억제제를 사용할 수 있다. 이러한 최고 호흡률법과 클로로포름 훈증법 사이에 양호한 상관관계가 있다고 보고되었다.

3.6 미생물 대사의 측정

최근 분석방법이 발달하여 미생물의 자연적 대사활동을 감도 높게 측정할 수 있다. 그러나 대부분의 방법이 측정대상이 되는 시료를 변형해야 하기 때문에 미생물의 자연적인 대사활동이 변화될 수 있다는 것에 주의해야 한다. 예를 들어, 물 시료를 용기에 담음으로써 벽 효과(wall effect)가 나타나 미생물의 대사활동을 변화시킬 수 있으며, 대사활동을 자연 상태 그대로 측정치 않고 시료를 채취하여 측정함으로써 산소의 농도를 비롯한 다양한 변수가 변화될 수 있다.

3.6.1 종속영양 잠재력

환경에서 미생물의 종속영양 잠재력(heterotrophic potential)을 측정하는 방법은 방사성 동위원소로 표지된 탄소를 환경에 투입하여 그 흡수율을 측정하는 것이다. 이 방법의 기초는 Michaelis-Menten 동역학으로서, 미생물이 기질을 1차 반응 또는 포화반응에 따라 흡수하며, 흡수율은 최대 흡수(V_{max})가 될 때까지 기질 농도의 증가에 비례하여 증가한다고 가정한다. ^{14}C로 표지한 기질의 흡수율을 기질의 농도에 대해 도식화함으로써 V_{max}를 계산할 수 있다. 이 경우 사용된 기질의 농도는 낮아야 하며, 환경 중에 존재하는 자연적인 농도와 비슷해야 한다.

종속영양 잠재력을 결정하는 방법은 우선 방사성원소로 표지한 기질을 여러 가지 농도로 만들어 시료에 넣고 실제 환경과 비슷한 조건하에서 배양하는 것이다. 배양 후 세포들을 여과지에 걸러서 세포에 도입된 방사능을 액체섬광계수법으로 측정한다. 원래는 세포에 도입된 것만 측정하였으나 이럴 경우, 세포 내에 도입되었다가 대사된 것은 측정되지 않으므로 호흡 중에 방출되는 $^{14}CO_2$를 포집하여 이 양을 세포에 조합된 ^{14}C양에 추가시키는 방법이 개발되었다.

종속영양 잠재력 연구를 위하여 Michaelis-Menten 동역학을 선형화하면 다음과 같은 Lineweaver-Burke 식이 된다.

$$\frac{T}{F} = \frac{K_t + S_n}{V_{\max}} + \frac{A}{V_{\max}}$$

여기서,

$$\frac{T}{F} = \frac{\text{시간(hours)}}{\text{첨가된 기질이 세포에 동화되거나 } CO_2\text{로 변화된 비율}}$$

A = 첨가된 기질의 농도

$K_t + S_n$ = 수송상수 + 기질의 자연농도(natural concentration)

$V_{\max}$ = 기질의 최대섭취율

$V_{\max}$는 현존하는 개체군의 함수이므로 현장에서의 종속영양 활동성을 추정하는 참값이 된다. 또한 $V_{\max}$는 환경변화에 민감하게 변동하며, 토착미생물 대사 활동의 계절적, 공간적 차이를 비교할 때 대단히 좋다.

주의해야 할 것은 종속영양 잠재력 측정은 미생물 개체군의 모든 구성종이 기질 농도의 변화에 동일한 방식으로 반응한다고 가정하지만 이것은 반드시 사실이 아니다. 즉, 어떤 경우에는 서로 다른 미생물 개체군 사이의 기질의 흡수율이 다르다. 또한 종속영양 잠재력 측정에 있어서 생성된 $^{14}CO_2$는 고려하지만 생성된 기타 휘발성물질은 고려하지 않고 있다. 따라서 메탄이나 휘발성 지방산이 주된 대사산물일 때는 중대한 오차가 발생한다.

종속영양 잠재력 측정에 있어서 기질에 대한 특이성은 문제점인 동시에 장점이기도 하다. 이 방법은 특정 기질에 대한 종속영양 활동성을 측정할 뿐이지 전체적인 종속영양 활동성을 측정하는 것이 아니다. 종속영양 잠재력을 측정함으로써 미생물의 활동에 대한 오염물질의 영향 등을 알 수 있다.

3.6.2 방사능표지 뉴클레오티드의 DNA로의 유입

생육 중인 세포에 있어서 DNA는 생물량에 비례하여 합성되므로 DNA 합성률은 미생물의 생장률을 반영한다. 따라서 방사성 동위원소로 표지된 뉴클레오티드가 DNA로 동화되는 속도를 측정함으로써 미생물 활성을 결정할 수 있다. 환경 시료 중에 존재하는 미생물의 생장률은 시료에 삼중수소(^3H)로 표지된 티미딘을 넣고 배양하여 뉴클레오티드가 유입되어 들어간 비율을 자가방사성 계수기(autoradiography)로 측정한다. 그러나 모든 생육하는 미생물이 외부에서 공급되는 티미딘을 DNA로 유입하는 것은 아니다. 따라서 생장률과 방사성표지 물질 측정량 사이에 관계가 정립된 미생물에만 사용될 수 있다.

3.6.3 1차 생산력

방사성 추적자(radiotracer)를 이용하여 1차 생산력을 측정할 수 있다. 이산화탄소의 동화는 방사성원소로 표지된 중탄산염을 이용하여 측정할 수 있는데, 토착미생물이 존재하는 시료에 방사성 동위원소로 표지된 기질을 첨가하여 배양한 후, 세포를 여과하여 여과지에 포집된 ^{14}C의 양을 측정함으로써 세포 내 유기물로 전환된 $^{14}CO_2$의 양을 결정한다. 여과지를 씻으면 방사성 ^{14}C로 표지한 중탄산염 중에서 세포 내에 조합이 되지 않은 부분이 제거된다. 여과지에 포집된 ^{14}C를 포함하는 유기물질은 산성 중크롬산염(acid dichromate)으로 산화시켜 방출되는 $^{14}CO_2$를 포집하여 측정한다.

3.6.4 분해력

방사성 동위원소로 표지된 기질로부터 방출되는 $^{14}CO_2$에 의해 기질의 분해율을 결정할 수 있다. 농약과 같은 합성 유기화합물로부터 방출되는 $^{14}CO_2$에 의한 분해율 측정은 이러한 화합물의 환경안전성 평가에 중요하다. 그 이유는 이러한 화합물이 미생물에 의해 광물화되지 않는다면 환경 중에 축적되기 때문이다.

방사성표지 기질을 사용하지 않는 방법들 또한 미생물의 호흡률 측정에 사용된다. 이런 방법들은 대개 산소의 소모율이나 이산화타소의 생성률을 측정한다. 호기성 조건이 유지되는 한, 이산화탄소 생성량은 미생물의 호흡활동을 비교적 정확히 측정하는 데 이용될 수 있다. 장기간 연구에 있어서는 Biometer flask와 같이 특별히 고안된 플라스크를 사용하여 이산화탄소 생성량을 측정한다.

이산화탄소 생성량을 측정하는 것 이외에 산소 소모율을 이용하여 호흡활동을 측정할 수 있다. 산소 소모율을 측정키 위해서 여러 가지 산소전극이 개발되어 있다.

3.6.5 효소 분석

토착미생물의 대사활동을 측정하기 위해서 다양한 효소분석법을 사용할 수 있다. 탈수소효소(dehydrogenase)나 탈인산효소(phosphatase) 등의 활성을 측정하는 효소분석법은 미생물 군집의 비교적 큰 부분을 차지하는 일반적인 활동성을 분석하는 데 사용되며, 셀룰로오스 분해효소(cellulase) 키틴 분해효소(chitinase), 질소환원 효소(nitrogenase) 등은 미생물 군집에서 중요한 기능을 수행하는 특정 활성을 측정하는 데 사용된다(표 3-2). 생물지구화학적 순환에 관여하는 효소들이 미생물 생태학자들의 관심을 끄는데, 특히 탄소 및 질소순환에 관여하는 효소들이 중요하다. 효소활성 분석에 있어서 주의해야 할 점은 현장의 활성을 정확히 반영할 수 있도록 시료 분석과정 중에 미생물 군집의 변화가 발생하지 않도록 해야 한다. 특히 온도, 수분함량, Eh 등에 신경을 쓰고, 미생물 수의 변화를 배제하기 위하여 배양기간을 가능한 한 짧게 하여야 한다. 이로써 시료 중에 존재하는 효소 농도의 변동도 막을 수 있다.

표 3-2 • 특정효소 분석

효소	기질	방법
Dehydrogenase (탈수소효소)	Triphenyltetra -zolium chlorid	Dehydrogenase가 triphenyltetrazolium chloride를 triphenyl-formazan으로 변화시킨다. 생성된 triphenylformazan은 메탄올로 추출하여 흡광광도법으로 측정한다.
Phosphatase (탈인산효소)	P-Nitrophenol phosphate	Phosphatase는 p-nitrophenol phosphate를 p-nitrophenol로 변화시키면 이를 물로 추출하여 흡광광도법으로 측정한다.
Protease (단백질 분해효소)	Gelatin	단백질 분해활동력의 일종인 젤라틴의 가수 분해량을 잔여 단백질량을 측정하여 정량한다.
Amylase (전분 분해효소)	Starch	분해된 전분량은 잔여 전분량을 측정하여 계산한다. 전분의 정량은 요오드와 반응시켜 청색으로 반색된 강도를 흡광광도법으로 측정한다.
Chitinase (키틴 분해효소)	Chitin	키틴이 분해되어 생성되는 환원당을 anthrone 시약으로 정량한다.
Cellulase (셀룰로오스 분해효소)	Cellulose	셀룰로오스의 분해에서 생성되는 환원당을 anthrone 시약으로 정량한다.
	Carboxymethyl cellulose	Cellulase가 carboxymethyl cellulose의 점도(viscosity)를 변화시켜 이를 측정한다.
Nitrogenase (질소환원 효소)	Acetylene	Nitrogenase는 N_2를 암모니아로 환원시키는 외에 아세틸렌을 에틸렌으로 환원시킬 수 있다. 에틸렌 생성률은 가스 크로마토그래피(gas chromatograph)를 이용하여 정량한다.
Nitrate reductase (질산염 환원효소)	Nitrate	이화적 질산염 환원효소에 의해 소멸되는 질산염의 양을 측정하거나 가스질량분석기로 시료에 생성되는 탈질산물인 N_2나 NO의 양을 측정한다. 아세틸렌을 첨가하면 NO가 발생하고, 탈질은 이에 의해 억제되기 때문에 절차가 간단해서 쉽게 정량이 된다.

3.7 분자생물학적 방법에 의한 미생물 군집분석

지금까지 오염물질의 검출, 오염물질의 처리, 오염된 환경의 복원, 폐자원의 재생 등 다양한 분야에 걸쳐 미생물을 이용하여 왔다. 활성슬러지 및 혐기성 소화와 같은 대표적인 미생물을 이용한 환경공정 즉, 생물환경공정은 20세기 초에 시작되어 100년이 지난 지금까지 유용하게 사용되고 있다. 생물환경공정이 사용되기 시작한 초기에는 단순히 미생물 집단을 이용한 유기물 제거를 목표로 공정을 운전하였으며, 미생물들이 공정의 효율에 중요한 역할을 수행하고 있음에도 불구하고 전혀 연구의 대상이 되지 못하였다. 그러나 수질규제가 강화되고 영양염류 및 다양한 특정 화합물의 처리가 요구됨에 따라 특정 대사기능을 가진 미생물 개체군이나 군집을 유지할 필요성이 대두되었다. 즉, 원하는 생물환경공정의 목적을 달성하기 위해서는 공정 내에 충분한 양의 바람직한 미생물 종으로 구성된 군집 구조가 형성되도록 하고, 미생물 군집이 원하는 생화학적 기능을 장기간에 걸쳐 안정되게 수행할 수 있도록 운전하여야 한다. 이에 따라 다양한 미생물로 구성된 군집 내에서 원하는 기능을 가진 미생물 개체군이 잘 유지되고 있는지를 관찰하는 연구들이 필요하게 되었다.

생물환경공정에 존재하는 미생물을 연구하기 위하여 과거 수십 년 동안에는 특정 선택배지에 미생물을 배양시켜, 생성된 콜로니를 순수 분리하고 동정하는 배양법을 주로 사용해 왔다. 이러한 배양법은 순수 분리된 미생물 균주를 보관할 수 있으며, 그 균주의 표현형질(phenotype)과 유전형(genotype)을 같이 연구할 수 있다는 장점이 있다. 그러나 배양법에 의해 동정할 수 있는 미생물은 전체 원핵생물 수의 0.5~10% 이내라고 알려져 있으며, 질산화 미생물과 같은 경우에는 배양에 수 주일이 소모되기도 한다. 따라서 배양법만을 사용하여 환경에 존재하는 다양한 미생물들을 조사하는 것에는 한계가 있다.

최근 약 20년 전부터 환경시료에서 직접 핵산을 추출하는 방법이 소개되었으며, 15여 년 전부터는 추출한 DNA의 일부분을 증폭하는 PCR(polymerase chain reaction)법을 적용함으로써 배양에 의존하지 않고 미생물 생태를 연구할 수 있게 되었다. 이러한 분자생물학적 방법을 이용하여 환경 중의 미생물 생태를 연구하는 분자생태학적 기법의 등장으로 미생물 종 다양성에 대한 우리의 지식과 견해가 크게 변화하였다. 지금도 특정 환경이나 환경 조건의 변화에 따른 미생물 군집의 구조와 변화를 조사하고 해석하기 위하여 새롭고 다양한 분자생물학적 방법들이 개발되고 있다. 분자생태학적 기법을 적용한 연구의 경우 대부분이 특정 자연환경의 미생물군집 구조를 조사한 것이며, 생물환경공정의 미생물 군집 해석에 분자 생태학적 기법을 적용하기 시작한 것은 약 10년 정도의 짧은 연구 역사를 지닌다. 생물환경공정에 존재하는 미생물 군집을 해석하기 위하여 가장 널리 사용되고 있는 분자생물학적 기법들은 다음과 같다.

3.7.1 계통발생학적 생물분류

분자생태학적 기법을 소개하기에 앞서 이해를 돕기 위해 계통발생학적 생물분류에 대해하여 언급하고자 한다. 계통발생학적 분류법이란 생물의 형태, 생리학적 특성 등 관찰할 수 있는 성질, 즉 표현형에 기초한 종래의 분류방법과는 달리 유전적 특성을 바탕으로 생물을 분류하는 새로운 분류법이다. 지구상의 모든 생물들은 생명활동의 유지를 위한 정보를 DNA에 가지고 있다. DNA는 아데닌(A), 구아닌(G), 시토신(C), 티민(T)이라는 4가지 염기로 구성되어 있으며, 생명활동에 필요한 다양한 유전정보는 염기의 나열된 순서(염기서열)에 따라 결정된다. 모든 생물들이 가지고 있는 DNA의 염기서열을 비교함으로써 생물들을 분류할 수 있으나, 모든 생물종의 DNA 염기서열 전체를 해독한다는 것은 지금의 과학수준으로는 불가능에 가까울 정도로 방대한 시간과 노력을 필요로 한다. 따라서 일반적으로 계통발생학적 분류에서는 모든 생물 세포가 포함하고 있는 리보솜(DNA의 정보를 전사 받은 RNA를 해독하여 단백질을 생성하는 세포소기관) 가운데에서 약 1,500~1,900개의 염기로 구성된 작은 단위체 부분 RNA(small subunit ribosomal RNA: SSU rRNA)의 염기서열을 기준으로 생물을 분류한다. SSU rRNA를 기준으로 생물을 분류한 결과, 지구상의 생물은 크게 3개의 영역(domain), 즉 진정세균(Bacteria), 고세균(Archaea), 진핵생물(Eukarya)로 분류할 수 있음이 밝혀졌다. 지금까지 밝혀진 수많은 생물 종들의 SSU rRNA가 데이터베이스화되어 있으며, 새로이 밝혀진 생물의 SSU rRNA(진정세균의 경우는 16S rRNA)를 데이터베이스와 비교함으로써 그 생물이 속하는 분류그룹을 결정할 수 있다.

일반적으로 미생물군집 해석이란 군집 내에 존재하는 진정세균, 고세균, 단세포 진핵생물의 종류와 수, 위치, 역할 및 상호관계를 밝혀내는 것이다. 그러나 실제로 환경공정 내에 존재하는 미생물 가운데에서 진핵생물에 속하는 진균류, 조류, 원생동물의 수와 역할은 제한적이며, 생물환경공정이 목적으로 하는 기능을 수행하는 것은 대부분이 박테리아(진정세균)이다. 따라서 아래에 소개한 분자 생태학적 기법들은 고세균 및 진핵생물의 군집해석에도 활용할 수는 있지만, 주로 박테리아 군집을 해석하기 위해 사용되고 있다.

3.7.2 분자 생태학적 기법

분자 생태학적 기법은 크게 전처리한 환경생물시료로부터 특정 박테리아 분류군을 직접 검출하는 기법과 환경생물시료의 DNA를 추출하고 중합효소연쇄반응(polymerase chain reaction; PCR)을 거치는 기법으로 나뉜다. 전자에는 FISH(Fluorescence in-situ hybridization)법으로 대표되는 whole cell hybridization방법이 있으며, 후자에는 클로닝(cloning)법, 군집 fingerprinting법, 그리고 정량 PCR법 등이 있다. 그림 3-7에 기본적인 분자 생태학적 기법의 수행 흐름도와 상호관계를 나타내었다.

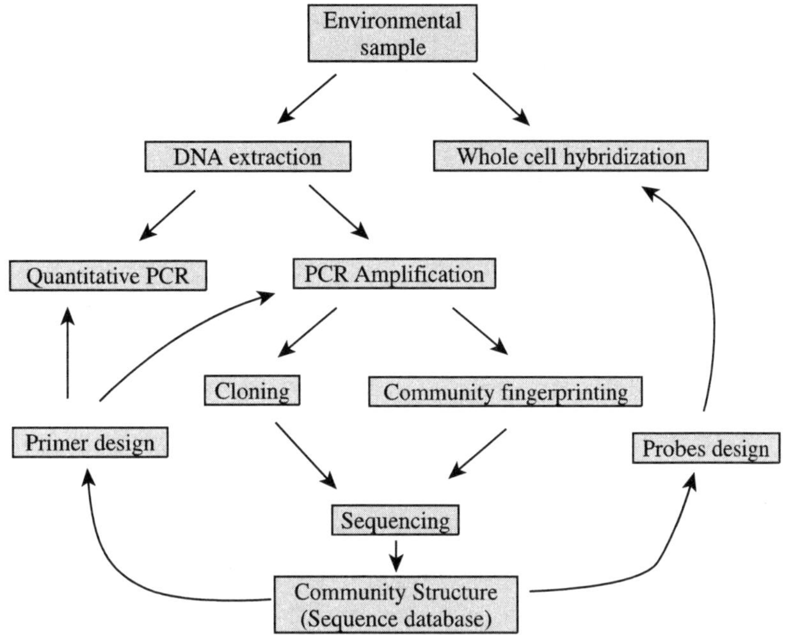

그림 3-7 • 생물환경공정 내 미생물 군집의 유전적 다양성을 분석하기 위한 분자생물학적 방법.

1) FISH법

FISH이란 형태학적으로 보존된 박테리아 군집 시료 내에서 목적 박테리아의 DNA 또는 RNA의 특정 부분에 상보적인 염기서열을 갖는 형광 표지 probe(20개 내외의 염기로 구성된 짧은 DNA단편)를 결합시킨 후 목적하는 박테리아의 분류군을 형광현미경으로 검출하는 방법이다. 주로 SSU rRNA(박테리아의 경우는 16S rRNA)를 검출하는 형광 probe를 사용하며, probe는 특정 박테리아 종, 그룹, 더 넓게는 진정세균 전체를 검출할 수 있도록 설계할 수 있다. probe의 설계에는 기존 16S rRNA의 데이터베이스를 활용할 수 있으며, 다른 분자 생태학적 기법을 사용하여 얻어진 특정 개체군의 16S rRNA 데이터를 활용할 수도 있다. FISH법은 보다 큰 분류군 내의 작은 분류군의 존재 비율 또는 분류군 간의 존재 비율의 비교를 위하여 적용할 수 있다. 생물환경공정에서 사용되는 FISH기법의 가장 일반적인 예로는 진정세균 전체를 검출하는 probe인 EUB338과 보다 세부적인 특정 박테리아 그룹을 검출하는 probe를 동시에 사용함으로써 전체 박테리아 가운데 특정 그룹에 속하는 박테리아의 존재 비율을 산출하는 것이다. 또한, 형태를 파괴하지 않고 박테리아의 세포를 고정시킨 상태에서 형광 probe를 결합시키기 때문에 생물막과 같은 미생물 집단 속에서 목적하는 박테리아 분류군이 존재하는 장소를 파악할 수도 있다.

생물환경공정에서 FISH의 적용은 많은 이점을 가지고 있으나, 개발된 16S rRNA probes를 이용하여 목적 미생물을 검출하는데 몇 가지 문제에 직면하게 된다. 첫째, 첨가한 DNA probe의 양이 부족한 경우나 배경의 형광강도가 지나치게 높은 경우에는 검출하고자 하는 형광의 양이 미약하여 목적 분류군에 속하는 박테리아의 존재양이 과소평가 될 수 있다. 둘째, 일반적으로 FISH는 슬라이드 글라스를 사용하여 수행되나, 세척과정에서의 세포 유실로 인해 측정되어야 할 결과보다 과소평가 될 수 있다. 셋째, 자기형광(autofluorescent)을 나타내는 미생물의 경우에는 정량이 곤란하다. 넷째, 사용하는 probe의 정확성과 반응조건 및 검출하고자 하는 미생물의 생리적 상태에도 영향을 받는다. 다섯째, 생물환경공정에 존재하는 수많은 박테리아 종에 대하여 특이적인 probe를 설계하는 것은 불가능하며, 검출하고자 하는 박테리아 개체군의 종류가 늘어남에 따라 군집의 해석에 방대한 시간과 비용, 노력이 소모된다.

그럼에도 불구하고 FISH기법은 목적 미생물 존재와 양의 시각화 등의 많은 장점으로 인하여 생물환경공정의 미생물 군집 해석에 폭넓게 사용되고 있으며, 최근에는 flow cytometry(형광을 띤 세포를 분류하는 장치) 또는 microautoradiography법(동위원소이용 관찰법, MAR-FISH)과 결합하여 사용하거나, TSA-FISH(Tyramide Signal Amplification of FISH), CARD-FISH (Catalyzed Reporter Deposition-FISH) 등 FISH의 단점을 개선한 새로운 방법들이 개발되어 미생물 군집해석에 적용되고 있다.

2) 16S rRNA 유전자 클로닝법

16S rRNA 유전자(이하 16S rDNA)의 클로닝을 위해서는 우선 생물환경공정의 미생물군집 시료로부터 모든 미생물의 DNA를 추출한 후, PCR법으로 박테리아의 16S rDNA를 대량 복제한다. 복제된 PCR 산물에는 다양한 박테리아의 16S rDNA가 혼재하고 있으므로, 각각을 플라스미드에 연결하여 하나씩 대장균에 삽입한다. 대장균을 배양하여 16S rDNA가 삽입된 플라스미드를 대량 복제한 후 플라스미드를 회수하고, 각 플라스미드에 삽입된 16S rDNA의 염기서열을 결정한다. 얻어진 16S rDNA의 염기서열을 Genbank 등의 SSU rRNA 데이터베이스와 비교함으로써, 미생물군집 내에 존재하는 박테리아의 종들을 결정하거나 알려진 종들과의 계통학적 상관성을 구할 수 있다. 또한, 16S rDNA 클론 해석 결과는 서로 다른 미생물 군집 시료(예를 들면, 서로 다른 장소에 존재하는 생물환경공정, 또는 같은 생물환경공정에서의 계절별 미생물군집 시료 등)의 종 다양성을 비교하는데 사용될 수 있으며, FISH에 사용되는 probe나 Finger print법에 사용되는 primer의 설계에도 활용될 수 있다.

16S rDNA 클론 해석법은 FISH법에 비하여 미생물 군집 내에 존재하는 다양한 박테리아 종을 밝혀 낼 수 있다는 장점이 있다. 그러나 군집 내에 너무 많은 종들이 존재할 경우, 시료의 수가 많을 경우, 그리고 계속적으로 군집의 변화를 모니터링 해야 할 경우에는 지나친 시간과 노력, 비용을 필요로 하기 때문에 적용하기 어렵다.

3) 군집 Fingerprinting법

군집 fingerprinting법은 PCR 증폭된 특정 DNA(주로 16S rDNA)를 gel상에서 물리적으로 분리하여 DNA band의 패턴이나 프로파일을 제공함으로써, 미생물군집의 종 다양성을 결정하거나, 군집의 시간, 공간 또는 조건에 따른 변화를 용이하게 모니터링 하기 위한 기법이다.

군집 fingerprinting법에는 DGGE(denaturing gradient gel electrophoresis), TGGE(temperature gradient gel electrophoresis), SSCP(single strand conformation polymorphism), RFLP(restriction fragment length polymorphism), T-RFLP(terminal restriction fragment length polymorphism) 등 다양한 방법이 있으나, 이 가운데에서 최근 가장 널리 사용되고 있는 DGGE와 T-RFLP에 대한 내용은 다음과 같다.

① PCR-DGGE법

PCR-DGGE법은 원래 의학 분야에서 돌연변이 유전자의 검출을 위하여 사용되던 방법이었으나, Muyzer 등이 처음으로 16S rDNA의 V3 region(16S rDNA 가운데 미생물 종에 따라 가장 변이가 심한 부분)을 대상으로 미생물 생태분야에 적용하였다. DGGE 분석법에서는 5′ 말단에 GC-clamp(약 40개 정도의 G와 C로 구성된 DNA단편)를 붙여 놓은 primer를 사용하여 미생물군집에서 추출한 전체 DNA로부터 16S rDNA를 PCR증폭시킨 후, 증폭된 PCR 산물을 urea나 formamide와 같은 DNA변성제의 농도 구배가 존재하는 gel상에서 전기영동 한다. 증폭된 16S rDNA는 군집 내의 박테리아 종에 따른 염기서열의 차이에 의해 단일가닥(한쪽 끝은 GC-clamp로 인해 묶여진 상태)으로 변성되는 정도가 달라지고, 이에 따라 gel상에서의 이동거리가 달라지는 점을 이용한 방법이다. 결국, gel상의 특정 위치에서 특정 16S rDNA 염기서열을 가진 DNA가 band 형태로 나타나게 된다. 따라서 샘플 내에 미생물의 개체수가 다양할수록 band의 수는 늘어나게 되고 동일한 염기서열의 DNA가 많을수록 나타나는 band의 선명도는 증가하게 된다.

PCR-DGGE법은 많은 샘플에서의 전체적인 미생물 종의 수 그리고 양적 변화를 하나의 gel 상에서 관찰할 수 있다는 장점이 있다. 또한 중요도가 높은 band의 경우에는 band로부터 직접 DNA를 회수한 후 sequencing을 통해 종을 확인할 수 있기 때문에 cloning 분석법에 비해 시간, 노력 및 비용을 최소화할 수 있다. 그러나 gel의 제작과 최적 농도 구배의 범위를 설정하는 과정이 번거롭고, 샘플 내에 분포도가 낮은 종의 경우에는 증폭산물이 적어 검출되지 않을 수 있으며, band의 수가 너무 많이 발생하는 경우에는 군집의 변화를 해석하는데 어려움이 따른다. 게다가, 비교해야 할 샘플의 수가 많은 경우, 여러 장의 gel을 사용하여 전기영동을 실시해야 하며, 샘플의 조합을 달리하여 군집을 비교하고자 할 경우에는 추가적으로 전기영동을 실시해야 한다는 단점이 있다. 또 다른 단점으로, 서로 다른 염기서열의 band들이 뒤엉켜서 같이 이동하는 경우도 발생하며, PCR과정에서 mismatch로 생성된 산물도 군집의 구성 개체로 인식되어 버리는 오류가 발생할 수 있다.

유사한 기법인 PCR-TGGE법은 gel에 변성제 농도 구배를 대신하여 온도 구배를 부여하고, 전기영동을 실시하여 군집을 해석하는 방법이며, SSCP법는 DNA 이중 사슬을 2개의 단일사슬로 완전히 변성시킨 후, 낮은 온도에서 단일사슬이 형성하는 입체적 구조의 차이를 이용하여 전기영동을 실시하고 군집을 비교하는 방법이다.

② T-RFLP법

T-RFLP법은 미생물의 DNA로부터 16S rDNA를 PCR증폭시킨 후, 증폭된 PCR 산물을 제한효소(이중사슬 DNA의 특정부위를 절단하는 효소)로 절단하고, 전기영동을 실시하여 band 프로파일을 비교하는 RFLP법을 개량한 기법이다. 이 방법에서는 5′말단을 형광물질로 표지한 primer를 이용하여 16S rDNA를 PCR 증폭한 후, PCR산물을 제한 효소로 절단한다. 생성된 단편들 가운데에서 형광 표지된 DNA절편들은 변성제를 함유하지 않은 polyacrylamide gel를 사용하여 전기영동하거나 capillary 전기영동을 수행하여 형광을 검출함으로써 군집 내 미생물 종 다양성을 반영하는 peak(또는 band) 프로파일로 나타나게 된다.

이론적으로 형광 표지된 DNA 절편의 길이에 따라 나타나는 각 peak는 특정 미생물 종을 의미하며, 각 peak의 면적은 그 미생물 종의 상대적인 분포비를 나타낸다. 따라서 T-RFLP는 PCR-DGGE와 유사하게 정성적 그리고 정량적으로 사용할 수 있다. 또한, 전기영동을 수행할 때 DNA의 size marker를 사용하여 형광 표지된 DNA 절편들의 길이를 측정할 수 있으며, 사용한 primer 및 제한효소의 종류에 근거하여 데이터베이스에서 각 단편의 길이에 해당하는 박테리아의 종을 찾아낼 수도 있다. 그러나 이론적으로는 하나의 미생물 종은 특정한 길이의 형광 표지 절편 하나만을 생성하지만, 서로 다른 미생물이라 하더라도 같은 길이에서 같은 제한효소 사이트를 가질 경우에는 여러 종이 똑같은 길이의 형광 표시 절편을 생성할 수도 있다. 이러한 경우에는 데이터베이스로부터 미생물 종을 결정하기 힘들다.

T-RFLP법은 서로 다른 미생물 군집의 종 다양성을 비교하거나 한 미생물 군집 내의 변화를 모니터링 할 때 유용한 방법이다. 또한, 샘플의 조합을 달리하여 군집을 해석하고자 할 때에도 추가적인 실험 없이 기존의 peak 프로파일 데이터를 비교함으로써 간단히 수행할 수 있으며, 존재량이 적은 미생물 종까지 검출해 낼 수 있는 장점이 있다. 그러나 단점으로, peak의 베이스 라인이 안정되지 못 할 경우, peak가 아닌 것까지 모두 peak로 간주해 버림으로써 미생물 종 다양성을 과다하게 평가하는 오류를 범할 수 있으며, 사용한 primer와 제한효소의 종류에 따라 군집해석 결과가 달라질 수 있다. 따라서 T-RFLP법은 복잡한 군집구조를 가지는 시료의 해석에는 적합하지 않으며, 종 다양성이 크지 않은 미생물 군집의 해석에 적용하는 것이 바람직하다.

4) 정량 PCR법

일반적인 PCR법은 사이클 수(반응이 진행된 횟수, n)에 따라 초기 DNA를 2^n에 비례하여 복제 생성한다(그림 3-8). DNA의 증폭이 진행되는 과정 중에는 증폭되는 산물의 양의 변화를 알 수 없으며, 단지 PCR을 통해 생성된 최종 산물의 양만을 측정할 수 있다. 게다가 초기의 존재량이 다른 DNA들을 증폭시킨다 하더라도 충분한 사이클(일반적으로 30 cycle 이상)의 PCR을 거치게 되면 최종 산물의 양에는 큰 차이가 없어지게 된다. 따라서 PCR법을 활용하는 기존의 분자 생태학적 기법의 경우에는 초기량(예를 들면, 미생물 군집 내 각 분류군의 존재량)을 반영할 수 없기 때문에, 정확한 정량적 평가가 어렵고 다만 상대적인 양의 비교를 수행할 수 있을 뿐이다. 이와 같은 문제점을 해결하기 위하여 제시된 기법이 정량 PCR법이다.

정량 PCR법에서는 증폭되는 DNA의 일부분에 특이적으로 결합(hybridization)할 수 있는 형광 표지된 probe를 첨가하거나 이중사슬의 DNA에 결합하는 염색시약(intercalator)을 첨가하여 PCR을 수행함으로써 검출되는 형광의 변화량으로부터 증폭되는 DNA의 양의 변화를 모니터링한다. PCR산물이 지수함수적으로 증가하는 동안에는 초기의 DNA양에 비례하여 산물이 증가하기 때문에, 초기 DNA양을 순차적으로 증가시킨 표준시료들을 사용하여 초기 DNA 양과 임의의 형광량에 도달하는 데 필요한 PCR 사이클 수(C_t, Cycle of threshold)의 관계를 검량선으로 작성한다. 작성한 검량선으로부터 시료의 C_t값에 해당하는 초기 DNA량을 산출해 낼 수 있다. 이 방법은 의약분야에서 유전자의 발현된 양을 비교하기 위하여 주로 사용되어 왔으나 최근에는 생물환경공정 내에서 특정 기능을 수행하는 미생물 종이나 특정 기능 유전자 그 자체의 정량에도 적용되고 있다. 예를 들면, 혐기성 소화공정 내에서 메탄균을 정량하거나 영양염류 제거 활성슬러지 공정에서 암모니아 산화균을 정량하는데 응용되고 있으며, 암모니아 산화효소의 유전자나 방향족 유기물 분해효소의 유전자들의 정량에도 적용된 사례가 있다.

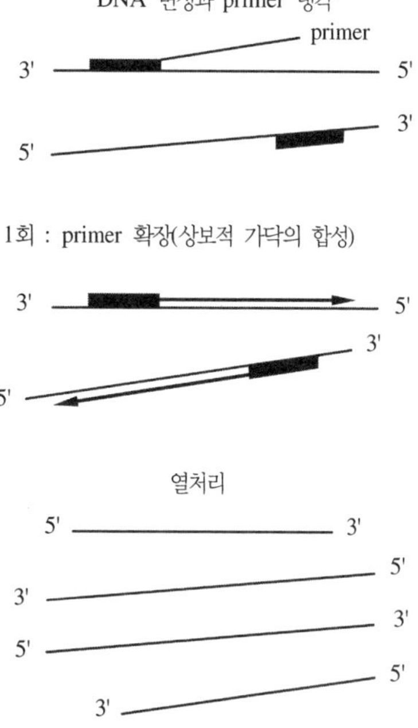

그림 3-8 • 중합효소 연쇄반응 개요.

정량 PCR의 단점은 primer와 probe의 종류

와 양의 결정, PCR 수행 조건의 결정, 표준시료 DNA의 제작, 검량선의 작성 등의 과정이 번거롭고 비교적 상당한 시간과 비용을 필요로 한다는 것이다. 그러나 미생물 종 다양성을 해석하는 다른 분자 생태학적 기법과 병행한다면 생물환경공정의 미생물 군집을 이해하는데 있어 가장 강력한 기법 가운데 하나가 될 것이다.

3.7.3 분자 생태학적 기법의 한계 및 활용 방향

현재 생물환경공정의 미생물 군집해석을 위하여 가장 널리 사용되는 분자 생태학적 기법은 PCR-DGGE 등의 군집 fingerprinting법이다. 미생물 군집에 대한 세부적인 조사를 수행하기에 앞서 대략적으로 군집 내에 존재하는 개체군의 다양성을 파악하고자 수행한다. 그리고 시간, 장소, 기타 조건의 변화에 따른 군집의 변화를 비교함으로써 중요하다고 인지되는 band를 조사하여 중요한 미생물 종들을 결정한다. 중요한 미생물 종들에 대해서는 염기서열 해독 결과를 바탕으로 특이적인 probe를 설계하여 FISH를 수행함으로써 그 종들의 존재 비율과 장소를 알아 낼 수 있다. 또한, 보다 정확한 정량적 수치를 얻고자 할 때에는 정량 PCR을 수행하며, DGGE의 결과를 뒷받침하는 자료로 사용하기 위하여 16S rDNA의 클로닝을 수행하기도 한다. 클로닝을 수행하는 경우에도 생성된 클론(clone)에 대하여 RFLP나 DGGE를 실시하여 같은 band 유형을 나타내는 클론들을 같은 그룹으로 분류하고, 각 그룹에서 대표적인 클론 2~3개만을 조사함으로써 시간과 노력, 비용을 절감할 수 있다. 이와 같이 현재의 생물환경공정의 미생물 군집해석에는 각각의 분자 생태학적 기법들이 갖는 단점을 보완하기 위하여 여러 기법들을 복합적으로 사용하는 추세이다.

이상에서 언급한 바와 같이 분자 생태학적 기법들은 각각 저마다의 한계점을 가지고 있지만, 대부분의 분자 생태학적 기법들이 공통적으로 갖는 중요한 한계점은 중간단계로서 PCR법을 사용한다는 것이다. PCR 과정에서는 primer끼리 결합하거나 반응조건이 엄격하지 않을 경우에 목적으로 하지 않는 DNA단편을 증폭할 수도 있다. 또한, PCR 증폭된 산물은 초기의 DNA량(개체량)을 반영하지 못 하는 등 여러 가지 기술적인 문제점을 함유하고 있다. 이러한 문제로 인한 오차가 시료채취나 DNA 추출, 그리고 결과해석 과정에서 범할 수 있는 오차보다 덜 중요한 것으로 간주되고 있기는 하지만, 분자 생태학적 기법을 사용할 경우에는 반드시 PCR의 방법적인 한계를 인식하고 해석을 수행하여야 할 것이다.

여러 분자생태학적 기법들은 생물환경공정의 기능에 관계하는 특정 기능 유전자의 해석에도 적용 가능하다. 그러나 아직까지 기능과 상호작용에 대한 연구는 초기 단계에 있으며, 대부분이 군집 내 미생물 종 다양성을 비교하거나 관심이 있는 개체의 분류 그룹을 결정하기 위해 사용되고 있다. 다행하게도 암모니아 산화균, 아질산성질소 산화균, 인 축적균, 황 환원균, 메탄균, 벌킹 원인 사상균 등 생물환경공정의 기능에 중요한 영향을 미치는 미생물들은 각각 계통발생학적으로 특정한 분류군 속하기 때문에 군집 내에 존재하는 이들의 16S rDNA를 해석함으로써 기능 미생물의 존재와 공정효율의 관계를 해석하고자 하는 연구가 활발히 진행되고 있으며, 많은 새로운 지식과 정보가 축적되고 있다.

분자 생태학적 기법을 사용한 생물환경공정 내 미생물 군집 해석 결과는 아직까지 공정 제어에는 반영되지 못하고 있는 실정이지만, 공정관리를 위한 모니터링이나 상태 진단에는 사용 가능할 뿐만 아니라, 새로운 공정개발에 있어 메커니즘의 규명이나 이론을 뒷받침하는 자료로 활용 가능하다. 또한, 최근에는 오염토양이나 지하수의 생물학적 복원과정에 있어서 미생물 군집 변화에 대한 모니터링이나 특정 오염물질의 분해를 위해 첨가한 미생물의 거동 해석에도 적극 활용되고 있다.

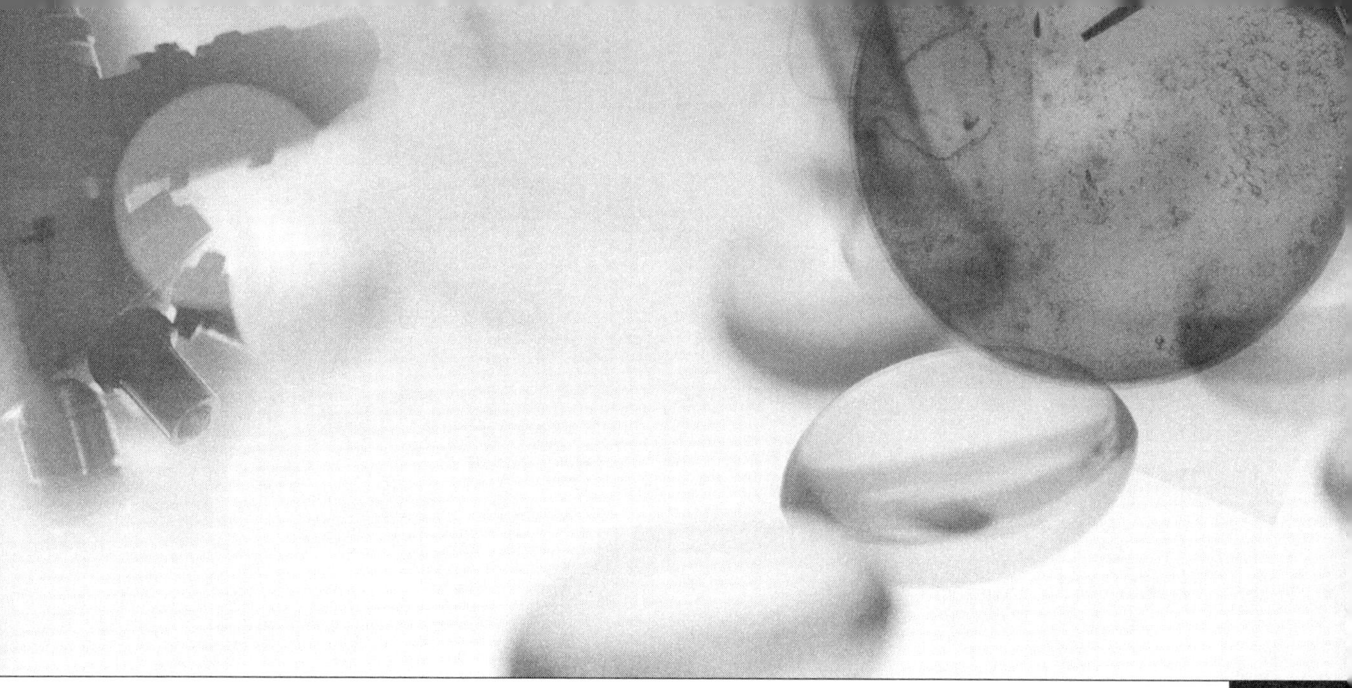

제 II 부

지구 환경과 미생물

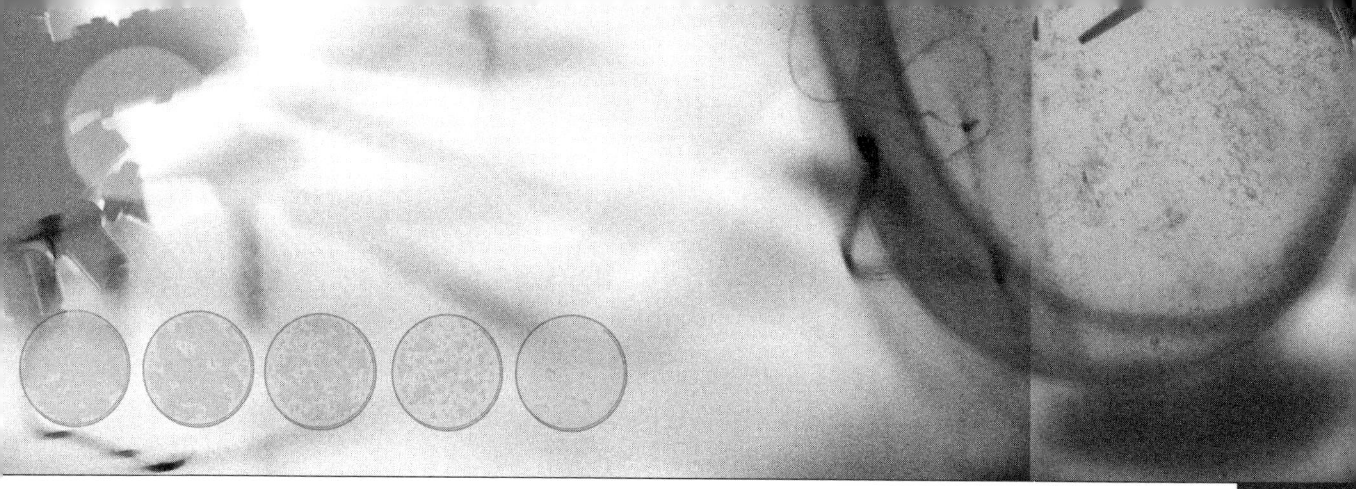

제 4 장 생물지구화학적 순환

지구상에 존재하는 각종 원소들은 생물지구화학적 순환을 통해 생물계와 무생물계 사이를 순환한다. 이에는 물질의 용해, 침전, 휘발, 고정 작용 등과 같은 물리적 전환과 합성, 분해, 산화, 환원 작용 등과 같은 화학적 전환 및 이 두 요인의 혼합작용의 형태로 순환하는 작용이 있다. 또한, 물리 화학적 작용에 의한 순환 외에도 많은 생물이 원소의 순환에 관여를 하고 있으며, 그 중에서도 생물에 의해 이미 이용되었던 여러 광물질들을 다시 새로운 생물체가 이용할 수 있도록 하는 광물질로의 전환은 주로 미생물이 담당하고 있다.

이러한 생물지구화학적 순환(生物地球化學的 循環, biogeochemical cycle)은 태양에너지에 의해 직·간접적으로 이루어지며, 에너지는 흡수되어 형태를 변화하면서 생태계내에 일시 저장되다가 결국 소멸하는 흐름을 가진다. 에너지가 생태계를 통하여 흐르는 반면 물질은 순환적으로 변환하면서 생태계 내 보존되는 경향을 가지는데 생태계내 각종 원소의 순환속도는 생물체의 구성성분과 상호관계를 갖고 있다. 즉, 생물체의 주요 구성성분원소(C, H, O, N, P, S)의 경우에는 순환속도가 빠르며, 미량원소(Mg, K, Na, 할로겐족)와 희소원소(Al, B, Co, Cr, Mo, Ni, Se, V, Zn 등)의 경우에는 비교적 순환속도가 느린 편이지만 Fe, Mn, Ca, Si 등의 희소원소의 경우 상대적으로 순환속도가 빠른 편이다.

4.1 탄소의 순환(Carbon cycle)

지구의 탄소저장소는 대기, 해양 그리고 육상에 두루 존재하며 가장 큰 탄소저장소는 지구의 퇴적토이지만 순환하는 탄소화합물의 형태는 주로 CO_2와 탄수화물$(CH_2O)_n$의 형태이므로 지구의 퇴적토보다 훨씬 작은 저장소인 대기 중의 CO_2와 생물체가 탄소순환의 중심적 역할을 하면서 아주 활발하게 순환하고 있다.

게다가 광합성 또는 유기물질의 분해에 의해 모든 생물지구화학적 순환계가 움직여지므로 탄소의 순환은 생물지구화학적 순환계의 중심을 차지하고 있다. 최근의 산업발달에 따른 화석연료의 과다이용, 벌목 등은 해양에 의해 대기 중 이산화탄소의 일부가 흡수되어 제거된다고 할지라도 그 범위를 넘어 온실효과(greenhouse effect)를 초래하는 주요인이 되고 있다. 이러한 현상은 메탄(methane), 염화불화탄소(chlorofluorocarbons, CFCs), 아산화질소(NO)와 함께 지구의 온난화(global warming)를 가속시킴으로써 심각한 기상이변을 야기하는 원인이 되고 있다.

4.1.1 탄소고정

탄소는 생화학성분의 골격을 이루는 원소로서 일차생산자(primary producer)에 의해서 광합성이라 불리는 과정에 의해 대기상의 이산화탄소가 빛에너지를 이용하여 유기탄소를 형성하면서 화학에너지로 고정된다. 일차생산자로 불리는 광합성생물은 육상 환경에서는 대부분을 고등 식물이 차지하나 연안지역을 제외한 대부분의 해양에서의 일차생산은 미생물에 의해 이루어지는데 이러한 생물에는 조류(algae), 사이아노 박테리아, 녹색 및 홍색 광합성세균, 일부 원생동물이 있다.

4.1.2 탄소호흡과 이차생산

일차 생산자에 의해 고정된 유기물의 일부는 호흡에 의해 이산화탄소의 형태로 재순환되고 나머지 고정된 태양의 빛에너지(유기 탄소, 화학에너지)는 먹이사슬을 통해 한 생물로부터 다른 생물로 이전하며, 이 이전은 단계를 형성하고 이것의 상호관계에 의해 먹이망이 형성된다. 탄소화합물의 형태로 이전된 고정된 에너지의 대부분은 호흡을 통해 소실된다. 대부분의 호흡의 최종 산물은 이산화탄소와 새로운 세포 생체량이다.

방대한 양의 탄소변환은 호기적 조건에서 일어난다. 호흡대사는 발효대사보다 더 많은 에너지를 생산할 수 있기 때문인데 이것은 호기적인 서식지에서는 호흡대사가 발효대사보다 우세함을 의미한다. 완벽한 호흡은 유기탄소로부터 이산화탄소로의 변환이라고 한다면, 발효는 저분자량의 유기알코올이나 산을 발효최종산물로서 생성한다.

혐기적 순환과정은 지구 초창기에 우세하였던 순환과정이긴 하지만 오늘날에도 탄소순환의 중요한 부분으로 남아 있다. 즉 일부의 세포성분, 특히 세포지질과 같은 성분들은 다른 것에 비해 분해가 잘 되지 않아 지구의 지질연대를 거치면서 퇴적층에 묻혀 현재와 같은 화석연료를 이루었으며, 또 다른 혐기성과정의 산물로서는 메탄과 같은 C1화합물의 환원된 형태로서 존재하여 다시 에너지원이나 탄소원으로 이용되어진다는 것이다.

한편 토양이나 수계의 먹이사슬에 있어서 배설물 및 사체 유기물은 종속영양미생물에 의해 분해되면서 미생물의 생체량(biomass)으로 전환됨으로써 먹이망의 재순환에 아주 중요한 몫을 차지하게 된다. 즉, 자연환경에 아주 낮은 상태로 존재하는 유기물이 생체라는 생물체내 농축하는 결과를 초래함으로써 직접 이용할 수 없는 낮은 농도의 유기물이 미생물 자체라는 먹이형태로 변환됨으로써 물질순환의 한 형태로 재생산의 형태로 유입되어진다. 이를 미생물의 이차생산(heterotrophic 또는 secondary production)이라 하며, 이 이차생산은 토양의 영양분 상태와 비교할 때 상대적으로 아주 낮은 농도의 용존유기물이 존재하고 있는 수환경에서 특히 중요한 의미를 갖게 된다.

토양환경에서 탄소는 그 주요 구성성분이 섬유소(cellulose)와 xylan, mannan 같은 hemicellulose 및 lignin 등의 유기성 탄소 중합체들로 된 식물 잔재물과 부식질 등이다. 이들은 *Baciilus, Arthrobacter, Flavobacteria, Micrococcus, Pseudomonas, Actinomycetes, Clostridium* 속에 속하는 세균 또는 *Agaricus, Fomes, Trichoderma* 같은 균류(fungi) 등의 미생물에 의해 glucose, xylose, mannose 및 각종 방향족 유기산, 알코올, 기타 물질 등으로 생물적 형질전환(biotransformation)되기도 한다.

그러나 최근 토양 및 수계환경에서는 인간으로부터 비롯되는 비토착성 유기물질의 이입에 따라 탄소 순환에 급격한 변화가 초래되어 토양환경오염 내지는 부영양화(eutrophication) 같은 원활하고 유익한 생물지화학적 순환에 이상을 유발시키기도 한다.

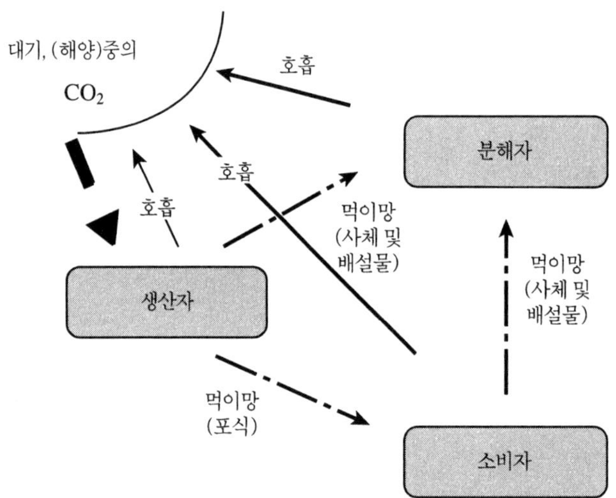

그림 4-1 • 먹이망에 근거한 단순화된 탄소순환모델.

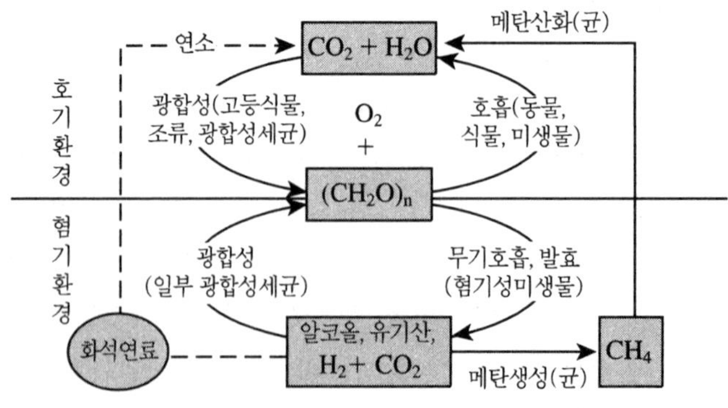

그림 4-2 • 탄소순환경로.

4.2 수소의 순환

지구상의 가장 큰 수소저장소는 물이다. 이 전체 저장소는 광합성과 호흡과 연계되어 활발하게 순환하지만 전체 저장소의 규모가 아주 큰 것에 비해 그 순환속도는 느린 편이다. 또한 상당량의 비활성 수소저장소는 액상과 가스상의 화석으로 된 탄화수소 내인데, 총량적으로 볼 때 그 비율은 낮을지라도 살아있거나 죽은 유기체내 수소성분이 활발하게 순환되는 저장소라고 할 수 있다.

수소의 생산과 소비는 수계환경 및 토양환경에서 모두 발생하지만 해양에서의 막대한 순생산량은 토양에 매장되어진다. 하지만 수계의 막대한 순생산은 물의 광분해와도 연관성이 있는데, 광분해결과로 생성된 산소가 대기 중의 21%라는 산소 비율의 거의 대부분을 차지하는 동안 수소의 거동은 어떻게 변하는 것인지에 대한 해답은 현재까지 명확하지 못한 편이다. 하지만 상당량의 수소가 우주 중으로 빠져나갔을 것으로 예상되며, 수소와 메탄을 이용하는 미생물은 수소의 대기 중으로의 방출을 어느 정도 지연시키고 있는 것으로 여겨진다.

가스상의 수소는 생물학적으로 혐기발효에 의해 생성되기도 하며 사이아노박테리아와 뿌리혹박테리아와 연계된 광합성의 부산물로서도 생성되어진다. 생성된 대부분의 수소는 수소산화세균, 혹은 NO_3^-, SO_4^{2-}, Fe^{3+}, Mn^{4+}를 환원하는 데의 관여균에 의해, 혹은 메탄생성세균(methanogens)에 의해 이용되어진다. 수소세균은 통성 무기영양균(facultative chemolithotrophs)으로서 수소를 산화시키거나 통성적으로는 유기물질만을 먹고 자라는 화학합성 유기균으로 분류된다. 가장 효율적인 수소세균은 *Alcaligenes*속에 속한다. 이들 세균들은 가용성의 NAD와 결합된 막결합 hydrogenase를 소유하고 있는데 *Pseudomonas, Paracoccus, Xanthobacter, Nocardia*에 속하는 다수의 세균도 막결합 hydrogenase를 가지고 있어 수소세균처럼 느린 속도로 성장할 수 있다. 수소순환의 상당한 측면은 서로 다른 대사능력을 갖는 미생물간의 수소이전에 의해 진행된다.

4.3 산소의 순환

원시 지구 바다 속의 사이아노박테리아(광합성을 하는 원시 남조류)는 희박한 영양환경으로부터 광합성에 의해 영양분을 얻는 기작을 획득하였는데, 이들의 광합성의 결과로 인해 발생된 산소가 물속에 포화되고 대기 중으로 방출하기 시작하여 대기상에 축적되어, 오늘날의 대기 내 20% 이상을 차지하게 되었다. 이러한 산소함유 대기권의 확립은 지구상의 생물구조변화에도 큰 변화를 가져와 산소 호흡형 생물의 출현을 가능하게 하였다. 광합성 유래의 산소는 대기조성의 변화뿐만 아니라 ferrous ion(Fe^{2+})과 sulfide와 같은 환원형 무기물의 대형 pool을 산화시켰다. 하지만 산화형의 광물에 존재하는 산소는 그 저장소의 규모는 크나 순환율이 매우 낮다. 비교적 순환율이 높은 저장소로는 대기와 수중의 용존 산소, 그리고 CO_2와 H_2O라고 말할 수 있다.

대기 중의 산소는 광합성에 의해 생성되고 호흡에 의해 소모되어진다. 이 과정에서 산소는 CO_2와 H_2O로 재구성된다. 이렇게 재구성된 CO_2는 식물에 의해 사용되어 순환한다. 그러나 산소는 무산소성 광합성세균에 의해서는 생성되지는 않는다.

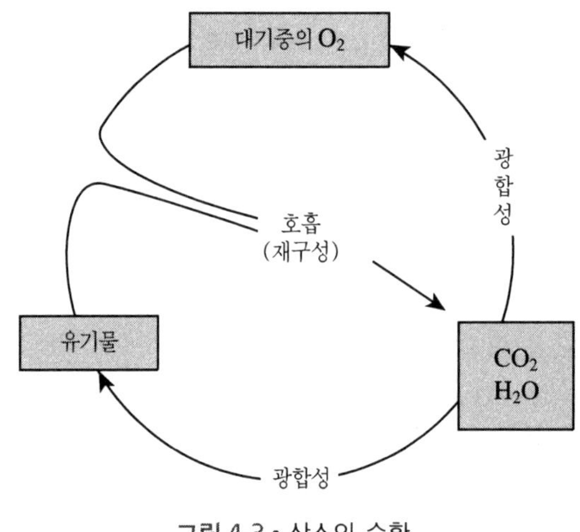

그림 4-3 • 산소의 순환.

이렇듯 산소의 순환은 탄소와 물의 순환과 큰 연관성을 가지고 있는데 이 세 가지 물질은 모두 광합성과 호흡이라는 균형된 과정에 의해 순환되나 각각의 저장소 크기가 달라 회전율에 차이를 보인다. 일반적으로 지구내 광합성율과 호흡률의 변화는 대기 중의 산소나 물에 대해서보다 대기 가운데 작은 저장소의 크기를 가진 이산화탄소의 농도에 보다 더 심각한 영향을 미친다.

분자상의 산소의 존재와 부재는 어떤 서식지의 대사양식을 결정하는 아주 중요한 단서이다. 산소는 엄격한 혐기를 요구하는 생물을 배제할 것이며, 혐기와 호기의 둘 다의 조건에서 생육할 수 있는 세균의 경우에는 산소를 최종 전자수용체로 사용할 것이다. 그것은 혐기조건에서의 발효는 호기적인 완전산화에 비해 현저한 에너지 효율 저하를 보여주기 때문이다. 해수의 저층이나 침수 토양 등과 같은 서식지, 그리고 유기물의 신속한 분해 등으로 산소 소모율이 산소의 확산율보다 느려 산소의 고갈이 발생한 일부의 환경에서는 NO_3^-, SO_4^{2-}, Fe^{3+}, Mn^{4+}의 환원이 일어나거나 다른 발효대사 및 메탄생성 대사가 선택될 수 있다. 이렇게 형성된 혐기적 환경내에서는 벌레의 흙뒤집기, 저수지 및 토양내 자생하는 동물들의 굴파기 및 광합성에 의해 산소가 확산될 수 있다.

대기층 상부의 산소는 자외선에 의해서 분해된 후, 오존층을 만든다. 이 오존은 입사되는 자외선을 막아주는 역할을 함으로써 지구상에 자외선의 피해 없이 생물체가 자유롭게 살 수 있도록 보호해준다. 그러나 대기 중의 소량의 오존은 인간 활동 및 탈질이나 메탄생성과 같은 지구화학적 순환과정에 교란을 야기할 수 있다.

결론적으로 산소는 광합성과 호흡을 통해서 주로 육상식물과 육상동물 사이의 순환에 관여하는데, 그 저장소로서는 지구의 대기, 물(강물, 바다, 수증기, 구름, 비, 눈으로 순환), 암석 성분으로써 그리고 동식물의 구성성분으로서 지구내에서 순환하고 있다.

4.4 질소의 순환

생태계 내의 질소는 NH_3(−3가)의 형태로부터 NO_3^-(+5가)의 다양한 형태로 존재함으로써 탄소 순환계 다음으로 복잡한 순환계를 가지고 있는 듯하다. 질소는 세포구성 성분 중 4번째로 많은 원소로 세포건조중량의 약 12%를 차지하고 있다. 가장 크고 천천히 변환하는 질소의 최대저장소는 바로 대기로서, 전체 대기 구성성분의 약 79%를 차지하면서 무활성 상태인 질

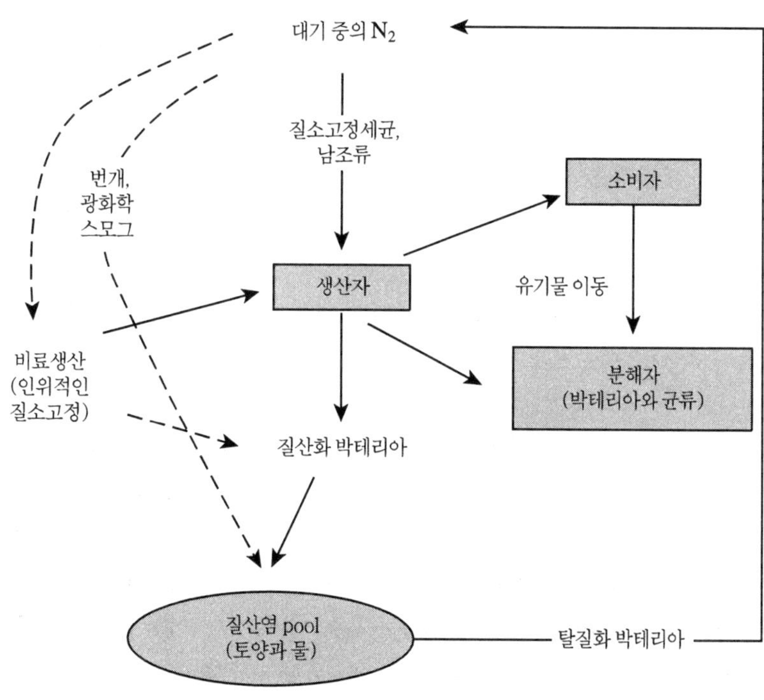

그림 4-4 • 질소의 순환.

소가스이다.

대기 중의 질소를 바로 영양분으로 이용할 수 있는 것은 일부 한정된 범위의 세균과 고세균이기 때문에 질소성분은 많은 환경, 특히 광합성의 환경에서 제한되는 영양분의 하나로 인식되어진다. 대부분이 미생물에 의한 질소고정(nitrogen fixation) 과정을 통해 생태계로 유입되며, 소량부분은 화산활동 및 번개의 방전 등에 의해 생태계로 유입된다. 이렇게 유입된 질소는 주로 혐기 미생물의 탈질산화(脫窒酸化, denitrification) 작용을 통해 대기 중으로 되돌려 지는 순환계를 거친다. 그러나 20세기 초 인간 활동의 결과로 상당량의 질소가 인위적으로 고정되어 비료의 형태로 생태계로 유입되자 질소순환계의 한 부분에 과부하 요인으로 작용하고 있다.

4.4.1 질소의 환원(Nitrogen reduction)

주요 질소순환반응에는 질소고정, 탈질을 포함한 이화적인 nitrate 환원, nitrate 동화 작용이 있다.

1) 질소고정(Nitrogen fixation)

안정된 기체 형태의 질소는 지구탄생 이후 지구의 대기에 축적되어 왔다. 이것이 생체구성성분으로 순환되기 위해서는 질소고정의 과정을 거치게 되고 nitrogenase라는 효소가 관여한다. 이 효소는 두 종류의 보효소를 가지는데, 하나는 효소반응의 중심인 [Fe-S] 부위에 몰리브덴(Mo)을 함유하고 있는 효소(molybdoferredoxin)와 [Fe-S] 부위에 몰리브덴(Mo)을 함유하지 않은 효소(azoferredoxin)이다. 이 효소는 산소에 극도로 민감하여 아주 저농도의 산소조건에서만 활성을 가진다. 세균에 의한 분자상 질소의 고정은 상당량의 에너지(150 kcal/ mole)를 요구하는데 에너지원으로서 ATP와 환원형 ferredoxin 또는 flavodoxin 등이 작용하여 광합성 반응과 연계된 복잡한 기작을 통해 질소고정이 이루어진다.

이러한 질소고정의 첫 번째 산물로서는 암모니아가 검출되어진다. 분자상 질소의 생물학적 고정에는 일부의 자유 유영 세균과 식물의 근권에 서식하거나 식물의 뿌리와 상호 아주 밀접한 관계를 갖는 일부의 세균군에 의해 일어난다. 질소고정 생물의 예를 살펴보면 수계생태계에서는 *Anabaena, Nostoc* 같은 시아노박테리아가 주요 역할을 하고 있으며, 육상생태계에서는 광영양 혐기세균인 *Rhodospirillum, Rhodopseudomonas, Chromatium* 등과 편성 혐기성세균인 *Clostridium, Desulfovibrio* 등 및 조건성 통성호기성 세균인 *Rhizobium, Azotobacter, Bacillus, Mycobacterium, Klebsiella, Thiobacillus* 등이 질소고정에 관여하고 있다. 그 외 질소고정에는 번개방전 등 자연적인 현상에 의한 것과 비료조제를 위한 공업적 질소고정 등이 있지만 생물학적인 질소고정이 지구 전체 질소고정 양 중 약 80% 정도(0.24×10^{12} kg·N_2/year)를 차지하고 있으며 이 중 육상 : 해양의 고정비율은 약 60 : 40 정도이다.

2) 탈질을 포함하는 이화적인 Nitrate reduction

다양한 그룹의 호기성 세균은 산소가 존재하지 않을 때 최종전자 수용체로서 nitrate(NO_3^-)을 이용한다. *E. coli*를 포함한 *Bacillus, Staphylococcus, Spirillum, Aquifex,* 몇몇 *Actinomycetes*와 일부의 고세균들은 이러한 이화적 nitrate 환원결과로 nitrite를 생성한다. 생성된 일부의 nitrite로부터 암모니아로 환원(ammonification으로 유기질소의 무기화와는 반대되는 개념임)되는 부분도 있지만 이것은 대부분의 환경에서 중요도가 낮다. 그러나 동일한 조건에서 *Pseudomonas, Thiobacillus denitrificans, Paracoccus,* 일부 고세균은 연이은 환원작용으로 분자상의 질소가스로 변환시킨다. 이러한 과정은 일반적인 생물들이 이용할 수 없는 형태로의 전환이라고 하여 탈질(denitrification)이라고 일컫는데 이들에 의한 탈질에는 메탄올과 같은 탄수화물이 산화제로 이용되어진다. 그러나 최근 발견된 ANAMMOX(anaerobic ammonium oxidation)는 nitrate를 nitrite로 환원시키는 에너지를 암모니아의 산화로부터 얻음으로써 탄수화물의 요구 없이 질소를 생성하는 탈질을 수행할 수 있는 것으로 밝혀졌다.

혐기적인 조건하에서 우리는 종종 불쾌한 냄새를 경험하지만 nitrate가 존재할 경우에는 전형적으로 냄새를 맡을 수 없는데 nitrate가 존재하면서 산소가 없는 이러한 조건을 일부의 연구자들은 산소가 없는 혐기조건과 구분되는 용어로서 무산소 조건이라고도 한다. 한편 탈질을 산소의 존재 하에서는 좀처럼 일어나지 않는데 nitrate를 전자수용체로 이용하게 되었을 경우에는 동일한 기질에 대해 약 20%의 감소한 에너지를 얻을 수 있기 때문이다.

3) Nitrate assimilation

광범위한 범위의 세균, 고세균, 곰팡이와 대부분의 식물들은 그들의 질소원으로서 nitrate를 이용할 수 있다. 그 과정은 nitrate(+5)의 산화단계를 −3가의 암모니아와 유기질소까지 낮추는 것으로 동화적 질산염 환원(assimilatory nitrate reduction)이라고 부른다. 이화적 질산염 환원이 에너지를 생산하는 호흡과정임에 반해 동화적 질산염 환원에는 에너지를 소비하는 과정이기 때문에 질소원으로서 nitrate를 이용하는 경우 그 생체량의 수율은 약간 줄어든다. 따라서 암모니아와 질산염을 둘 다 이용 가능한 미생물의 경우 암모니아를 더 선호하게 된다. 즉, 산소의 존재는 동화적인 질산염의 환원을 방해하지 않는다.

4.4.2 질산화(Nitrification)

암모니아는 아질산으로, 아질산은 질산으로 변환하는 과정을 질산화(nitrification)라고 부른다. 이러한 질산화는 미생물이 매개된 반응이지만 탈질의 다양한 과정이 한 종의 균내에서 진행되어질 수 있는 것과는 달리 한 종의 균종내에서 이 두 단계의 질산화 반응을 수행하는 미생물군은 현재까지 발견되지 않았으며, 공기 중의 질소를 바로 산화시키는 균종도 현재까지는 보고된 바가 없다.

대부분의 질산화는 에너지원으로서 암모니아와 아질산이라는 환원된 질소를 이용하고 탄소원으로서는 이산화탄소를 그리고 최종전자수용체로는 산소를 이용하는 화학적 독립영양 호기성 균(aerobic chemolithoautotrophs)에 의해 수행된다. 질산화의 첫 번째 단계(암모니아에서 아질산염으로의 산화)은 Nitroso-세균에 의해 수행되며 대표적인 속으로서는 *Nitrosomonas, Nitrosospoira, Nitrosococcus*속이 있다. 그리고 두 번째 질산화과정인 아질산염에서 질산염으로의 산화에는 *Nitrobacter, Nitrococcus*속의 세균(Nitro-세균)들이 관여를 하고 있다.

질산화 세균들은 그 분류기준으로서 그 생리적 특성이 중심이 되었는데, 비록 이들 균이 소수의 제한된 범위의 균들이기는 하지만 계통발생학적으로는 비교적 다양한 영역에 속한다. 대부분이 많은 종속영양균에 비해 그 성장속도가 느린 절대화학독립영양균으로서 최적의 조건에서도 8시간 정도의 세대시간을 소요한다. 현재까지 밝혀진 그들의 생육특성결과에 의하면 42℃까지의 환경에서도 생육할 수 있는 능력을 가진 균들도 있으나 일반적인 최적온도는 28~30℃ 정도이며 그 활성은 10℃ 이하에서는 감지되기 힘들다. 질산화의 결과 형성되는 산으로 인해 보통 최적생육 pH는 7.5~8.0으로 추정되며, pH 6 이하에서는 nitrite가 비이온화 상태인 nitrous acid화 됨으로써 그 생육이 현저히 저해된다고 하겠다. 하지만 높은 pH에서는 암모니아의 독성이 문제시되기도 한다. 비록 호기성균이긴 하나 미량의 산소조건에서도 상당기간 버틸 수 있는 것으로 보아 낮은 Ks(half-saturation coefficient)를 갖는 것으로 보인다. 동일한 환경조건에서는 대부분 암모늄의 아질산으로의 산화가 아질산이 질산으로 산화되는 것보다 느린 속도로 진행되기 때문에 아질산이 환경 중에 축적되어 검출되어지는 경우는 거의 없다.

한편 일부의 종속영양세균이나 진균, 그리고 일부의 메탄산화균들은 가운데서는 암모늄을 아질산으로, 아질산을 질산으로 산화시킬 수 있는 것으로 보고되고 있다. 그러나 이러한 산화가 관련 균 자체에 유익을 제공한다기보다는 일종의 co-metabolism의 결과로 보이며, 때로는 동화적 질산염 환원효소들이 이러한 반응에 개입되어 있다고 밝혀졌다.

이상의 질소순환에 관여하는 반응들을 요약하면 아래의 표와 같다.

표 4-1 • 질소순환에 관여하는 반응

분 류	반 응 식	산소조건
질소고정(nitrogen fixation)	$N_2 \longrightarrow NH_4^+$	혐기
질산화(nitrification) 아질산화(nitritation) 질산화(nitratation)	 $NH_4^+ \longrightarrow NO_2^-$ $NO_2^- \longrightarrow NO_3^-$	호기
질산염환원(nitrate reduction) 동화적(assimilary NR) 이화적(dissimilary NR): 탈질	 $NO_3^- \longrightarrow NH_4^+$와 아미노기 $NO_3^- \rightarrow NO_2^- \rightarrow NO^- \rightarrow N_2O \rightarrow N_2$	 호기, 무산소 무산소
혐기적암모늄산화 (anaerobic ammonium oxidation)	$NH_4^+ + NO_2^- \longrightarrow N_2$	무산소
암모니아화 (ammonification)	단백질의 아미노기 $\longrightarrow NH_4^+$	호기, 혐기

4.5 황의 순환

황은 세균 세포 건조질량의 대략 1%을 차지하는 생물체의 필수 요소이지만 지구 생태계내 비교적 풍부하게 존재하는 원소이기 때문에 작물 수확률이 극대화되어 있는 일부의 경우를 제외하고는 제한적 영양소로 작용하는 예가 드물다. 예를 들면 담수에는 10 mg/L, 하수에는 30 mg/L 그리고 해수에는 2,700 mg/L 정도 함유되어 있다.

황은 화산활동을 통해 지구의 중심으로부터 밖으로 배출되기도 하는데 거대 황 저장소는 해양과 지구의 지각이다. 해양에서는 주로 무기이온(주로 SO_4^{2-})의 형태로 존재하며, 지각에서는 불활성화 상태인 황퇴적물, 황철광(FeS_2)이나 석고($CaSO_4$)와 같은 금속화합물내 황을 갖는 형태, 매장화석연료 등의 형태로 존재한다. 이들 거대 저장소내 황은 순환속도가 느린 반면, 생체량이나 유기물질 내 그리고 대기 내 황은 그 순환속도가 빠르다.

황은 황산염(SO_4^{2-})과 같은 +6가에서부터 −2가의 Sulfide (S^{2-})까지 광범위한 이온가를 가지고 유기 또는 무기 화합물의 형태로 생태계내 순환하며 자연생태계에 존재하는 황의 주요 산화 형태는 −2가(sulfhydryl, R-SH 및 sulfide, HS^-), 0(황 원소, S^0) 및 +6가(황산염, SO_4^{2-})의 세 가지가 있다. 특히 황을 포함한 cysteine과 methionine은 황을 함유한 아미노산으로서 세포 단백질의 필수 구성성분이며 다양한 조효소의 필수 원소이다.

지각내 포함된 화석연료의 연소는 인위적인 인간 활동이 황의 순환과정을 교란시키는 주요인이 되기도 하는데, 생물적인 순환은 주로 미생물에 의해 이루어진다.

자연생태계 내 황의 원천은 약 2/3 가량(9×10^7 톤)이 H_2S 형태로 생물적인 변환결과 생성되고 약 1/3 가량(5×10^7 톤)이 SO_2의 형태로 주로 화석연료의 연소결과 생성되는데 나머지 7×10^6 톤가량이 자연적인 화산활동의 결과로 생성된다. 특히 H_2S는 물에 잘 녹지 않고 휘발성이 크나 대기 중에서 산소원자(O), 산소분자(O_2), 오존(O_3) 등에 의해 쉽게 산화되어 SO_2 또는 SO_3로 전환되나, 물에 녹게 되면 H_2SO_3 내지는 H_2SO_4가 생성됨으로써 이는 산성비, 산성광산폐수, 콘크리트와 금속의 부식 등 심각한 환경문제를 초래하기도 한다.

4.5.1 원소 황과 황산염의 환원

황산염은 식물에 의한 광합성 또는 종속영양미생물에 의해 환원됨으로써 유기 황화합물로 전환되는데, 주로 단백질을 구성하고 있는 cysteine, methionine 같은 아미노산에 －SH기 내지는 －S－ 등의 결합형태로 존재하며 이러한 동화적 황산염 환원은 호기성과 혐기성 조건에서 일어난다.

유기 황화합물은 먹이망을 통해 순환되다가 최종적으로는 미생물에 의해 분해되어 H_2S, S, SO_4^{2-}와 같은 형태의 광물화 (mineralization) 과정을 거쳐서 순환된다. 이러한 미생물에 의한 광물질화는 환경내 이용가능한 탄소, 질소, 인이 제한적인 요소로 작용함으로써 제한된다.

한편, 황의 이화적인 환원에서는 무기물 형태인 황인 원소상의 황과 황산염이 최종 전자수용체로 사용되는 경우로서 황 환원세균으로는 *Desulfobacter*속, 그리고 황산염환원세균으로서는 *Desulfobacter, Desulfobulbus, Desulfococcus, Desulfonema, Desulfosarcina, Desulfotomaculum, Desulfovibrio*속 등의 절대 혐기성 균이다. 그 중에서도 황산염을 최종 전자수용체로 사용하는 속들은 수환경 가운데서도 혐기성 퇴적토, 침수 토양, 동물의 장에서 널리 발견된다.

일반적으로 황산염 환원의 최종 산물은 황화수소인데 황화수소는 세포 내 존재하는 cytochrome의 Fe 성분과의 결합력이 강하기 때문에 대부분의 생물체에 독성을 갖는 물질이다. 이 독성을 제거하기 위해서는 Fe을 투여하는 방법밖에 없으며 따라서 대부분 황산염의 환원이 이루어지는 지역은 불용성인 FeS의 검은 침적이 나타난다. 이 원리는 지하의 철관 부식과도 직접적인 관련이 있다.

4.5.2 황화수소와 원소 황의 산화

환원된 황화합물의 산화반응은 특정 세균부류들에 의해 이루어진다. 관련 대부분 균들은 *Thiobacillus*속과 같이 절대 또는 통성 독립영양세균이지만, 세균과 진균을 포함한 많은 호기성 종속 영양세균의 경우에도 황을 티오황산염이나 황산염으로 산화시킬 수 있다. 그러나 대부분의 환경에서는 화학독립영양세균이 우점하고 있는 것으로 판단된다. 황화수소는 대기 중에서 자연적으로 쉽게 산화될 수 있어 미생물적인 산화는 주로 혐기상태의 저질층과 미량의 산소를 가지고 있는 수층 경계지역 같은 제한된 장소에서만 일어나게 되며, 태양 빛이 혐기영역까지 충분히 뚫고 들어갈 수 있는 얕은 호수의 경우에서도 광합성 황세균에 의해 원소상태의 황으로 산화된다.

원소상태의 황은 산소존재 하에서는 비교적 안정하나 *Thiobacillus* 등의 황세균에 의해 황산염으로 전환되고 그 결과 환경 내의 pH를 낮추어 토양의 산성화를 초래하게 되는데, 이들은 매우 산성인 조건에서도 잘 자랄 수 있는 대사능력을 가지고 있다. 또 다른 황산화균인 *Beggiatoa*와 *Thiothrix*와 같은 세균들은 매우 호기성의 화학독립영양세균으로서 에너지원으로 황화수소를 이용하고 난 후 세포내 유황 관련 물질을 축적시키기도 한다.

4.6 인의 순환

인은 모든 살아있는 생명체의 필수 원소이며 생태계내 가장 풍부한 형태는 phosphate esters와 핵산의 형태이며, 핵산 중에서는 ATP가 인의 방출과 흡수를 통해 세포내 에너지 전이에 깊게 관여를 하고 있다.

그러나 인은 생태공간에서 풍부한 인자가 아니어서 종종 식물과 미생물생장을 제한하는 요인이 되기도 하는데 생물생장인자로서의 인에 대한 연구는 부영양호수에서의 인의 역할과 함께 잘 연구되어졌다. 즉, 어떤 호수에 과다 영양분의 공급으로 인해 많은 양의 조류가 발생하면 거의 생체 구성성분비에서 1%를 차지하는 인의 이용성과 관련하여 제한이 일어난다는 것이다. 즉, CO_2와 N_2와 같은 기체상이 없는 인의 이용성은 공존하는 2가 혹은 3가의 금속염(예를 들면, Ca^{2+}, Mg^{2+}, Fe^{3+}, Al^{3+})과 침전물을 형성하는 특성상 불용성의 염이 됨으로써 더욱 식물과 여러 종류의 미생물이 이용하기에 제한되어 생육의 제한이 일어난다는 것이다.

인은 순환속도는 느리지만 전체적으로는 큰 저장소의 역할을 하는 해양이나 수계의 퇴적토에, 그리고 용존된 인산염의 형태로 토양이나 수계와 같은 빠른 순환을 하는 작은 저장소 내에 존재한다. 이들 인 중에 인회석과 같은 인들은 비료산업에 이용되어져 해양으로 유입이 되고 있다. 미생물이 관여하는 인의 순환계는 산화과정이라기 보다는 무기인에서 유기인으로의 과정과 불용성의 인으로부터 가용성으로의 인으로 변하는 과정이다. 인산염의 가용화에는 *Nitrosomonas*와 *Thiobacillus*속과 같은 일부의 화학무기독립영양세균이 질산염과 황산염을 각각 생성함으로써 인산염을 유리시키기도 하며 혐기조건에서 불용성의 $FePO_4$와 같은 화합물이 미생물의 작용에 의해 3가에서 2가의 철이온으로 변하면서 용해되기도 한다. 이렇게 용해된 무기인산염은 식물과 미생물에 의해 유기인산염의 형태로 동화되어질 수 있다(그림 4-5).

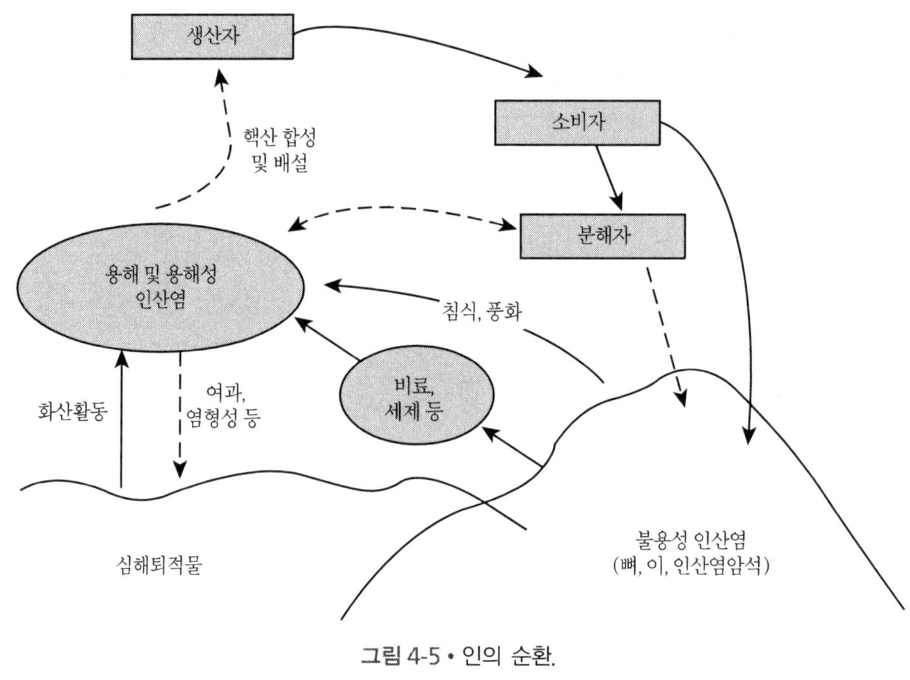

그림 4-5 • 인의 순환.

4.7 철의 순환

철은 지각내에 4번째로 풍부한 원소이기는 하지만 난용성이기 때문에 생지화학적 순환계 내에서는 적은 양이 순환되고 있다. 철의 순환은 주로 제1철(Fe^{2+}, ferrous ion), 제2철(Fe^{3+}, ferric acid) 간의 산화환원반응이며 이 두 화합물의 용해특성은 현저하다. 즉, 제2철은 알칼리성 내지 중성의 조건에서 제1철은 제2철로 쉽게 산화되어 수산화철로 되어 불용성의 침전물을 형성한다. 따라서 토양 침수에 의해 환원조건이 형성되면 제1철이 축적되기 좋은 조건인 반면에 배수가 양호하여 호기적 환경인 경우에는 제2철이 잘 발견된다. 유기성분내에서의 철은 킬레이트화 되어 cytochrome과 같이 철의 산화-환원 변환을 통해 전자전달에 관여하기도 함으로써 대부분의 생물체내에서 대사관련하는 효소의 보조효소로서 작용을 하고 있다. 따라서 일부의 균들은 siderophores라고 불리는 특수한 체계를 통해 낮은 철의 흡수력을 ferric-siderophore 복합체를 이룸으로써 철의 흡수를 돕고 있다.

자연계내 철의 주요 형태는 FeS, $Fe(OH)_3$, 황철광(FeS_2), jarosite ($HFe_3(SO_4)_2(OH)_6$) 등이 있으며 철의 산화, 환원반응은 산소에 의한 자연적이거나 또는 미생물에 의해 일어난다.

철의 산화에 관여하는 미생물은 철을 산화시킴으로써 에너지를 얻는데 중성과 알카리성이면서 호기적인 조건하에서는 제1철이 불안정하여 자연적으로 3가의 제2철로 변환하는 철의 산화가 진행되기 때문에 대부분의 철 산화세균이 철의 산화를 통해 에너지를 얻는 것이 제한되어진다. 그러나 산성의 조건에서는 호산성세균의 일종인 *Thiobacillus ferrooxidans*, *Leptospirillum ferrooxidans* 등에 의해서 화학독립영양적으로 철의 산화가 일어난다. 특히, 호기성 세균의 일종인 *Thiobacillus ferrooxidans*은 혐기적인 조건에서 황을 전자공여체로 하고 제2철을 전자수용체로 이용할 수 있음으로써 황대사와 철대사와 연관성을 보여주기도 하였다. 이렇게 철산화세균에 의해 생성된 제2철 침전물은 생태계에 특이한 형태로 드러나기도 하는데 대표적인 것으로는 지하수가 스며나오는 곳의 $Fe(OH)_3$의 암적색 침적, 늪지의 소철(沼鐵, bog-iron)광상 등이 있으나 때로는 *Thiobacillus ferrooxidans*같은 철세균이 역청탄을 채굴하는 광산에서 함께 채굴되는 황철광에 작용하여 황산염을 생성시킴으로써 심각한 수계환경오염을 유발하기도 한다. 비호산성 철산화균에는 *Hyphomicrobium, Pedomicrobium, Planctomyces*, 사상성 *Sphaerotilus* 일부균들이 있다.

한편, 산소의 확산이 제한되거나 종속영양세균의 왕성한 분해활동에 의해 호수의 저수층이나 침수 토양이나 수계 침전토 또는 장내에는 혐기조건이 형성되기도 하여 철의 환원반응이 일어날 수도 있다. 이러한 철의 환원에는 *Bacillus, Pseudomonas, Proteus, Alcaligenes, Clostridia,* 장내세균과 같은 종속영양세균이 관여를 하는 것으로 보고되었는데 그 환원기작은 명확하지는 않다. 제2철의 제1철로의 환원은 혐기수계에서는 아주 중요한 반응인데 이러한 반응에는 황산염환원세균이 관여하는 것으로 알려져 철과 황산염의 환원이 일부 생태계 내에서는 상당히 밀착되어 있는 것으로 판단된다.

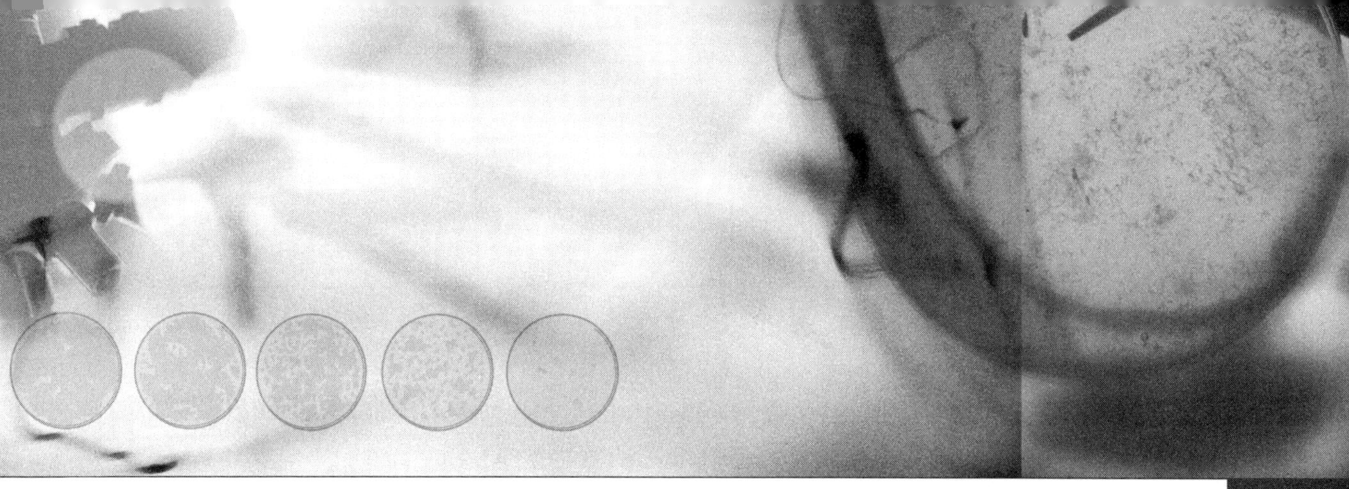

제 5 장 대기환경과 미생물

5.1 대기의 구조 및 특성

대기권은 지구표면으로부터 약 1,000 km까지의 공간을 말하며 78%의 질소, 약 21%의 산소, 0.032%의 이산화탄소 및 흔적량의 기타 가스로 구성되어 있다. 대기에는 수증기가 다양한 비율로 혼합되어 있으며 물방울, 얼음 결정체, 먼지입자 등을 포함할 수 있다. 대기권의 구조는 온도에 따른 대기층의 수직배열에 따라 대류권(troposphere), 성층권(stratosphere), 중간권(mesosphere) 및 열권(thermosphere)으로 구분된다.

대류권은 지구에 가장 가까운 지역으로, 수권(hydrosphere)과 암석권(lithosphere)에 모두 접한다. 대류권 위에 성층권이 있으며 그 위에 중간권 및 열권이 있다.

대부분의 경우, 대기의 물리화학적 지표는 미생물의 생존과 생육에 좋지 않다. 대류권에 있어서 온도는 고도가 상승할수록 감소하여 대류권계면에서 −43∼−83℃가 되는데, 이 범위의 온도는 대부분의 미생물 최저 생육온도 이하이다. 대기 중에서 고도가 높아질수록 기압은 감소하고, 가용산소의 분압이 호기성 호흡이 불가능한 수준까지 감소한다. 유기탄소의 농도도 매우 낮아서 종속영양생물의 성장을 유지하기에는 부족하다. 이용가능한 물도 희박하여 대기 중에 존재할 수 있는 미생물의 독립영양적 생육에도 제한적이다.

대기 중 미생물은 높은 강도의 빛에 노출되어 있다. 대기 중에서 고도가 높아지면 공기가 희박해 지고, 자외선으로부터의 여과 및 보호 작용이 감소되어 자외선에 대한 노출이 증가하므로 미생물의 치명적인 변이나 사멸을 초래한다.

성층권에는 높은 농도의 오존층이 존재하는데, 오존층은 자외선을 흡수하여 지구의 표면을 과도한 자외선 조사로부터 보호해 준다. 오늘날에는 초음속 비행, 과도한 불화탄소의 사용, 증가하는 비료사용(미생물의 탈질작용으로 N_2O가 방출) 등 인간 활동의 증가로 인하여 성층권에 있는 오존농도가 감소되었고, 결과적으로 지구표면에 도달하는 자외선의 양은 증가하게 된다. 이러한 자외선의 증가는 지상에 서식하는 생물의 생존에 유해하다.

성층권은 미생물이 대류권 안팎으로 이동하는데 있어서 장벽으로 작용하며, 가스가 천천히 혼합된다는 것이 특징이다. 그러므로 성층권에 있는 생물은 천천히 이동하며, 장기간 상존하는 오존 농도 및 높은 강도의 자외선에 노출된다. 따라서 성층권에는 이러한 조건으로부터 보호되는 미생물만이 —아마도 우주선 안에 있는 미생물이라면— 생존할 수 있을 것이다. 이러한 여러 가지 실제적인 이유로 대기 생태권은 대류권 이상의 고도에까지 걸치지는 않는다.

5.2 대기권의 미생물

대기환경은 미생물이 서식하기에 적합하지 않다. 왜냐하면, 대류권에서는 고도가 높아질수록 온도, 압력 및 산소 농도 등이 미생물의 생육에 부적합한 조건으로 되기 때문이다. 또한, 유기탄소의 농도와 수분함량이 매우 낮아 독립영양 생육도 매우 제한적이다. 특히, 성층권은 높은 농도의 오존이 존재하여 미생물의 돌연변이원으로 작용하는 자외선을 흡수함으로써 미생물의 생존에는 치명적이다. 그러므로 성층권에 존재하는 미생물들은 장기간 상존하는 오존 및 높은 강도의 자외선에 견딜 수 있는 미생물만이 생존할 것이다.

비록 대기권이 미생물이 생육하기에 매우 열악한 환경이지만 대류권 하부에는 열적 경사가 있고, 공기가 빨리 혼합되기 때문에 상당수의 미생물이 존재한다. 이러한 미생물은 대기의 흐름에 따라 분산되고, 적응되는 방향으로 진화하였다. 대류권의 구름 등은 미생물의 일시적인 서식지를 제공한다. 구름층의 빛의 강도, 이산화탄소의 농도는 광합성 미생물의 영양원으로 제공된다. 특히, 공업화된 지역에서는 종속영양세균이 생육할 수 있는 유기화합물이 존재할 것이다. 그러나 이러한 사실은 실질적으로 입증된 바 없고, 추론될 뿐이다.

대기 중의 미생물은 수권이나 암석권에서 공중 전파된 것으로, 자생적인 대기 미생물은 아직까지 알려진 바가 없다. 대기 중의 미생물 수는 토지의 성상, 동식물의 존재, 기후, 바람의 강도나 방향에 따라 크게 다르다. 대기 중에서 포자 상태로 존재하는 경우가 가장 많고, 영양세포로 존재하는 경우도 있다. 곰팡이 포자나 효모, 방선균 등이 생성하는 포자를 비롯해서 바이러스 등은 대기 중에서 대사활동을 거의 하지 않기 때문에 상당기간 생존할 수 있으며, 두꺼운 막으로 싸여 있거나 색소를 띠고 있어서 건조, 자외선 등으로부터 보호받을 수 있고, 작은 크기와 낮은 밀도로 인하여 오래 동안 대기 중에 머물 수 있다.

연구된 결과에 의하면, 지상 1.5 m의 대기에서는 *Penicillium, Aspergillus*가 주로 발견되며, 지상 25 m의 빌딩 옥상의 대기에서는 *Cladosporium, Alternaria*가 주로 발견된다. 세균은 일반적으로 *Bacillus, Micrococcus*가 수적으로 가장 많으며 *Pseudomonas, Flavobacterium, Achromobacter, Corynebacterium, Sarcina* 등이 발견된다. 대기 중 미생물의 수는 계절적으로 변동한다. 균류는 대체로 6~8월이 다른 시기보다 많으나 세균은 봄과 가을에 가장 많다고 보고되었다.

대기 중에 존재하는 미생물은 그 자체가 오염물질이 될 수 있다. 오염미생물로는 세균, 바이러스, 균류나 지의류의 포자, 조류와 원생동물의 포낭체(cyst) 등이 있다. 이 미생물들은 전염병이나 알레르기 반응을 일으킨다. 많은 전염병들이 대기를 통하여 전파되는데, 주로 호흡기 질환이 많으며, 독감, 감기, 홍역, 폐렴, 디프테리아 등이 대표적이다(표 5-1). 폐수에 존재하던 미생물들이 폐수처리 과정 중 에어로졸 상태로 대기 중으로 전파될 수 있으며, 이것들은 바람에 의하여 먼 거리까지 전파될 수 있다. 이런 경우 폐수 내에 존재하던 장내세균과 같은 병원성 미생물들도 대기를 통하여 전파될 수 있다.

표 5-1 • 호흡에 의하여 생기는 주요 질병들

질 병	병 원 체
독감	*Influenza virus*
감기	*Rhinovirus, Coronavirus*
홍역	*Measles virus*
폐결핵	*Mycobcterium tuberculosis*
탄저병	*Bacillus anthracis*
폐렴	*Streptococcus pneumoniae*
Q열	*Coxiella burnetill*
백일해	*Bordetella pertussis*
디프테리아	*Corynebacterium diphtheriae*
폐흑사병	*Yersinia pestis*

미생물은 대기로부터 다양한 방법에 의하여 제거된다. 중력에 의하여 떨어질 수도 있으며, 비나 다른 형태의 강우에 의해 제거될 수도 있다. 폭풍우 뒤에 대기 중 미생물의 농도는 전반적으로 감소된다. 미생물을 대기 중에서 제거하고 이동 중 생존성을 감소시키는 여러 요인에도 불구하고 어떤 미생물은 대기 중에서 상당히 멀리 이동한다. 많은 미생물이 어디에서든지 발견되는 것은 대개 대기에 의한 수송의 효율성 때문이다. 그렇지만 일부 미생물 개체군 분포에 있어서 지리적인 불연속성이 나타나는 이유는 일차적으로 생육에 적합한 서식지의 분포 때문이다.

대기 중으로 미생물의 비산은 다음과 같은 유형으로 이루어진다.

① 직접 비산

고체표면에 기류가 있을 때 미생물은 그것을 타고 날아 올라간다. 그러나 고체표면에 매우 가까울 때는 분자의 힘에 의하여 흐름이 정지하고, 미생물이 기류를 탈 수 있는 것은 소용돌이 같은 기류가 있어야만 한다.

② 적극적 비산

어떤 종의 균류와 같이 포자를 비산시키는 것이 종의 보존에 유리한 경우, 종에 따라 특징적인 비산 기구가 있는 것으로 알려져 있다. 대부분은 바람에 의하여 수동적 비산이 이루어지며, 일부 곰팡이와 같이 포자를 공중에 분사시키는 기구를 갖춘 것도 있다.

③ 입자에 부착한 비산

세균은 토양입자나 동식물의 일부와 함께 공중에 날려 올라가는 것이 많다. 인체의 표면에는 크기 30 μm, 두께 3～5 μm의 피부조각이 있으며, 여기에 미생물이 부착해서 서식하고 있고, 의복과의 마찰 등으로 흩날리기도 한다. 또한 인체는 열을 발산하므로 주위에 상승기류가 생기고, 그 기류에 포함되는 미생물의 약 10%는 호흡할 때마다 빨려 들어간다.

④ 기계적 교란에 의한 비산

다량의 포자를 만드는 곰팡이나 방선균은 기계적인 충격에 의하여 비산된다. 자연계에서는 식물의 잎이나 줄기가 서로 스치고, 빗방울이 고체표면에 닿는 야외에서는 초기에 빗방울이 내릴 때 일시적으로 *Cladosporium*이나 녹병균의 포자가 증가하는 수가 있는데, 이것은 빗방울의 충격으로 마른 표면에 부착하고 있던 포자가 공중으로 비산되기 때문이라고 생각된다. 그러나 기계적 충격의 영향이 특히 큰 것은 인간의 활동에 의해서이다. 작물을 수확할 경우, 대형기계를 사용했을 때 또는 미생물의 집락 위를 자동차가 통과할 때 다량의 포자가 흩어져 올라가는 수가 있다.

⑤ 에어로졸에 의한 비산

미생물을 포함한 액체가 교란되면 에어로졸과 함께 비산한다. 에어로졸의 발생원은 상당히 많다. 예를 들어, 1회 재채기를 할 경우 100 μm 이하의 방울이 10^6개 발생한다. 기타 미생물 실험실, 하수 처리장, 가축 사육장, 에어콘 가온기, 수세식 화장실 등이 인체에 영향을 주는 에어로졸의 발생원이 된다. 10^{11}～10^{12}개의 세균을 함유한 수세식 화장실에 깨끗한 물을 흐르게 하면 에어로졸이 생성되어 공기 1 m^3당 약 12,000개의 세균을 함유하게 된다. 이때, 1.2 m의 높이에서는 700개 정도로 감소하며, 대부분의 에어로졸 입자는 직경 4 μm에서 평균 9.5개의 세균을 함유하고, 호흡에 의해서 폐로 침입한다.

5.3 대기오염과 미생물

5.3.1 미생물학적 생성기전

대부분의 대기오염물질은 인간의 활동으로부터 직접적으로 발생한다. 그러나 어떤 오염물질은 미생물의 분해작용 결과로 또는 인간활동에 의해 생성된 폐기물의 미생물 분해결과 발생한다. 대기오염물질은 미생물의 활동에 의해 대기 중에서 청소되어 바다나 토양 중에 비활성 상태로 가라앉아서 제거될 수 있다.

1) 황산화물

혐기성 상태에서 유기물이 미생물에 의하여 분해되면 황화수소가 고농도로 발생한다. 해양 퇴적물로부터 매년 3,000만 톤의 황화수소가 발생하고, 죽은 식물의 분해로 6,800만 톤의 황화수소가 발생한다. 이와 비교하면, 대기오염물질로서 방출되는 황화수소는 단지 300만 톤에 지나지 않는 적은 양이다. 황화수소와 대조적으로 유황산화물의 배출은 거의 전적으로 인간에 의한 것이다. 미생물 활동에 의해 대기 중으로 방출되는 유황산화물의 양은 거의 의미가 없을 정도로 적은 양이다. 아황산 가스는 대기로부터 식물과 미생물에 의하여 흡수된다. 유황은 유황 아미노산과 다른 유황을 지니는 분자로서 생물조직에 고정된다. 생물은 오염물로 발생된 아황산 가스의 일부를 받아들이는 저장고로서 작용한다. 황화수소와 SO_2 둘 다 궁극적으로는 대기 중에서 SO_4^{2-}로 전환된다. 이 SO_4^{2-}의 대부분은 해수의 강한 용해능력으로 인해 바다에 재흡수된다. 대기, 육지 및 바다에서 유황의 복잡한 순환은 그림 5-1과 같다.

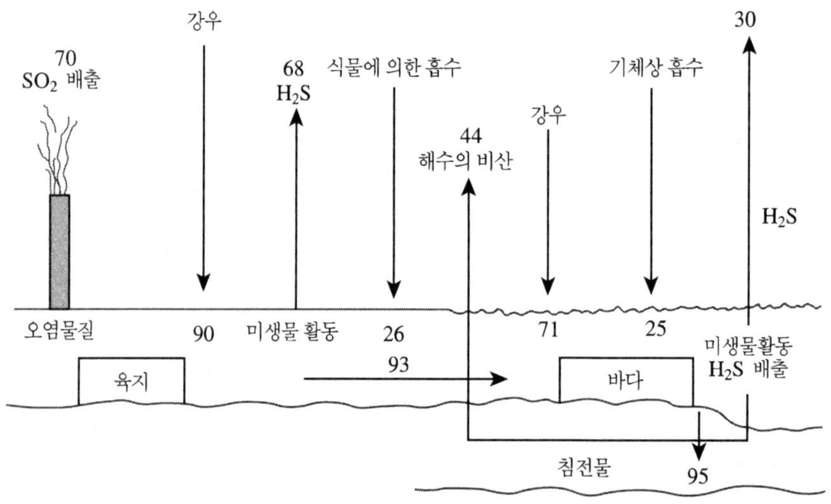

그림 5-1 • 대기·육지·바다 사이에서의 유황의 순환.

2) 질소산화물

질소산화물은 유기물의 질산화-탈질 반응에 의하여 미생물학적으로 생성된다. 토양 미생물은 연간 10억 톤의 N_2O를 생산하는 것으로 계산된다. N_2O는 식물과 미생물에 의하여 비슷한 양이 매년 흡수됨으로써 균형이 이루어진다. 이산화질소는 보통 오존과 일산화질소간의 반응에 의하여 대기 중에서 생성된다. NO는 탈질 과정에서 종종 생성된다. 그러나 지구상의 미생물에 의해 생산되는 NO에 대한 정량적인 자료는 거의 없다. 오염 발생원으로 볼 때 자연적인 배출은 거의 의미가 없다. 이산화질소는 대기 중에서 화학적인 과정에 의해 제거된다. 의미 있는 정도의 생물학적 변환은 감지되지 않는다.

3) 일산화탄소

바다는 1년에 300~1,000만 톤의 일산화탄소를 생산한다. 발생원이 확인되지는 않았지만 해양세균 또는 해양조류인 것으로 추정된다. 이 값은 미국 내에서 자동차에 의하여 발생되는 6,600만 톤에 비하면 대단히 작다. 대기권 중에 일산화탄소의 농도가 높지 않다는 것은 효율적인 일산화탄소의 제거과정이 존재함을 시사한다. 많은 미생물이 탄소원으로 일산화탄소를 이용할 수가 있어 일산화탄소를 제거해 준다. 토양미생물이 오염과 자연적인 부하사이의 균형을 유지하기 위해 충분한 일산화탄소를 이용하는 것 같다.

4) 이산화탄소

지난 60년간 인간의 활동으로 인해 이산화탄소 방출량이 크게 증가하였다. 그러나 대기 중의 이산화탄소 농도는 아직 크게 증가하지 않았다. 그 이유는 바다가 이산화탄소의 저장고로서 작용하는 능력이 있기 때문이다. 대기 중의 이산화탄소는 바다에 용해되고, 또 이것은 해양조류에 의해 광합성에 이용된다. 조류 중에 들어있는 탄소 중 높은 비율이 궁극적으로는 바다의 바닥으로 가라앉게 되고 $CaCO_3$로서 영원히 움직이지 않게 된다. 바다는 대기 중의 이산화탄소를 높은 농도로 용해시킬 수 있는 능력이 있어서 이산화탄소 오염에 대하여 강한 완충작용을 제공할 수 있다.

5) 탄화수소

늪에서 혐기적인 과정에 의하여 다량의 메탄이 생성된다. 지구상의 늪이나 소택지의 메탄 배출량은 연간 약 20억 톤에 가깝다. 대기 중에서의 계산된 체류시간은 1~4년이다. 메탄을 이용하는 세균은 토양 중에 널리 존재하고, 대기 중의 메탄도 산화시키는 것으로 추정된다. 대기 중에서의 메탄의 체류시간은 이들 세균의 수와 활성을 반영해 준다고 할 수 있다.

5.3.2 대기오염 지표미생물

1) 지의류

지의류는 녹색식물의 광합성에 대한 대기오염 물질의 영향을 연구하는데 좋은 도구로 이용된다. 지의류의 공생적인 성질은 스트레스에 대한 민감도를 증가시켜 준다. 녹색식물에게는 피해가 분명치 않은 낮은 오염도에서도 지의류는 나쁜 영향, 즉 사라질 수 있다. 지의류가 이처럼 오염된 공기에 대하여 예민한 반응을 나타내는 것은 빗물이나 공기로부터 흡수된 오염물질이 외부로 배설되지 못하고 농축되어 치사농도에 쉽게 이르기 때문인 것으로 추정된다. 지의류는 이산화황의 농도, 산성비, 중금속 오염원 등의 지표미생물로 이용된다. 스웨덴에서는 산성비에 의하여 *Lobaria scrobiculata*가 소멸됨을 확인하고, 산성비의 지표미생물로 이용하고 있다. 이산화황의 농도가 낮아지면 *Lecanora muralis*와 *Xanthoria elegans*가 암석 표면이나 지붕 위에 나타나므로 이들의 변화에 따라 오염도를 측정할 수 있다. 지의류는 고농도의 중금속을 축적할 수 있는 능력이 있어서 발전소, 제련소, 제철소 및 광산지역 등에서 좋은 지표 미생물로 여겨지고 있다.

2) 세균

많은 미생물들은 대기오염에 예민하게 반응한다. 이러한 미생물은 세포 피해에 대한 연구에 또는 지표 미생물로 이용될 수 있다. *Escherichia*는 오존과 탄화수소 사이의 광화학 반응으로 생성된 스모그에 매우 민감하다. 스모그 혼합물은 ppb 단위에서 이미 *E. coli*에 치명적이다. 오존만으로도 *E. coli*에게 독성이 있고, 세포 표면이 산화되면서 세포가 파괴되어 세포 내용물이 터져 나온다.

대기오염물질에 의하여 야기된 세포의 피해를 결정하는데 효과적인 도구로 사용되는 것이 발광세균이다. 발광세균은 어두운 곳에서 빛을 내기 때문에 이들 생물발광(bioluminescence)은 쉽게 판정될 수 있다. 부텐(butene)과 산화질소의 광화학 반응에 의하여 생성된 스모그는 세균의 생물발광을 상당히 감소시킨다. 생물발광을 하는 세균은 PAN에 특히 예민하다. 2 μl/L 이하의 낮은 농도에서도 PAN은 발광을 저해한다. 이런 정도의 낮은 스모그 농도에서는 안구의 자극을 느끼지 못한다. 이와 같은 미묘한 생리적인 영향을 낮은 대기오염 수준에서 더 고등한 생물에서도 볼 수 있다. 미생물을 이용한 생물분석(bioassay)으로 대기오염물질에 의하여 야기되는 세포피해의 성격과 정도를 꿰뚫어 보아야 한다. 다환 탄화수소는 일반적으로 발암성이 있는 대기오염물질이다. 이들은 세균의 세포 내에서 변이체의 생성을 자극한다. 이런 현상은 세포에 피해를 주는데 필요한 오염물질의 농도와 피해의 성격을 연구하는데 이용될 수 있다. *Bacillus cereus*를 발암성 물질인 3,4-벤조피렌으로 처리하면 대사활성이 증가하고, 비정상적인 거대세균이 생긴다. 미생물에 대한 벤조피렌의 독성은 자외선에 노출될 때 더욱 강화된다.

3) 원생동물

원생동물인 *Paramecium*은 탄화수소의 독성에 빛이 어떤 영향을 미치는가에 대한 연구에 이용된다. 발암성 물질이 비발암성 물질보다 훨씬 더 광역학적(photodynamic)인 반응을 보였다.

5.4 대기오염물질의 생물공학적 제어

다양한 산업체에서 많은 대기오염물질이 발생하고 있다. 이러한 대기오염물질을 제거하기 위해서는 대기오염물질이 배출되기 전에 발생원으로부터 제거하여 청정공기로 내보내는 것이 가장 바람직하다.

대기오염물질을 제어하기 위한 생물공학적 응용이란 산업체에서 발생하는 대기오염물질 중에서 가스상 물질, 악취 등을 생물공학적으로 미생물을 이용하여 분해처리하는 것을 말한다. 폐가스와 같은 환경오염물질들은 미생물에 의하여 덜 해롭거나 무해한 물질로 전환시킬 수 있는데, 미생물에 의한 폐가스 처리는 1957년 R. D. Pomeray가 '미생물 성장에 사용된 가스흐름의 탈취'로 미국 특허를 수여받았을 때부터라고 할 수 있다.

가스성분, 분진, 악취 등의 성분별 특성에 따른 각각의 미생물을 이용해야 한다. 대기 중에는 먼지나 가스뿐만 아니라 세균, 진균, 포자 등도 포함되어 있다. 따라서 공기를 통해서 호흡기 전염병을 옮길 수 있으므로 이들의 제거도 중요하다.

무기 및 유기 환경오염물질들은 미생물에 의해 전환될 수 있고, 이러한 전환을 위하여 적당한 미생물을 찾을 수 있다. 특히, 유기성 오염물질을 분해처리할 때 미생물을 다양하게 이용할 수 있다. 미생물은 유기화합물을 산화하고, 이에 따라 세포물질, 이산화탄소와 물을 생성한다. 대기오염물질을 산소와 물로 전환해야 하므로 생물공학적 측면에서 폐가스를 처리하고자 할 때는 유기오염물질이 기체상에서 액체상으로 이동하면서 처리하거나 미생물학적 폐수처리를 하여야 한다.

가스상 오염물질은 액체, 즉 물속으로 이동되면서 흡수 및 흡착에 의해 제거될 수 있는데, 흡착은 고체의 표면에 부착하는 매우 얇은 액막에서 일어난다. 폐가스 처리를 위한 생물공학적 연구는 단순한 기술적 장치에서도 수행될 수 있으며, 재래의 흡수와 흡착공정보다 복잡하지 않고 미생물에 의해 수행되는 재생공정이기 때문에 비용이 덜 드는 장점이 있다.

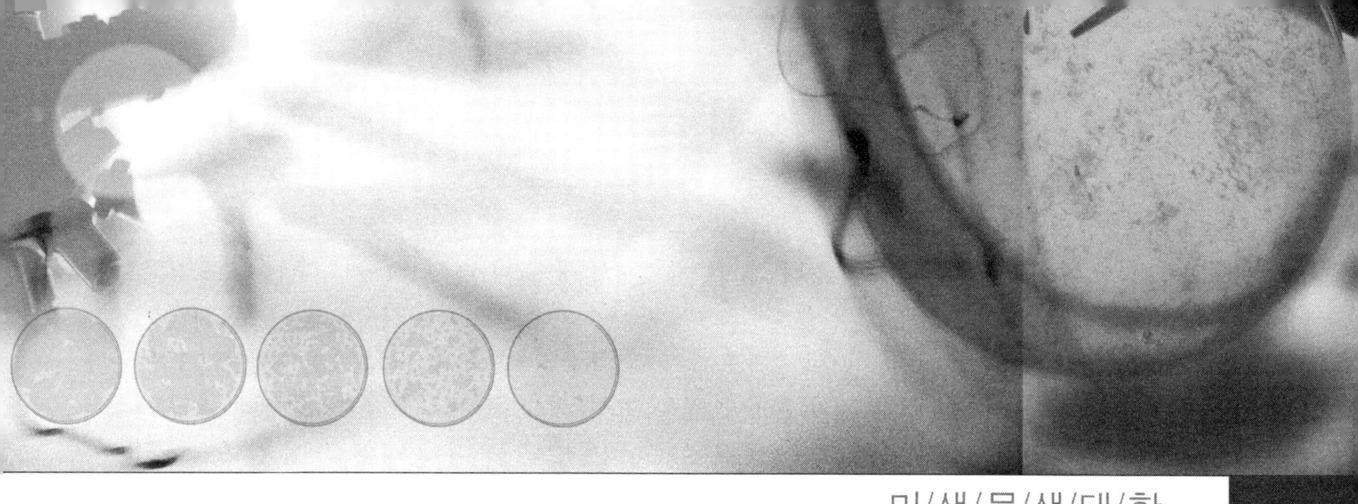

제 6 장 담수환경과 미생물

수환경(hydrosphere)은 미생물의 생육에 있어서 대기보다 더 적합한 서식지이다. 수환경은 미생물의 대사에 필요한 물을 함유하고 있다. 대기와는 달리 수환경은 제한적이기는 하지만 어떤 일반적인 특성을 부여할 수 있는 토착 미생물상을 포함한다. 이들은 낮은 영양원 농도에서 생육할 수 있다. 대부분의 수서 미생물은 편모나 기타 기구에 의해 움직일 수 있다. 유병세균과 같은 일부 수서세균은 표면적 대 부피의 비율을 증가시키는 이상한 형태를 하고 있어서 낮은 농도의 가용 양양원이 존재하는 대부분의 담수에서 보다 효율적으로 영양원을 섭취할 수 있다.

수환경은 담수서식지, 해양서식지 및 기수서식지로 구분된다. 담수서식지에는 호소, 연못, 늪, 샘, 하천 등이 있다. 이러한 서식지를 총괄해서 육수적(limnetic)이라 하며, 이것을 연구하는 학문을 육수학이라고 한다. 해양서식지는 세계의 대양을 말하며, 기수서식지는 담수와 해양 생태계의 경계면에 존재하는 하구를 말한다.

6.1 담수환경

6.1.1 담수서식지

담수서식지는 물리화학적 특성에 따라 분류한다. 호수나 연못같이 고인 물은 정수적(渟水的, lentic) 서식지라 하고, 흐르는 물은 유수적(流水的, lotic) 서식지라고 한다.

1) 표면미소층

수환경의 맨 바깥층은 수환경과 대기환경의 경계면에 위치한다. 이곳은 물과 가스가 서로 접하면서 발생하는 높은 표면장력이 특징이다. 안정된 조건하에서 미생물은 이곳에 표면미소층(neuston)이라고 알려진 표면막을 형성한다. 표면미소층은 광합성 독립영양 미생물에게 좋은 서식지가 되는데, 이는 1차 생산자가 대기로부터의 이산화탄소와 빛의 복사에 무제한적으로 접촉할 수 있기 때문이다. 일부 광물질 영양원과 금속도 표면미소층에 풍부하게 존재한다. 2차 생산자 역시 이곳에서 번성하는데, 이것은 표면장력층에 축적된 비극성 유기물과 대기로부터 공급되는 높은 농도의 산소를 이용할 수 있기 때문이다. 표면미소층에 존재하는 미생물의 수는 보통 그 밑의 수층에 존재하는 미생물의 수보다 10～100배 많다. 표면미소층을 통과하여 올라와 터지는 기포는 물로부터 대기로 세균과 바이러스를 이동시키는 데 중요한 역할을 한다. 독특한 토착성 표면미소층 미생물상은 조류, 세균, 원생동물로 구성된다. 대표적인 세균에는 *Pseudomonas, Caulobacter, Nevskia, Hyphomicrobium, Achromobacter, Flavobacterium, Alcaligenes, Brevibacterium, Micrococcus* 및 *Leptothrix*가 있다. 이들 세균은 그람양성 및 그람음성, 색소

생산형 및 무색소형, 운동성 및 비운동성, 간균 및 구균, 가지 부착형(stalked form) 및 가지 미부착형(nonstalked form) 등 다양한 형태 및 생리적 특성을 가진다. Cyanobacteria도 표면미소층에 존재한다. 표면미소층에 존재하는 전형적인 cyanobacteria에는 *Aphanizomenon, Anabaena* 및 *Microcystis*가 있다. 또한 균류인 *Cladosporium* 및 각종 효모가 표면미소층과 관련되어 있다. 표면미소층에서 발견되는 조류에는 *Chromulina, Botrydiopsis, Codosiga, Navicula, Nautococcus, Proterospongia, Sphaeroeca* 및 *Platychrisis*가 있다. 표면미소층에서 발견되는 원생동물에는 *Difflugia, Vorticella, Arcella, Acineta, Clathrulina, Stylonychia* 및 *Codonosigna*가 있다. 이러한 미생물들의 일부는 표면미소층 아래의 수층에서도 발견된다.

2) 늪 및 소택지

늪(swamp)과 소택지(bog)는 식물이 무성한 얕은 수환경이다. 늪은 다양한 기상조건하에서 잘 배수되지 않는 얕은 웅덩이에 형성되거나 호수가 천천히 침적토(silt)와 식생으로 채워져서 형성된다. 수표면은 대부분 *Phragmitis, Juncus* 및 기타 반침수성 식물로 덮여있다. 1차 생산은 대체로 높은 반면, 수저지(sediment)의 혐기적 조건으로 인하여 유기물의 분해가 느리고, 결과적으로 다습한 식물성 물질인 이탄이 축적된다.

소택지는 한랭습윤한 기후에서는 대체로 얕은 바위 저지(低地, rock pan)에 형성된다. 소택지의 우점식물은 두꺼운 매트 모양을 형성하는 *Sphagnum* 이끼이다. *Sphagnum* 매트의 밑부분은 죽지만 혐기성 및 산성 조건으로 인하여 생물학적 분해는 제한되고 이탄이 축적된다. *Sphagnum* 매트는 모세관력에 의하여 대단히 효율적으로 수분을 보유하므로 소택지의 *Sphagnum*은 바위 저지(低地)의 가장자리보다 더 높이 자란다. 이것은 마치 얕은 접시나 그릇에 물이 흠뻑 밴 스폰지가 놓여있는 형상이다.

늪과 소택지는 모두 탄소순환이 제한되기 때문에 흥미로운 환경이 되고 있다. 이 제한된 탄소순환은 혐기성이고 산성인 조건에 일부 기인하는 것으로 추정된다. 식물조직의 불완전 분해에 의하여 생성되는 페놀계 및 폴리페놀계 물질도 낮은 탄소순환과 화석연료 축적에 기여하는 부가적인 요인이 된다.

3) 호수

호수는 빛의 투과도에 따라 3개의 지역으로 구분된다(그림 6-1). 연안대(littoral zone)와 천수대(limnetic zone)를 합하여 진광대(유광층, euphotic zone)라고 하는데, 이곳에서 광합성이 일어난다. 심수대(profundal zone)는 수심이 깊은 지역으로, 빛이 효과적으로 투과하지 못하는 곳이다. 이 지역은 얕은 못에서는 존재하지 않는다. 깊은 호수에 있어서 심수대는 광보상점에서 바닥까지 걸친다.

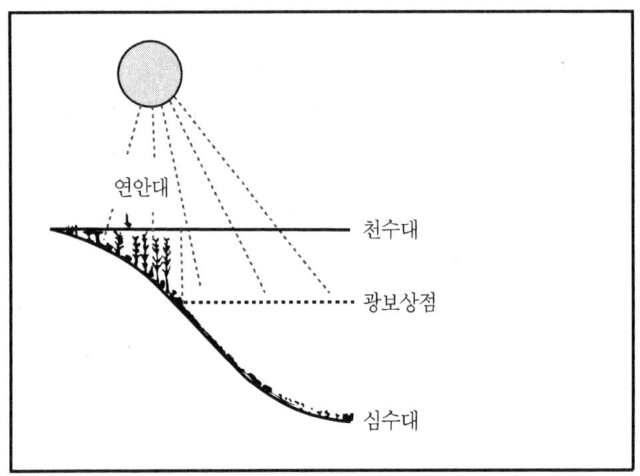

그림 6-1 • 빛의 투과도에 따른 호수의 구분.

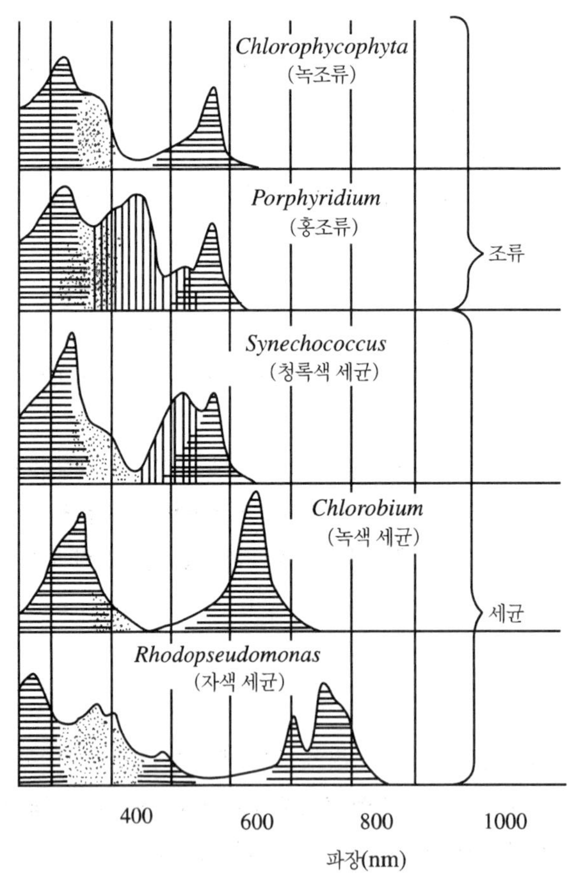

*Chlorobium*과 *Rhodopseudomonas*는 조류가 이용하지 않는 스펙트럼의 원적외선을 흡수함에 주의하라. 이러한 세균들은 조류가 존재하지 않는 층 아래에 서식하기 때문에 이러한 능력은 생태학적 장점이 된다.

그림 6-2 • 대표적인 광합성 미생물의 흡수 스펙트럼.

연안대는 호수에서 빛이 바닥까지 투과하는 지역이다. 이 지역은 물이 얕고, 보통 침수 또는 부분적으로 침수된 고등식물, 부착성 사상조류 및 외부착생조류가 우점종이다. 천수대는 물가에서 떨어진 트인 수역(open water area)으로서 광보상점 깊이까지 걸치며, 이곳의 주요 1차 생산자는 플랑크톤성 조류이다. 광보상점 깊이는 빛이 효과적으로 투과하는 가장 낮은 깊이로서, 광합성과 호흡활동이 균형을 이루는 지점이다. 대략적으로 전체 태양광선 강도의 1%가 광보상점 깊이에 도달한다. 광합성은 광보상점 이하에서도 일어나지만 대개 호흡에 의하여 소모되는 비율보다 낮다.

광합성을 하는 미생물은 각각 다른 파장의 빛을 이용하기 때문에 빛의 흡수 스펙트럼이 다르다(그림 6-2). 녹색 및 홍색 유황세균은 보통 수저지와 물의 경계면에서 생육하는데, 이곳은 혐기성 수층이며, 조류 및 cyanobacteria가 단파장의 빛을 흡수하며 생육하는 장소의 아래 지역이다. 이들은 위에서 살고 있는 식물성 플랑크톤이 흡수하지 않은 빛의 파장을 흡수하며 생육한다. 홍색 및 녹색 유황세균은 물을 광분해하는 광합성 독립영양생물보다 적은 에너지를 이용하여 H_2S로부터 환원성 전자를 얻는다. 따라서 광합성을 수행하는데 낮은 빛의 강도로도 충분하다.

호수의 바닥 또는 수저지는 수환경과 암석권(lithosphere)의 경계면이다. 한 호수의 암석권은 수저지(sediment)라고도 한다. 진광대(유광층)의 조건은 광합성 독립영양생물의 생육에 적합하다. 심수대에 있는 생물은 대부분이 2차 생산자이며, 위에서 운반되는 유기물에 의존한다. 수저지는 미생물이 번성하기에 적합하다. 입자상 영양원은 중력에 의하여 가라앉아 수저지 표면에 농축된다. 수저지의 표면은 호기성으로 퇴적된 유기 영양원의 호기성 분해가 일어날 수도 있다. 산소가 고갈된 호수의 수저지 표면 아래에서는 일차적으로 유기물의 혐기적 분해가 일어난다.

호수는 온도 특성에 따라서 지역이 구분되며, 이 지역은 계절적 변동을 겪는다. 많은 온대지방의 호수가 특히 여름에 열적 성층화(thermal stratification)를 보이며, 일부 호수는 여름뿐만 아니라 겨울에도 성층화를 보인다. 표수층(epilimnion)은 호수의 상부층으로서, 수온약층(thermocline) 위에 존재한다. 수온약층은 온도가 급격히 감소하는 층이며, 물의 혼합이 잘 이루어지지 않는 층이다. 표수층은 여름에는 대체로 따뜻하고, 산소가 풍부하다. 왕성한 광합성이 일어나면 이 층에 있는 광물질 영양원이 고갈된다. 심수층(hypolimnion)은 수온약층 아래에 있는 층으로서, 낮은 온도와 낮은 산소농도가 특징이다. 또한 투과하는 빛의 양이 적어 광합성이 제한되고, 호흡에 의해 산소가 고갈된다. 그러나 이곳에 있어서 광물질 영양원은 비교적 풍부한 경향이 있다.

생태학적으로 유용한 호수의 분류는 생산력과 영양원 농도에 기초한다. 빈영양호(oligotrophic lake)는 영양원의 농도가 낮은 호수를 말한다. 전형적으로 빈영양호는 수심이 깊고, 표수층보다 심수층이 더 크며 비교적 낮은 1차 생산력을 가진다. 반면에 부영양호는 높은 영양원 농도를 가지며, 빈영양호보다 높은 1차 생산력을 가진다. 부영양호의 산소 농도는 유기물의 분해로 인하여 대체로 낮다.

미생물에게 호수가 적합한 서식지가 되는가 아닌가는 많은 화학적 변수에 의하여 결정된다. 이미 언급한 유기물 및 산소의 농도는 중요한 인자가 된다. 부수적으로 무기물의 농도, 특히 질소와 인은 미생물의 생육 및 대사를 부양할 수 있는 서식지의 능력을 결정하는데 중요하다. 이러한 영양원의 농도는 종종 호수의 암석권과 물 사이의 물질교환 과정에 의하여 영향을 받으며, 필수 영양원의 가용성은 무기물을 격리시키거나 유동시키는 미생물의 활동에 따라 크게 좌우된다.

pH는 어떤 미생물이 어떤 호수에 서식하는가에 영향을 주는 또 하나의 중요한 인자이다. 어떤 호수는 알칼리성이며, 어떤 호수는 중성 또는 산성이다. 다른 조건이 동일하다면 높은 pH는 HCO_3^- 및 CO_3^{2-}의 형태로 이산화탄소의 가용성을 크게 높이므로 1차 생산력의 증가에 좋은 조건이 된다. 염분 농도 또한 일부 호수의 독특한 토착성 미생물에 영향을 준다. 육지에 유출구가 없이 고인 호수는 대단히 높은 염분 농도를 가지고 있다. 미국 서부 Utah주에 있는 Salt lake는 대양에서 발견되는 농도의 8배에 해당하는 약 28%의 염분을 함유한다.

4) 강

강은 호수와는 다른 몇 가지 중요한 차이점을 가지고 있다. 강은 흐르는 물이 특징이며, 물이 빠르게 흐르는 연(淵, rapids) 구역과 천천히 흐르는 여울(pool) 구역이 존재한다. 여울 구역에서는 유속이 느리기 때문에 침적토가 퇴적하나 유속이 빠른 구역에서는 대체로 퇴적하지 않는다. 그러므로 유속이 빠른 구역의 하상은 단단한 암석으로 되어 있다. 강은 강둑을 따라 암석권과 광범위하게 경계면을 이루고 있으므로 암석권으로부터 흘러나온 빗물과 강둑의 침식을 통하여 암석권으로부터 다량의 화학물질이 들어간다.

강의 상부구간은 빠른 유속, 높은 산소화, 저온이 특징이다. 상부구간은 산림으로 그늘이 지기 때문에 1차 생산력이 낮으며, 유기물은 주변 암석권으로부터 유입된다. 강의 중간구역은 감소된 유속, 보다 높은 온도와 그늘이 덜 지는 특성을 가지고 있으며, 상당량의 내부적 1차 생산이 일어난다. 하부구간은 과도한 침적토의 퇴적과 조수(潮水)의 영향으로 협염내성(stenohaline) 미생물은 죽고, 대신 내염성 하구생물로 대체된다.

강에 있는 대부분의 미생물 및 대형생물은 침수된 암석 표면에 부착되어 있다. 용해성 영양원은 이러한 부착생물에 의하여 신속히 흡수되며, 이들이 죽어서 썩게 되면 근거리 하류에 위치하는 생물에 의하여 다시 흡수된다. 결과적으로 영양원은 물의 흐름과 같은 속도로 이동하는 것이 아니라 훨씬 더 천천히 이동한다. 강에서 영양원의 순환은 그 자리에서 일어나는 것이 아니라 하류로 얼마간 이동이 있어야 완성된다. 영양원의 이동경로는 원형이 아니라 나선형이며, 이것은 영양원 나선이동현상(nutrient spiralling)으로 알려져 있다.

강에는 종종 산업체와 도시 하수처리장으로부터 높은 농도의 처리수가 유입된다. 도시하수를 강에다 처분하면 강에 고농도의 유기물이 유입된다(그림 6-3). 도시하수 방류지점 밑에서는 미생물이 유기물을 분해하는 동안에 가용산소를 소모하므로 산소가 고갈된다. 산업폐수는 중금속과 같은 독성 화합물을 함유할 수 있기 때문에 미생물의 활성과 생육에 해로운 영향을 준다. 또한 강은 토양 runoff를 통하여 고농도의 농업용 화학물질이 유입된다. 일부 농업용 화학물질은 독성물질로 작용하여 미생물 활성을 저해하며, 비료 등은 미생물을 극도로 증식시키기도 한다.

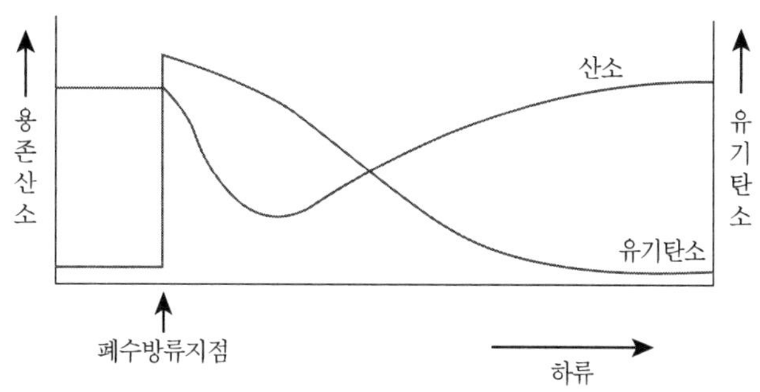

그림 6-3 • 강의 폐수 방류지점 상하류에 있어서 유기탄소와 용존산소와의 관계.

6.1.2 담수 미생물군집의 조성과 활성

호수의 미생물 개체군에 관한 연구는 강보다 훨씬 더 많이 진행되었다. 그러나 양자는 많은 유사성이 있으며, 강은 그 성격상 많은 비율의 토착성 미생물을 함유하고 있다. 따라서 여기에서는 호수를 중심으로 서술하겠다.

Achromobacter, Flavobacterium, Brevibacterium, Micrococcus, Bacillus, Pseudomonas, Nocardia, Streptomyces, Micromonospora, Cytophaga, Spirillum 및 *Vibrio* 속 등이 호수에 널리 분포하고 있다. 또한 *Caulobacter* 및 *Hypomicrobium*과 같은 유병세균(stalked bacteria) 등도 호수의 물에서 종종 발견된다.

독립영양 세균은 호수의 미생물상 중 토착성 미생물군을 형성하며, 보통 영양원의 순환에 매우 중요한 역할을 한다. 호수에서 일반적으로 발견되는 광합성 독립영양 세균에는 cyanobacteria, 홍색 및 녹색세균이 있다. Cyanobacteria에 속하는 *Mycrocystis, Anabaena* 및 *Aphanizomenon*이 담수 서식지에 있어서 우점 플랑크톤이 될 수 있다. 화학 독립영양 세균은 호수내의 질소, 황 및 철의 순환에 중요한 역할을 담당하며, *Nitrosomonas, Nitrobacter* 및 *Thiobacillus*속 등이 담수 미생물군집 중 특히 중요하다.

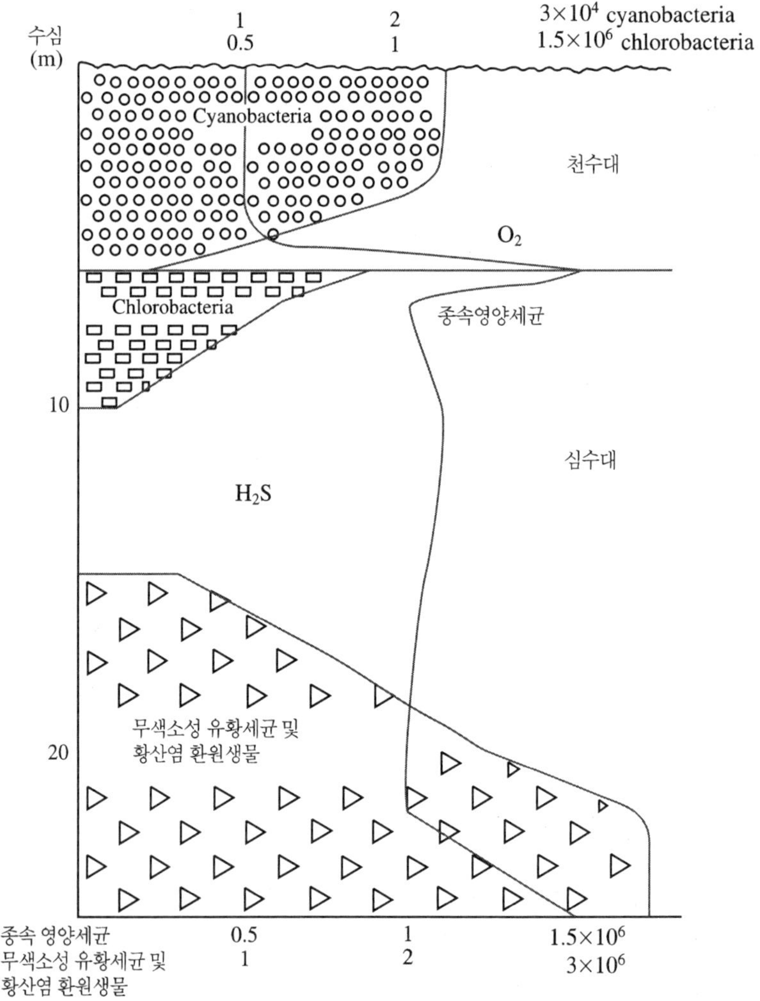

Cyanobacteria는 표수층에 많이 존재하고, 유황환원 세균은 심수층에 많이 존재한다.
독립영양 생물의 최대농도는 최대 광합성 생산지역 아래의 물과 수저지의 계면에 존재한다.

그림 6-4 • 호수에 있어서 세균의 수직분포.

호수 내의 세균 개체군의 수직분포를 보면 깊이에 따라 상당히 다른 분포를 보인다(그림 6-4). 이러한 분포의 차이는 수심에 따라 빛의 투과도, 온도 및 산소 농도와 같은 무생물적 인자의 차이가 있음을 나타낸다. 호수의 물에 토착성 미생물이라고 생각되는 것은 많은 경우 물 밑바닥에는 타지성인 것이 많다. 예를 들면, cyanobacteria는 빛이 잘 투과하여 광합성 독립영양대사를 부양해 주는 표면 근처에서 많이 발견된다. 그러나 cyanobacteria가 광보상점 아래로 가라앉게 되면 다른 미생물과 경쟁할 수 없게 되어 광보상점 이하에서는 타지성 생물이 된다. Chlorobiaceae 및 Chromatiaceae에 속하는 독립영양생물은 산소분압이 감소되고, 충분한 양의 황화수소가 존재하지만 불충분한 양의 빛이 투과되는 담수의 심수층에서 토착성 미생물 군집의 구성종이 된다. Rhodospirillaceae는 비슷한 환경 중에 존재하나 황화합물 대신 환원형 유기 전자공여체에 의존한다. 종속영양세균 개체군은 수층에 수직적으로 분포되어 있으나 수온약층 부근과 가용 유기물 농도가 높은 바닥층 근처에서 최대 농도에 달한다.

담수호의 수저지에서 발견되는 미생물은 그 위 수층에서 발견되는 것과 다르다. 얕은 연못과 호수에서 혐기성 광합성 독립영양 세균은 수저지 표면에 존재하기 때문에 이러한 수체에 특징적 색깔을 띠게 한다. 균류는 수저지 표면에 퇴적되는 잔재물 위에서 발견된다. 이러한 균류 중에는 셀룰로오스를 분해하는 것도 있다. 혐기성 호흡을 할 수 있는 세균은 수저지 미생물의 중요한 구성원이며, 탈질능이 있는 *Pseudomonas*속의 종들이 포함된다. 수저지 내에서는 절대 혐기성 세균이 중요한 지위를 차지한다. 이러한 세균에는 내생포자를 형성할 수 있는 *Clostridium*속의 종, 메탄가스를 생산하는 메탄생성세균, 황화수소를 생산하는 *Desulfovibrio* 속의 종이 있다.

담수 생태계에 존재하는 많은 균류는 외부의 유기물과 관련되어 있으므로 이러한 생태계의 타지성 구성원이라고 보아야 한다. 많은 자낭균류 및 불완전균류가 강 또는 호수 중의 나무 및 죽은 식물체 위에서 발견되며, 죽은 식물체가 썩어서 분해되면 여기에 서식하던 균류는 사라진다. 다시 외부 물질이 수계로 도입되면 이 과정이 반복된다. 효모도 많은 담수 생태계에서 발견된다. 가장 흔하게 발견되는 효모에는 발효성이 약한 *Torulopsis, Candida, Rhodotorula* 및 *Cryptococcus*가 있다.

조류는 담수 생태계의 중요한 토착성 구성원이다. 식물성 플랑크톤은 상당량의 유기탄소의 유입에 공헌하므로 담수 생태계에 있는 종속영양 생물의 성장을 조장한다. 담수 조류에는 *Chlorophycophyta, Euglenophycophyta, Phaeophycophyta, Crysophycophyta, Crytophycophyta* 및 *Pyrrophycophyta*가 있다. 녹조류, dinoflagellate, 규조류 등도 담수 생태계에서 발견된다.

원생동물은 수중 생태계에서 식물성 플랑크톤 및 세균을 포식한다. 포식영양형 편모충류는 세균의 포식자로서 특히 중요하다. 아메바류, 섬모충류, 편모충류 원생동물이 하천, 강, 호수에서 발견된다. 수많은 속의 원생동물이 담수 생태계에서 발견되며, 이 중 *Paramecium, Didinium, Vorticella, Stentor, Amoeba* 등이 흔하다. 편모충류 원생동물인 *Bodo*는 오염되어 용존산소가 낮은 물에 흔하게 존재한다.

토착성 미생물 개체군 외에도 토양의 침식과 토양 세척수에 의하여 많은 타지성 육상 미생물이 담수 생태계로 유입된다. 또한 타지성 미생물은 부근에 있는 식물체의 잎이 떨어져 수체로 들어오거나 유기물 농도가 높은 도시하수가 담수 생태계로 유입될 때도 투입된다. 많은 양의 유기물이 유입되는 지역에서는 종속영양 미생물의 개체수는 많고, 유입되는 유기물의 농도가 감소되면 종속영양 미생물의 수는 감소한다. 타지성 미생물은 대체로 담수 생태계의 토착성 미생물에 의하여 소모되면서 비교적 짧은 시간 내에 사라진다. 그러나 타지성 미생물이 수

많은 공급원으로부터 유입되기 때문에 담수 생태계에서 발견되는 미생물은 종종 육상 미생물과 비슷하다.

미생물은 호수의 생산성과 유기물의 변화에 주된 역할을 담당한다. 그러나 개개의 담수 생태계에 있는 미생물의 활성은 계절적 및 일시적으로 크게 변동한다. 빈영양호에서 부영양호로 갈수록 생산력이 명백히 증가하는 경향이 있다.

미생물 특히 세균이 매우 낮은 농도의 용해성 유기물을 이용할 수 있는 능력은 가용 유기물의 농도가 낮은 빈영양호에서 중요하다. 포도당에 대한 조류와 세균의 섭취율을 비교해 보면 세균은 기질 농도가 낮을 때에 섭취속도가 더 커지며, 조류는 기질 농도가 높을 때에 높은 섭취율을 보인다. 세균 및 일부 미소 플랑크톤성 편모를 가진 원생동물이 낮은 농도의 유기물을 이용하는 능력으로 인하여 고등생물의 성장을 조장하는 먹이망으로 용해성 유기탄소의 유입이 가능하다.

담수 생태계의 조류 및 세균은 또한 타지성 유기물을 분해하는 주된 미생물이다. 이들은 잔재물 입자에 최초로 군락을 형성하는 생물이며, 잔재물에 함유된 유기물의 순환과정에서 생성되는 먹이망의 최초 형성자이다. 미생물은 타지성 유기탄소를 담수 생태계의 토착성 구성원의 세포 내 탄소로 전환시킨다. 또한 이들은 담수 서식지 내에 있는 수많은 다른 원소들의 변화와 순환에 주된 역할을 담당한다.

담수 환경에 있는 미생물들의 주된 생태학적 기능은 다음과 같이 요약된다.

① 죽은 유기물을 분해하여 1차 생산에 필요한 무기물을 방출시킨다.
② 용해성 유기물을 동화하여 먹이망으로 재투입시킨다.
③ 광물질의 순환활동을 수행한다.
④ 1차 생산에 공헌한다.
⑤ 포식자들의 먹이원이 된다. 대부분의 호상(湖床, lake floor)이 비광합성대(disphotic)이며, 고등식물이 없는 깊은 호수에는 플랑크톤성 미생물이 주된 1차 생산자이다.

6.2 수질오염과 미생물

수환경의 유기물은 크게 내부에서 자체 생성되는 것과 외부에서 유입되는 것으로 구분할 수 있다. 전자는 대형수초와 식물성 플랑크톤의 생성물로 대표되며, 후자는 주변의 토양 생태계로부터 유입되는 나뭇잎, 부식토 등의 자연물질과 인간 활동의 결과에 의한 생활하수나 산업폐수가 포함된다. 별도의 처리 과정을 거치지 않고 수환경으로 유입된 생활하수와 산업폐수는 탄수화물, 단백질, 지방 등의 분해성 유기물 외에도 중금속을 포함하는 무기물과 염료, 농약, 세제, 석유화학 제품과 같은 인공합성 화합물(xenobiotic compound) 등을 함유하고 있다. 이들은 자연유래가 아니기 때문에 생태계 내에서 물질순환이 원활하지 못하다.

따라서 수질오염이란 크게 두 가지 유형으로 나눌 수 있는데, 외부에서 유입된 난분해성 인공합성 화합물과 중금속 등이 수환경의 기능을 직접적으로 교란하거나 먹이사슬을 통한 이들의 생물학적 농축으로 심각한 환경 위해요인이 되는 경우와 생활하수 등 다량의 영양원을 함유한 유기물이 과량 유입됨으로써 인위적인 부영양화를 유발하고, 이로 인하여 생태계의 균형을 넘어서는 정도까지 내부 생산력이 크게 증가됨으로써 수환경을 변화시키는 경우이다.

일반적으로 인위적인 간섭의 영향이 적은 자연수계에는 일시적, 국소적으로 대량의 유기물 유입이 있다 하더라도 일정 시간이 경과하면 원래의 상태로 회복되며, 이러한 현상을 수계의 자정작용이라고 한다.

자정작용의 기전으로는 오염물질의 희석, 하상의 모래층이나 자갈층을 통한 여과 및 침전과 같은 물리적 작용과 공기 중에서 흡수된 산소가 유기물을 산화, 분해할 때 발생하는 이산화탄소가 물의 pH를 상승시켜 수산화물의 생성을 촉진함으로써 자연적으로 응집시키는 화학적 작용이 있지만 자정작용의 가장 큰 비중을 차지하는 것은 생물학적 작용이다. 생물학적 작용은 수환경에 존재하는 종속영양 미생물의 활발한 분해작용이 주된 기전이다. 따라서 수환경의 자정능력은 이들 종속영양 미생물의 생육 환경이 되는 온도, 용존산소, pH, 유기물의 농도 등이 중요한 변수가 되며, 자정능력의 범위를 초과하는 오염물질의 유입이 지속될 때 그 환경은 황폐해지게 된다.

수환경에 대량의 생활하수나 산업폐수가 지속적으로 유입되어 유기물의 농도가 높아지면 이것을 분해하기 위한 종속영양 미생물의 활동으로 용존산소의 농도가 급격하게 감소한다. 수중의 산소결핍은 수생동물의 호흡을 불가능하게 하고, 혐기성 세균의 무기호흡 및 발효대사의 결과로 아민, 황화수소, mercaptan, 지방산 등과 같은 악취를 유발하거나 고등생물에 유해한 독성물질이 형성되어 수자원의 가치가 크게 떨어지게 된다. 수환경에 유기물이 대량 유입됨으로써 발생하는 대표적인 수질오염 현상으로 부영양화 및 적조를 들 수 있다.

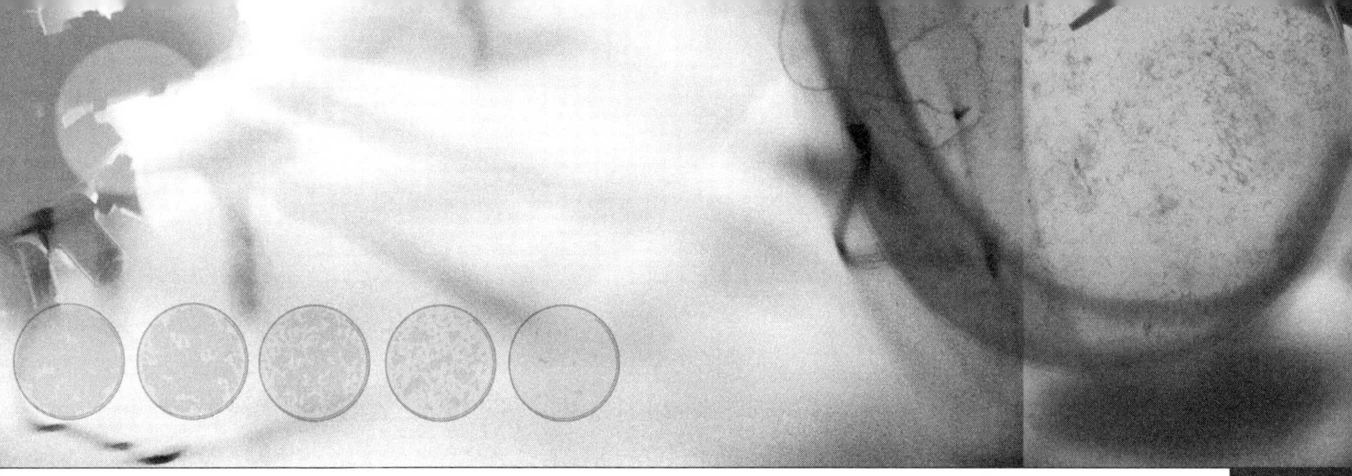

제 7 장
해양환경과 미생물

7.1 해양환경

해양은 지구 표면의 71%를 차지하며, 해수의 총량은 1.46×10^9 km^3, 평균 깊이는 4,000 m, 최대수심은 약 11,000 m에 달한다. 대양에 존재하는 물은 지구의 기후 조절에 중요하며, 지구의 물 순환에서 최종 저수지 및 수용지가 된다. 태양의 열에너지에 의하여 초래되는 물의 증발과 강우는 열을 적도에서 극지까지 분배시킨다. 투입되는 태양에너지의 50%가 대양, 담수 및 육상 표면으로부터의 증발에 의하여 소모되는 것으로 추정된다. 증발된 물은 결국에는 비와 눈으로 내려 저장되었던 열에너지를 방출한다. 강우는 대양에 직접적으로 내리거나 하천을 통하여 또는 runoff에 의해 육상 환경으로부터 간접적으로 유입된다. 간접적 유입의 경우, 광물질은 대양에서 육지로 복귀속도보다 훨씬 더 빠른 속도로 대양에 유입된다. 결과적으로 대양은 모든 수용성 광물질의 최종 소멸지이며, 고온건조 기후대에 존재하는 유출구가 없는 호수와 같이 고농도의 염분을 가진 호수보다는 염분 농도가 낮지만 염분을 다량 함유한다.

7.1.1 하구

육상 runoff는 강 및 지하수의 침출수 형태로 하구(estuaries)에서 해수와 접하며, 이 혼합수는 대양수나 유입되는 담수보다 생산력이 높은 특성을 가진다. 하구는 온도, 염도, pH, 유기물 부하 및 기타 환경인자들의 변화가 대단히 심한 지역이다. 하구는 담수와 해수가 혼합되는 지역으로, 유속이 빠른 강물에 의하여 운반된 영양물질이 바다 유입부 또는 삼각주지역에서 퇴적되므로 전형적으로 생산력이 높다. 하구는 조수의 영향을 받는데, 조수는 세척작용이 있다. 강에서 하구로 유입되는 물질은 조수에 따라 변동하면서 바다로 유입된다.

하구의 광합성은 거의 언제나 호흡활동을 능가한다. 하구의 많은 부분이 반쯤 침수된 고등식물로 무성히 덮여있다. 이중 특징적인 것은 온대지역 염수늪에서 자라는 화본과 *Spartina*의 다양한 종과 열대 하구의 망그로브(mangrove) 숲이다. 조수대평원(tide flat)의 온대지역은 뱀장어풀(*Zostera*), 열대지역은 거북풀(*Thalassia*)이 무성하게 자란다.

염수늪 하구는 대륙붕을 따라서 깊은 수심에서 솟아오르는 물로부터 영양물질을 받을 수 있다. 그러나 대부분의 영양물질은 인접한 육상에서 runoff 형태로 유입된다. 하구의 물리적 구조는 하구로 유입되거나 하구 내에서 생성된 영양물질을 포집하는 경향이 있다. 염수늪 하구는 깊은 대양에 비해서 비교적 영양물질의 큰 손실 없이 신속하게 회전시키는 경향이 있다.

이상적인 하구에서 염도의 기울기는 <5‰에서부터 강어귀의 최대치>25‰에까지 이른다(그림 7-1). 이러한 전이대에서 토착성 생물과 타지성 생물을 구분하기는 어렵다. 이러한 서식지에서 계속적으로 생존할 수 있는 생물은 많은 환경인자에 대해 광역내성(eurytolerant)이 있어야 한다. 진정한 담수 및 진정한 해수생물은 하구에서 단지 전이적인 구성원에 불과하다.

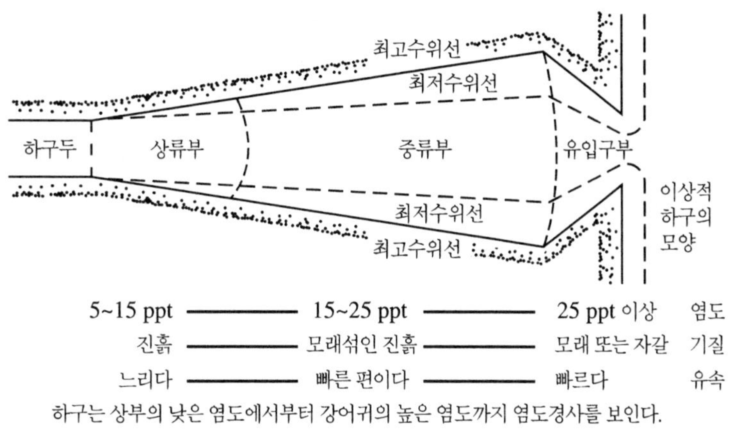

그림 7-1 • 하구의 주된 환경적 특성.

7.1.2 대양의 특성

대부분의 경우, 해양 생태계의 환경조건은 대단히 균일하다. 이렇게 높은 균일성은 조수의 운동, 조류, 열염류 순환(thermohaline circulation) 등의 각종 혼합 기전에 의하여 초래된다. 달과 태양의 인력에 의하여 생성되는 조수는 대략 12 ½ 시간의 주기를 갖는다. 대부분의 지역에서 만조와 간조가 하루에 2번씩 있게 된다. 만조와 간조의 수위차는 매 2주일마다 일어나는 사리(spring tide) 때 가장 크고, 역시 매 2주일마다 교대로 일어나는 조금(neap tide) 때에 가장 작다. 해류는 대양표면 위로 부는 바람의 마찰력과 지구의 회전에 의하여 발생한다. 지구의 회전력과 토지 장애물에 의해서 대형의 회전 해류체계가 발생한다. 깊이 흐르는 해류는 온도와 염도의 차이에 의해 발생하며, 이에 의하여 물의 밀도가 달라진다. 이러한 물의 밀도는 물의 수직적 혼합을 달성하는 열염류(熱鹽流)를 발생시킨다.

대양은 자연적으로 존재하는 모든 화학원소를 거의 모두 함유하나 대부분은 대단히 낮은 농도로 존재한다. 해수 중의 수소와 산소를 제외하면 나트륨, 염소, 마그네슘, 황산염, 칼슘, 칼륨이 주된 원소이고, 탄소, 브롬, 스트론튬, 붕소, 규소, 불소는 미량원소이다. 미생물의 생육에 필수적인 질소, 인, 철은 해수 중에 1 ppm보다 적은 흔적량으로 존재한다.

바다 서식지의 염도는 보통 33～37‰로, 평균 35‰이다. 100 m 이하의 수심에서의 수온은 0～5℃이다. 어떤 지점이든지 수온의 계절적 변동은 20℃를 넘지 않으며, 전 대양에서 수온의 변동은 35℃ 미만이다.

7.1.3 해양환경의 수직 및 수평적 구분

비록 대양의 환경조건이 대단히 균일하기는 하지만 해양에는 분명한 수역 구분이 있다(그림 7-2). 연안대(littoral zone) 또는 간조대(intertidal zone)는 해양 생태계와 해안지역에 있는 암석권 사이의 경계면에 위치한다. 이 지역은 만조와 간조에 따라서 침수와 배수가 반복되는 지역이다. 원연안대(sublittoral zone)는 최저 간조선(low tide mark)에서부터 대륙붕의 끝까지 미친다. 또한 이 지역은 근해대(neritic zone 또는 nearshore zone)라고도 알려져 있으며, 평균 수심은 200 m 이하이다. 대양권은 대륙붕의 끝에서 바다 쪽으로 연장된다. 외양적(pelagic)이란 말은 트인 바다 또는 먼 바다를 가리키며, 근해대와 전대양권을 포함한다. 해저대는 그 위에 어떠한 수역이 존재함을 막론하고 바다 밑바닥을 말한다.

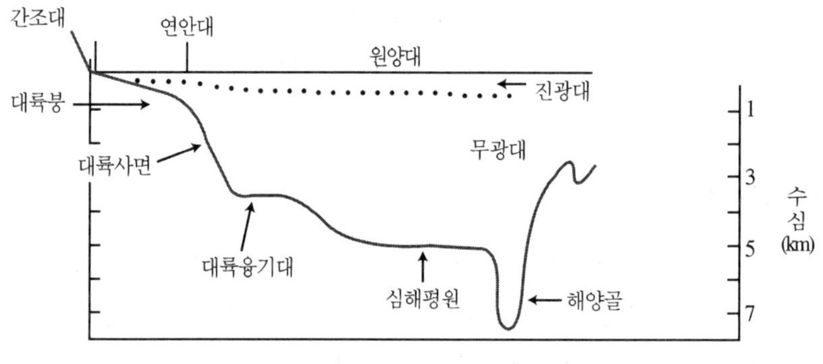

그림 7-2 • 해양의 수평적 구분.

해저대는 간조대(intertidal zone)에서 시작하여 밑으로 연장된다. 대륙붕은 육지에서 바다 쪽으로 뻗치는 경사가 완만한 해저대를 말한다. 대륙붕의 끝에서 경사도는 크게 증가한다. 대륙사면(continental slope)은 급사지(bathyl region)라고도 하는데, 해저평지(sea floor)까지 급격한 경사를 이루고 있다. 심해평지는 심해평원(abyssal plain)이라고도 하며, 보통 4,000 m의 수심에 위치한다. 심해평원은 평탄치 않으며, 심해협곡과 해저능선을 가지고 있다. 심해협곡은 초심해저대(hadal region)라고도 하며, 수심 11,000 m에 달하는 곳도 있다.

담수환경과 같이 해양 생태계의 맨 바깥층은 표면장력층으로서, 해양 생태계와 대기권의 경계면에 위치한다. 해수와 대기의 경계면은 세균 및 조류를 비롯한 해표면 미소층(pleuston) 생물의 서식지이며, 담수에서 표면미소층(neuston) 생물의 서식지에 해당한다. 이곳에는 *Pseudomonas*와 색소생산 세균이 주된 세균 개체군이다. Cyanobacteria(*Trichodesmium*), 규조류(*Rhizosolenia*) 및 부유성 Phaeophycophyta(*Sargassum*)을 비롯한 1차 생산자 개체군이 때때로 해표면 미소층에서 발견된다. 이 해표면 미소층에는 담수 표면미소층의 *Nautococcus*와 같이 해표면 미소층에 특별히 적응된 조류는 존재하지 않는 것으로 추정된다. 해표면 미소층에는 각종 대형 무척추동물을 비롯하여 대표적인 균류 및 원생동물이 가끔 발견된다.

해양 생태계도 수직적으로 수역을 구분할 수 있다(그림 7-3). 진광대(유광층, euphotic zone)는 광보상점까지의 깊이로 빛이 효과적으로 투과하는 수역이다. 진광대(유광층) 아래에 무광대(disphotic zone 또는 aphotic zone)가 존재한다. 원양대(pelagic zone)는 수심 0~200 m의 전형적으로 진광성이고 따뜻한 표층 원양대, 수심 200~6,000 m의 무광성이고 차가운 중간 심수층(bathypelagic zone), 수심 6,000 m 이하의 수온이 차고 극도의 수압이 존재하는 초심해저대(hadal zone)로 구분된다. 대양에서 빛의 강도는 대부분이 탁도에 좌우된다. 어떤 경우를 막론하고 25 m 이하의 수심에는 대단히 적은 양의 빛이 투과한다. 수온은 보통 수심 50 m까지는 급격히 감소하고, 50 m 이하에는 대체로 10℃ 이하가 된다. 해수 중에 존재하는 염분의 농도로 인하여 해수의 정상적인 빙점은 −1.8℃이다.

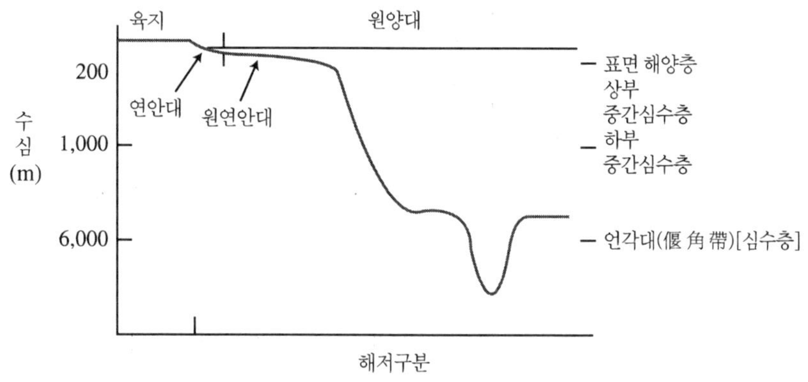

그림 7-3 • 해양의 수직적 구분.

용존산소의 농도는 대체로 해표면에서부터 감소하여 수심 1,000 m에서 최소에 달하고, 수심 1,000~4,000 m에서 거의 해표면 농도에 가깝게 서서히 증가한다. 인의 농도는 수심 1,000 m에서 최대에 달하고, 수심 4,000 m까지는 일정한 농도를 보인다(그림 7-4).

원양 환경에서 광물질 영양원의 회전은 매우 느리다. 진광성 표층 원양대(epipelagic zone)에서 죽은 생물은 훨씬 더 깊은 중간 심수층으로 가라앉고, 결국에는 해저대에 도달한다. 죽은 생물들은 질소와 인을 주축으로 하는 필수 영양원을 함께 운반하며, 이것은 심해의 영원한 암흑 속에서 생물의 부패에 의하여 방출된다. 이러한 영양원은 이곳에서 용출류(upwelling current)에 의하여 매우 느린 속도로 표면수층으로 돌아온다. 광물질 영양원 분자가 따뜻한 진광대(유광층)의 표면수층으로 돌아오는데는 수천 년이 걸린다. 원양 환경에서 진광대(유광층)의 1차 생산은 광물질 영양원의 결핍으로 크게 제한된다. 반면 영양원이 풍부한 심층해수는 1차 생산에 필요한 빛에너지가 없다. 따라서 대양의 95% 이상은 생산성이 매우 낮은 것이 특징이다. 트인 바다에서 1차 생산자는 거의 모두가 매우 작은 플랑크톤성 조류이다. 이러한 조건으로 인하여 원양의 먹이연쇄는 길고, 비효율적이며 단위부피의 해수당 불과 몇 마리의 물고기를 부양할 수 있을 뿐이다.

실제로 모든 상업적 어업은 대양의 5% 미만 지역에 국한되는데, 주로 해안지역과 특정 용출류가 발생하는 지역이다. 이 지역에 있는 영양원이 풍부한 해수는 높은 1차 생산을 가능하게 한다. 이러한 지역의 생산자는 좀 더 큰 플랑크톤성 생물이며, 먹이연쇄는 짧고 효율적이다. 용출현상은 종종 대륙사면에서 일어난다. 이 현상은 해안에서 바다 쪽으로 빨리 흐르는 표면류와 함께 이를 보충하려는 심층수가 상승함으로써 발생한다.

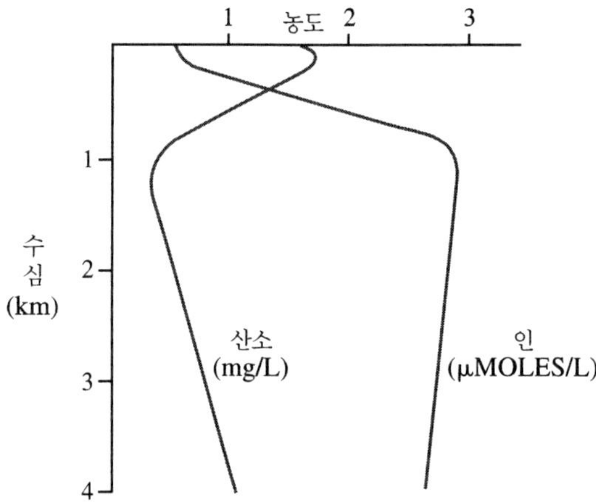

그림 7-4 • 해양 종단면에 있어서 산소와 인의 수직적 분포.

7.2 해양 퇴적환경

유기물질 특히 난용성 물질들은 연안에서부터 심해에 이르기까지 다양한 경로를 통해 서서히 분해가 되면서 침전된다. 수계에 퇴적되는 유기물질들은 바위 등이 풍화작용으로 인하여 형성된 것이나 동식물의 사체, 선박 등에서 버려지는 물질, 갑각류나 어패류 등의 파편조각 등이 퇴적되어 만들어진다. 이러한 퇴적물은 태평양의 경우 약 600 m의 두께(심해퇴적토의 평균 두께에 해당함)에 이르고 푸에르토리코 해안에서는 9 km 이상 증가한다. 대서양에서는 500～1,000 m의 두께를 이루고 남극이나 북극에서는 4 km 정도로 퇴적물이 쌓여 있다. 퇴적물은 해역에 따라서 입자의 형성도 다르지만 대개 입자의 직경이 60 μm를 넘으면 모래(沙土)라하고 그보다 작은 입자를 이토(泥土 또는 粘土, mud)라 한다. 모래는 대부분 대륙붕에 퇴적되고 해안선을 따라 해변을 형성하는 것으로 되어 있다. 대부분의 해안선은 모래나 작은 돌로 형성되어 있다. 심해 점토는 연니(軟泥, clay)라 부르는데 연니에는 심해에 따라 사토가 10%

이하로 형성된 곳도 발견된다. 점토와 모래가 형성된 해역에서 생물의 군락을 형성하는 것이 해역에 따라 다소 차이가 있다. 점토나 사토가 어떠한 기원에 의해 형성되었나에 따라 점토에 함유되어 있는 유기물질의 성분에 차이가 나타난다. 점토의 형성기원은 생물학적 기원, 화학적 기원, 토양에 의한 기원 등이 있다.

① 생물학적인 기원(biogenous): 생물체, 어개류(魚介類)에 의해 형성된 퇴적물이다. 대부분 칼슘성분이나 규조류에 의한 것은 calcium carbonate(calcareous), 규산염(siliceous) 혹은 인(phosphatic)이 풍부하게 된다. 생물에서 기원된 것으로 분류되려면 점토의 입자가 생물로서 기원화한 입자가 30% 이상 되어야 한다. 생물학적 점토의 기원은 장구한 세월 속에서 기인된 것으로 평균 퇴적속도는 1～4 cm/1,000년(심해 기준)의 속도로 퇴적된다.

② 화학적 반응(chemical reaction)의 기원: 해수의 무기 화학적인 반응에서 유래한 입자로서 태평양 해저의 넓은 평원(plate)에 널려있는 망간단괴(manganese nodule)들이 대표적이다. 이와 같은 단괴는 매우 느려서 그 속도는 0.01～1.0 mm/1,000년 이하로 측정된다.

③ 토양으로부터의 기원(lithogenous): 토양이나 논밭 매립 등으로 인한 분진 소립자 등이 강이나 하천을 통하여 또한 암석의 침식으로 그 입자가 강을 통하여 바다로 운반되는 경우이다.

해수의 이동이 적은 연안해역이나 해류가 큰 해역의 경우 퇴적되는 장소가 확산되지만 대부분은 이동이 적은 연안에 퇴적된다. 또한 대륙경사에서 입자들은 파도와 조류에 의해 크기에 따라 이동한다. 큰 입자는 쉽게 침강되고 작은 입자일수록 멀리 씻겨 내려간다. 일반적으로 가장 큰 입자는 해안선 근처에 쌓이고 가장 작은 입자는 멀리까지 씻겨서 내려가 결국은 심해에 퇴적된다. 강이나 해류의 이동이 큰 경우와 빙하의 경우는 약간 다르다. 해류의 이동이 큰 경우는 1,000년 동안 수 m의 속도로 더욱 빠르게 퇴적될 수도 있다.

이러한 여러 조건으로 형성된 이토(泥土)내에는 복잡한 생물학적, 화학적 반응이나 작용이 계속된다. 또한 혐기적인 환경이 형성되어 혐기성 미생물이나 다모류에 속하는 *Capitella* sp. 등이 혐기적인 환경에서 유기물질을 분해하여 생성한 황화물(SO_4)을 유산환원세균이 섭취하고, 유화수소(H_2S), 유독성 황화물질 등을 배출하면 배출된 유독성 물질을 유황세균이 다시 흡수한다. 즉, 다모류는 혐기적인 상태에서 유기물질을 분해하고, 분해 생성된 물질을 유산환원세균과 유황세균이 흡수 처리한다. 한편 유황세균들은 *Capitella* sp.의 먹이가 되어 저질속의 한 생태계를 이룬다. 또한 메탄생성세균이나 철 산화세균 등도 저질 환경에서 중대한 역할을 한다.

7.3 해양미생물의 분포

해양의 환경은 면적과 용적이 클 뿐만 아니라 높은 염의 농도, 미량의 유기물질, 해수 수괴(水塊)의 연속적인 운동, 심해의 저온 환경과 고압 등의 다양한 환경으로 이우어져 있기 때문에 육상 환경과는 현저히 다르다. 이러한 환경에 분포하고 있는 해양미생물에 대해서는 19세기 후반부터 개척적인 연구가 시작되었다.

해양환경에서 분리되는 종속영양세균(heterotrophic bacteria)의 생리적 또는 분류학적 성상, 해양미생물의 지역적 또는 양적 분포의 상태와 변동에 미치는 환경요인의 영향, 해양미생물의 대사활성이나 증식속도 등에 관하여 많은 연구가 이루어져있다. 해양환경에서 미생물의 생태를 포괄적으로 이해하기 위한 종속영양세균의 양적 분포, 이동에 영향을 주는 환경인자, 해수중에서 미생물군의 활동, 배양방법에 따른 계수법, 증식에 대하여 우선 이해할 필요가 있다. 본 장에서는 해수중의 해양미생물의 분포를 중심으로 하구역, 연안해역, 외양 및 이토중의 해양미생물의 분포에 관하여 설명한다.

7.3.1 해수중의 해양미생물의 분포

해양미생물은 현탁물질, 동식물 등에 부착하여 생활하는 것과 자유로이 유영하면서 수직적

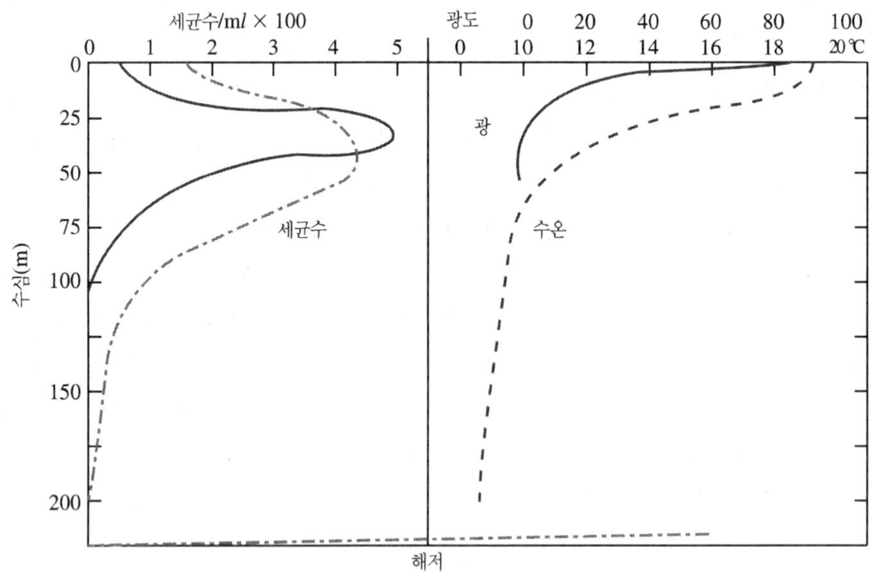

그림 7-5 • 남 Califonia 연안의 세균수, 식물 plankton 수, 태양광선 및 수온의 수직분포. 세균수는 1 ml당 평판배지상의 colony수. 식물 plankton은 1 L 중의 규조류의 개체수를 나타낸 것임.

또는 수평적으로 분포하는 것으로 크게 나눌 수 있다. Zobell(1946)은 태평양의 남 Califonia 연안해역의 여러 관측점에서 얻어진 종속영양세균수의 평균치를 그림 7-5와 같이 세균과 식물 plankton의 수직분포와의 관계를 일반적인 pattern으로 표시하였다. 그림에서 해수중의 세균수는 25∼50 m 수심에서는 식물 plankton의 증가와 병행하여 서서히 증가하지만, 그 이상의 수심에서는 세균수가 급감하였다.

7.3.2 하구역의 미생물

하구역은 생활하수, 공장폐수, 농약 등 다양한 물질들이 하천수에 혼입되어 해수와 혼합되는 곳이다. 또한 하구역은 하천수의 유속이 급속히 저하되는 곳이기 때문에 현탁물질의 입자중 무거운 부분은 빠르게 침강하기도 하고, 하천수 중에 현탁되어 있는 하전입자(荷電粒子)는 서로 반발하여 만나기 때문에 응집하기도 힘들고 침강하기도 힘들지만, 해수 중에 혼입되면 전해질과 접촉하여 하전(荷電)을 빼앗겨 서로 응집하여 침강하기 쉽게 되며 또한 미생물에 의하여 분해, 이용된다.

따라서 미생물은 점질다당질을 형성하면서 이상증식을 하고 균괴(菌塊, aggregate or floc)를 형성하는 경우가 생기며 미생물상도 다양하게 형성된다. 특히 하구역은 하절기 장마 등으로 육상에서 혼입되는 미생물이 다양하며 해수와 혼합된 저염분인 곳에 일시적으로 생존하는 미생물과 서서히 적응하여 생존하는 미생물들이 대부분이다.

하구역의 N화합물의 수직분포를 조사한 결과를 보면 수온약층이 존재할 경우 수온약층의 하층에는 NO_2^-가 높게 분포하고 있는 경우가 많고 미생물수도 10^5∼10^7 cells/ml로 나타나고, 수온약층의 약간 위쪽에는 NO_3^-가 NO_2^-보다 높게 분포하고 있으나 미생물수는 10^4∼10^5 cells/ml 범위로 나타났다. NH_4^+는 산소의 감소로 서서히 증가하여 수온약층보다 깊은 곳에서는 높은 농도를 보인다. 현탁물질 중 입상 유기태인의 경우도 주로 미생물의 phosphatase에 의하여 무기태인으로 전환되어 동·식물플랑크톤이 이용하고 남은 인은 Fe^{2+}에 의하여 포착, 침전된다.

빈산소 상태의 환경인 저층에는 탈질세균, 유산환원세균, 메탄생성균 등이 발견된다. 일반적으로 부영양화된 하구역에서 많이 발견된다. 우리나라에서는 주로 서해안, 남해안과 동남해역의 온산, 울산 등이며 대표적으로 낙동강 하구역을 들 수 있다. 낙동강 하구역은 생활하수, 공장폐수 등 다양한 유기물질의 유입으로 인해 미생물상도 다양하다. 이 지역은 지금까지 연구 보고에 의하면 *Escherichia coli*, *Micrococcus*, Fungi, *Bacillus subtilis*, *Pseudomonas* spp., *Flavobacterium* spp. 등 육상에서 하천으로 유입된 미생물들이 많이 분포하고 있다.

7.3.3 연안해역의 미생물의 분포

연안해역의 유기물 농도는 해역주변의 환경에 따라 다르며, 분포하고 있는 미생물수, 세균상(細菌相)도 다양하다. 연안해역에 분포하고 있는 미생물은 크게 2군(群)으로 나눌 수 있다. 현탁물질(detritus)이나 비생물체 등에 부착하여 (기생)생활하거나 동물의 장내 또는 식물의 조직이나 표면에 부착하여 생활하는 미생물군(群)과, 해수 중에 자유롭게 부유(浮遊)하면서 용존 유기물질을 분해 섭취하면서 생활하는 군(群)으로 나눈다. 이러한 미생물들을 형광현미경으로 미생물수를 계수(計數)하면 10^6～10^7 cells/ml 정도이고, 부영양화된 해역에서는 10^6～10^8 cells/ml의 균수가 존재한다. 연안해역의 현탁물질 중 90%가 비생물체이고 여기에 부착(기생)하면서 물질분해, 생성 등의 물질순환에 중요한 역할을 담당하고 있는 것이 해양미생물이다.

그림 7-6은 염분과 수온이 급변하는 수온약층(변수층, 변온층, thermoclin)이 형성된 곳에서 미생물이 높게 분포하고 있음을 보여주고 있다. 이것은 수온약층이 형성된 곳에 밀도가 다른

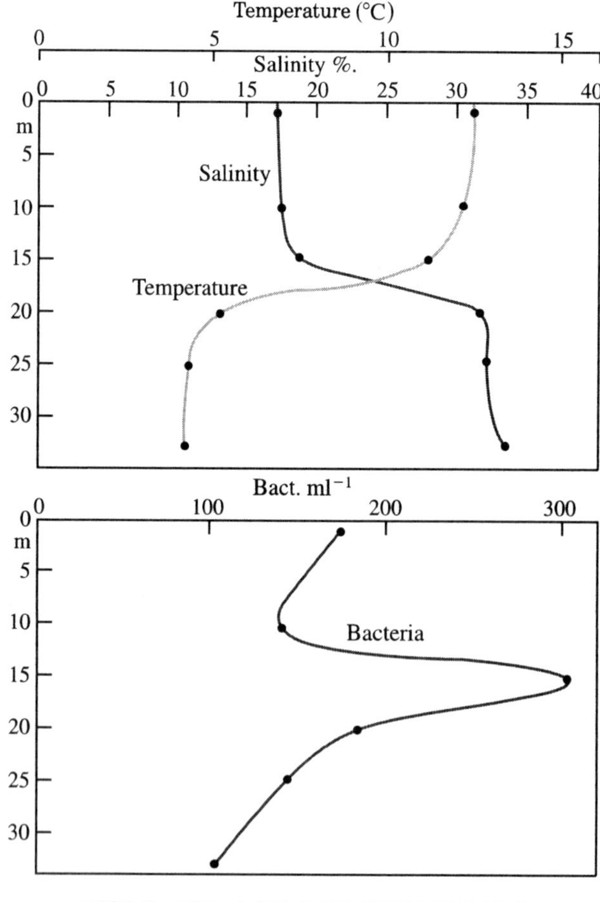

그림 7-6 • 염분, 수온과 (부착)미생물수와의 관계.

수괴(水塊, water mass)가 현탁물질과 미생물의 침강을 방해하는 작용을 한다. 그러므로 수온약층이 형성된 곳은 현탁물질 등이 축적되어 영양물질이 많아진 관계로 미생물이 활발하게 번식하여 미생물수가 높게 분포한다. 천해역인 경우 바람에 의하여 종종 수온약층이 파괴되고 높은 혼탁현상이 생겨 미생물의 수직분포가 표층과 저층이 동일한 관계를 가진다. 심한 경우에는 저질까지 교란시켜 일시적으로 유기물 증가와 동시에 미생물수도 증가 현상을 보이기도 한다. 또한 조석의 차가 심할 경우에도 미생물의 분포가 다르게 나타나지만 대부분 날씨가 좋아지면 원래의 수온약층이 형성된다.

일반적으로 연안해역에서 해양미생물은 유기물질을 분해하여 무기물질을 생성하고, 이를 식물플랑크톤 등이 섭취하게 된다. 미생물은 균괴(菌塊, floc, aggregate)현상으로 동물플랑크톤에 포식되기도 하고, 물질이나 섭취 등의 관계로 섬모충류나 편모충류의 먹이연쇄에 관여하여 먹이에 중요한 역할을 담당한다. 그림 7-7은 Baltic해의 먹이연쇄를 모델화한 것으로 두터운 원내의 부분이 해양미생물의 역할을 보여주고 있다.

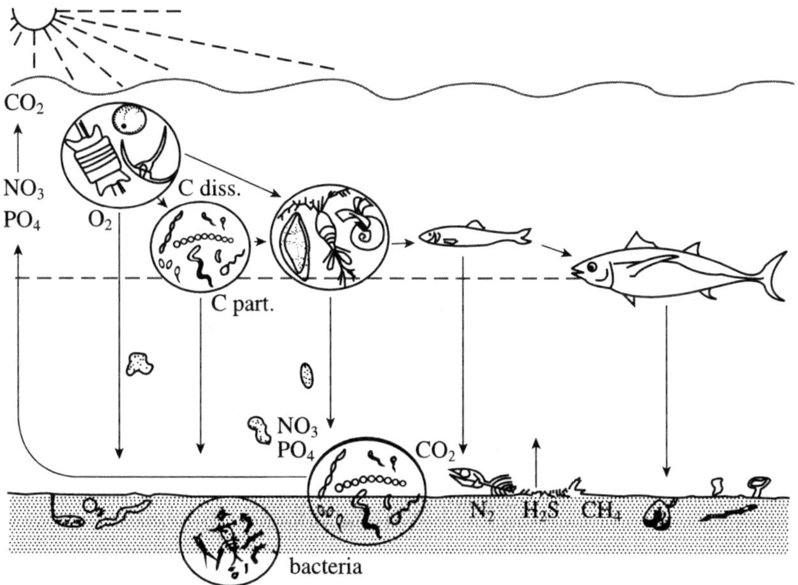

그림 7-7 • 해양생태계의 먹이연쇄의 모델.

7.3.4 외양의 미생물 분포

외양해역이 하구역이나 연안해역과 다른 여러 가지 원인 중 가장 중요한 것이 영양물질, 즉 유기물질(무기물질 포함)이 극히 적은 빈영양 상태의 환경이라는 것이다. 따라서 외양에 분포하고 있는 균체는 하구역이나 연안 수역에 분포하고 있는 균체에 비하여 극히 작기 때문에 높은 배율의 현미경이나 형광현미경을 사용하여 미생물의 크기를 직접계수법(直接計數法)에 의하여 총균수를 계수한다. 일반적으로 외양의 세균수는 10^5~10^6 cells/ml로 표층수에는 비교적 많은 균수가 발견되지만 심층일수록 총균수는 적어진다. 그림 7-8은 서 Gibralter 해협의 염분, 수온, 총균수, 현탁물질 등에 기생하는 미생물과 glucose의 최대흡수율을 표층에서 900 m 수심까지의 수직분포를 나타낸 것이다.

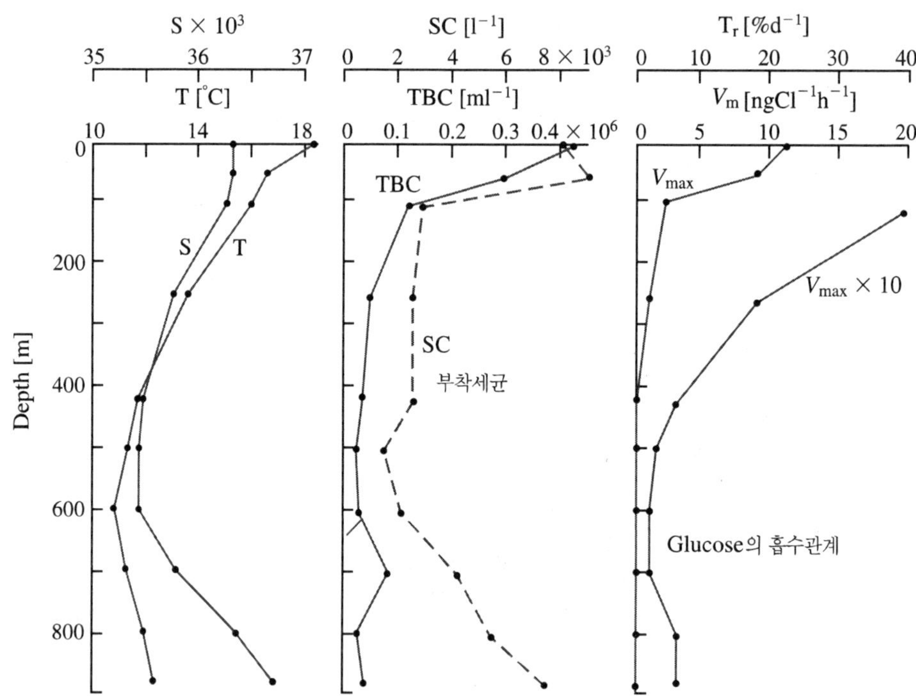

그림 7-8 • 서 Gibraltar해협의 염분(S), 수온(T), 총균수(TBC), 현탁물질에 기생하는 부착세균(SC), glucose 최대 흡수율 등의 수직분포.

표층에서는 0.4×10^6 cells/ml의 높은 총균수가 수심이 깊어짐에 따라 감소 현상을 보여주며, 염분, 수온, 현탁물질 등에 부착(기생)하는 세균수도 감소 현상을 보여 주고 있다. 특히 특징적인 현상은 염분과 수온은 400~600 m에서 극소 현상을 보여 주며, 총균수와 현탁물질 등에 부착(기생)하는 세균은 100 m에서 극심한 감소 현상으로 glucose의 최대 흡수율도 극히 낮은 것을 알 수 있다. 심층인 경우 난분해성 물질이 표층에서 침전되어 존재할 경우, 그림과 같이 900 m 수심에서 다소 높은 현탁물질에 부착(기생)하는 세균이 발견되며 저층으로 수괴의 이동이 생길 경우에도 저층에서 다소 높은 수온이 측정되기도 한다.

일반적으로 심해의 세균수는 10^5 cells/ml 이하이지만 특수층인 열수분출공(hydrothermal vents)인 경우 10^6 cells/ml 이상이 존재하기도 한다. 예로서 태평양 Galapagos섬 부근 열수분출공은 수심 2,500 m인 곳인데도 수온이 270~380℃이며 열수분출공 주위에는 *Thiobacillus, Thiomicrospira, Thiothrix, Beggiatoa*와 같은 유황 환원세균, 망간·철 환원세균이 발견되었다.

그림 7-9는 아열대 해역인 남지나해와 태평양해역에 분포하고 있는 미생물수를 LPS(lipopolysaccharide)로 생물량(현존량, biomass)을 측정한 것으로 Chl. a(Chlorophyll a), 동물플랑크톤, 미생물수의 수직분포를 나타낸 것이다. LPS, Chl. a, 미생물수의 수직분포에서 양적으로나 수심 차이는 다소 있으나 대개 30~100 m 사이에 높은 분포를 보이고 100 m 이심(以深)부터는 낮은 분포를 보인다. 미생물수와 LPS와의 상관관계는 0.84로 높은 양의 상관관계를 보여주고 있다(그림 7-10).

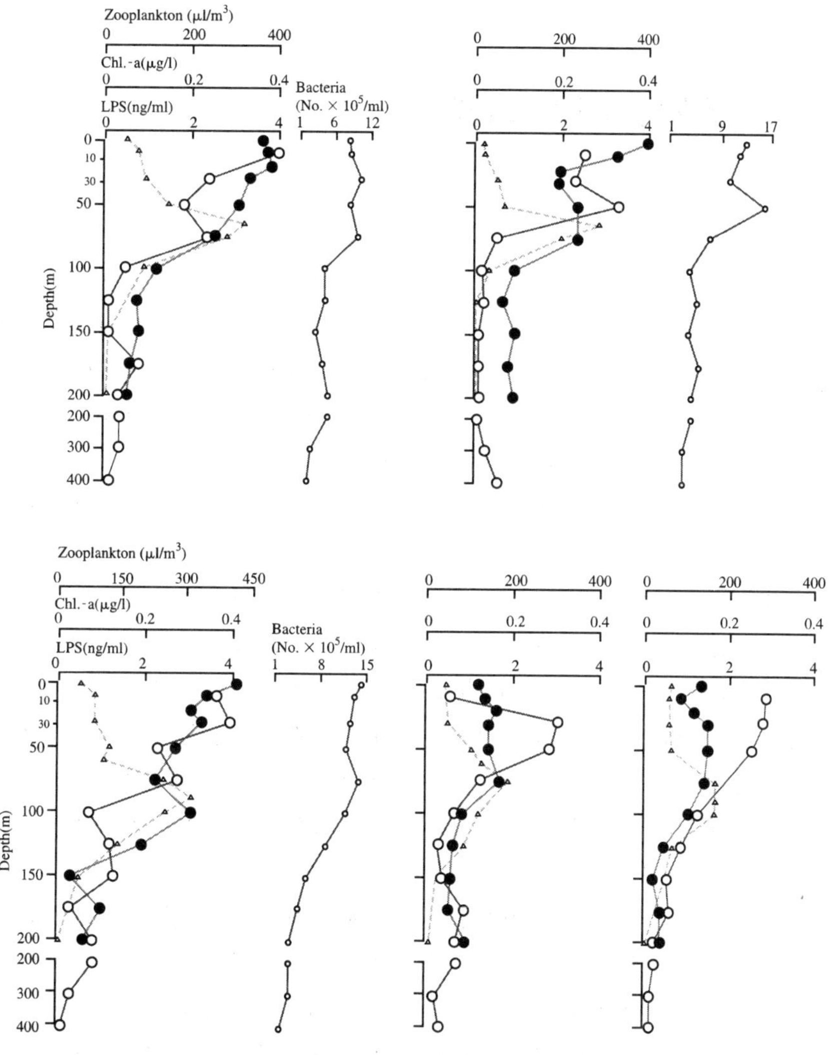

○: LPS, △: Chl. a, ●: 동물플랑크톤, o: 미생물수

그림 7-9 • 해수중의 LPS, Chl. a, 동물플랑크톤, 미생물수의 수직분포.

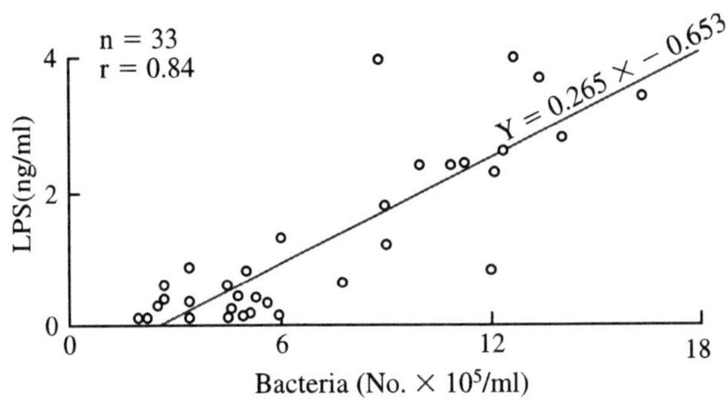

그림 7-10 • LPS와 총균수와의 상관관계.

7.4 대표적인 해양미생물

7.4.1 저영양 미생물

해양환경(또는 빈영양형 담수환경: 이하 동일)의 특징 중 하나는 유기물 농도가 대단히 낮은 것이다. 그 농도는 해역, 수심 및 계절에 따라서 상당히 변화하는데 대표적인 예를 들면 용존 유기탄소(DOC) 농도는 서부 태평양의 외양 해역(20N～5S: 150～160E)에서 수심 0～300 m의 범위가 0.2～2.0 mgC/L이다. 쇄설성 유기탄소(POC) 농도는 0.003～0.2 mg/L의 범위이다. 이와 같이 해양환경에서의 유기물 농도는 평균적으로 보면 생물생산(유기물생산)이 활발한 유광층에서는 높고, 심해에서는 낮으며 외양해역은 연안이나 내만 해역에 비하여 낮은 경향이 있다.

해양미생물이 이와 같이 낮은 유기물 농도에서도 생존하다는 것은 이미 1942년경에 ZoBell 등의 실험으로 검증되어, 0.1 mg/L 농도의 glucose와 peptone을 함유한 해수 중에서도 해양미생물이 증식하는 것이 보고되었다. 그러나 해양에 분포하는 종속영양세균의 계수, 분리, 배양 또는 그 외의 실험 연구에 있어서 종래 자연해수 중에 있는 것보다 훨씬 높은 고농도의 유기 영양원을 포함한 배지가 습관적으로 사용되어 왔다. 이와 같은 고영양 배지의 사용은 저영양의 해양환경에 생존하고, 증식하는 것이 가능한 미생물군의 분리, 배양 그리고 생리 생태학적 연구에는 부적합하다고 할 수 있다.

근래 위와 같은 관점에서 저영양(빈영양, oligotrophy)의 개념을 가지고, 저영양의 생활환경에 분포하는 미생물군의 연구 성과가 보고되고 있다. 저영양 세균(oligotrophic aquatic bacteria)은 '약 1～15 mgC/L의 소량의 유기물을 가진 배지에서 분리, 배양이 가능하며, 고영양의 배지에서 증식하였더라도, 저영양 배지에서 계속적으로 증식할 수 있는 세균군'으로 정의되고 있다. 저영양 배지의 조성은 표 7-1에 나타내었다.

표 7-1 • 저영양 배지의 조성

Polypeptone(Difco)	10 mg	D-mannitol	5 mg
Proteose polypeptone No.3(Difco)	5 mg	자당	5 mg
Bacto soytone(Difco)	5 mg	구연산 제2철	0.5 mg
Bacto yeast extract(Difco)	5 mg	활성탄 처리 해수	1000 ml
글리콜산나트륨	5 mg	pH 8.3	
말릭산나트륨	5 mg		

전유기탄소 농도: 16.8 mgC/L.

7.4.2 혐기성 종속영양 미생물

미생물은 분자 상태의 산소(O_2)에 대하여, 편성호기성균(obligate aerobes), 통성혐기성균(facultative anaerobes), 편성혐기성균(obligate anaerobes)의 셋으로 대별된다. 분자 상태 산소의 이용은 효율적인 energy 획득 양식을 만들어 냈지만, 동시에 미생물은 O_2에서 유래하는 유해 물질의 해독 기구를 가져야 한다. 편성혐기성균은 이러한 해독 효소가 없으므로 0.5~8% 이상의 산소압에서는 생존이 어렵다. 현 지구 대기 중에는 20%의 O_2가 있으므로 편성혐기성균 생활 지역은 좁고, 동물체내 특히 반추위(혹위, rumen)와 장(腸), 또는 토양 속의 유기물이 높은 장소에서 한정된다. 이러한 장소에서는 공존하는 호기성균이 O_2를 소비하여 산화환원전위가 저하(−0.2V 이하)하므로 편성혐기성균의 증식이 가능하다.

수계 환경에서는 일반적으로 유기물 농도가 대단히 낮고, O_2 소비도 적으므로 편성혐기성균의 종류도, 분포 지역도 한정된다. 그러나 수계에서도 편성혐기성균의 존재가 확인되며, 생태계의 중요한 일원임을 알 수 있다. 예를 들어, 유황 순환에서는 특이한 유황환원균과 광합성세균을 들 수 있다. 그리고 유황 환원과 같이 혐기 조건에서 미생물이 관여하는 반응으로 유기탄소의 최종적인 산화 과정인 메탄 생성이 있다. 이 두 과정은 같은 기질을 이용하므로 서로 경쟁 관계이며, 일반적으로 담수에서는 메탄 생성이, 해양에서는 유산 환원이 활발하다. 그러나 해양의 저질 중에도 산화 환원이 저하하는 하층부에서는 메탄 생성이 검출된다.

일반적으로 혐기성 종속영양으로 널리 분포하는 것으로 *Clostridium*속 미생물이 있다. 연안 저질 중에서 *Cl. bifermentans, Cl. perfringens, Cl. novyi, Cl. sordelli* 등이 분리되지만 이 균종의 대부분이 육상 유래로 생각된다. *Clostridium*은 포자 형성 능력을 가지고, 내기성의 것도 많으며, 해양 환경에 오래 생존하기 때문에 연안의 유기물 농도가 높은 저질에서는 유기물 분해 세균군의 한 group을 형성하고 있다.

이 밖에 연안해역의 저질에는 cellulose 분해 능력을 가진 *Bacteroides* 속 세균과 편성혐기성의 *spirochaeta*가 상당히 많이 나타난다. 이 혐기성균은 Na^+ 이온 요구성이 있으며, 해수

유래로 생각된다. 최근에는 Galapagos 근해의 심해 저니(2,550 m)에서 신종의 *spirochaeta*가 발견되었다. 또한 담수어 중 향어, 은어 등의 소화관 내에는 어류 특유의 *Bacteroides*속 세균이 우점균종을 형성하지만 해산어에서는 아직 발견되지 않는다. 연안성의 어패류의 소화관 내에도 *Clostridium*과 *Bacteroidaceae*에 속하는 균종이 발견되었지만, 빈도가 낮으므로 생태학적 의의에 대해서는 아직 밝혀지지 않고 있다. 현 시점에 있어서 해양 환경에서 편성혐기성균에 관한 연구 보고는 대단히 적으며, 분포, 생태학적 위치에 대한 결론은 아직 이르다.

1) 혐기 배양법

혐기성균의 증식은 배지의 산화환원전위(Eh)에 좌우되며 소량의 균이 증식 가능한 Eh level은 일반적으로 −0.2V 이하로 알려져 있다. 따라서 배지 환경의 Eh를 내려서 유지하면 혐기성균을 증식시킬 수 있다. 표 7-2에 혐기성균의 분리 배양법을 열거하였으며, 배지용 환원제와 산화환원 지시약을 표 7-3과 7-4에 나타내었다. 그 중 비교적 자주 사용하는 혐기 배양법으로는 roll-tube법(가스 분출법), steel-wool법(가스치환염기 jar), gas-pack법(가스발생염기 jar)이 있다.

표 7-2 • 각종 혐기 배양법

혐기 배양법	혐기성의 유지	
	배 지	혐기성 조절
액체 중층법	비등, 환원제 한천(0.05%) 첨가	유동 파라핀 또는 바세린 중층 (Vaseline)
고층 한천	비등, 환원제 첨가 한천(0.5～2.0%)	상층 한천 유동 파라핀 또는 바세린 중층
Weinberg관법	〃	한천층
혐기성 slant	〃	가스 분사(CO_2, N_2)
혐기성 petri-dish	〃	Steel wool, 알칼리 pyrogallol
rool tube법	〃	가스 분사(CO_2, N_2)
plate-in-bottle법	〃	가스 분사(CO_2, N_2) + Steel wool
혐기 jar법	〃	ⓐ 황인 ⓑ 알칼리 pyrogallol ⓒ 분말크롬 + 황산 ⓓ 촛불 ⓔ gas pack + 저온 촉매 ⓕ gas 치환(CO_2, N_2, H_2) + Steel wool ⓖ gas 치환 + 저온 촉매
glove box법	〃	가스 치환 + Steel wool

표 7-3 • 배지용 환원제

화합물명	E_0'(mV)	농 도
Thioglycolic acid (Na염)	〈 −100	0.05%
cysteine 염산염	−210	0.025%
dithiothreitol	−330	0.05%
H_2 + 염화 palladium	−420	-
titanium(Ⅲ)·citric acid	−480	0.5~2 mM
황화나트륨($Na_2S \cdot 9H_2O$)	−571	0.025%

표 7-4 • 산화 환원 지시약(pH 7.0, 30℃)

화합물명	E_0 (mV)	화합물명	E_0 (mV)
methylene blue	11	황산 anthraquinone	−200
toluene blue	−11	phenol safranine	−252
resazurin	−51	benzyl viologen	−359
Indigo carmine	−125		

7.4.3 황산환원세균

1) 황산환원세균

해양은 지구상에서 가장 다량의 유황 화합물 저장소이며, 대부분은 황산염으로 존재한다. 그 황산염은 일반 미생물에 의해 동화적으로 환원, 이용되는 것 외에 혐기 조건에서 황산환원세균에 의해 환원되어 황화물이 된다. 이와 같은 황산염의 이화적 환원은 해양에서 유황의 대사과정 중 규모나 환경영향 면에서 가장 큰 과정이다.

황산환원세균은 lactic acid 등 제한된 특정의 유기물을 전자 공여체로 하여 말단 전자 수용체로서 황산염을 이용하여 성장하는 특이한 종속영양세균이다. 이 세균은 편성혐기성균이지만, 자연계에 보편적으로 존재하며, 특히 물이 정체(停滯)하는 연안해역, 하수구역 및 기수의 호수 퇴적물 중에 많다. 황산환원세균은 포자 형성의 유무에 따라 2속으로 나누어지며 포자 형성균은 *Desulfotomaculum*, 비형성균은 *Desulfovibrio*가 대표적이다. 해양과 기수역에는 거의 모두 *Desulfovibrio*가 존재하지만, 포자 형성균의 보고는 거의 없다. *Desulfovibrio*의 균종과 특성은 표 7-5에 나타내었다. 해양환경에 가장 일반적으로 나타나며 유황물 생산에 주역을 맡는 것은 *Desulfovibrio desulfuricans*의 호염성 변종(해양미생물)으로 생각되며, 그 외에 편성 호염균 *D. salexigens* 및 *D. gigas*가 있다. 이러한 황산환원세균은 *Desulfotomaculum*에 속하는 1종을 제외하고 모두 hydrogenase 활성을 가지며 분자 수소를 전자 공여체로 사용한다.

① 배양 조건

황산환원세균은 편성혐기성균이고 성장에 환원 상태가 필요하다. 특히 순수배양에서 Eh-100 mV 전후의 혐기 조건이 필요하며, 배지에 ascorbic acid, thioglycolic acid, cysteine 염산염, 황화나트륨 등의 환원제가 첨가된다.

황산환원세균이 수소 공여체로서 사용될 수 있는 유기물은 표 7-5와 같이 소수에 제한되며, 그 중 거의 모든 균종에 공통적인 것은 lactic acid 뿐이므로 보통 이것이 배양에 사용된다. 특수한 발육 인자는 필요치 않으나, yeast extract가 증식 촉진에 유효한 유기물로서 첨가된다. Yeast extract 효과 중의 하나는 철의 흡수에 관계있는 serine, ornithine 등의 킬레이트(chelate) 작용이며, 이것은 EDTA의 첨가로 대용한다. 질소원으로는 소량의 peptone으로 충분하며, ammonium 염도 다른 균이 존재할 때 사용된다.

철은 성장 필수원소의 하나지만, 황산환원세균이 발육하여 황화물을 생성하면 철염이 흑색의 황화철로서 발색, 침전하므로 용이하게 다른 균종과 식별이 가능하다. 황산환원세균의 계수와 분리에도 이 식별법이 사용되며, 따라서 비교적 다량의 철염이 첨가된다.

황산환원세균은 말단 전자 수용체로서 황산염 외에 아황산염, 치오황산염, 테트라치온산염,

표 7-5 • *Desulfovibrio* 속 미생물의 종류와 주요한 특징

균 종	*D. desulfuricans*	*D. vulgaris*	*D. salexigens*	*D. africanus*	*D. baculatus*	*D. gigas*	*D. thermophilus*
형태	Vibrio형	Vibrio형	굵은Vibrio형	Sigmoid형	간형	나선형	간형
편모	단극모	단극모	단극모	속모	단극모	속모	단극모
그람염색	음성	음성	음성	음성	음성	음성	음성
증식에 사용되는 탄소원							
① sulfate 존재시							
lactic acid염	+	+	+	+	+	+	+
malic acid염	+	−	+	+	+	−	−
formic acid염	±	±	±	±	±	±	±
acid염	−	−	−	−	−	−	−
포도당	+	−	?	?	−	?	−
② sulfate 미존재시							
pyrubic acid염	+	−	−	−	−	−	−
choline	+	−	−	−	−	−	−
NaCl 요구성	−[a)]	−	+(2.5%)	−	−	−	−
호온성	−	−	−	−	−	−	+(55℃)

a) 해양성종(호염성종)은 NaCl을 요구한다.

표 7-6 • 황산환원세균용 배지의 조성

	배지 A	배지 B	배지 C
효모 엑기스	1.0 g	1.0 g	1.0 g
폴리펩톤	2.0	2.0	-
Lactic acid 나트륨	3.5	3.5	3.5
K_2HPO_4	0.2	0.2	-
KH_2PO_4	-	-	0.5
Na_2SO_4	-	1.5	-
$MgSO_4 \cdot 7H_20$	-	2.0	2.0
$CaSO_4$	-	-	1.0
NH_4Cl	-	-	1.0
$FeSO_4 \cdot 7H_2O$	0.2	0.2	0.5
아스코르빅산 나트륨[a)]	0.2	0.2	0.1
티오글리콜산 나트륨[a)]	-	-	0.1
여과 해수	1,000 ml	-	-
증류수	-	1,000 ml	1,000 ml
pH	7.5	7.5	7.0~7.5

a) 환원제는 가열 분해를 막기 위해 각각 2% 용액을 고압멸균 해 둔다. 이 환원제는 고압멸균한 다른 성분의 배지에 10 ml/1,000 ml(0.2 g) 또는 5 ml/1,000 ml(0.1 g)의 비율로 무균상태로 넣는다.

유황 등을 사용한다. 담수배지에는 통상 황산염이 첨가되지만, 해수배지에는 본래 충분한 양이 들어 있다. 논, 강, 호수 같은 담수에서 나타나는 황산환원세균은 염분 1~2% 이하에서 성장하고, 2~3% 이상에서는 증식이 저해 받는 담수성종(비호염성종)이며, 해저 퇴적물, 기수의 호수, 하수구역에 존재하는 많은 것은 염분 1~5%를 성장 범위로 하고 3% 부근을 최적 농도로 하는 해양성종(호염성종)이다. 그러므로 하수, 기수역의 시료에는 해수배지 외에 담수배지가 병용된다.

황산환원세균 중 *Desulfovibrio*는 1종을 제외하고 15~45℃ 부근을 성장 범위로 하고 30~35℃를 최적 온도로 하는 중온세균이며, 수중 세균으로서 조금 고온에 속하지만 배양은 통상 25~30℃에서 한다. *Desulfotomaculum*이 대상일 경우는 37℃ 또는 55℃에서 배양한다.

② 배지의 조성 및 조제 방법

해양성종에는 표 7-6의 배지 A가, 또 담수성 종에는 배지 B 또는 C가 사용된다.

계수에는 반고체배지(semi-solid media)가 편리하며, 방법은 ascorbic acid 등 환원제를 제외한 성분을 가열 용해하고 pH 조정 후 한천 3/1000 ml를 첨가, 용해하여 고압 증기 멸균한다. 멸균 후 흐르는 물에 기포가 들어가지 않도록 가볍게 흔들면서 굳어지지 않을 정도로 냉각시키고 (환원제의 분해를 피하기 위해), 환원제를 무균상태로 첨가하여 혼합한다. 환원제에는 ascorbic acid로 ample 주사용 비타민 C액(아스코르빈산 나트륨 0.1 mg/ml)을 사용하면 편리하다.

7.4.4 질화 및 탈질세균

해수 중에 용해되어 있는 무기 또는 유기질소화합물은 일반적으로 대단히 적으며, 해양의 생물생산을 억제하는 중요한 제한 요인의 하나이다. 해양에서의 질소순환의 개요는 대단히 복잡하지만, 무기질소화합물에서 유기질소화합물 또는 생물체에 동화, 합성과 생물체에서 다른 생물체에의 전환 과정을 제외하면, 질소순환에 있어서 각종의 전환 과정은 주로 세균에 의하여 이루어진다. 이들 중 용존 상태 및 생물 사체 등의 고체 유기물은 각종의 세균에 의하여 암모니아 상태 질소형태까지 분해되지만 이 암모니아 질소는 산화되고, 또 이 질산질소는 혐기성 조건에서 질소가스(분자상태 질소), N_2O 등의 형태로 환원된다. 이와 같이 질화 및 탈질세균은 해양의 질소순환에 커다란 역할을 하고 있다.

1) 질화세균

질화세균은 무기화합물만으로 균체 성분을 합성하는 독립영양세균이며, 무기화합물의 산화 반응에 의하여 발생하는 에너지를 이용하여 증식한다. 질화세균은 1890년에 Winogradsky가 처음으로 토양에서 분리했다. 당시의 분리배지는 한천배지였으나, 그 후 그는 silica gel 배지를 이용하는 분리법을 고안했다. 한편, 1891년 Warington은 질화세균에는 암모니아질소를 아질산질소로 산화하는 *Nitrosomonas* 및 *Nitrosococcus*(암모니아산화세균)와 아질산질소를 질산질소로 산화하는 *Nitrobacter*(아질산산화세균)의 2가지 세균군이 있는 것을 밝혔다. 양쪽의 세균에 의한 질소화합물 산화과정은 각각 다음과 같은 식으로 표시된다.

$$NH_4^+ + 3/2O_2 \rightarrow NO_2^- + H_2O$$
$$NO_2^- + 1/2O_2 \rightarrow NO_3^-$$

해양성 질화세균에 관해서는 1961년에 처음으로 액체배지를 사용한 계수법이 고안되었고, 이 방법을 이용하여 여러 해역의 같은 종의 세균 분포를 조사했다. 또 1965년 Watson은 처음으로 외양에서 암모니아산화세균의 순수분리에 성공했고, *Nitrosomonas oceanus*로 명명했다. 그 후 그는 몇 종의 암모니아산화세균 및 아질산산화세균을 분리했다. 그러나 일반적으로 해양성질화세균은 순수분리가 대단히 힘들어 토양성 질화세균에 비하여 연구가 대단히 늦어지고 있다.

2) 탈질세균

탈질세균은 혐기성 조건에서 질산 또는 아질산염을 산소 대신에 전자 수용체로 하여 유기물을 전자 공여체로서 에너지를 획득하는 종속영양세균이다. 이 세균에 의한 반응의 주요 과정은 질산환원 과정 및 질소가스 생성과정(협의의 탈질 과정)으로 나누며 각각 다음의 식으로 표시된다.

$$NO_3^- + 1/12C_6H_{12}O_6 \rightarrow NO_2 + 1/2CO_2 + 1/2H_2O$$
$$NO_2^- + 1/8C_6H_{12}O_6 \rightarrow 1/2N_2 + 3/4CO_2 + 1/4H_2O + OH^-$$

ZoBell은 해양에서 분리한 종속영양세균의 약 75%는 질산환원 활성을 가지며, 약 5%는 질소가스 생성 활성을 가지는 것이 있으며, 전자에는 *Achromobacter, Pseudomonas, Vibrio, Serratia* 등이, 후자에는 *Pseudomonas* 등이 많은 것을 밝혔다.

7.4.5 질소고정 미생물

현재 전형적인 질소고정미생물은 표 7-7과 같이 남조류(Cyanobacteria)를 포함하여 미생물 종의 일부에 한정되어 있다. 그러나 대단히 광범위한 종에 분포하고 있는 것이 특징이며, *Azotobacter*와 같은 편성(절대)호기성균, *Clostridium*과 같은 편성(절대)혐기성균, *Klebsiella*와 같은 통성(조건)혐기성균, 또 광합성세균과 남조류와 같은 독립영양세균에도 질소고정 능력을 가지는 것이 알려져 있다.

또한, 미호기성균이란 질소원으로서 질소화합물을 사용할 때는 호기성이나 특히 N_2를 사용할 때는 미호기성을 보이는 것, 또 통성혐기성균이란 일반적으로 혐기적 조건에서만 질소고정

표 7-7 • 질소고정 미생물

편성(절대) 혐기성균 *Clostridium*(12종), *Desulfovibrio, Desulfotomaculum* 등에 속하는 각 2, 3종
통성(조건) 혐기성균 *Escherichia, Aquaspirillum, Nethylococcus, Methylomonas* 등에 속하는 2, 3종
미호기성균 *Azospirillum, Aquaspirillum, Methylomonas* 등에 속하는 2, 3종 *Rhizobium*(콩과식물과 공생하는 모든 종), 방선균 *Frankia*(비콩과 식물과 공생)
편성(절대) 호기성균 *Azotobacter, Azomonas, Azotococcus, Beijerinckia, Derxia, Xanthobacter* 등에 속하는 모든 종
광합성세균(혐기성, 통성혐기성) 거의 모든 종
남조류(미호기성, 호기성) 40종 정도

능력을 나타내는 것을 말한다.

이상과 같이 질소고정 미생물은 광범위한 종에 분포하고 있으므로 질소고정 미생물의 전체 종을 한 번에 분리, 배양하는 방법은 없고 각 균종마다 적합한 방법을 선택해야 한다.

해양에 있어서 질소고정에 관한 연구는 육지에 비하여 안 되어 있다. 외양에서는 열대, 아열대의 수온이 높은 해역에 분포하는 해양성 남조류 *Trichodesmium*이 주요한 질소고정 미생물이지만, 연안해역에서는 육지에서 보이는 여러 종류의 질소고정 미생물이 확인된다.

1) 분리용 배지

일반적으로 암모니아 등의 질소화합물은 질소고정 능력의 발현을 억제하므로 질소고정 미생물의 분리, 배양용 배지로서 무(無)질소배지가 사용된다. 그러나 미량의 질소원을 첨가한 배지를 사용하는 편이 좋은 경우도 있어, 예를 들어 *Azospirillum*과 *Xanthobacter* 등의 배양의 경우, 미량의 yeast extract를 사용하든지 또는 *Rhizobium*균으로 인공배양하여 만든 미량의

표 7-8 • 해양성 질소고정 미생물의 분리용 배지

A 배지		B 배지	
시약	농도(g/L 증류수)	시약	농도(g/L 증류수)
포도당	7.5	포도당	2
mannitol	7.5	mannitol	2
NaCl	30	과당	2
$CaCO_3$	0.5	NaCl	25
$MgSO_4 \cdot 7H_2O$	0.2	$MgSO_4 \cdot 7H_2O$	4
Na_2MoO_4	0.002	$CaCO_3$	1
K_2HPO_4	9.2	$CaCl_2$	1
$CaSO_4 \cdot 2H_2O$	0.1	KCl	0.7
한천(고체배지인 경우)	15	K_2HPO_4	0.25
Ferric citrate	0.01	NaBr	0.08
pH 8.0		Yeast extract	0.05
		무기염 용액[a)]	
		비타민 혼합액[b)]	
		한천(고체배지인 경우)	15
		pH 7.7	

a) 각 무기염의 최종 농도(mg/L): ferric citrate, 5: H_3BO_3, 2.86: $MnCl_2 \cdot 4H_2O$, 1.81: $ZnSO_4 \cdot 7H_2O$, 0.22: $CuSO_4 \cdot 5H_2O$, 0.68: Na_2MoO_4, 2.1.

b) Panvitan 주사약(Takeda 공업) 0.04 ml와 Fresmin 주사액 0.01 ml를 고압멸균하여 배지 1 L에 무균 상태로 첨가.

glutamine 등을 함유하는 질소고정 능력 발현용 배지가 사용된다.

탄소원의 이용은 균 종류에 따라 다르지만 포도당, mannitol 등의 탄수화물이 잘 사용된다. lactic acid와 malic acid 등의 유기산도 사용되며, *Azospirillum*은 유기산에서 잘 성장하고 무질소배지에서 미호기적 조건에서만 성장한다. 이 외에, nitrogenase에는 Mo와 Fe가 포함되어 있으므로 무기염류 성분으로 미량의 Mo염과 Fe염을 첨가하는 것이 보통이며, 배지의 pH는 담수 미생물의 경우는 중성 부근이다.

해양에 있어서 질소고정을 하는 것으로 생각되는 미생물은 해양 조건, 즉 해수의 염분 농도, pH 등에 적용한 호기성 또는 미호기성균이 대부분으로 생각된다. 여기서는 해양성 질소고정 미생물의 분리 배지로서 표 7-8에 나타낸 무질소로 된 A배지와 미량의 yeast extract와 비타민을 첨가한 N배지를 사용한다. 다른 질소고정 미생물의 분리용 배지는 각각의 육수균 배지에 NaCl을 3% 정도 첨가하고 pH는 8.0에 조정한 배지를 이용하여 호기배양 또는 혐기배양한다. 또한, 완전한 무질소 고체배지 조성에는 한천 대신 silica gel을 사용한다. 그러나 silica gel A 배지를 사용하는 경우, 한천 A배지와 차이는 보이지 않는다.

7.4.6 광합성세균

광합성세균이란 bacteriochlorophyll을 가지며, 산소 발생을 수반하지 않는 광합성을 하는 세균군이다. 즉, 녹색식물과 남조류에는 물을 수소 공여체로서 이용하여 산소를 발생하지만(식 1) 광합성세균은 물 이외의 수소 공여체 H_2A를 산화한다(식 2). 수소 공여체로서 이용되는 것은 S^{2-}, $S_2O_3^{-2}$, H_2 및 유기화합물 등이다.

$$CO_2 + 2H_2O \rightarrow (CH_2O) + O_2 + H_2O \quad (식\ 1)$$

$$CO_2 + 2H_2A \rightarrow (CH_2O) + 2A + H_2O \quad (식\ 2)$$

광합성세균에는 현재 *Rhodospirillaceae*(홍색비유황세균), *Chromatiaceae*(홍색유황세균), *Chlorobiaceae*(녹색유황세균), *Chloroflexaceae*(녹색비유황세균), *Erythrobacter*의 4와 1속이 알려져 있다. *Erythrobacter*는 편성(절대)호기성세균이며, 다른 것은 통성 및 편성(절대)혐기성세균이다. *Erythrobacter*는 탄산동화능력은 보이지만 광을 이용한 증식 능력은 불명확하다. *Erythrobacter*의 탄산동화능력과 bacteriochlorophyll 생산 능력이 산소에 의해 촉진되는 것은 다른 광합성세균의 특징인 산소에 의해 억제되는 것과 대조를 이루고 있다. *Chloroflexaceae*는 녹색비유황세균으로도 명명되는 균이며, Chlorobium을 가지며 유기물을 이용한 광합성 증식과 종속영양증식을 보인다. *Chloroflexaceae*는 호(好)고온세균이며 온천 등에서는 잘 분리되지만 해수 환경에서는 잘 분리되지 않는다. *Erythrobacter*는 고조간대의 해조류와 해변의 모래 표면 또는 표면 해수 등의 호기적 환경에 널리 분포하며, 다른 광합성세균과는 다른 분포를 보인다.

이 세균수는 많을 때는 종속영양세균의 10%를 차지할 때도 있다.

광합성세균은 *Erythrobacter*를 제외하면 분류학적 특성에서도 알 수 있듯이 혐기성이며 빛을 사용할 수 있는 장소에서 성장한다. 해수환경에서는 이와 같은 환경은 대단히 적고, 조간대의 모래나 진흙, tide pool, 부영양화가 진전된 lagoon, 해면의 체강 등에 한정되어 있다. *Chromatiaceae*와 *Chlorobiaceae*는 H_2S 농도가 높은 곳에 대량으로 분포하지만 *Rhodospirillaceae*가 대량으로 몰려 있는 경향은 안 보인다.

부영양화가 진전된 해역에서는 유기물의 산화적 분해가 진행되어 산소가 소비되어 혐기적 환경이 나타난다. 이와 같은 환경에서는 황산환원세균에 유독한 황화수소가 발생 축적된다. 광합성세균은 빛 에너지를 이용하여 황화수소를 유황 또는 황산까지 산화하여 황화수소를 무독화하기 때문에 환경 보전 면에서 중요한 역할을 한다.

7.4.7 저온미생물

해양은 전 지구의 71%를 차지하며 그 중 약 90%는 수온 5℃ 이하이다. 이 해역 중 −1.9℃ 이하의 극지방과 수온약층 이하는 항상 −1.5～+4.5℃의 낮은 온도를 유지하나 중위도의 표층수는 약 2～16℃의 범위에서 계절적으로 변동한다. 따라서 저온미생물은 수온약층 이하는 물론 계절에 따라 변동하는 낮은 온도의 수역에서도 서식한다. 예를 들면, 연간 수온변동 폭이 −2～23℃로 비교적 큰 Narragansett만(41°34′N: 71°23′W)에서는 중온에 잘 증식하는 미생물(중온미생물)이 수온이 높을 때 우점종으로 나타나지만 낮은 수온인 때는 저온미생물이 우점한다. 이와 같이 저온미생물은 해양의 거의 전역에 분포하고 있다 해도 과언이 아니다.

해양의 저온미생물에 대한 연구 역사는 비교적 오래되어 1933년에 북태평양 해수에서 −7.5℃에 증식하고 최적 증식온도가 20～30℃인 저온미생물이 발견된 것을 시초로 1964년에는 최적 온도가 20℃ 이하인 저온미생물이 같은 해역에서 분리되었다. 최근에는 최적 온도가 5℃ 근처인 저온미생물이 남극해에서 많이 채취되고 있다.

이와 같은 저온미생물(psychrophile)에 대하여 Stokes는 0℃에서 1주일 내 육안으로 보이는 크기의 colony를 형성하는 미생물로 정의하고, 그 중 최적 온도가 20℃ 이상을 통성저온미생물(facultative psychrophile)이라 하고, 20℃ 이하를 편성저온미생물(obligate psychrophile)로 정의하였다. 그러나 Morita는 이 명명법이 부적당하다고 하여 전자를 psychrotroph(저온섭식성 미생물), 후자만을 psychrophile(저온미생물)로 주장하고 있다.

1) 저온미생물의 이용

저온미생물의 특성은 저온에서의 효소활성, 세포막의 지질 등이 중온미생물이나 고온미생물과 다른 특징을 가지는 것이다. 특히 저온미생물은 20℃ 이하의 온도에서 잘 서식하고 있기 때문에 세포내에 존재하는 생리활성물질의 종류, 역할 등이 연구의 대상이 되고 있다. 특히 최근에는 생물공학적 기법을 이용한 생리활성물질의 연구가 활기를 띠고 있다.

종래 미생물 공업으로 이용되어져 온 미생물은 주로 중온미생물(mesophile)이고, 저온미생물에 관한 연구는 맥주나 청주 등 양조 분야에서 조금 이용되고 있지만 연구사례는 적다. 그러나 1970년경에 중온미생물과는 다른 대사기능이 기대되는 저온미생물에 관심을 가지고 저온발효에 관한 선구적인 연구가 진행되고 있다. 육상의 저온미생물인 *Streptomyces* sp.는 20℃ 이하의 배양조건에서 생육하고 항생물질을 만들지만 28℃ 이상에서는 항생물질을 만들지 못한다. 저온미생물 *Brevibacterium* sp.는 배양온도에 따라서 아미노산 대사의 발효 전환이 일어나고 5℃에서는 L-glutamine산을, 28℃에서는 L-alanine을 많이 생성하는 것을 알 수 있다. 최근 항 혈전작용 등의 생리활성물질을 가지는 $C_{20:5}$나 $C_{20:6}$ 등의 HUFA가 심해미생물에 의하여 생성되는 것이 보고되어 있다. 이와 같이 HUFA는 해양 미세조류에 많이 함유되어, 해산어의 필수 지방산으로서도 알려져 있으나 일반적으로 미생물과 같이 원핵생물에서는 잘 만들어지지 않는다. 암흑의 심해에는 호압 및 저온성의 심해미생물에 의하여 생성된 HUFA가 먹이연쇄를 통하여 심해의 고등동물의 필수 지방산의 공급원으로 되어있다고 생각된다. 또 아라키돈산($C_{20:4}$)을 생성하는 육상의 사상균(*Moraxella* sp.)이 6~16℃의 저온 하에서만 $C_{20:5}$를 생성한다고 되어있다. 이와 같이 생리활성이 있는 HUFA의 미생물 생산이 주목되고 있다. 저온미생물의 연구에 의해 종래의 중온미생물에는 발견되지 않은 새로운 대사기능이나 신규 생리활성물질의 발견이 기대되고 저온미생물의 응용 면에서의 길이 열릴 것으로 생각된다.

7.5 해양미생물 군집의 조성과 활성

원양 서식지는 미생물은 물론 대형생물에게도 독특한 환경이다. 이곳에는 고등식물이 전혀 없으며, 모든 1차 생산은 현미경적 조류와 세균에 의하여 수행된다. 연안, 용출대 및 하구의 해수에서 미생물의 수는 비교적 높지만 원양 해수에는 1~100 개체/ml까지 낮게 감소한다. 이 지역에 존재하는 종속영양 세균은 조류 및 유기 분해물(detritus) 입자의 표면에 부착되어 있다. 비교적 많은 수의 미생물이 해양 수저지 표면아래 수 cm에서 존재하며(10^7~10^8/g), 밑으로 내려갈수록 수는 감소한다. 그 이유는 혐기성 조건에 있다기보다는 가용 영양원이 고갈되기 때문인 것으로 추정되고 있다. 해수 중 미생물의 생물량은 표면 근처에서 가장 높고, 수심이 깊어질수록 감소한다.

7.5.1 해양미생물 개체군의 특성

해양환경 중의 토착성 미생물은 일정한 특성을 가지고 있다. 해양미생물은 염도 20~40‰에서도 생육할 수 있어야 하며, 해양미생물의 생육에 최적인 염분 농도는 33~35‰이다. 진정한 해양미생물은 소금이 없으면 생육하지 않는다. 즉, 해양미생물은 막 기능을 적절하게 유지하기 위하여 해수 중에 존재하는 이온들을 요구하는데, 예를 들면 능동수송을 위하여 나트륨과 염소 이온을 요구한다. 일부 해양미생물은 세포를 둘러싸는 다중막을 가진다. 이러한 미생물이 담수에 노출되면 다중막이 파괴되어 미생물은 죽게 된다.

해양미생물은 해양에서 발견되는 저농도의 영양원에서도 생육할 수 있어야 한다. 그러나 많은 해양미생물이 유기 분해물(detritus) 입자의 표면에 부착되어 국지적으로 영양원이 풍부한 조건에서 잘 생육한다. 해양환경의 90~95%가 5℃ 이하이기 때문에 해양미생물은 저온에서 생육할 수 있어야 한다. 그러므로 적도의 해수표면에 서식하는 미생물을 제외한 대부분의 해양미생물은 저온성(psychrophilic)이거나 저온섭식성(psychrotrophic)이다. 심해 협곡에서 발견되는 미생물은 큰 수압에 노출된다. 이러한 지역에는 내압미생물이 토착성 군집의 중요한 구성원이다.

해양미생물은 대부분 그람음성이고, 운동성이 있다. 또한 대체로 호기성이거나 통성 혐기성이며, 비교적 적은 수의 절대혐기성 미생물이 해수에서 발견된다. 담수나 토양서식지에 비하여 해양서식지에는 단백질 분해능을 가진 미생물의 비율이 비교적 높다. 많은 미생물이 해양에서 발견되는데 *Pseudomonas* 또는 *Vibrio*가 해양환경에서 우점종이며, *Flavobacterium*도 비교적 많이 존재한다. 또한 *Spirillum, Alcaligenes, Hypomicrobium, Cytophaga* 및 방선균도 해양에서 종종 발견된다.

각종 그람음성 세균 외에도 *Bacillus*와 같은 그람양성 세균도 해양 수저지에서 발견된다. 해양 수저지 표면 아래에서는 혐기성 미생물이 토착성 미생물이 된다. 그 위의 수층으로부터 유기물이 침전 및 퇴적되므로 종속영양세균의 생육에 좋은 환경이다. 혐기성인 *Desulfovibrio*가 해양 수저지에서 발견되며, 여기에서 황산염을 황화수소로 환원시킨다. 혐기성인 메탄생성세균은 보통 가용 황산염층 아래의 수저지에서 발견된다.

해수 중에 질소순환에 관여하는 중요한 화학독립영양 세균군이 존재하는데, *Nitrosococcus, Nitrosomonas, Nitrospina, Nitrococcus* 및 *Nitrobacter*가 속한다.

해양 생태계에서 균류 개체군은 과거에는 간과되었던 것이었지만 현재에는 해양에 존재하는 균류에 대한 연구가 집대성되었다. 해양 생태계에서 발견되는 어떤 균류는 생육에 소금을 필요로 하며, 어떤 균류는 염분내성이 있는 것도 있다. 그물모양의 원형질체(net plasmodium)를 형성하는 *Labyrinthula*는 해양에서 발견되는 대표적인 점액균(slime mold)이다. 이들은 보통 해양조류 및 식물과 관련되어 존재한다. 효모도 해수에서 빈번히 발견되는데, 가장 흔하게 발견되는 효모는 *Candida, Torulopsis, Cryptococcus, Trichosporon, Saccharomyces*이며,

*Rhodotorula, Rhodosporidium*이다. 그러나 사상형 담자균류는 해양 생태계에서 희귀하다.

해양조류(藻類)는 해양생태계에 필수적인 탄소 공급원이 된다. 해양조류에는 녹조류(Chlorophycophyta), 유글레나류(Euglenophycophyta), 갈조류(Phaeophycophyta), 황녹조류(Chrysophycophyta), 은편모조류(Crytophycophyta), 황적조류(Pyrrophycophyta) 및 홍조류(Rhodophycophyta)가 있다. 갈조류는 거의 대부분이 해양성이며, 1,500종이 넘는 바다 갈조류는 열대지역의 깨끗한 해수의 상부 연안대로부터 수심 220 m의 원연안대에 걸치는 조수 발생대의 현저한 구성원이 된다. 녹조류와 황녹조류의 구성원이 우점 플랑크톤이다. 해양 플랑크톤은 보통 수심 0~50 m의 해양 상층부에서 최대농도로 나타난다. 매우 깨끗한 열대지역의 해수는 빛의 투과심도가 깊기 때문에 식물플랑크톤의 최대농도는 표면이 아닌 10~15 m 깊이에서 발견된다. 녹조류는 대개 표면에서 최대농도로 발견되고, 수심 30 m 이상에서는 발견되지 않는다. 홍조류 및 금갈조류는 이보다 더 깊은 수역에서 발견된다.

플랑크톤성 규조류에는 세 가지 유형이 있는데, 제1형은 완전 플랑크톤성(holoplanktonic)으로 원양성 또는 연안성이고, 해수에만 존재한다. 제2형은 일시적 플랑크톤성(meroplanktonic)으로 생활사중 일시적으로 원양성이 되나 대부분의 기간을 바닥에서 지낸다. 제3형은 완전부착성(tychopelagic)으로 생활사의 대부분을 고정된 기질에 부착하여 지낸다.

해수에서 황적조류는 가끔 수화(水華, waterbloom)를 일으킬 수 있다. 와편모조류(dinoflagellate)는 해수 중에 그 농도가 높아지면 바다를 적갈색으로 물들여 이른바 적조현상을 일으키며, 그 범위는 수 km에 달하는 경우도 있다. 이러한 와편모조류의 일부 종에 의하여 생성되는 독소는 물고기와 다른 해양생물을 죽인다. 적조를 일으키는 와편모조류 수화의 원인은 심해류의 용출에 의한 영양원의 표수층으로의 이동과 관련이 있는 것으로 추정되고 있다.

원생동물도 해양 동물플랑크톤의 중요한 구성원이다. 해양 원생동물은 염분에 적응하는데, 어떤 것은 NaCl 10%에도 내성을 보인다. 해양 원생동물에는 편모충류, 근족류(rhizopods) 및 섬모충류가 있으며, 편모충류인 *Coccolithophoridae*는 해양에서 가장 작은 플랑크톤성 원생동물로서 해양 플랑크톤의 주된 구성원이다. *Radiolaria* 및 *Acantharia*에 속하는 종들도 해양 플랑크톤의 주요 구성원이다. *Titinnidium* 속의 종은 해수의 상층부에서 번성하는 해양성 섬모충류이다. 해양성 원생동물 및 미소갑각류는 미생물, 식물플랑크톤, 소형 동물플랑크톤을 채식한다. 동물플랑크톤의 채식은 해양 먹이망의 미소한 1차 생산자와 상위 영양수준에 있는 생물 사이를 연결해 주는 중요한 수단이 된다.

7.6 해양오염과 미생물

해양오염은 공장폐수, 생활하수가 주원인이고, 기타 유조선 등 선박 등에 의한 유류오염도 포함된다. 해양오염으로 인한 대표적인 것은 적조의 발생이다. 그 원인은 육상의 공장폐수, 생활하수가 연안해역에 유입되기 때문이다. 따라서 해양오염의 원인을 파악하고 그 방지대책이 절실히 요구된다.

7.6.1 해양 오염물질

UN에 의한 해양오염의 정의는 다음과 같다. 즉, '인간에 의한 직접 혹은 간접적인 해양생물에 대한 위해, 인간의 건강에 대한 위해, 어업 등의 해양활동에 대한 장해, 해수이용의 품질저하, 따라서 해양 레저의 축소라는 유해한 결과를 초래하는 물질 혹은 에너지의 해양환경에의 도입'이다. 해양오염을 일으키는 대표적인 오염물질은 표 7-9와 같다.

표 7-9 • 대표적인 해양 오염물질

무기물(無機物): 수은, 카드뮴(cadmium), 비닐, 플라스틱
유기물(有機物): 기름(油), 저층오니(底層汚泥), 영양염(營養鹽)
인공 유기화합물(人工有機化合物): PCB, DDT, BHC, Dioxin, 유기(有機)주석(TBT)
인공 방사성물질(人工放射性物質): cesium, tritium, plutonium, cobalt
온배수(溫排水)

① 수은, 카드뮴: 육상에서는 무기물로 이용되어 해양에 투기된 수은은 해양 중에서 유기화되어 메틸수은이 되고 동물의 몸 안에 잔류하여 먹이연쇄를 통해 인간의 몸 안에 축적되어 미나마따병에서 볼 수 있는 심각한 기능장애를 일으킨다. 이와 같이 카드뮴(cadmium)도 이따이이따이병과 같은 질병을 일으킨다.

② 비닐, 플라스틱: 육상에서 투기된 비닐이나 플라스틱과 같이 자연계에서 분해되지 않는 여러 물질은 어패류를 질식사시키거나, 조장(藻場)을 덮어 해조(海藻)를 고사시켜 해양생태계(海洋生態系)에 큰 피해를 입힌다.

③ 기름: 유조선이나 석유운반대로부터 새어나온 기름은 일부는 증발, 분해되어 버리지만 나머지는 유상액(乳狀液, emulsion) 입자가 되어 해저에 침강하거나 oil ball이 되어 해수 중에 표류한다. 일본 남부의 유조선 ballast수(水)에서 나왔다고 생각되는 많은 oil ball이 북서태평양을 표류하고 있다. 대규모적인 사고에 의하여 대량의 기름이 흘러 나온 경우에는 어패류에도 피해가 일어나고 바다새(海鳥)의 날개에 기름이 붙어 날 수 없게 되며 해저나 해안이 기름막으로 덮여 많은 저서생물(benthos)에 치명적인 피해를 준다.

④ 저층오니: 대량의 토사유입에 의하여 해수가 탁해지면 광합성(光合成)도 방해를 받고 이와 같은 토사가 해저에 퇴적되면 저서생물(benthos)에도 영향을 준다.

⑤ 영양염: 질소, 인이라는 영양염으로 구성되는 유기물질은 해양을 부영양화(富榮養化)시켜 부유생물을 이상 증식시켜 적조(赤潮) 등을 발생시킨다. 적조는 양식어류나 천연어류에 많은 피해를 준다. 대량의 유기물을 포함한 헤드로(해저오니, 海底汚泥)라 하는 연약한 해저퇴적물은 그 중의 유기물을 분해하는 과정에서 대량의 산소를 소비하므로 해저부근을 무산소화(無酸素化)시켜 빈산소수괴(貧酸素水塊, oxygen-deficient water mass)나 무산소수괴(無酸素水塊, anoxic water mass)를 만들어 낸다. 빈산소, 무산소수괴는 해저의 저서생물에 큰 영향을 미침과 동시에 바람이 불면 취송류에 의하여 해안의 표층부근으로 부상하는 일도 있다.

⑥ 인공 유기화합물: PCB(폴리염화비닐, polychlorinated biphenyls), DDT, BHC 등 원래 자연환경에 존재하지 않던 인공 유기화합물은 자연환경 내에서는 분해되지 않으므로 유기수은과 같이 해양생물의 몸 안에 축적되어 가네미기름병과 같은 기능장애를 일으킨다.

⑦ 인공 방사성물질: 비키니환초(環礁)의 수폭실험이나 체르노빌 원자력발전소의 사고 등에 의한 인공 방사성물질은 해양생태계에 불균형을 일으키고 인체의 세포에 이상증식을 유발하여 여러 가지 병을 일으킨다.

⑧ 온배수: 발전소에서 나온 온배수(溫排水)에 의한 대량의 열은 발전소 부근의 생태계를 변화시킨다.

7.6.2 해양오염의 경로

인류의 여러 가지 활동의 결과로 발생한 오염물질은 여러 경로를 거쳐서 해양에 이르러 해양환경이나 인류에 여러 가지 영향을 미친다(그림 7-11). 분뇨나 비료와 같은 유기물질의 대부분은 하천을 경유하여 바다에 이른다. 더욱이 수송 장치 등으로부터 유출된 중유와 같이 해안으로부터 직접 바다에 투입되는 오염물질도 있다. 그리고 체르노빌 원자력 발전소로부터의 인공 방사성물질과 같이 대기를 경유하여 바다로 낙하하는 경우도 있다. 또한 유조선으로부터 폐유가 해상에 직접 투기되는 경우도 있다. 이렇게 하여 바다에 들어온 오염물질은 물리적인 이류(移流), 확산(擴散)에 의하여 해양에 퍼져간다. 예를 들면, 태평양에 흘러나간 부유쓰레기는 Kuroshio 해류에 실려 동쪽으로 흘러 하와이 근해에 쌓인다. 유기물과 같은 비 보존물질은 이와 같은 이류, 확산과정 동안에 박테리아에 의하여 분해되어 무기물로 변하든지, 생체 내에 들어가서 해수의 운동과 별개의 움직임을 보이든지, 아니면 식물연쇄를 통하여 고차의 생물체에 들어가든지 한다. 그리고 여러 화학물질 가운데는 바다의 detritus에 흡착하여 신속히 침강하여 해저에 퇴적하는 것도 있다.

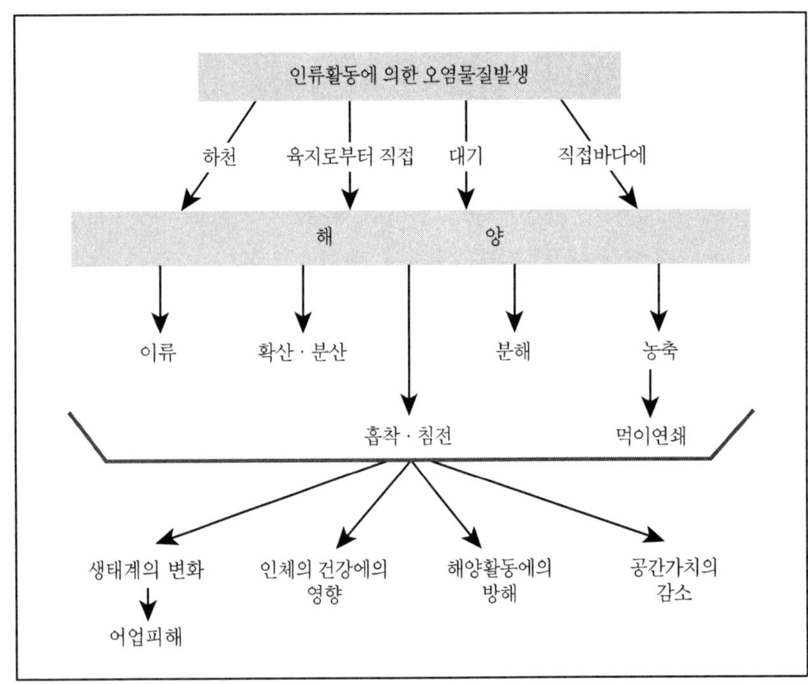

그림 7-11 • 해양오염의 경로.

이러한 경로로 오염물질은 해양에 퍼지는 동안에 어느 개체를 사멸시키든지 혹은 어느 종을 절멸시키든지 하여, 그 결과로 생물상(生物相)을 변화시켜 해양생태계에 중대한 영향을 미친다. 또 해양생태계에의 영향은 어업(漁業)에의 영향, 나아가서 인체에 직접적인 영향으로 확대되어 인류에도 큰 영향을 미친다. 이와 같은 생태계를 통한 영향 이외에도 항구내의 많은 쓰레기는 선박의 항해를 방해하는 등 해양오염은 해양에서의 활동에 중대한 영향을 미친다. 해수오염은 해수욕장의 가치를 떨어뜨리는 등 해양의 공간가치를 감소시키기도 한다.

7.6.3 해양 유류오염

해양 유류오염이란 인간의 활동이나 행위에 의해 유류가 직·간접적으로 바다에 흘러들어가는 것으로서 해양 수질의 저하는 물론 해양 생태계의 파괴를 가져와 인류의 건강을 위협할 수도 있다.

1) 해양 유류오염 발생원인 및 피해

해양으로의 유류 유입경로는 다양하여 유조선의 해난 사고나 고의적인 폐유 방출, 대기 및 해저로부터의 유입, 드라이 도킹(dry docking) 때의 무단 방류 등이 있다. 이 가운데 선박활동에 기인하는 유류오염이 가장 심각하다.

석유소비와 유류물동량이 급격히 증가함에 따라 해양 유류오염 사고도 증가일로에 있다. 1991년부터 1995년까지 발생한 우리나라 해양오염 사고는 1,583건에 유출량은 28,278 kℓ에 이르고, 해마다 평균 310건 이상의 유출사고가 발생하였다. 이 중에서 100 kℓ 이상의 유류가 유출된 사고는 20건에 이른다. 이와 같은 피해를 계량적으로 본다면 1988년 2월 발생한 영일만 사고에서 어민피해 보상요구액이 150억 원 이상이었고, 그 외 어자원의 손실, 해양환경을 원상태로 복구시키는 데 필요한 경비 및 시간 등 그 피해는 이루 헤아릴 수 없을 정도로 크다. 해양은 고유의 자정작용과 완충능력을 가지고 있으나, 일단 자정능력의 한계를 넘어 생태계가 파괴될 경우 원상복구가 거의 불가능하거나, 설사 원상회복이 되더라도 그때까지는 막대한 시간과 비용, 노력이 필요하다.

해양에서의 가장 큰 유류 오염원은 일반적으로 생각하는 것과 달리 대형유조선의 사고에 의한 해양 유류오염이 아니다. 사고로 인한 유출은 전체의 13%만을 차지하며 해저에서 새어나오는 원유가 8%, 화물을 싣고 내리거나 탱크를 청소하는 과정에서 고의로 유출하는 것이 32%를 차지하는 등 단순히 유류의 양을 고려했을 때는 그리 심각한 문제가 되지 않을 수도 있다. 그런데 왜 대형 유조선의 사고로 인한 해양 유류오염에 많은 관심이 기울여지고 있을까?

그림 7-12 • 1995년 7월 23일 여수 앞바다 씨프린스호 침몰사고 현장 모습.

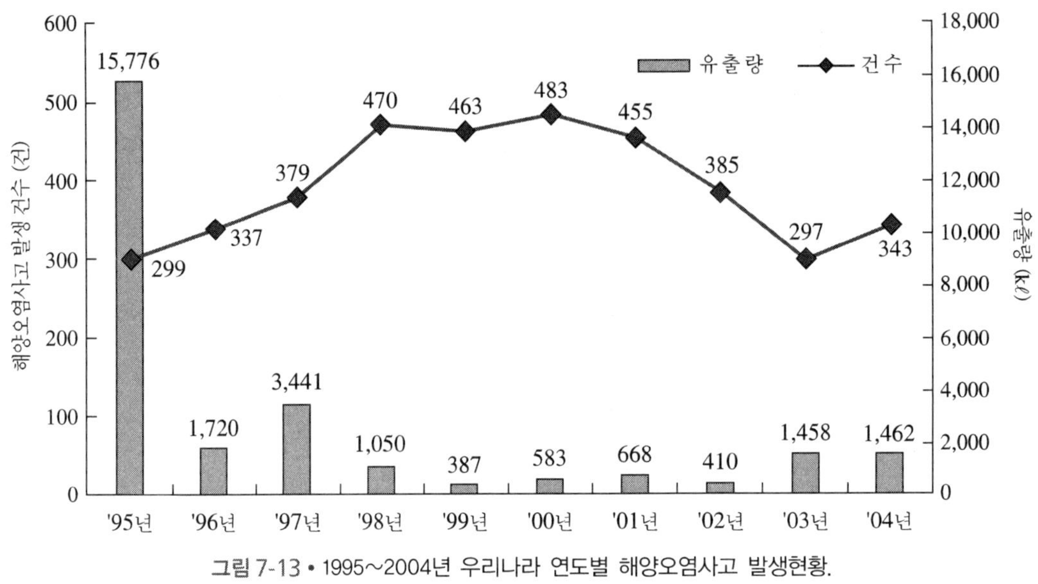

그림 7-13 • 1995~2004년 우리나라 연도별 해양오염사고 발생현황.

유조선의 원유 유출사고는 국소지역에서 일시적으로 대규모로 일어나 자연정화 능력의 한계를 벗어나기 때문이다. 유조선의 사고는 대부분 연근해의 암초 지역이나 섬이 있는 지역에서 일어난다. 이곳에서 유출된 유류는 조류, 포유류, 어패류 등 해양생물이 다양하게 서식하고 있는 조간대 지역, 즉 해안가로 이동하게 되어 그 일대의 생태계를 파괴시킨다. 또한 방제 비용을 제외하더라도 우리나라 남해안과 같이 어패류 양식장이 많이 있는 곳은 집단폐사가 발생하여 경제적 손실이 어마어마하게 발생할 수도 있다. 1989년에 발생했던 엑손-발데스호 기름유출사고로 인해 19년이 지난 지금도 그 후유증은 여전하다. 엑손-발데스호 유출사고는 세계 다른 지역에서 발생했던 사고들에 비해 유출량은 적지만 해양생태계에 입힌 피해는 가장 컸다. 한 때 해양생물로 가득했던 근해는 바닥까지 죽음의 바다가 되었으며, 희귀 생물 피해액은 약 50억 달러로 추정되었다.

10여 년 전인 1995년 7월 23일 전라남도 여수시 남면 소리도에서 발생된 씨프린스호(144,567 t, 유조선, 기름적재 88,381 kl, 사이프러스 국적) 사고(그림 7-12)는 태풍 '페이'의 영향으로 선박이 암초에 좌초되어 적재되어 있던 원유 및 연료유 등 약 5,035 kl가 유출되어 여수 소리도에서 포항까지 해상 약 230 km를 오염시켜 막대한 어장·양식장 피해 및 방제비용을 발생시켰다. 씨프린스호 해양오염사고 이후 1995년~2004년 동안 우리나라 연안에서 발생한 오염사고 건수는 3,911건으로 연 평균 390여건이 발생되었다(그림 7-13).

또한 최근 우리나라에서는 태안기름유출사건이 발생하였다. 2007년 12월 충청남도 태안군 만리포 북서쪽 10 km 지점에서 해상크레인이 유조선 헤베이스피릿호와 충돌하여 원유 1만 2,547 kl가 유출된 사건으로 '서해안기름유출사건'이라고도 한다. 지금까지 한국 해상의 기름

유출 사고 가운데 최대 규모로 알려진 시프린스호 사건보다 2.5배나 많을 뿐만 아니라, 1997년 이후 10년 동안 발생한 3,915건의 사고로 바다에 유출된 기름을 합친 1만 234 kl 보다 훨씬 많다. 기름유출 한 달 동안 수거된 폐유는 유출량의 절반에도 미치지 못하는 4,175 L였으며, 폐기물 2만 5,482 t이 수거되었다. 사고발생 한 달 만에 피해를 입은 양식장 면적만 4,088 ha에 이르렀다. 이 사건은 예인선이 기상악화 예보를 무시하고 무리하게 운항하다가 빚어진 인재(人災)로 밝혀져 충격이 더욱 컸다.

2) 해양 유류오염의 영향

유출된 기름이 해양생물들에 미치는 영향은 유출사고 초기의 직접적인 생물피해와 사고 후 수개월 또는 수십 년에 걸친 장기적인 생태계 피해로 크게 나누어 볼 수 있다. 바다에 흘러든 유류는 바닷물 표면에 기름막을 형성하여 공기 중의 산소가 바닷물에 녹아드는 것을 막고, 태양광선의 투과를 감소시켜 식물플랑크톤의 광합성에 지장을 준다. 또 바다표면으로부터의 수분 증발을 막아 수온을 상승시키기도 하며, 기름과의 접촉으로 아가미를 덮어 어패류의 떼죽음을 일으킨다. 독성이 높은 용해성분에 의해 해양 동물의 기형화 및 죽음을 유발하고, 기름 냄새 등으로 인한 상업적 가치의 손실을 일으킨다. 무엇보다도 연안양식장을 황폐화시켜 어민에게 직접적인 피해를 끼칠 뿐만 아니라 해양 생태계를 근본적으로 파괴하는 것을 들 수가 있다.

또한 장기적인 피해로는, 유출된 유류는 방제 및 정화작업을 통하여 일부분은 제거되지만 난분해성 물질들은 해양환경 안에 오랜 기간 동안 잔류하게 된다. 분해되지 않은 채 30년이나 잔존하는 기름 성분 중 페놀, 벤젠, 톨루엔 등 유독성 물질은 미생물의 체내 조직에 파고들어 먹이사슬을 통해 최종 소비자가 되는 인간에게까지도 치명적인 영향을 미치게 된다. 외국의 사고 사례를 살펴보더라도 원유나 연료유의 유출사고 뒤 7~10년이 경과해도 게나 굴 등 갑각류와 패류의 서식지가 회복되지 않는 경우를 쉽게 찾아볼 수 있다.

3) 유류오염 방제 대책

① 물리, 화학적 방제

해양 유류오염 사고발생 때 유류를 제거하는 방법에는 크게 물리적, 화학적, 생물학적인 방법이 있다. 물리적인 방법 가운데 오일펜스(oil-fence)를 설치하여 유류를 기계적으로 제거하는 방법을 가장 많이 쓴다. 또 흡착제를 기름층 표면에 살포하여 수거하는 방법이 있다.

초동조치를 위해 물리적 방법이 가장 유효하나, 광범위한 지역에 유류의 확산이 일어났을 때에는 시간이 많이 걸리고 힘든 작업이며, 유막이 0.1 mm 이하일 때는 효과가 떨어지므로 다른 방법을 고려해야 한다. 이러한 경우에는 화학적 처리가 사용되는데, 주로 분산제(dispersant)와 에멀전, 파괴제, 응고제 및 침강제가 사용된다. 분산제를 사용하면 유류층이 작은 방울로 나뉘어져 결국 바닷물 안에서 농도가 낮은 상태의 분산된 오일로 존재한다. 이 방법은 바닷물 위에 떠 있던 기름층이 짧은 시간에 없어져서 시각적으로는 제거된 느낌을 주지만 계속 바닷물 중에 남아 있게 되고 분산제에 의한 2차오염도 우려되며 해양오염 특성상 완전 방제는 불가능한 실정이다.

② 미생물을 이용한 방제

최근에는 미생물을 이용하여 해양에 유출된 기름을 제거하는 생물학적 처리가 연구되고 있다. 새로운 기술로 등장하여 많은 관심을 불러일으키는 분야가 이러한 생물정화(bioremediation)기술이다. 즉, 유류분해 미생물을 유류오염 지역에 적용하여 미생물로 하여금 오염된 유류를 직접 분해시키는 방법으로 유류를 탄소순환 형태인 생물량(biomass), 물, 이산화탄소의 형태로 전환시켜 생분해시키는 방법이다. 지금까지 알려진 유류분해 미생물에는 에로모나스(*Aeromonas*), 아스로박터(*Arthrobacter*), 코롤로스포라(*Corollospora*), 덴드리피엘라(*Dendryphiella*), 슈도모나스(*Pseudomonas*) 및 클렙시엘라(*Klebsiella*) 속 등이 대부분을 차지하고 있으며, 또한 이들 균주가 생산하는 유화제 등이 분리, 정제되어 실제로 이용되고 있다. 바다에는 어느 곳에나 이러한 유류분해 미생물이 살고 있다. 따라서 이 미생물의 성장을 촉진시켜 미생물의 증식을 도와 유류가 잘 분해되도록 유도할 수도 있으며, 유류 분해능이 우수한 미생물을 대량으로 배양하여 사고 해역에 뿌릴 수도 있다. 이러한 방법은 사용한 미생물이 해양생태계에 영향이 적을 뿐만 아니라 대사 최종산물이 물과 이산화탄소이므로 독성영향이 적어 선진국에서는 토양, 조간대, 지하수, 해양생태계 등에 다양하게 적용되고 있는 실정이다. 그러나 이 방법도 우리가 예기치 못한 또 다른 2차 오염을 일으켜, 사고 해역의 정상적인 생태계 회복에 나쁜 영향을 끼칠 수도 있기 때문에 매우 신중히 결정해야 할 것이다.

최근 국내에서도 생물정화기술에 관한 기술개발이 이루어지고 많은 시제품이 개발되었음에도 불구하고 아직 국내에는 생물정화제에 의한 방제기술 적용 및 사용지침 등에 관한 제도가 마련되어 있지 않아 유류오염 사고 시 현장 활용이 불가능한 실정이다. 따라서 생물정화제를 사용할 수 있는 형식승인제도를 조속히 도입하여 기존의 물리·화학적인 방법을 보완하고 친환경적으로 자연환경을 회복시킬 수 있는 방제기술이 필요하다. 그러나 무엇보다도 해양생태계에 미치는 영향이 없어야겠기에 먼저 생물에 대한 독성평가와 제품의 성능평가가 선행되어야 하며 모의 현장실험을 통한 실제 적용가능성과 해양생태계에 미치는 영향을 평가하여야 할 것이다. 또한 이와 같은 국가 차원의 노력과 함께 무엇보다도 우리 스스로 해양 환경보존의 중요성을 인식하고 생명의 바다, 풍요로운 바다를 만들려는 실천의지가 중요할 것이다.

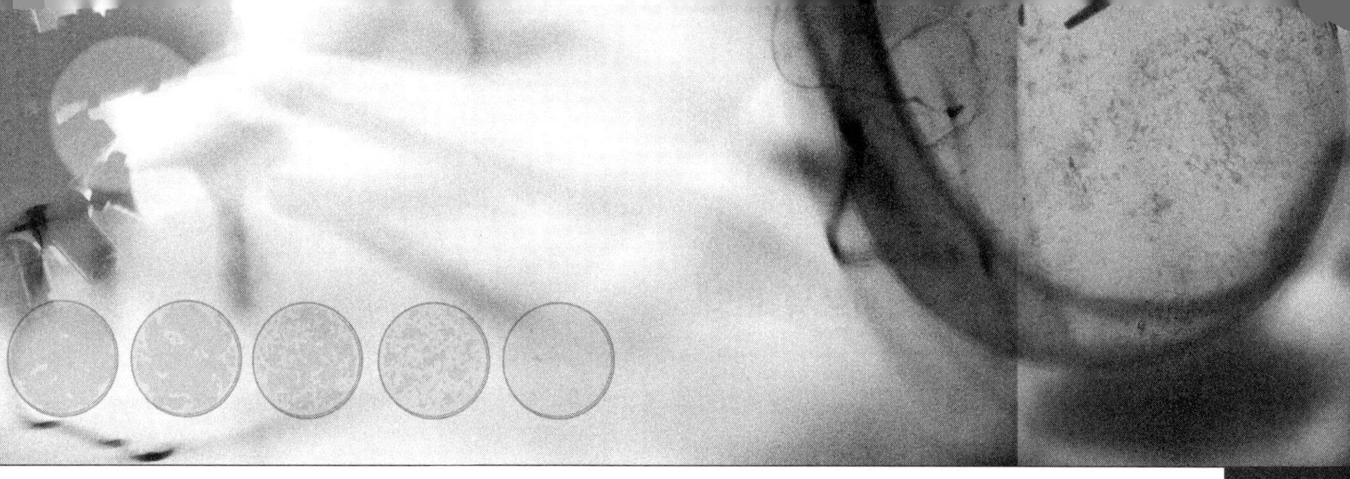

제 8 장 토양환경과 미생물

8.1 생물서식지로서 토양

토양생물은 그들이 살고 있는 서식지의 형성에 참여한다. 그들은 전체 생물군, 특히 고등식물들과 함께 토양 형성과정에서 상호작용하는 다섯 요소 중의 하나이다. 나머지 네 요소는 기후, 지형, 모재(parent material), 시간이다. 물리화학적 분쇄에 의해 커다란 암석은 부피에 비하여 표면적이 큰 작은 입자들로 나누어지고, 식물 영양소가 분비됨에 따라 토양 형성과정이 시작된다(그림 8-1). 토양 형성 초기과정에서 부족한 두 가지 주요 영양소는 탄소와 질소이다. 그러므로 토양 모재의 초기 이주생물은 보통 광합성과 질소고정을 모두 할 수 있는 생물이다. 이것에는 남조류로 알려진 cyanobacteria가 우세하게 나타난다. 고등식물이 들어서게 된 다음에도 토양 형성과정은 계속된다. 토양 형성과정을 통해서 살아있는 세포와 죽은 세포, 토양 유기물, 토양특성과 긴밀한 관계가 있는 콜로이드성 물질들이 상호작용하기에 충분히 작은 무기입자들의 역동적인 혼합물이 생산된다.

토양의 근대적인 정의는 식물 뿌리에 의해서 이용되는 지구 표면층과 관계가 있다. 미생물의 생육은 상당히 깊은 곳에서도 일어난다. 바위 한가운데 있는 유전에서 표면환경이 보호되어 수백만 년 동안 살아있는 생물이 발견된다. 활발한 탈질 작용은 탄소원이 NO_3와 함께 침투한다면 뿌리 깊이보다 상당히 아래인 지하층에서도 일어난다. 활동 중인 화산을 예외로 하면, 지구표면에서 미생물이 존재하지 않는 지역은 알려져 있지 않다. 미생물은 온도의 일교차가 50℃에 이르는 고비사막에도, −50℃에 달하는 극지방의 빙산에도, 90℃에 이르는 온천에도 존재한다. 살아있는 세균은 또한 바닷물의 거대한 압력과 고온 아래에 있는 Galapagos 해구에서도 발견된다고 알려져 있다.

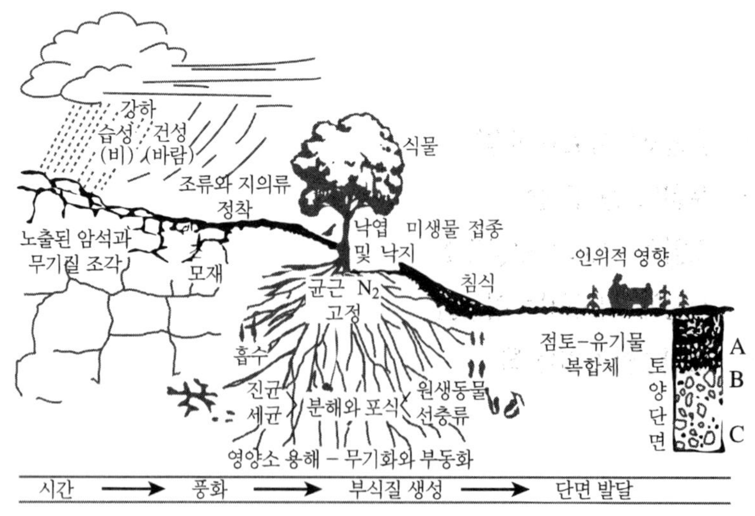

그림 8-1 • 토양발달에서 생물과 유기물, 모재의 상호관계.

8.2 토양의 형성과정

커다란 암석이 오랜 세월에 걸쳐 기온, 바람, 물, 화학적 분해와 같은 물리화학적 풍화작용과 토양생물 등에 의한 생물학적 풍화작용을 거치면서 작은 입자로 나누어져 토양 모재가 형성됨으로써 토양 형성이 시작된다. 토양 형성과정이 성숙되어 가면서 토양은 그림 8-2와 같이 층단면이 발달하게 된다.

토양의 표면에서는 식물들에 의하여 축적되는 낙엽과 동물의 배설물로부터 유래된 분해되지 않은 유기물의 최상층(surface litter; O층)이 형성되고, 다양한 개체군, 즉 동물, 곰팡이, 세균 포식자와 기생충을 위한 영양원을 제공한다. 이 층 바로 아래의 표토층에는 낙엽이 분해되어 생긴 검은 색의 부식토가 형성된다(top soil; A층). 부식토는 유기물과 무기물 입자의 다공성 혼합물로서, 식물의 성장에 필요한 영양원을 제공하고, 공기 유통과 수분 보유를 좋게 한다. 유기물의 분해산물은 화학적 작용을 통하여 토양입자로부터 수용성 무기물의 용탈을 촉진시키고, 용탈된 무기물은 배수되는 물에 용해되어 하층으로 이동되어 축적된다(subsoil; B층). 이 층에는 토양 내 대부분의 무기물을 함유하고 있으며 모래, 침적토, 점토와 자갈의 다양한 혼합물의 형태로 존재한다. 그 아래에 토양의 모재(parent material; C층)가 되는 층이 있고, 맨 아래쪽에는 기반암층(bed rock; R층)이 있다.

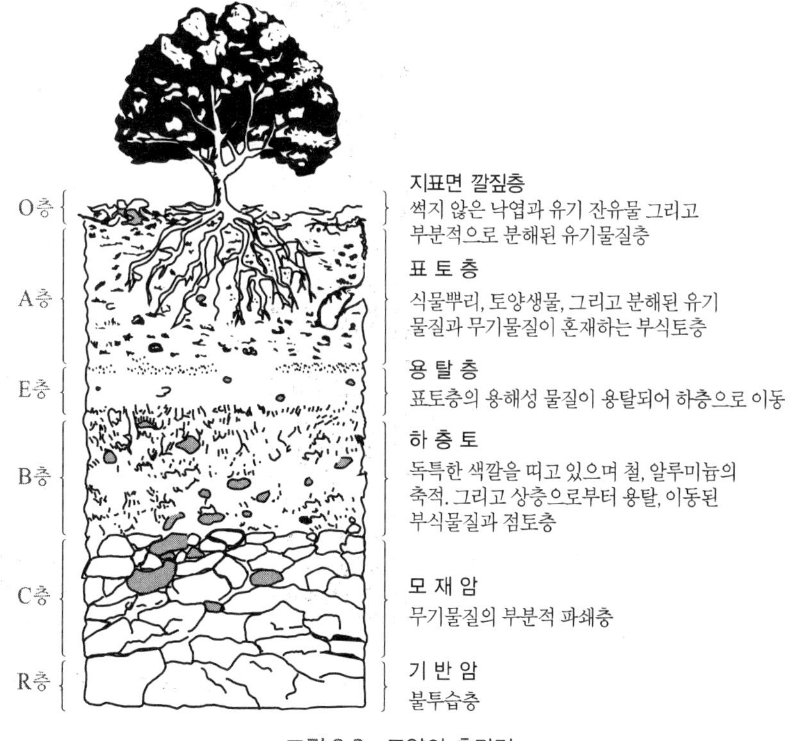

그림 8-2 • 토양의 층단면.

8.3 토양의 구조와 구성요소

8.3.1 토양의 구조

토양은 살아있는 식물의 뿌리, 살아있는 토양 개체군, 여러 가지 분해단계에 있는 유기물과 함께 다양한 크기와 모양, 그리고 화학적 특성을 가진 무기입자들로 이루어진다. 토양기체, 토양수, 용해된 무기물들이 토양 서식지를 이룬다. 토양 짜임새에 대한 이해는 공간적인 배열에 대한 지식을 필요로 한다. 이것은 구성요소들의 크기와 모양에 관계가 있다. 토양바탕(soil matrix)을 이루는 구성요소들의 상대적인 크기는 대형입단(macroaggregate)과 같이 직경 2 mm 이상에서 세균 및 콜로이드성 입자와 같이 μm(마이크로미터) 단위를 가지는 범위에 분포한다(그림 8-3). 효소 및 다른 분자수준의 반응들은 적어도 10배 이상 작은 크기에서 일어난다.

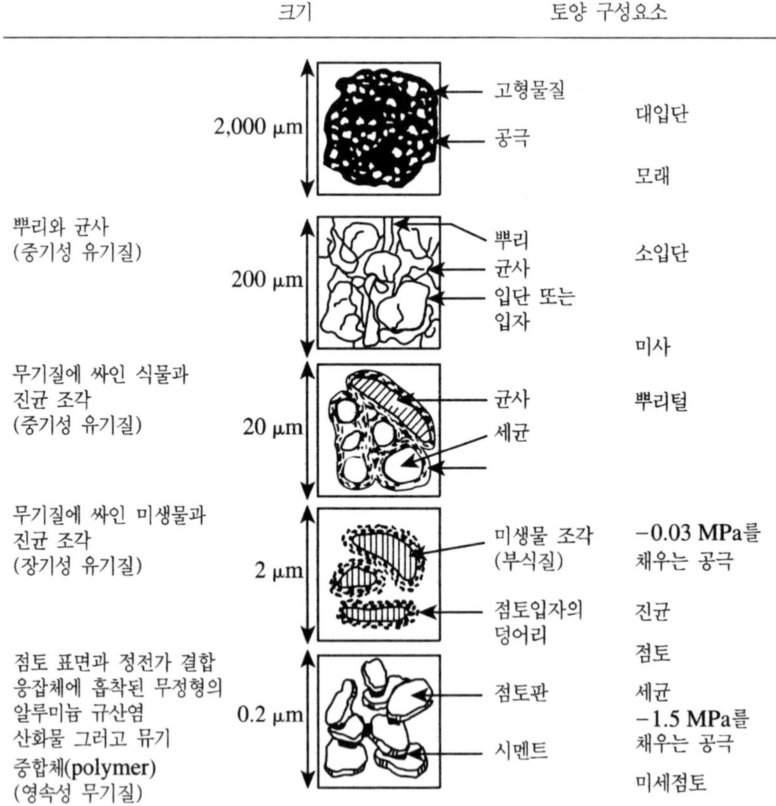

그림 8-3 • 구성분자들의 상대적인 크기와 주요 결합요인들을 보여주는 토양 입단체계 모형.

유기물 복합체의 형성과 점토, 미사, 모래들이 입단으로 안정화되는 과정은 대부분 토양의 뚜렷한 구조적 특징이다. 점토는 입단형성에 있어 기본이 된다. 토양학자는 점토입자를 직경이 2 μm 이하이고, 콜로이드성인 것으로 간주한다. 화학적으로, 콜로이드는 분산과 넓은 표면적을 가지는 특징이 있다. 점토입자는 화학자들이 알고 있는 콜로이드성 물질들보다 더 크지만 그 표면적이 넓어서 자연계에서 콜로이드처럼 행동한다.

대부분의 점토는 음전하를 띠고 있다. 미생물들 역시 대부분의 토양 유기물처럼 중성 pH에서 음으로 하전된다. 정상적으로는 두 개의 음전하를 띤 단위는 서로를 멀리할 것이다. 음전하를 띤 단위들 사이의 부착은 다가의 양이온을 통한 이온결합에 의해 가능하다. 결합손 중의 하나는 미생물이나 유기물에, 다른 하나는 점토에 붙는다. 미생물의 다당류와 강한 접착성을 가진 가는 섬유질들 또한 토양입자들을 서로 묶는다. 많은 열대성 토양들, 특히 화산암에서 유래된 것들은 다양한 전하를 띤 allophane(무정형의 알루미늄 규산염)인 점토들이다. 이들 점토는 토양 유기물을 안정화시키는 데 도움이 되는 철과 알루미늄을 많이 함유하고 있다. 그러한 토양 중 많은 것들은 양호한 토양구조를 가지며, 비슷한 기후조건에서 발달되었으나 allophane이 아닌 모재에서 유래된 토양들보다 2～3배가량 많은 토양 유기물 함량을 보인다.

토양 입단 생성은 미생물의 활동과 토양 유기물 대사회전을 조절하는 가장 중요한 요소들 중 하나이다. 입단 생성은 점토들을 연결하여 유기물-무기물 복합체를 형성하게 하는 사상체들과 다당류를 미생물군과 뿌리들이 생산할 때 시작된다. 물리적인 힘(건조, 수축-팽창, 결빙-해빙, 뿌리 성장, 동물운동, 압축)에 의하여 토양 입단이 만들어질 때 토양구조가 생겨난다. 그림 8-4는 하나의 입단안에 있는 미생물들을 보여준다. 이 그림은 단순화되어 있고 크기도

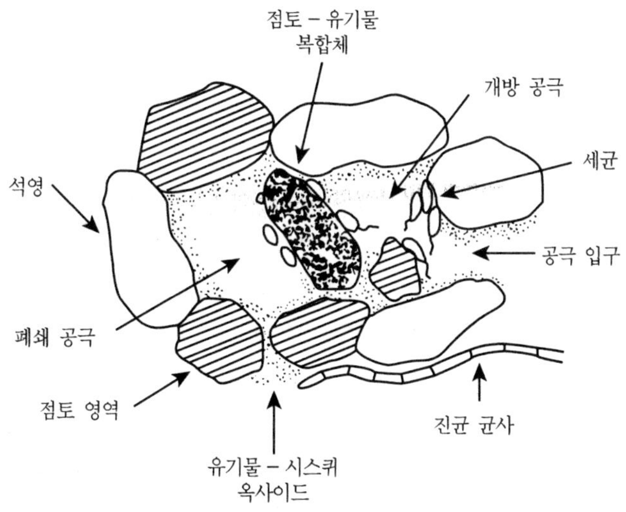

그림 8-4 • 굴을 만들어 생물의 공격으로부터 보호되고 있는 유기물을 보여주는 토양 입단모형.

다소 차이가 있겠지만, 토양 공극의 크기가 입자들간의 거리에 따라 어떻게 달라지는지, 유기물들이 어떻게 보호될 수 있는지를 보여준다. 입단의 일부를 이루는 유기물은 미생물과 효소로부터 물리적으로 분리된다면 무기화되지 않을 것이다.

대부분의 미생물들은 입단의 바깥 부분과 입단들 사이에 있는 작은 공극 안에 존재한다. 비교적 적은 수가 입단 내부에 거주한다. 입단 안에 존재하는 미생물들은 보통 입단이 형성될 때부터 파손될 때까지 그곳에 남아있게 된다. 전자현미경 사진을 통하여 미생물 밀도를 계산해 볼 때, 미생물이 전체 이용가능한 공극의 1% 미만을 차지한다는 것을 알 수 있다. 입단 내부 구멍 입구의 크기에 따라 그 공극 내로 들어올 수 있는 생물크기, 즉 생물의 종류가 결정된다. 어떤 생물이 들어오느냐는 또한 공극 안의 수분 함량에 따라서도 달라진다. 직경이 수 마이크로미터 정도 크기이고, 물이 채워져 있는 공극들은 일반적으로 세균에게 적합하다. 진균은 어느 정도 더 큰 공극으로 들어간다. 공극의 크기는 동물이 움직일 수 있는 능력을 제한한다. 또한, 이것은 토양미생물을 잡아먹는 행위에도 영향을 미친다. 소형 입단(microaggregate, 50～250 μm)들은 큰 틈새가 있는 대형 입단(macroaggregate, >2 mm)의 하부 단위이다. 대형입단에 있는 큰 공극은 미소동물들의 피난처를 제공하여 몸집이 큰 육식동물들로부터 미소동물을 보호한다.

토양입단과 그 구성 점토는 효소와 기질의 상호작용에 영향을 준다. 커다란 외부 및 내부 표면적을 가지는 점토입자는 요소 분해효소(urease)와 단백질 분해효소(protease) 등의 효소들을 흡착할 수 있다. 점토에 흡착된 효소 또는 부식성분들과 얽혀있는 효소들은 다른 효소들에 의한 가수분해로부터 보호된다. 흡착은 또한 촉매 부위의 이용도를 감소시킨다. 요소와 같이 작은 분자는 효소 가수분해효소가 있는 지소로 곧장 확산되어 거기서 분해될 수 있다. 단백질과 같이 큰 분자는 단백질 분해효소가 있는 지소로 곧장 확산되지 않으며, 결과적으로 요소보다 매우 느린 속도로 분해될 것이다.

8.3.2 토양 공기

토양 공기 속에 포함된 주요 기체 형태는 대기에 있는 N_2, O_2, CO_2 등이다. 때때로 질소 산화물같이 생물활동으로 생겨나는 기체 형태도 존재한다. 이런 기체는 토양 구성요소와의 반응성이 매우 높고, 생물활동에 의하여 변형되기도 쉽기 때문에 보통 일시적으로 존재한다. 통기가 원활한 토양에서 O_2 농도는 18～20% 이하로 내려가는 경우가 거의 없으며, CO_2는 1～2% 이상으로 올라가는 경우가 거의 없다. 그러나 점토질 토성과 높은 수분 함량을 가지면서 미생물 활동이 활발할 경우, 토양 공기의 CO_2 농도는 10%에 달하기도 한다.

토양에서 공기의 확산은 다음과 같이 기체의 운동을 토양의 특성, 토양에서 기체의 농도 및 깊이와 관련시키는 Fick의 법칙에 따라 설명될 수 있다.

$$q_1 = D_{sa,1}\frac{dc_1}{dz}$$

여기서, q_1 은 기체의 확산속도(g·cm^{-2}·sec^{-2}), $D_{sa,1}$은 토양에서 확산상수(cm^2·sec^{-1}), c_1 은 토양 공기에서 기체의 농도(g·cm^{-3}), z 는 깊이(cm)를 나타낸다.

물에서 기체 용해도는 기체의 종류, 온도, 염류의 농도, 그 기체의 대기분압에 따라 달라진다. 가장 용해되기 쉬운 기체는 물에서 이온화되는 CO_2, NH_3, H_2S 등이다. 산소는 매우 낮은 용해도를 가지며, 질소 기체의 용해도는 더욱 낮다. 대기의 80%가 N_2이지만 물에서 N_2는 매우 낮은 확산속도를 가지기 때문에 질소고정에 있어 제한요인이 될 수 있다. 통기가 잘 되지 않는 질소에서 N_2의 낮은 확산 속도는 아세틸렌(C_2H_2) 환원기법을 이용하여 질소고정을 측정할 때 영향을 준다. 아세틸렌은 물에 용해되기 쉽기 때문에 같은 토심에서 N_2보다 훨씬 이용도가 높다. 따라서 반응속도의 지표로서 아세틸렌 환원을 이용할 때 N_2 고정을 실제보다 높게 예측하는 오류를 초래할 수 있다. 벼, 습지식물 등은 공기를 물에 잠겨있는 토양 저층으로 확산시킬 수 있는 특수한 뿌리 통로를 가진다. 벼는 보리보다 토양 저층으로의 공기 확산을 4배나 크게 한다. 그리하여 물에 잠겨있는 조건에서 혐기성이 될 수밖에 없는 뿌리 주변을 호기성 미소환경으로 만든다.

토양에서 통기정도는 물의 함량에 의하여 추정될 수 있다. 무기입자들은 보통 2.65 g cm^{-3}의 비중을 가진다. 표면 토양의 용적밀도는 일반적으로 0.9~1.3 g cm^{-3}에 이른다. 그러므로 무기토양은 보통 50~60% 부피의 공극을 갖는다고 할 수 있다. −0.01 메가파스칼(MPa), 즉 포장 용수량(field capacity)에서 토양수분 함량은 사질토양의 경우 15~30%, 점토질 토양의 경우 40~50% 정도이다. 전체 공극량과 수분함량의 차이만큼이 공기로 채워진 공간이라고 할 수 있다.

호기성에서 혐기성 대사과정으로의 전환은 1% 미만의 O_2 농도에서 일어나는 것으로 확인되고 있다. 토양전체의 통기는 흙덩이 하나하나와 입단의 통기만큼 중요하지 않다. 반경이 3 mm보다 크고 물이 포화된 흙덩이는 중심부에 O_2가 없는 것으로 계산된다.

탈질 작용과 황산염 환원과 같은 혐기성 과정들이 대부분의 토양에서 일어난다는 사실은 혐기성 미소환경들이 매우 흔하게 생긴다는 것을 시사한다. 혐기성 미소환경들이 존재한다는 것은 토양의 상층부에 *Clostridium* 등의 혐기성 세균이 흔히 나타난다는 점에서도 유추될 수 있다. 토양의 상층 수 cm에 있는 혐기성 세균의 개체군수는 더 깊은 곳에서보다 10배 정도나 더 많을 수 있다는 것이 몇몇 연구에서 나타나고 있다. 호기성 세균은 혐기성 세균들을 위한 환경을 만들어 주는 역할을 한다. 미소환경 내에서 호기성 세균의 초기 생육은 저장된 O_2를 소모하며, 따라서 혐기성 미생물의 발달을 허용하게 된다.

혐기성 미생물은 O_2가 없는 상태에서 에너지를 생성시키고 생육할 수 있는 능력을 가지고 있다. 절대 혐기성 미생물은 산소가 존재할 때 그 독성으로 죽는다. 이와 같은 저해작용은 독성 중간물질의 생산 때문에 일어난다. 산소에 민감하지 않은 생물들은 독성 중간물질을 제거하는 효소들을 함유한다. 독성 중간물질들은 전자전달동안에 생산되기 때문에 저해작용은 전자공여체가 있을 때에만 나타난다. 절대 혐기성 생물들은 생육을 위한 적당한 기질이 없으면 호기성 토양환경에서도 오랜 기간 견딜 수 있다. 토양에서 이런 경우는 흔하다.

어떤 토양생물들은 오랜 지질학적 기간에 토양 공기내의 높은 이산화탄소 농도에 적응하게 되었다. 어떤 진균은 10~20 cm의 토양 깊이를 선호한다. 질산균도 지면의 농도보다 더 높은 이산화탄소 수준을 선호한다. 밀폐된 용기에서 공기의 이산화탄소를 실험적으로 조절하여 질산화 작용을 보았을 때, 토양에 존재하는 이산화탄소 수준인 0.07~0.23%에 비하여 대기수준의 이산화탄소 농도인 0.035%에서 질산화 작용은 거의 일어나지 않는다.

지표 가까이에 지하수면이 있는 토양에서 이산화탄소 농도를 수직적으로 보면, 뿌리가 존재하고 미생물 호흡이 일어나는 지표 부근에서 가장 높다. 뿌리 호흡은 토양에서 생기는 이산화탄소의 20~50%를 공급한다(표 8-1). 그 나머지 50~80%에 이르는 더 큰 몫이 미생물에 의한 것임을 알 수 있다.

표 8-1 • 토양호흡에서 뿌리 호흡의 기여도

	뿌리의 호흡(전체 토양호흡에 대한 백분율, %)
귀리	30
밀	20
초원 풀	19
참나무	40

8.3.3 토양수

토양수는 생물이 이용할 수 있는 수분뿐만 아니라 토양의 통기 상태, 가용성 물질의 질과 양, 삼투압, 토양 용액의 pH에 영향을 미친다. HOH 각도가 105°인 물분자의 모양 때문에 산소는 음의 성질을, 수소는 양의 성질을 가진다. 이것은 물리화학적 반응들과 관련된 물분자의 특성을 많은 부분 설명한다. 이것은 왜 물이 전하를 띤 이온들을 잡아당기는지 설명한다. Na^+, K^+, Ca^{2+} 같은 양이온들은 물분자의 음전하를 띤 산소 끝에 끌리기 때문에 수화된다. 물의 극성은 물에 의해서 왜 수소결합이 형성되는지 설명한다. 각 물분자의 다른 물분자와 또는 다른 생물학적 구성요소들과의 결합이 수용액의 특성들, 점도, 높은 비열을 설명한다(그림 8-5). 물이 수소결합과 양극성의 상호작용에 의해서 강하게 표면에 흡착된다는 사실은 토양계에서와 마찬가지로 미생물 세포 내에서도 특히 중요한 의미를 가진다. 흡착된 얇은 수막은 0℃에서 얼지 않은 채로 남아있고, 가열하여 그것을 제거하고자 할 때는 105℃까지 요구된다. 이 결합수는 결합되어 있지 않은 물과 상당히 다른 특성을 가진다.

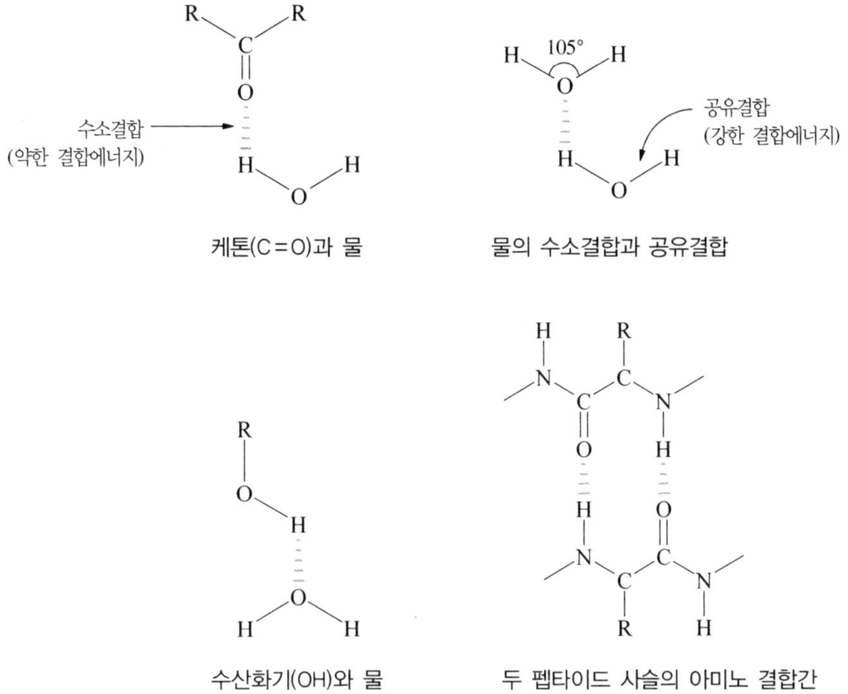

그림 8-5 • 토양의 생물학적 물질 및 유기물의 구조에 중요한 수소결합들.

토양수는 보통 세 가지 형태, 즉 중력수(gravitational water), 모세관수(capillary water), 흡습수(hydroscopic water)로 존재한다. 중력수는 중력에 의해서 토양을 통하여 배수된다. 이것은 관개하거나 호우가 지나간 다음 일어날 것이다. 중력수가 빠져나간 직후의 토양수를 포장용수량이라고 한다. 이때에도 미세 또는 모세공극들은 여전히 식물과 미생물의 생장에 이용가능한 물로 채워져 있다. 이 물의 matrix potential은 −0.01과 0.03 MPa 사이에 있을 것이다. 증발 또는 증산에 의해서 이러한 물이 토양으로부터 손실되어 많이 부족해지면 식물은 밤과 낮에 모두 팽팽한 상태를 유지할 수 없고, 시들게 될 것이다. 이것은 보통 −1.5 MPa 정도에서 일어나는데, 위조점(willting point)이라고 한다. 흡습수는 높은 상대습도를 가지는 대기로부터 건조한 토양에 흡수되는 물, 공기 중에서 말린 토양 속에 남아있는 물 또는 특정 상대습도와 온도(보통 98% 상대습도와 25℃)에서 평형을 이루고 있을 때 토양에 의해 보유되는 수분 등 여러 가지로 정의된다.

토양수의 matrix potential과 삼투력의 합은 생물이 물을 얻기 위해서 거슬러 이겨내야 하는 스트레스이다. 일반적으로 토양에서 미생물 활동은 −0.01 MPa에서 최적이고, 토양이 물에 잠겨 0의 potential에 가까워지거나, 반대로 더욱 건조해져 더 큰 음의 potential을 가지는 값이 됨에 따라서 미생물 활동은 감소한다. 진균은 일반적으로 세균보다 높은 수분 potential(더 큰 수분 결핍)에서 견딘다. *Nitrosomonas*같이 전형적인 질산화 세균은 *Clostridium*과 *Penicillium*같이 전형적인 암모니아화 세균보다 스트레스에 약하다. 때때로 건조한 토양의 표면층에서 관찰되는 NO_3의 높은 함량은 질산화작용 때문이 아니라 NO_3를 포함한 모세관수의 상승 때문일 것이다. 토양 표면에서 물이 증발되면서 NO_3가 남게 된다.

물은 영양물질의 확산과 질량 흐름(mass flow), 농도에 영향을 미쳐 미생물과 식물 모두에 영향을 준다. 수분이 많아 수분 자체가 제한요인이 아닌 경우에 영양물질의 확산이 매우 느려 제한요소가 될 수 있다. 질량 흐름에 의해 NO_3같은 영양물질은 적절히 식물 뿌리에 공급된다. 그러나 인은 물과 함께 바로 이동하지 않는다. 인이 흡수되기 위해서는 확산과 뿌리의 확장이 필요하다.

8.3.4 토양 pH

세계 도처에서 토양은 비료의 과다 사용과 산성비로 인해 지나치게 산성화되어 있으며, 점점 악화되고 있다. 생물적 질소고정 역시, 고정하는 동안 수소이온을 생산함으로써 토양 산도를 증가시킨다. 토양 pH의 측정은 미생물 반응을 뒷받침할 수 있는 토양능력을 예측하는데 중요한 기준이 된다. 토양 용액의 pH 측정은 용이하다. 그러나 음전하를 띤 점토질은 그들을 잡아당기는 양전하를 띤 이온층을 가진다. 점토질이나 음전하를 띠는 유기입자를 둘러싸고 있는 이중막 내에는 양이온 농도가 증가되어 있기 때문에 이러한 표면에서 pH는 토양용액보다 수 배나 높은 산성일 수 있다.

NH_4^+에서 NO_3^-로 생물학적 변환(질산화)은 pH에 가장 예민한 반응 중의 하나이다. 이중막 이론으로 설명되는 pH 차이의 개념은 질산화 반응에 최적인 pH나 최소한의 pH가 왜 실험실 용액과 토양에서 서로 다른지 그 이유를 설명하는데 사용되고 있다. 질산화 반응이 배양용액에서는 pH 6 이하에서 일어나지 않는 반면, 삼림토양에서 질산화 과정은 pH 4 이하에서도 일어날 수 있다. 이 수수께끼는 질소가 풍부한 물질이 분해되는 미소환경이 토양에서 만들어지기 때문인 것으로 설명될 수 있다. 암모니아의 분비는 미소환경 내의 pH를 토양용액의 pH보다 더 높게 만든다. 더 일반적으로 받아들여지고 있는 또 다른 설명은 산성토양에서 질산화작용은 독립영양 질산균보다 산도에 내성이 큰 종속영양 질산균에 의해서 일어난다는 것이다.

특수한 지소에서 pH 값에 대한 개념은 미생물의 크기와 미생물 수준에서 나타나는 효소의 다중성과 관련시켜야 한다. 하나의 세균 세포는 약 1,000 종류의 효소를 가지고 있다. 이중 많은 효소가 pH 의존적이고, 세포막과 같은 세포구성 물질에 붙어있다. 효소의 최적 pH는 흡착현상에 의해서 영향을 받는다. 토양 매체에서 토양 부식산에 효소가 흡착되면 최적 pH는 더 높아진다.

8.3.5 토양온도

온도는 세포의 생리적인 반응속도뿐만 아니라 환경의 물리화학적인 특성들 대부분에 영향을 미친다. 이러한 특성의 예는 토양부피, 압력, 산화환원전위, 확산, 브라운 운동, 점성, 표면장력, 물의 구조 등이 있다. 다른 생물들과 마찬가지로 미생물 세포의 활동은 열역학 법칙에 따른다. 그러므로 온도 변화가 미생물 활동에 뚜렷한 영향을 주는 것은 놀랄 일이 아니다.

상층부의 온도가 일정하게 유지되는 토양은 거의 없다. 온도변화는 계절에 따라, 하루의 시간에 따라 일어난다. 물의 비열이 높기 때문에 젖은 토양은 마른 토양보다 하루 동안 온도변화가 적다. 태양열의 강도와 반사에 영향을 주는 요소들 중에는 토양의 방위(남 또는 북의 경사방향 등), 경사도, 음영정도, 지표를 덮은 정도(식생 등) 등이 있다. 1일 동안의 온도변화는 토양 깊이에 따라 적어진다. 한여름 주어진 지소의 깊이 5, 10, 30 cm에서 온도는 각각 15～18℃, 8～10℃, 1～2℃의 변동을 보인다.

8.4 토양에 서식하는 미생물

토양은 대체로 미생물의 생육에 적합한 서식지이며, 미소한 집락이 토양 입자 위에 형성된다. 토양에서 발견되는 미생물의 수는 담수나 바다보다 많다. 토양 중에는 전형적으로 10^6～10^9cells/g의 세균이 발견된다. 토양에서 발견되는 미생물에는 바이러스, 세균, 균류, 조류, 원생동물 등이 있다. 토양 중에는 유기물의 농도가 비교적 높기 때문에 종속영양 미생물의 생육에 유리하다.

Winogradsky는 난분해성인 부식질을 이용하는 토양미생물을 토착성 또는 자생적(autochthonous) 미생물이라고 규정하였다. 느리지만 지속적인 활동이 이 미생물군의 특징이며, 대부분이 그람음성 간균 및 방선균이다.

이러한 토착성 미생물에 대비되는 미생물로 Winogradsky는 발효적(zymogenous) 또는 기회적(opportunistic) 미생물을 들었다. 후자는 대체로 부식질을 이용하지 못하지만 식물 잔재물, 동물의 배설물, 동물의 시체 등 쉽게 이용할 수 있는 기질을 이용하여 높은 수준의 활성과 빠른 성장을 보이는 미생물군이다. 이들의 특징은 불활성 휴지기를 가지며, 간헐적인 활동을 한다는 것이다. *Pseudomonas, Bacillus, Penicillium, Aspergillus, Mucor* 등이 전형적인 발효적 미생물에 속한다.

발효적이라는 말은 타지성(allochthonous)이란 말과 같은 뜻이 아니다. 발효적 미생물은 비록 간헐적인 활동을 하지만 토양의 진정한 토착성 미생물이며, 타지성 미생물은 토양 중에서 적합한 생육조건을 발견할 수 없는 인간 및 동물 병원균 등을 지칭한다.

표 8-2 • 토양에서 발견되는 호기성, 통성혐기성 세균 속의 상대적 비율

속	상대적 비율(%)
Arthrobacter	5~60
Bacillus	7~67
Pseudomonas	3~15
Agrobacterium	1~20
Alcaligenes	1~20
Flavobacterium	2~12
Corynebacterium	2~10
Micrococcus	<5
Staphylococcus	<5
Xanthomonas	<5
Mycobacterium	<5

토양에 토착적인 미생물상의 일반적 적응 특성을 묘사하기는 곤란하다. 토양에는 많은 미소서식지가 존재하고 특정한 장소에는 각종 토착성 미생물에게 유리한 미소환경이 존재하기 때문이다. 토양 표면의 잔재물이 풍부한 층에서 토착성 미생물은 높은 유기물 농도에 견디며 생육한다. 토양에는 절대호기성, 통성혐기성, 미호기성, 절대혐기성 세균이 모두 존재한다. 개개의 토양은 특정한 대사유형을 가진 미생물 개체군에게만 유리하게 작용할 수 있다. 예를 들면, 침수된 토양의 혐기적 조건은 통성혐기성 및 절대혐기성 세균의 생육을 유리하게 한다.

비록 토착성 토양세균의 일반적 특성을 묘사하기에는 부족하지만 일부 토양의 비생물적 parameter는 그 토양에서 서식할 수 있는 미생물 개체군의 발달을 억제한다. 예를 들면, 어떤 토양은 높은 알칼리성 pH를 가지며, 어떤 토양은 극도로 산성이다. 이러한 토양의 토착성 미생물 개체군은 이곳에서 자랄 수 있는 적응적 특성을 가져야만 한다. 극지의 토양은 연중 대부분이 얼어있기 때문에, 이러한 토양에 토착적인 미생물은 저온성(psychrophilic) 또는 저온영양성(psychrotrophic)이다. 사막 토양은 대개 뜨겁고 건조하기 때문에, 이곳에 토착적인 미생물은 긴 건조기간과 높은 온도에 견딜 수 있어야 한다. 적응특성으로서 내생포자를 형성하는 *Bacillus*는 간헐적인 경우, 강우가 생육에 충분한 물을 공급해 줄 때까지 포자상태로 존재할 수 있어서 사막 토양에서의 생존에 잘 적응된 미생물이다.

토양에서는 해양이나 담수보다 그람양성세균의 비율이 높다. 그러나 절대수에 있어서는 그람음성세균이 토양의 우점세균이다. 토양에서는 수권보다 토착성 토양세균이 더 많은 비율로 존재하며, 탄수화물과 같은 기질을 이용한다. 토양에서 흔히 발견되는 세균에는 *Acinetobacter, Agrobacterium, Alcaligenes, Achromobacter, Bacillus, Brevibacterium, Caulobacter, Cellulomonas, Clostridium, Corynebacterium, Flavobacterium, Micrococcus, Mycobacterium, Pseudomonas, Staphylococcus, Streptococcus, Xanthomonas* 등이 있다. 그러나 토양에서 발견되는 개개 세균의 상대적인 비율에는 상당한 차이가 있다(표 8-2).

방선균은 토양미생물 중 10～33%를 차지한다. *Streptomyces*와 *Nocardia*는 토양에 가장 많이 존재하는 방선균이다. *Micromonospora, Actinomyces* 및 기타 많은 방선균은 토양에 자생하는 세균이지만 출현빈도는 적다. 방선균은 비교적 건조에 강하며, 사막 토양의 한발에서도 생존할 수 있다. 이들은 알칼리성이나 중성 pH를 좋아하고, 산성에 약하다. Myxobacteria도 토양 및 삼림 잔재물에서 발견된다. 토양에서 발견되는 Myxobacteria의 대표적인 속은 *Myxococcus, Chondrococcus, Archangium* 및 *Polyangium*이다.

토양에서 발견되는 중요한 광합성 독립영양세균인 cyanobacteria로는 *Anabaena, Calothrix, Chroococcus, Cylindrospermum, Lyngbya, Microcoleus, Nodularia, Nostoc, Oscillatoria* 등이 있다. 이들 중 *Nostoc* 같은 몇몇 종은 토양 중에 고정화된 질소화합물과 유기탄소를 공급한다. 고정된 형태의 질소는 토양 중에서 미생물의 활동과 고등식물의 성장에 중요한 제한인자이다. Cyanobacteria는 식물이 자라지 않는 토양에 표면껍질(surface crust)을 형성하며, 토양의 안정화에 공헌한다. *Azotobacter*는 대기 중 질소를 고정화태 질소로 전환시키는 중요한 자유생활형 종속영양세균이다. 일부 혐기성 *Clostridium*도 토양 중에서 질소를 고정한다. *Rhizobium*과 생육속도가 느린 *Bradyrhizobium*은 일부 식물의 뿌리혹 속에서 대기 중 질소를 고정한다. 일부 화학 독립영양세균은 토양 비옥도의 유지에 필수적인 무기물의 변화를 수행한다.

토양에서 발견되는 타지성 미생물군의 원천은 여러 가지가 있다. 타지성 미생물은 대기나 수권으로부터 또는 동식물로부터 토양으로 들어간다. 예를 들면, 일부 식물병원균은 병에 걸린 식물조직과 함께 토양으로 들어온다. *Agrobacterium, Corynebacterium, Erwinia, Pseudomonas, Xanthomonas* 속의 종들은 흔히 감염된 식물조직과 함께 토양으로 들어온다. 일부 타지성 미생물은 동물 배설물이나 폐수를 통하여 토양으로 들어온다. 이러한 세균의 일부는 병원균이다. 예를 들면, 분변 연쇄상구균과 *Salmonella* 종은 폐수로 오염된 토양에서 발견된다. 이러한 타지성 세균은 통상 토양생태계로부터 신속하게 소멸된다. 그러나 어떤 경우에는 타지성 미생물이 토양 중에서 오랜 기간 동안 생존할 수 있다. 내생포자 및 미생물의 기타 내구성 형태(cyst)는 건조한 토양에서는 휴면상태로 존재할 수 있다.

토양 중에서 균류는 전체 미생물 생물량 중 높은 비율을 차지한다. 토착성이든 타지성이든 대부분의 균류가 토양에서 발견된다. 토양 균류는 자유생활형일 수도 있고, 식물 뿌리와 연관된 근균으로 존재할 수도 있다. 균류는 주로 토양의 상부 10 cm 깊이에서 발견되며, 30 cm 깊이 이하에서는 드물다. 이들은 통기가 잘되는 토양에 가장 많다. 토양에서 흔히 분리되는 균류는 *Aspergillus, Geotrichum, Penicillium, Trichoderma*와 같은 불완전 균류이다.

효모는 대부분의 토양에서 발견된다. 사상균류와 같이 토양에 토착적인 대부분의 효모는 불완전 균류이다. *Candida, Rhodotorula, Cryptococcus* 속의 종이 아마도 토양에서 가장 많이 존재하는 토착성 효모일 것이다. 토양에서만 분리되는 효모에는 *Lipomyces, Schwanniomyces, Kluyveromyces, Schizoblastosporion, Hansenula, Candida, Cryptococcus* 속들의 종들이 있다. 이러한 미생물이 토양에서만 발견된다는 사실은 토양이 이들의 자연적 서식지임을 의미한다. 그러나 이것은 입증된 사실을 아니다. 이 외에도 토양에는 종종 식물질을 통해서 들어오는 많은 타지성 효모가 있다.

수많은 조류가 토양표면이나 토양내부에 서식한다. 토양에서 발견되는 조류에는 녹조류, 홍조류, 유글레나류, 금갈조류 등이 있다. 대부분의 토양 조류는 토양표면이나 토양 상부의 수 mm에서 발견되며, 어떤 때는 토양 1 g당 10^6개의 조류 세포가 존재하기도 한다. 토양표면에 토착성인 조류는 하부 토양으로 이동할 수 있다. 그러면 이들은 그곳에서는 타지성 미생물이 되어 다른 생물에게 포식당하기도 한다.

자유생활형 원생동물들은 대부분의 토양시료에서 발견된다. 토양 원생동물은 수중환경에 비하여 크기가 작고, 다양도가 낮다. 하나의 원생동물이 토양서식형으로 분류되려면 먼저 영양성장 단계의 유충형이 토양에서 발견되어야 한다. 토양 원생동물이 아닌 원생동물의 포낭체(cyst)가 가끔 토양으로 들어온다. 토양 중 원생동물의 수는 토양 1 g당 10^4~10^5 개체이다. 원생동물은 대체로 토양 상부로부터 깊이 15 cm 미만의 토양 표면 근처에서 가장 많이 발견된다. 대부분의 원생동물은 비교적 높은 산소농도를 요구한다. 그러므로 이것이 토양층 안에서 이들의 분포를 제한시킨다. 원생동물은 토양세균과 조류의 중요한 포식자이다.

수중환경에서와 같이 토양중의 미생물은 생물 분해와 광물질 재순환의 담당자이다. 셀룰로오스 및 리그닌과 같은 중요한 식물성 중합체는 거의 전부가 미생물의 활동에 의하여 재순환된다. 토양은 영양분이 풍부한 환경이므로 종속영양 미생물, 특히 세균과 균류의 수와 다양성은 매우 높다. 이중 매우 중요한 것은 질소를 고정하며, 미생물과 고등식물간의 균근 관계(mycorrhizal association)이다. 고등식물이 우점한 토양환경에는 미생물이 1차 생산의 부차적인 역할을 할 뿐이다.

8.5 토양오염과 미생물

토양은 식물을 포함한 여러 생물체들의 성장을 가능하게 하는 중요한 역할을 하는데, 토양의 구성요소인 생물적 요소나 무생물적 요소들이 변화하면 토양 생태계는 파괴될 수 있으며, 토양이 지탱하고 있는 수많은 생물의 종류와 양에 상당한 영향을 미친다. 토양으로 오염물질이 유입되면 1차적으로 물리화학적 및 생물학적 기구를 통하여 오염물질이 감소되는 자정작용이 일어난다. 그러나 토양의 자정능력을 초과하는 오염물질이 유입되면 오염이 발생하게 된다. 토양 오염물질은 제거가 곤란하여 지속적으로 가중되는 축적성이 있으며, 농작물에서부터 시작하여 먹이사슬의 최종 단계까지 도달하는 간접오염의 특성을 가지고 있다. 즉, 토양오염이 발생하면 오염물질은 토양의 물리성과 화학성을 변화시켜서 토양의 질을 저하시키게 된다.

이렇게 저하된 토양의 질은 다시 토양의 생산력을 감소시키면서 동시에 토양의 정상적 기능을 방해한다. 결국 토양오염으로 인하여 그 곳에서 자라는 식물체내에 유해물질이 축적되고, 영양단계를 거치면서 마지막에는 이것을 섭취하는 인간까지 해를 끼치게 된다. 토양 오염물질로는 하폐수의 슬러지, 과다한 영양물질, 농약, 유해 화학물질, 중금속 등이 있다.

8.5.1 하수 슬러지

금속을 함유하는 하수 슬러지(sludge)의 살포로 농경지와 농작물은 심각하게 오염될 수 있다. 하수 슬러지는 대개 도시 하수의 2차 처리 산물인데, 질소와 인을 포함하는 고농도의 부식 유기물을 포함하고 있기 때문에 좋은 토양 개선제로 사용될 수 있다. 하수처리 시설을 갖추고 있는 산업화된 나라에서는 흔히 이러한 슬러지의 40% 정도를 농경지에 살포하여 처리하고 있다.

하수 슬러지에 포함되어 있는 금속의 종류와 농도는 하수의 종류에 따라 다양한데 Ag, As, Ba, Cd, Co, Cr, Cu, Mn, Mo, Ni, Pb, Sn, V, Zn 등이 함유되어 있으며, 이들 원소가운데 특히 Cd, Ni, Co, Zn을 포함하는 슬러지가 농토에 살포되었을 때 식물에 대하여 독성을 나타낸다. 이러한 슬러지가 살포된 토양에서 자란 농작물의 조직 내에는 다량의 금속원소가 축적되어 먹이연쇄 과정을 거쳐 직접 및 간접적으로 사람의 체내로 유입되어 건강을 위협하게 된다. 따라서 하수 슬러지가 농토에 살포 처리되기 위해서는 슬러지의 독성원소의 종류와 양의 규제가 이루어져야 하며, 일단 슬러지가 살포된 토양으로부터 생산되는 농작물은 인체 유해여부를 위하여 수시로 측정하는 등의 감독 규정이 있어야 한다.

8.5.2 영양물질

토양오염을 초래하는 영양물질로는 높은 농도의 질소와 인이 해당된다. 질소는 생물권내 식물과 동물의 중요한 구성성분으로, 질소순환이라는 일련의 생화학적 반응을 통하여 전환되는 특성이 있으며, 대기와 토양간의 질소 분포는 균형을 이루고 있다. 자연 상태에서 토양 내로 질소 유입은 대기에서의 침전, 생물학적 질소고정, 풍화와 분해작용을 통하여 이루어진다. 그러나 인구증가에 따른 현대문명의 도시화와 산업화는 토양 교란을 초래하였으며, 농작물 생산량을 증가시키기 위하여 추가적인 질소 공급이 이루어졌다. 추가적인 질소 공급원으로 대표적인 무기 질소원은 화학비료이며, 유기 질소원은 동물분뇨, 도시하수 슬러지 등이다. 이러한 각종 공급원에 의한 질소유입으로 인하여 자연적인 질소균형이 파괴되고, 지역적으로 질소가 편중됨으로써 질소 과잉문제가 야기되었다.

인간과 동물 건강에 피해를 미치는 질소는 질산염이다. 인간은 45 mg/l 이상, 가축은 180 mg/l

이상의 질산염이 함유된 물을 마시게 되면 소화기관에서 질산염이 아질산염으로 환원되어 유아나 가축에 청색증(blue baby syndrome)을 초래한다. 또한 N_2O_3는 강산성에서 nitrosoamine을 형성하는데, 이 물질은 발암성 물질이다.

또한 토양에서 유출된 질소나 인은 하천수나 호수에 유입되어 조류나 수중생물이 급속히 성장하여 용존산소 고갈, 탁도 증가 등의 수질악화를 야기하는 부영양화를 발생시킨다.

8.5.3 농약

농약은 잡초, 곤충, 식물성 병원체, 거미, 다족류와 같은 절지동물을 구제할 목적으로 사용되는 화합물로서 금세기 들어 사용량이 급격히 증가하였다. 농약이 환경적으로 관심을 끄는 이유는 농약의 분해가 매우 느리게 일어나며, 생물체내에 들어오면 배설되지 않고 축적되는 특성 때문이다.

식물병원성 진균류의 방제를 위하여 여러 가지 수은함유 농약을 사용하며, 종자의 발아전이나 직후에 곰팡이에 의한 질병으로부터 씨앗을 보호하기 위하여 씨앗표면 처리제로서 유기 수은제를 사용함으로써 수은에 의한 농경지의 오염이 이루어져 왔다. 예를 들어, 골프장의 표토에서 24～120 ppm의 수은이 보고되기도 하였다. 이와 같이 여러 가지 목적으로 농경지에 살포된 농약은 토양에 침적되어 토양의 오염을 가속화시킨다.

8.5.4 토양의 산성화

자연적인 토양의 산성화는 토양에 존재하는 Ca, Mg, K 등의 염기성 원소가 식물체내로 동화되는 비율이 재순환되는 비율보다 높거나 또는 농작물의 수확으로 식물 생체량을 인위적으로 제거함으로써 일어난다. 그러나 최근 들어 더욱 우려되는 토양의 산성화는 인위적인 재순환의 방해에 의한 것으로, 농약의 과다사용과 산업폐기물의 투기, 쓰레기 매립으로 인한 침출수의 누출, 산업체와 자동차 배기가스로부터 유래하는 대기오염에 의한 산성비 등에 의하여 가속화되고 있다.

토양의 산도는 여러 가지 물리화학적 및 생물학적 전환과정에 의하여 영향을 받는데, 산도에 영향을 미치는 요인에는 다음과 같은 것들이 있다.

① 식물 뿌리에 의한 호흡으로 생성되는 H_2CO_3에 의한 pH의 감소
② 식물체에 의한 NH_4^+의 흡수와 H^+의 방출
③ 화학무기 영양생물에 의한 황화합물의 산화과정으로부터의 H^+의 형성 및 대기로부터

황산염의 직접적인 유입

④ SO_4^{2-}와 NO_3^-의 전기화학적 중화에 기여하는 Ca, Mg, K 등 양이온의 용출

⑤ 알루미늄과 같은 금속원자에 의한 이온화와 가수분해

$$Al^{3+} + H_2O \rightarrow AlOH^{2+} + H^+$$

8.5.5 중금속

중금속에 의한 토양오염은 광산, 제련소, 화학공장, 금속공장, 전기부품 공장 등에서 나오는 산업 폐기물과 납, 바나듐 등을 포함하는 배기가스 이외에도 주석, 아연, 티탄, 바륨, 구리, 수은, 카드뮴, 납 등을 들 수 있다. 화학비료에도 망간이 들어있고, 농약에도 비소, 구리, 주석, 망간, 아연, 수은 등의 유해 중금속이 많이 함유되어 있다. 이들 중금속이 토양에 직접 투기되지 않고 하천에 미량으로 존재한다고 할지라도 관개용수에 의해서 토양에 유입되면서 대부분이 토양에 축적된다. 중금속은 토양생물에 의한 분해작용이 쉽게 이루어지지 않을 뿐만 아니라 불용성이 강하기 때문에 침투수에 쉽게 용탈되지 않는 잔류성의 특성을 보이지만 토양의 산성화는 중금속을 급격히 용해시키게 된다. 용해된 중금속은 농작물에 축적되어 인체에 유입되고, 각종 대사과정을 저해하여 치명적인 피해를 입히게 된다.

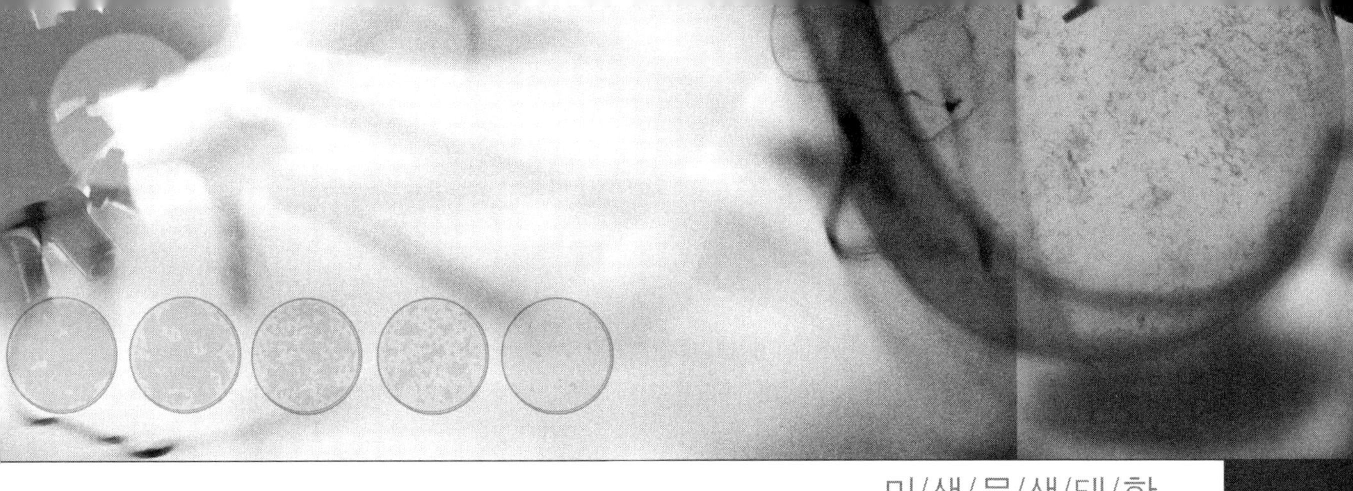

제 9 장
특수 환경과 미생물

특수 환경의 미생물은 초호열 미생물과 같이 250~300℃ 이상에서 서식하는 미생물, 강산성인 환경에서 서식하는 위궤양이나 십이지궤양균, 또는 5℃ 이하의 저온이나 고염에서 서식하는 저온성과 호염성 미생물, 혐기적 조건에서만 서식하는 미생물 등을 들 수가 있다. 특히 수계에서는 빈영양, 저온, 고압력, 초고열이나 고염분 등의 환경이 존재하며, 이러한 특수 환경 속에서도 많은 미생물들이 서식하고 있다.

9.1 심해 미생물

바다의 평균 수심은 3,800 m이고 1,000 m 이상의 수심은 75%에 달한다. 1,000 m 이상의 수심을 심해(深海)라 하며, 수심이 10 m 깊어짐에 따라 1 atm씩 증가한다. 따라서 바다의 평균 수압은 380 atm에 해당된다. 또한 100 m 이상의 수심에서는 2~3℃의 수괴가 형성되어 온도변화가 거의 없이 일정온도를 유지하고 있는 영구수온약층(永久水溫躍層)이 존재한다. 해양의 표층에서 가시광선은 약 300 m 이상을 투과하지 못하며, 빛이 도달하는 상층부를 광층(光層, 光帶, photic zone)이라 한다. 1,000 m 이상의 수심에는 상당수의 생물이 서식하고 있으나 생물학적 활동은 낮은 것으로 판단된다. 심해의 환경은 낮은 온도, 높은 압력, 낮은 영양물질의 농도 등이 생물의 활동에 영향을 준다고 생각된다. 이러한 환경에서 서식하는 생물들은 주로 저온성(psychrophilic)이다. 특수 환경 또는 극한환경에 속하는 호압(好壓)이나 심해의 특수한 열수분출공(熱水噴出孔, hydrothermal vent)의 고온 환경이나, 강산성, 강 알카리, 고염분 등의 환경에서도 많은 생물들이 먹이연쇄 관계를 형성해서 생활하고 있다.

9.1.1 호압세균과 내압세균

수중에서는 10 m 깊어짐에 따라 약 1기압(이하 atm)의 수압이 증가한다. 해양의 평균 수심 3,800 m에서 380 atm, 최고 수심 약 11,000 m에서는 1,100 atm의 수압을 받는다. 이와 같이 심해의 환경은 저온, 암흑과 함께 고수압의 세계이다. 해양미생물의 중요한 생태적 역할의 하나는 유기물의 분해 및 무기화이지만, 해양의 표층보다 대단히 높은 수압을 받고 있는 심해에도 적응한 미생물군이 존재하는가? 심해에서도 유기물의 분해가 빨리 진행되는가? 하는 것을 아는 것은 매우 중요한 일이다.

상온에서 호압이나 내압세균에 관한 실험은 특수한 압력배양기를 이용하여 배양한다. 심해의 시료(4,000 m 이상에서 채취한 이토 등)에서 분리된 몇 종의 종속영양세균의 경우, 1 atm에서보다 400 atm 이상에서 오히려 대사작용이 높아 빠르게 성장하는 균이 있다. 이러한 세균을 호압(好壓)세균(barophilic bacteria)이라 한다. 400 atm에서 보다 1 atm에서 대사작용이 높아 빠른 증식속도를 보이는 세균을 내압(耐壓)세균(barotolerant bacteria)이라 한다. 내압세균은 500 atm 이상의 압력을 가하게 되면 균의 형태가 비정상 상태로 변화되어 균체가 파괴되거나, 대사가 억제되어 성장할 수가 없다. 400 atm의 압력에서 최적 성장율을 나타내는 호압세균 중에는 1 atm에서도 성장하는 세균도 있다. 이러한 세균을 통성호압세균(facultative barophilic bacteria)이라 한다. 호압세균 중 1 atm에서는 증식할 수 없는 것을 절대 또는 편성호압세균(obligate barophilic bacteria)이라 한다. 심해 10,000 m 이상에서 채취된 시료에서 분리된 세균은 압력이 절대적으로 필요하다. 압력이 없을 경우에는 대사 활성이 중지되거나 세포가 파괴되는 경우도 있다. 즉, 압력이 절대적으로 필요한 균을 절대호압세균이라 한다. 또한 700~800 atm에서 최대의 성장속도를 나타내고, 1,035 atm에서도 여전히 좋은 성장속도를 보이는 세균을 극호압세균(extreme barophilic bacteria)이라고 한다. 이 균의 독특한 성질로서는 높은 압력을 필요로 하고, 500 atm 이하에서는 발육을 중단한다는 점이다. 1 atm 하에서는 수 시간 방치해 두면 서서히 죽는다. 내압성, 호압성, 극호압성의 모든 균은 저온성이며 극호압성 일수록 저온성균이다. 한편 고수압 조건에서 증식하지 않는 경우에도 사멸 또는 손상을 받지 않고 장시간 생존 가능한 것을 내압세균(barotolerent 또는 baroduric bacteria)이라 하며, 사멸해 버리는 것은 혐압세균(barophobic bacteria)이라 부른다.

Oppenheimer와 ZoBell은 10속 63종의 해양미생물을 이용하여 27℃에서 8일간의 배양으로 수압의 영향을 조사하였다(표 9-1). 그 결과 200 atm에서 5종이 사멸하고 10종이 증식을 못하였고, 400 atm에서 11종이 사멸하고 17종이 증식을 못하였고, 또 600 atm에서는 23종이 사멸하고 33종이 증식을 못하였다.

표 9-1 • 해양미생물 63종을 각각 27℃에서 4일간 가압 배양한 후, 증식 또는 사멸한 세균 종의 수

수압의 영향	가압 조건(atm)			
	1	200	400	600
증식함	63	48	35	7
증식 못 함	0	10	17	33
사멸함	0	5	11	23

즉, 63종의 해양미생물 중 600 atm에서 증식되는 것은 7종뿐이었다. 이와 같이 압력에 대한 감수성은 해양미생물의 종류에 따라 다르다. 수압은 미생물의 증식뿐만 아니라 세포의 형태 변화에서도 영향을 미치는 것으로 관찰되었다. 심해 동물의 내장은 빈영양의 심해 환경 중 미생물에게는 대단히 영양이 풍부한 장소이므로, 심해 동물의 장내 미생물 중에는 높은 수압에서 잘 증식하는 호압세균이 나타날 것이라는 기대 속에서 지금까지 많은 연구가 시도되었다. 푸에르토리코 해구의 수심 5,920 m에서 채집된 단각류 *Scopelocherius shellengii*의 내장 내용물을

3~5℃로 16일간 1 atm과 590 atm으로 배양한 결과를 살펴보면 생균수, 총균수(acridine orange로 염색하여 형광현미경으로 직접 계수)의 비교에서 1 atm보다 590 atm에서 증식이 빠르므로 내장 내에 호압세균이 존재하는 것도 시사한다. 이 때 미생물의 doubling time은 590 atm에서 5시간, 1 atm에서 8시간이었다.

일반적으로 심해 4,000 m의 시료에서 분리된 미생물은 400 atm 이상에서는 1 atm일 때의 균체 길이보다 약 10~20배 이상 긴 막대상의 형태로 되어있으나, 이 균을 상압에서 배양보존하는 경우 균괴(菌塊)를 형성한다(사진 9-1). 연안해역에서 분리된 간균형의 세균이 400 atm 이상으로 압력을 가할 경우 간균이 구균형으로 되고 시간이 지남에 따라 사멸되었다. 호압세균은 온도에 민감하며 서식처가 대부분 2~3℃의 저온환경에서 서식하고 있었고 10℃ 이상에서는 활성이 떨어진다.

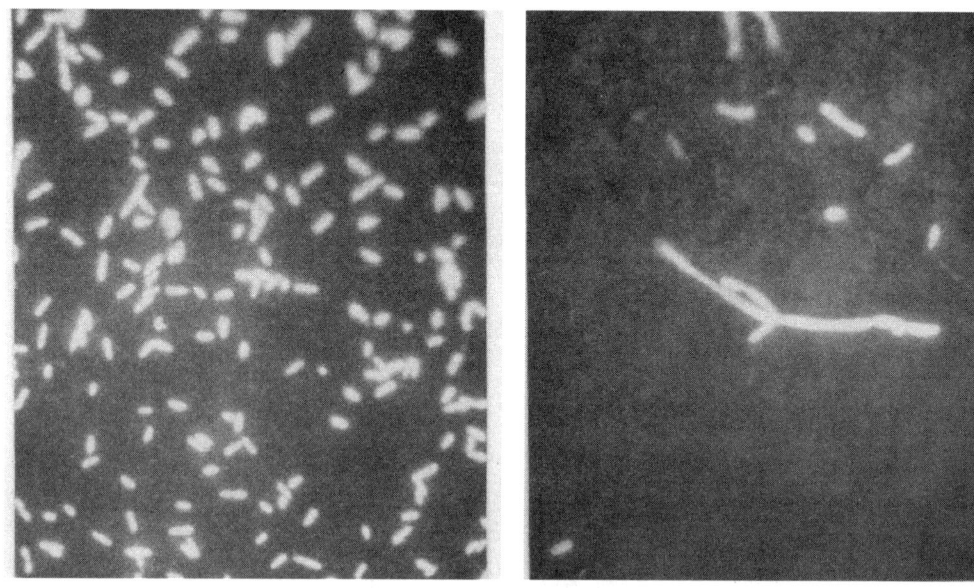

사진 9-1 • 심해 4,000 m에서 분리된 균을 상온에서 배양했을 때(왼쪽)와, 400 atm에서 배양했을 때(오른쪽)의 미생물의 형태 비교. 약 50배 이상으로 형태가 변화됨.

압력은 세균 세포의 생리와 생화학에 영향을 미치는 것으로 알려져 있다. 예로서 압력이 높아지게 되면 효소의 기질과 결합능력이 감소된다. 이를 근거로 했을 때, 극호압세균의 효소는 압력에 의한 영향으로 최소화시킬 수 있도록 분자구조를 형성해야 한다. 압력에 영향을 받는 것으로 단백질 합성과 막의 기능인 수송 등을 생각할 수 있다. 극호압세균의 낮은 성장율은 압력에 의한 세포생화학에 대한 영향과 낮은 온도와의 두 가지 요인에 의한 복합효과인 것으로 추정된다. 그림 9-1은 내압, 중호압, 극호압세균의 성장을 나타낸 것이다. 내압세균과 극호압세균의 경우는 상당히 대조적이다. 일반적으로 1 atm의 세균은 400 atm까지는 성장 가능하나 400 atm 이상이 되면 생명력을 상실한다.

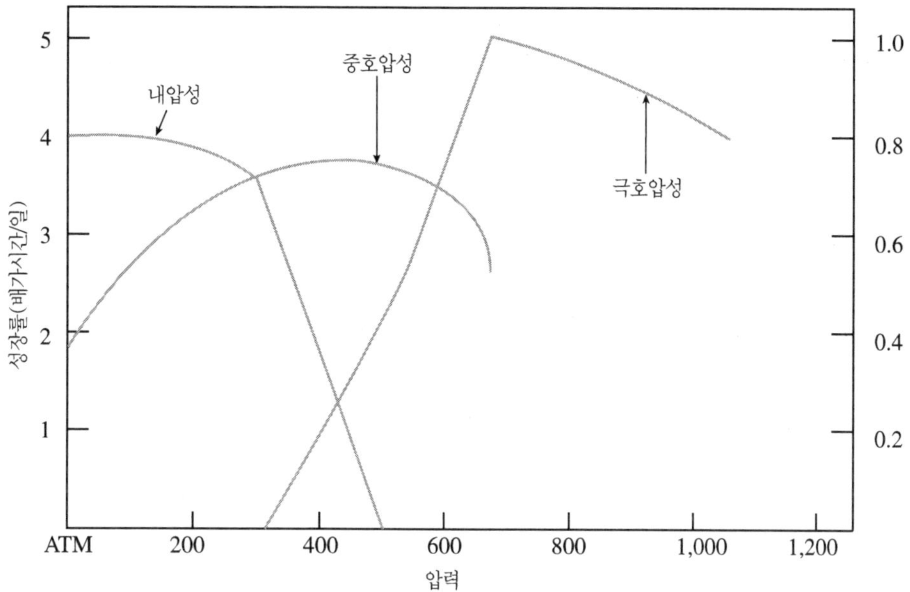

그림 9-1 • 내압, 호압, 극호압세균의 성장관계(극호압세균은 Mariana 해구 10,500 m의 시료임).

1) 호압성의 유전학

최근에는 분자생물학적 방법에 의하여 호압세균에 대한 새로운 사실이 발견되고 있다. 500~600 atm에서 성장할 수 있는 호압세균의 연구 결과, 고압하에서 세포벽의 외측막의 단백질 조성이 변하는 것이 밝혀졌다. 예로서 OmpH 단백질(Omp=outer membrane protein)이라고 불리는 특수한 막 단백질을 1 atm에서 배양한 경우, 이 단백질이 합성되지 않았음이 발견되었다. OmpH 단백질은 일종의 포린(porin)이다. 포린은 외막을 통과하여 주변 세포질로 유기물의 확산을 가능하게 하는 통로 형성 단백질이다. 낮은 압력에서 생장한 세포에 존재하는 포린은 고압상태에서는 효과적으로 기능을 하지 못하기 때문에 새로운 포린 분자가 합성되어야 고압에서 효과적인 작용을 할 것이다. 호압세균의 OmpH 유전자를 대장균에 클로닝하여 이 유전자를 발현시켜본 결과, 전사과정이 압력에 의해 영향을 받아 OmpH 단백질로의 발현이 400~500 atm에서 배양되는 대장균에 의해서만 가능하고, 1 atm에서 배양되는 경우 이 유전자가 발현되지 않음을 발견하였다. 또한 OmpH 유전자의 염기배열을 조사해본 결과 OmpH 단백질은 유사하기는 하지만 1 atm 상태에서 형성된 포린 단백질과는 명확히 다른 것으로 나타났다.

그러나 호압세균의 유전자 발현이 압력에 의해 영향을 받을 수 있음이 알려졌으나 이의 기작에 대해서는 명확히 밝혀져 있지 않고, 다만 압력-감수성 억제물질 또는 압력-의존성 촉진물질이 관련되었을 것으로 추측되고 있다. 또한 호압세균이 가지고 있는 대부분의 단백질은 양 극단의 압력에 의해서도 동일함이 밝혀져 있고, 단지 몇 가지의 단백질(세포벽 및 이에 관련된 구조단백질)만이 압력에 의해 조절 받는 것으로 보인다. 이와 같이 압력 자체가 호압세균의 유전자 발현에 있어서 전적인 조절자 역할은 하지 않지만, 고압에서의 생장에 필요한 단백질 합성에 관련 있는 특정한 유전자의 전사과정을 선택적으로 조절하며, 압력과 관련되지 않은 대부분의 유전자는 비호압세균과 같이 환경 또는 영양적인 요인에 의하여 조절 받는 것으로 추측된다.

9.2 초호열 미생물

9.2.1 열수분출공(熱水墳出孔, hydrothermal vent)

심해에서 열수가 분출되는 곳을 발견한 후 심해연구자들은 심해에도 온천수와 같은 높은 온도의 수온이 존재한다는 것을 인정하게 되었다. 일반적으로 심해는 저온, 고압의 환경조건에 의하여 내압세균 또는 호압세균과 같이 성장이 비교적 느린 생물들만이 존재하는 것으로 알려져 왔으나, 미생물의 대사활동에 의하여 도움을 받는 상당수의 무척추동물들의 군락들이 심해의 온천지역에 밀집되어 있는 현상이 발견되었다. 지구물리화학적 조사에 의하면 대서양과 태평양의 해저에는 몇 개의 이와 같은 해저온천이 있는 것으로 알려졌다. 이 온천들은 해저 표면 가까이 위치한 뜨거운 현무암과 용암이 해저를 서서히 분리, 이동시키는 지역인 해저 팽창 중심에 존재한다. 해저 암석의 균열을 통하여 스며드는 해수는 뜨거운 무기물질과 혼합되어 해저온천으로부터 분출된다.

이와 같은 해저에는 온수분출공(溫水墳出孔, warm vent)과 열수분출공(熱水墳出孔, hot vent)의 두 가지 형태의 분출공이 존재한다. 온수분출공의 경우는 6～23℃의 온수를 분출하며(주위온도 2℃), 0.5～2 cm/s의 속도로 더운물이 분출되고, 열수분출공은 200～380℃의 열수를 1～2 m/s로 내뿜는다. 무기질을 다량 가지고 있는 뜨거운 물이 해수와 혼합될 때 구름상태의 침전물이 생기므로 'black smoker'라고 부르기도 하며, 이러한 열수분출공 주위에는 조개류나 맛살 같은 무척추동물이 대량번식하여 2 m 이상의 서관충(tube-worm)이 발견된 적도 있다.

대부분의 심해 지역이 생물학적인 생산성이 대단히 낮은 점으로 미루어 광합성을 하는 일차 생산자가 없음에도 불구하고 어떻게 밀도 높은 생물의 군락이 형성되고 있을까? 이들 생물들이 생명 활동을 가능케 해주는 에너지원은 무엇일까? 열수분출공에서 분출되는 물의 화학분석에 의하면 다량의 유화수소, 망간, 수소가스 및 일산화탄소 등이 포함되어 있음이 밝혀졌고,

경우에 따라서는 유화수소가 적은 대신 암모니아가 다량 포함되어 있기도 하다. 열수분출공의 화학성분 조사에 의하면 이들 생물군락은 분출공으로 부터 분출되는 무기질 에너지원을 이용하는 무기영양미생물의 활동에 의존하고 있음을 알 수 있다. CO_3^{2-}와 HCO_3^-의 상태로 해수에 녹아 있는 탄산가스는 무기영양세균에 의하여 유기물질로 고정되게 되어 무기영양세균은 열수분출공 환경의 생물군락을 연결하는 먹이사슬내의 중요한 기초생물의 역할을 수행하고 있는 것이다(그림 9-2).

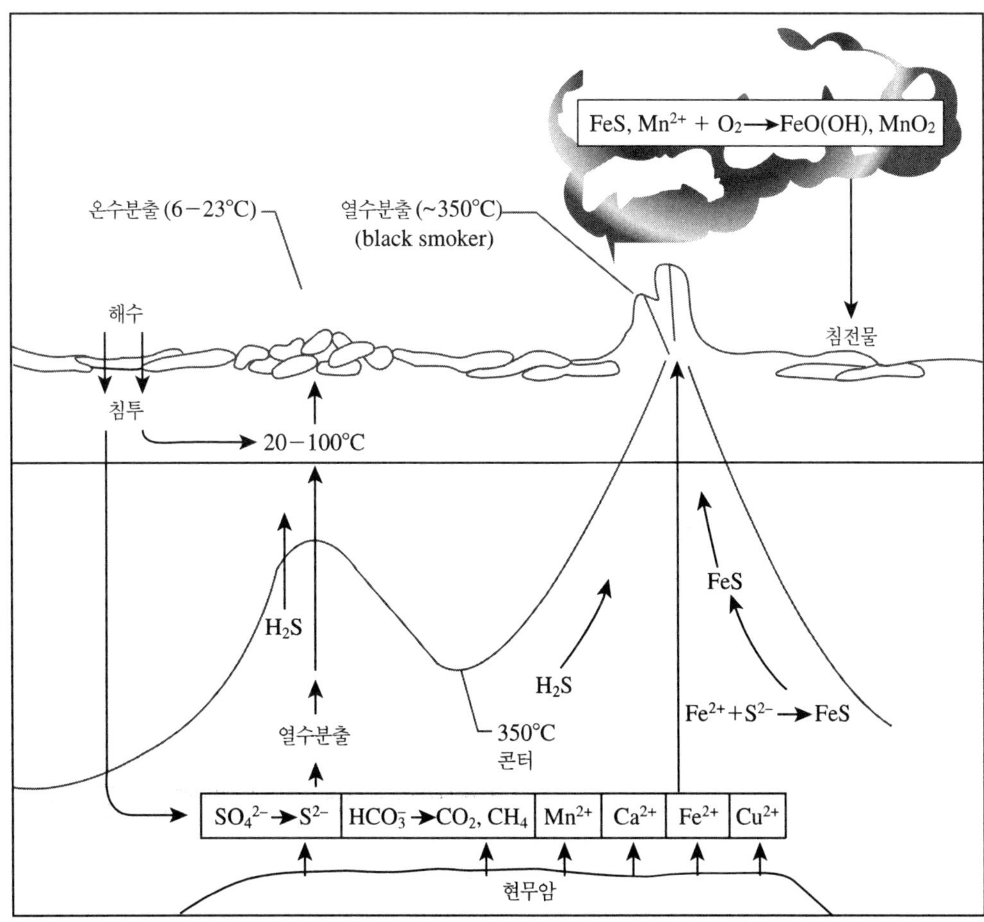

그림 9-2 • 심해 열수분출공과 온수분출공의 모식도. 열수분출공에서는 주로 유황성분이 많이 검출되고, 유산환원세균과 메탄생성세균이 많이 발견되었고 관벌레 등 생물도 많이 서식하고 있는 것으로 밝혀졌다.

9.2.2 열수분출공의 미생물

열수분출공 근처에서 채취된 수질 재료를 조사한 결과 *Thiobacillus, Thiomicrospora, Thiothrix, Beggiatoa*와 같은 유황산화세균들이 다수 분리되었으며, 이들 세균들이 CO_2를 고정하며 H_2S, $S_2O_3^{2-}$를 산화시키는 것이 밝혀졌다. 그 외 질산세균, 수소산화세균, 철 및 망간 산화세균, 메탄영양세균 등이 분리되었으며, 특히 메탄세균은 분출되는 메탄과 일산화탄소를 이용하여 성장하는 것으로 생각되어진다. 다음 표 9-2는 열수분출공의 일차생산에 중요한 무기영양세균의 역할을 나타낸 것이다.

표 9-2 • 열수분출공의 일차생산에 중요한 무기영양세균

무기영양자	전자공여체	전자수용체
유황-산화세균	HS^-, S^0, $S_2O_3^{2-}$	O_2, NO_3^-
질화세균	NH_4^+, NO_3^-, NO_2^-	O_2
황산염-환원세균	H_2	S^0, SO_4^{2-}
메탄발생세균	H_2	CO_2
수소-산화세균	H_2	O_2, NO_3^-
철 및 망간-산화세균	Fe^{2+}, Mn^{2+}	O_2
메칠영양세균	CH_4, CO	O_2

9.3 호염 미생물

식염은 인류의 역사가 시작되면서부터 사용해 온 것으로 식품의 보존용으로 사용되어 왔다. 예로부터 인류는 식염으로 식품을 보존해 왔으며, 오늘날의 염장식품이나 젓갈류 등에서 쉽게 접할 수 있다. 이러한 환경 속에서 미생물이 공존하면서 발효, 숙성 등 다양한 양상으로 작용하면서 서식해 왔다. 미생물 중에는 염류가 있어야만 잘 증식하는 호염 미생물, 염류와 그 환경에 적응하면서 살아가는 내염 미생물 등의 미생물들이 다양한 생태적 특징을 가지고 자연에 서식한다.

젓갈은 미생물의 발효식품으로서 미생물의 종과 발효조건에 따라 맛도 달라진다. 일반적으로 미생물은 고농도의 식염환경에서는 존재하지 않는다고 생각하였으나, 염장식품에도 부패가 생기고 적색으로 변화되는 현상이 나타나 그 원인이 무엇인가에 관하여 궁금하게 생각해 왔다. 이러한 식품의 착색 원인은 적색을 발생하는 호염 미생물에 의한 것이라는 것을 알게 되었다. 해양이나 일반식염 중에는 염류가 있어야 증식하는 균과 염류에 적응하면서 생존하는 미생물이 있다. 이들 중 염류가 있어야 증식하는 균, 즉 염을 좋아하는 균을 호염 미생물이라 한다. 서식지로는 염호(鹽湖)인 사해(Dead sea)나 대염호(Great salt lake) 등이 유명하며, 이

염호의 이온조성을 해수와 비교해 보면 표 9-3과 같다. 이러한 환경에서 서식하고 있는 균들은 주로 호염 미생물이다.

표 9-3 • 해수 및 염화의 이온 조성(g/100 ml)

구 분	Na^+	K^+	Mg^{2+}	Ca^{2+}	Cl^-	SO_4^{2-}	HCO_3^-
해 수	1.09	0.04	0.32	0.04	1.97	0.25	0.04
사 해	3.49	0.75	4.19	1.58	20.8	0.54	0.24
대염호	8.99	0.47	0.80	-	15.0	0.20	-

표 9-3을 살펴보면 식염의 주성분뿐만 아니라 Mg^{2+} 함량이 많은 것이 주목된다. 이러한 염호나 암염에서 수종의 호염 미생물이나 내염미생물이 분리되었다. 식염의존성이라는 면에서 미생물을 관찰해보면 대부분의 미생물은 0.2 M 이하의 식염농도에서 가장 잘 증식하고 있는데, 해양미생물의 대부분은 0.2∼0.5 M 식염농도로서 잘 증식한다. 0.2 M 이하는 육생형(terrestorial type), 0.2∼0.5 M은 해생형(marine type)이라고 구분한다. 증식에 필요한 식염의 존성에 기초한 미생물의 분류는 타 성상을 무시하는 단점이 있어 편의적(便宜的)인 분류법으로는 좋은 점도 있지만 나쁜 점도 많다. 식염의존성에 의한 미생물의 분류는 Flannery이나 Larson에 의한 분류법이 현재 많이 사용된다. 이들의 분류표는 표 9-4에 나타내었다.

표 9-4 • 식염의존성에 의한 미생물의 분류

분 류	배지 식염농도와 증식과의 관계	예
비호염성	0.2 M 식염 이하에서 가장 잘 증식	대부분의 진정세균, 담수산 미생물
저농도 호염성	0.2∼0.5 M 식염에서 가장 잘 증식	대부분의 해양미생물
중농도 호염성	0.2∼2.5 M 식염에서 가장 잘 증식	*Vibrio cosicola*, *Paracoccus halodenitificans*
고농도 호염성	2.5∼5.2 M(포화) 식염에서 잘 증식	*Halobacterium*, *Halococcus*
내염성	0.2 M 식염 이하에서 가장 잘 증식. 그러나 0.2 M 이상에도 증식한다.	*Stapylococcus aureus* 내염성 조류

위의 표와 같이 대부분의 미생물은 0.2 M 이하의 식염농도에서 잘 발육하기 때문에 이 group을 비호염 미생물(non-halophilic microorganisms)이라 하며, 0.2 M 이하의 식염농도에 왕성한 발육이 보이나 고농도에도 발육 가능한 것을 내염 미생물(halotolerant microorganisms)이라 한다. 식염의존성이 가장 현저한 것은 고도 호염 미생물(extremely halophilic microorganisms)로서 2.5∼5.2 M(포화) 식염농도에서 잘 발육하고, 발육에 필요한 최저 식염농도는 2 M 부근이다. 대표적인 고도 호염 미생물은 *Halobacterium* 및 *Halococcus*로서 이

group은 여러 성상에서 원핵생물이라기보다는 오히려 제3의 생태계통인 고세균 *Archaebacteria*라고 생각되어 진다. 광합성세균 *Ectothiorhodospria halophilia*나 방선균의 *Actinopolyspora halophilia*도 고도 호염 미생물이다. 0.2～0.5 M 식염농도에서 잘 번식하는 그룹을 저농도 호염 미생물(slightly halophilic microorganisms)라고 하는데, 대부분의 해양미생물이 이 그룹에 속한다. 중농도 호염 미생물(moderately halophilic microorganisms)은 0.5～2.5 M(조건에 따라서는 4.2 M까지)의 극히 광범위의 식염농도에서 증식하는 균으로, 대표적인 중농도 호염 미생물로서는 *Vibrio costicola, Paracoccus halodenitrificans*가 잘 알려져 있다. 중농도 호염 미생물은 넓은 범위의 식염농도 환경에 적응하는 능력을 가지고 있는 것이 특징이다. 또한 저농도 호염 미생물을 포함해서 배양온도에 따라 식염 발육농도 영역이 달라진다는 보고도 있다. 즉, 온도와 식염농도와의 관계가 세균의 증식에 중요한 역할을 한다.

내염 미생물 중에는 화농성 질환이나 식중독의 원인균인 *Staphylococcus aureus*가 대표적인 예이고, 효모나 균류에도 수많은 종류가 알려져 있다. 고농도 식염 중에서 미생물은 용질인 식염에 좌우되는 수분활성(water activity: A_w)의 영향을 받는다. 수분활성(A_w)은 다음 식으로 나타낸다. 용질이 용매에 녹은 상태에서는 용매분자의 자유도가 감소하고 고농도의 용질이 있으면 생체내의 용매 이용도에 영향을 줄 가능성이 있다.

$$A_w \fallingdotseq \frac{P}{P_0} \fallingdotseq \frac{n_2}{n_1 + n_2}$$

P: 용질의 증기압　　P_0: 용매의 증기압

n_1: 용질의 분자 수　　n_2: 용매의 분자 수

미생물의 생육 가능한 수분활성의 하한(下限)은 표 9-5와 같다.

일반적으로 호염 미생물의 생육 가능한 수분활성의 하한(최저 한계점)은 비호염 미생물에 비하여 낮다. 고농도 호염 미생물의 균체 내 이온농도는 외부 환경보다 K^+의 축적이 높은 상태로 되고, Na^+은 외부환경보다 낮은 농도인 것으로 알려져 있다. K^+의 일부는 대개 결합형이다. 중농도 호염 미생물이나 해양미생물의 일부에는 균체 내 K^+이온농도가 외부환경 이온농도보다도 현저하게 농축되어 있다. 이와 같은 Na^+/K^+ pump의 기능은 정말 흥미있는 주제이다. 그런데 고농도 용질(식염이나 설탕 등) 중에 살아있는 진핵 미생물은 세포내에 효소활성을 저해 또는 불활성화하지 않는 용질(polyol)을 고농도로 합성 축적하여 삼투압을 조절하고 있다. 이 현상에 대하여 Brown은 적합용질설(compatible solute theory)을 제창하였다. 예로서, 단세포 조류 *Dunaliella*는 celluose 세포벽을 뚫고, 고농도 식염에서 광합성으로 다량의 glycerol를 합성하여 세포내에 축적한다. 적합용질설에 따르면 고농도 호염 미생물의 적합용질은 주로 K^+인 것으로 생각한다.

표 9-5 • 미생물의 발육과 수분활성과의 관계

미생물	발육 가능한 수분 활성의 하한
미생물	
비호염 미생물	
Bacillus subtilis	0.949
Pseudomonas aeruginosa	0.945
Escherichia coli	0.932
내염 미생물	
Staphylococcus aureus	0.86～0.88
중농도 호염 미생물	
Vibrio costicola	0.86～0.98(식염 중)
Paracoccus denitrificans	0.86～0.98(식염 중)
고농도 호염 미생물	
Halobacterium 및 *Halococ*	0.75～0.88(식염 중)
효모	
비내염, 비내당 효모	
Saccharomyces cerwvisi	0.94(식염 중), 0.92(glucose 중)
내염, 내당 효모	
Saccharomyces rauxii	0.86(식염 중) 0.857(sucrose 중) 0.845(glucose 중)

호염 미생물은 생육에 적당한 농도의 식염을 필요로 하며, 농도가 낮은 용액에서는 용균하거나 또는 저분자 물질을 누출한다. 호염 미생물 막 단백질의 아미노산 조성이나 인지질 조성을 비교하면 음성 하전기의 대부분에서 Na^+의 역할로 음성 하전기의 중화에 의한 단백질의 활성형 구조가 유지된다.

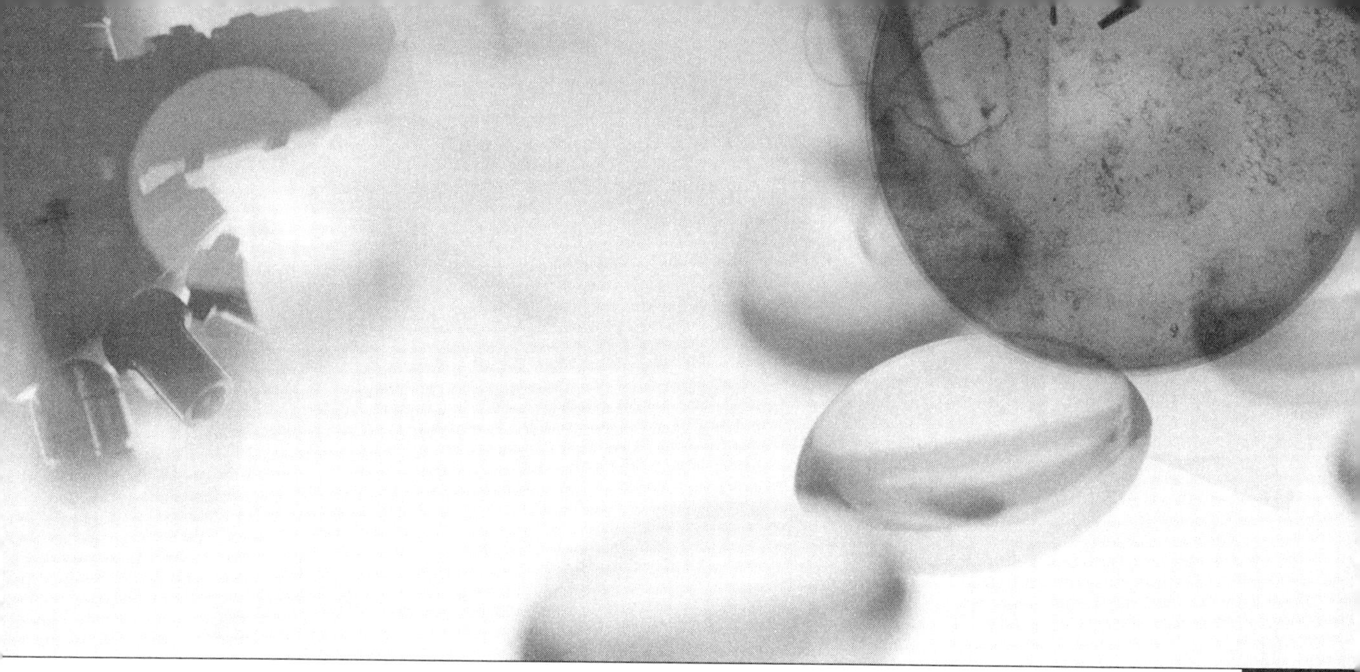

제 III 부
군집 생태학

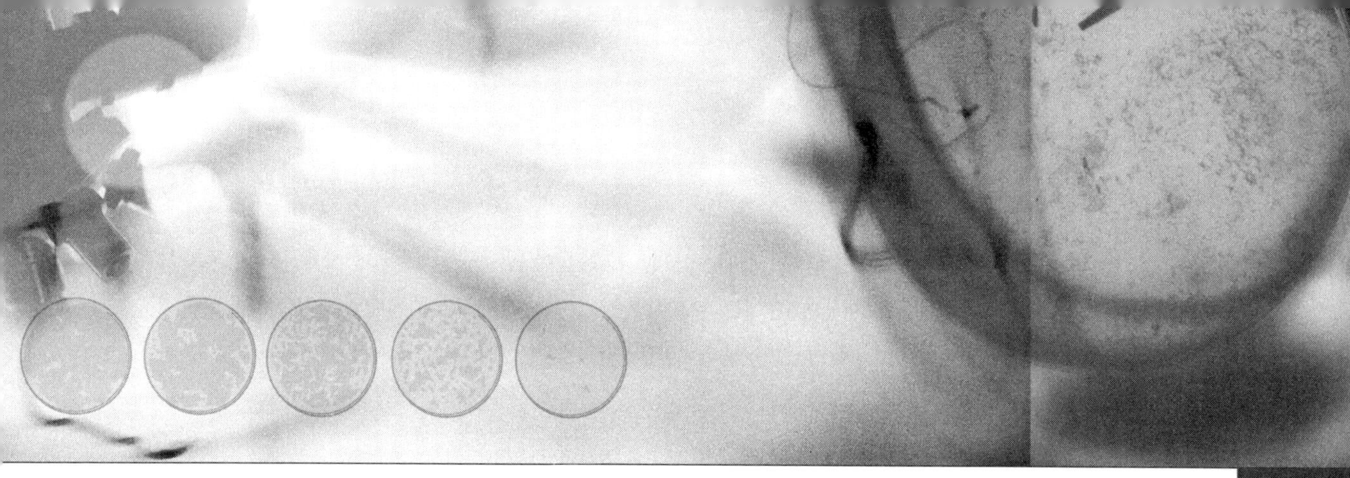

제 10 장 미생물의 상호작용

수많은 미생물이 홀로 존재하는 경우는 드물고, 복잡한 생물군집 내에서 개체군으로 존재한다. 개체군내에 있는 각 개체들 간에는 상호작용이 일어나며, 또한 군집내의 다양한 미생물 개체군 사이에서도 긍정적 및 부정적 상호작용이 일어난다. 이러한 상호작용은 군집 내에서 적절한 생태학적 균형을 유지하게 한다.

10.1 단일 미생물 개체군 내의 상호작용

긍정적 및 부정적 상호작용은 한 개체군 내에서도 일어날 수 있다. 일반적으로 긍정적 상호작용은 한 개체군의 성장률을 증가시키는 반면, 부정적 상호작용은 반대의 효과를 가진다. 이론적으로는 개체군 밀도가 증가하면 긍정적 상호작용은 일부 점차적인 제한에 이르기까지 생장율을 증가시킨다. 그러나 부정적 상호작용은 개체군의 밀도가 증가함에 따라 개체군의 생장율을 감소시킨다. 일반적으로 긍정적 상호작용은 개체군 밀도가 낮을 때 우세하며, 부정적 상호작용은 개체군 밀도가 높을 때 우세하게 나타난다. 결과적으로, 최대 성장률을 달성하는 최적 개체군 밀도가 존재한다. 최적밀도 이하에서 생장율은 긍정적 상호작용에 영향을 받으며, 최적밀도 이상에서는 부정적 상호작용에 영향을 받는다.

10.1.1 긍정적 상호작용

한 개체군내에서 일어나는 긍정적 상호작용을 협동(cooperation)이라고 한다. 한 미생물 개체군 내의 협동은 미생물을 배양하는 과정에서 접종원의 농도가 매우 적을 때 유도기가 길어지거나 생육이 안 되는 현상에 의하여 증명된다. 이것은 단일 미생물 개체군내에서 협동이 잘 이루어지지 않았기 때문이다. 협동이 이루어지지 않으면 세포의 생육이 원활히 이루어지지 않고, 결과적으로 집락의 형성이 어려워진다. 이러한 현상은 배양이 까다로운 미생물에서 현저하게 나타난다. 예를 들면, 병원성 미생물의 최소 감염농도(minimum infection dose)를 들 수 있다. 보통 100개 이상의 병원성 미생물 세포군은 질병을 일으킬 수 있지만 1개의 미생물 세포는 숙주의 방어능력을 극복하지 못하기 때문에 질병을 쉽게 유발하지 못한다. 미생물의 반투성막은 불완전하며, 생합성과 생육에 필수적인 저분자량의 대사산물이 누출되는 경향이 있다. 한 개체군내에서 이러한 대사물질이 세포 외에 일정농도 이상으로 축적되면 더 이상의 손실을 방지하고 재흡수를 촉진시킨다. 그러나 단일 세포나 밀도가 낮은 개체군내에서는 손실율이 재흡수율을 초과하여 생육이 중지된다. 따라서 숙주에 질병을 초래하지 못한다.

미생물 개체군에 의한 집락 형성은 개체군 내에서 협동적 상호작용에 의한 적응현상이다.

또한 집락 내에서의 개체군의 협동은 자원을 보다 효율적으로 이용하게 한다. 단일 개체군 내의 협동은 점균류인 *Dictyostelium*의 경우에서 볼 수 있다. 영양원이 제한되면 *Dictyostelium*의 아메바성 세포들은 중앙에 있는 개체를 향해 무리를 형성한다. 무리를 이루는 이러한 활동은 cyclic AMP의 화학적 자극에 반응하여 나타나는 것으로, AMP를 합성하려는 자극이 인접한 세포로부터 말단에 있는 세포까지 전달된다. 이후 세포들은 자실체를 형성하기 위하여 결합하며, 곧 이어 포자가 분산된다. 이러한 방법으로 풍부한 먹이가 있는 서식지에 도달한 일부 포자들은 발아하여 아메바형 생활단계를 시작한다. 이러한 미생물 개체군의 구성원들 간의 의사소통은 그 서식지 내에서 협동적으로 자원을 찾고 이용할 수 있도록 해준다.

개체군 내의 협동은 리그닌이나 셀룰로오스와 같은 불용성 기질을 이용할 때도 매우 중요하게 작용한다. 개체군의 각 구성원이 생산한 세포외 분해효소는 그 개체군 모든 구성원에게 기질이 이용될 수 있도록 해준다. 낮은 밀도의 개체군에서 세포외 분해효소에 의하여 생성된 수용성 기질은 희석에 의하여 신속하게 소모된다. 그러나 높은 밀도의 개체군에서는 생성된 수용성 기질이 매우 효율적으로 이용된다.

개체군내의 협동은 불리한 환경요인에 대한 방어기전으로도 작용한다. 예를 들어, 자외선에 노출되는 환경에서 고밀도의 개체군은 일부 구성원들을 직접적인 자외선 노출로부터 보호하고, 지속적인 생육이 가능하도록 해준다. 고밀도의 미생물 개체군은 물의 빙점을 저하시킬 수 있기 때문에 용액상태의 물을 이용하는데 방해가 되는 온도에서도 생육을 계속할 수 있게 한다.

유전적 변화도 개체군 내에서 발생하는 협동적 상호작용의 하나이다. 항생제나 중금속에 대한 저항성과 희소한 유기물을 이용하는 능력은 개체군 내의 다른 구성원에게 전달된다. 이러한 유전적 교환을 통하여 한 미생물에서 발생한 적응에 대한 정보가 개체군 내의 다른 구성원에게 전달된다. 수많은 유전자 교환방식이 이러한 협동적인 작용을 가능케 하기 위하여 진화되었으며 형질전환, 형질도입 및 접합 등이 있다. 이러한 유전적 교환현상이 개체군 내의 다른 두 구성원 사이에서 일어난다 해도 이것이 일어나려면 보통 높은 개체군 밀도가 요구된다. 접합에 의하여 유전적 교환이 일어나려면 보통 10^5/ml보다 높은 개체군이 요구된다. 이것보다 낮은 개체군 밀도에서는 성공적인 유전자 교환이 일어날 확률이 적으며, 일어난다 해도 대체로 미미할 뿐이다.

10.1.2 부정적 상호작용

한 미생물 개체군 내에서의 부정적인 작용을 경쟁(competition)이라고 한다. 여기서 경쟁이라 함은 넓은 뜻으로 사용되며, 가용성 자원에 대한 실제적 경쟁은 물론, 그 개체군 구성원들에 의하여 생산된 독성물질에 의해 초래되는 기타 부정적 상호작용도 포함된다. 밀도가 높은 개체군 내에서는 대사물질이 억제적인 수준까지 축적될 수 있다. 전술한 바와 같이 누출된 중간대사물질이 존재하면 협동작용이 있었음을 나타낼지도 모른다. 그러나 침수된 토양에서 발생하는 저분자량의 지방산 및 H_2S와 같은 대사물질의 축적은 음성적 feedback의 기전이 된다. 이러한 물질의 축적은 이 서식처에서 몇몇 미생물 개체군이 더욱 생육하는 것을 효과적으로 제한할 수도 있다. 이러한 침수법이 토양 중에서 식물병원성 균류인 *Fusarium*과 *Verticillium* 개체군을 억제하는데 사용되었다. 탄화수소의 생물분해에 있어서 지방산이 축적되면 미생물에 의한 탄화수소의 대사가 더 이상 진행되지 않고 억제되는 것이 관찰되었다.

한 미생물 개체군의 구성원들은 모두 동일한 기질을 이용하며, 동일한 지위를 차지한다. 만약 개체군 내의 한 개체가 한 개의 기질 분자를 대사하면 이 기질 분자는 그 개체군 내의 다른 구성원이 이용할 수 없게 된다. 가용성 자원의 농도가 매우 낮은 서식지에서는 개체군의 밀도가 증가할수록 가용자원에 대한 경쟁이 증가할 것이다. 포식자 미생물 개체군 내에서는 가용 피식자에 대한 경쟁이, 기생 미생물 개체군 내에서는 가용 숙주세포들에 대한 경쟁이 일어난다.

10.2 미생물 개체군간의 상호작용

두 개의 다른 개체군이 상호작용할 때 그 상호작용으로부터 한 개체군 또는 두 개체군이 모두 이익을 받거나 한 개체군 또는 두 개체군이 모두 해로운 영향을 받는다(표 10-1). 미생물 개체군간의 상호작용은 해로운 상호작용(경쟁 및 편해공생), 이로운 상호작용(편리공생, 원시협동, 상리공생), 한 개체군에는 이롭고 다른 개체군에는 해로운 상호작용(기생 및 포식) 등으로 구분된다. 개체군간의 부정적인 상호작용은 개체군의 밀도를 제한하는 feedback 기전으로서 작용한다. 긍정적 상호작용은 몇몇 개체군들을 특정한 서식지 내에 하나의 군집으로 생존할 수 있는 능력을 높여준다.

표 10-1 • 미생물 개체군간 상호작용의 유형

상호작용	상호작용의 효과	
	개체군 A	개체군 B
중립(Neutralism)	무영향	무영향
편리공생(Commensalism)	무영향	이로운 영향
원시협동(Synergism)	이로운 영향	이로운 영향
상리공생(Symbiosis)	이로운 영향	이로운 영향
경쟁(Competition)	해로운 영향	해로운 영향
편해공생(Amensalism)	무영향 또는 이로운 영향	해로운 영향
포식(Predation)	이로운 영향	해로운 영향
기생(Parasitism)	이로운 영향	해로운 영향

긍정적 상호작용의 발달은 미생물로 하여금 가용자원을 보다 효율적으로 이용할 수 있도록 해주며, 이러한 작용 없이는 서식하지 못할 서식지를 점유할 수 있게 해준다. 미생물 개체군간의 공생적 상호작용은 한 종의 생물만으로는 점유할 수 없는 지위를 두 종의 새로운 생물이 차지할 수 있게 해준다. 미생물 개체군간의 긍정적 상호작용은 성장률 및 생존율을 증가시키는 물리적, 대사적 능력에 기초한다. 미생물 개체군간의 상호작용은 환경적 스트레스를 완화시키는 경향이 있다. 개체군 밀도를 제한하는 부정적 feedback 상호작용은 결국에는 과잉번식, 서식지의 파괴 및 멸종을 막아주는 자기조절적 기전이 된다.

10.2.1 중립관계(Neutralism)

중립관계는 두 개체군간에 서로 영향을 미치지 않는 상호작용이다. 중립작용은 군집 내에서 기능이 같거나 또는 일부가 중복되는 개체군간에는 일어나지 않으며, 비슷한 능력을 가지는 개체군간보다 서로 다른 대사능력을 가진 개체군간에 일어난다.

중립관계는 공간적으로 서로 멀리 떨어져 있는 미생물 개체군간에, 개체군의 밀도가 대단히 낮아서 한 미생물 개체군이 다른 개체군의 존재를 감지하지 못할 때 일어난다. 즉, 개체군의 밀도가 대단히 낮은 해양서식지나 빈영양호에서 일어나며, 퇴적물이나 토양에서는 토양이나 퇴적물 입자 내에서 미생물 개체군이 서로 격리되어 미소서식지를 차지할 때 일어난다. 그러나 물리적 격리만으로 중립관계를 이루지는 않는다. 예를 들면, 병원성 미생물은 식물의 뿌리에 침입하여 그 식물을 죽이고, 그 식물의 잎에 서식하는 다른 미생물 개체군의 서식지를 파괴한다. 이 경우, 두 개체군간에는 아무런 직접적 접촉이 없었지만 뿌리에 침입한 병원균이 잎의 서식지를 파괴함으로써 두 개체군간의 중립관계가 배제된다.

중립관계는 미생물의 활발한 생육을 허용하지 않는 환경조건하에서 발생한다. 냉동식품, 극지의 해수 또는 얼어버린 담수호와 같이 얼음 속에 동결되어 있는 미생물들은 전형적인 중립관계를 보여준다. 미생물 개체군의 생육에 유리한 환경조건은 중립관계의 가능성을 감소시키거나 없애 버린다.

미생물의 휴면기 역시 활발하게 생육하는 영양세포보다 다른 미생물 개체군과의 중립관계를 보이는 경향이 크다. 이러한 휴면구조를 유지하는 데는 낮은 대사율이 필요하므로 휴면구조를 만드는 미생물이 군집 내에서 유용한 자원에 대해 다른 미생물과 경쟁하지 않게 된다. 열이나 건조 등의 환경 스트레스로 인하여 생성되는 포자나 포낭체 또는 이것과 유사한 휴면구조는 미생물 개체군을 중립관계로 들어가게 한다. 이와 같은 상황에서는 환경 스트레스만이 유일하게 미생물 개체군과 상호작용한다. 이 기간 동안은 생존을 위해서 다른 개체군과 상호작용을 피하게 된다. 환경조건이 다시 좋아지면 휴면기에 있던 생물들은 다시 발아하여 영양세포를 형성하고, 다른 미생물 개체군과 긍정적 또는 부정적 상호관계를 맺게 된다.

몇몇 미생물 개체군의 휴면포자는 한 서식지 내에서 일시적으로 공간적 지위를 허락하여 이런 포자상태가 아니라면 개체군간의 경쟁이 발생했을지도 모르는 곳에서 일시적 공존이 가능하다. 이러한 기전이 없었다면 몇몇 개체군들은 경쟁적 배제에 의하여 제거되었을 것이다.

그러나 몇몇 경우에 있어 휴면구조의 생성이 다른 미생물 개체군과 중립관계를 이루도록 완전히 보장해 주지는 않는다. 즉, 일부 미생물 개체군은 효소를 생성하여 다른 미생물 개체군의 휴면구조를 분해하기도 한다. 그럼에도 불구하고 많은 미생물의 휴면구조는 다른 미생물 개체군과의 부정적인 상호관계 저항성을 가진다. 내생포자의 외층은 대부분 미생물 효소에 의한 공격에 저항성이 있으며, 높은 멜라닌 함량을 가진 균류의 세포벽도 이와 같다. 이러한 저항성 구조는 다른 미생물과의 부정적 상호작용에 영향을 받지 않고, 이 기간 동안 서식지에서 휴면단계로 남아있을 수 있다.

10.2.2 편리공생(Commensalism)

편리공생이란 한 개체군은 이익을 받고, 다른 개체군에게는 아무런 영향이 없는 관계를 말한다. 즉, 편리공생은 한 생물이 다른 생물에 의존하여 살아가는 상호작용을 표현한 것이다. 편리공생은 미생물 개체군간에 흔히 일어나는 관계이지만 절대적인 관계는 아니다. 편리공생은 두 개체군 사이의 일방적인 관계이다. 영향을 받지 않는 개체군은 다른 개체군으로부터 이익을 얻지 않지만 부정적인 영향을 받지도 않는다. 이익을 받는 개체군은 영향을 받지 않는 개체군이 제공하는 이익이 필수적일 수 있으나 이러한 이익은 비슷한 대사능을 가진 다른 개체군으로부터도 받을 수 있다.

편리공생은 많은 물리화학적 근거를 가지고 있다. 한 개체군이 그들의 생장에 유리한 형태로 서식처를 변형시킬 때, 정상적인 생장과 대사과정을 이루는 개체군과 서식처를 변형시킨 개체군간에 편리공생이 일어나는 경우도 있다. 이러한 관계는 변형된 서식지가 정상적인 개체군의 생장에 더욱 적절한 서식지로 작용하기 때문에 일어난다. 예를 들면, 통성혐기성 미생물이 산소를 이용함으로써 산소농도가 낮아지면 절대혐기성 미생물의 생육에 적합한 서식지가 된다. 이러한 서식지에서 절대혐기성 미생물은 통성혐기성 미생물의 대사활동으로부터 이익을 얻게 된다. 통성혐기성 미생물은 두 개체군이 동일한 기질을 놓고 서로 경쟁하지 않는 한, 이러한 관계에 의해 영향을 받지 않는다. 호기성 조건이 우세한 서식지의 미소환경 내에서 절대혐기성 미생물의 존재는 이러한 편리공생 관계에서 비롯된다.

생육인자(growth factor)의 생산은 미생물 개체군간에 존재하는 많은 편리공생관계의 기본요소가 된다. 일부 미생물 개체군들은 다른 미생물 개체군이 이용할 수 있는 비타민이나 아미노산 등의 생육인자를 생산한다. 예를 들면, *Flavobacterium brievis*는 수중서식지에서 *Legionella pneumophila*가 이용할 수 있는 cysteine을 배출한다. 토양서식지에서 많은 세균들은 다른 미생물 개체군이 생산한 비타민을 이용함으로써 생육한다. 생육인자의 생산과 환경으로 배출은 자연 서식지에서 영양조건이 까다로운 미생물 개체군이 생육할 수 있도록 해준다.

불용성 화합물의 가용성 화합물로 전환과 가용성 화합물의 기체상 화합물로 전환 역시 편리공생의 기본요소가 된다. 고체 상태에서 액체 상태로, 액체 상태에서 기체 상태로 전환은 이들 화합물이 다른 서식지로 이동하여 다른 미생물 개체군이 이용할 수 있게 한다. 예를 들면, 퇴적층에서 미생물에 의하여 생산된 메탄은 상부 수층에 서식하는 메탄산화세균에게 이익을 준다. 메탄생성은 몇몇 개체군들의 편리공생적 관계로 인하여 발생한다. 즉, 일정한 조건하에서 황산염과 젖산염을 이용하는 *Desulfovibrio*는 호기성 호흡과 발효를 통하여 초산염과 수소를 생산하며, 이것을 *Methanobacterium*에 공급할 수 있다. 그러면 *Methanobacterium*은 *Desulfovibrio*가 생산한 초산염과 수소를 이용하여 이산화탄소를 메탄으로 환원시킨다. 또한 퇴적층에서 생성된 황화수소가 퇴적층의 표면이나 수층에 존재하는 광독립 황세균에 의해 이용되는 경우와 토양에 결합되어 있던 암모니아가 미생물 개체군에 의하여 질산염으로 전환된 후 토양 속으로 용탈되고, 그에 따라 다른 미생물 개체군이 이용할 수 있게 되는 경우를 들 수 있다.

한 미생물 개체군의 활동에 의하여 한 화합물을 다른 화합물로 전환시키지는 않지만 다른 미생물 개체군에게 이 화합물이 이용되도록 하는 경우가 있다. 예를 들면, 미생물 개체군에 의하여 생성된 산은 특정물질에 결합되어 있거나 다른 미생물 개체군이 접근할 수 없었던 화합물을 방출시킬 수 있다. 이러한 탈착 과정은 많은 화합물이 광물질 입자나 부식물질에 결합되어 있는 토양에서 매우 흔한 현상이다.

미생물 개체군간의 편리공생에 대한 또 다른 기본요소로서, 한 개체군에 의하여 전환된 유기물이 다른 개체군의 기질이 되는 경우를 들 수 있다. 예를 들면, 어떤 균류는 셀룰로오스와 같은 복잡한 중합체를 포도당과 같은 간단한 화합물로 전환시킬 수 있는 세포외 효소를 생산한다. 전환된 간단한 화합물은 복잡한 유기물을 이용하는데 필요한 효소를 생산하지 못하는 다른 미생물 개체군에 의하여 이용된다. 그렇지만 어떤 경우에는 간단한 화합물에 대한 경쟁이 일어날 수 있으며, 또 어떤 경우에는 진정한 편리공생 관계가 일어날 수 있다. 후자의 예로서, 간단한 화합물을 제1개체군은 이용하지 않고, 제2개체군만 이용할 때, 제1개체군은 아무런 피해를 입지 않는 경우를 들 수 있다.

특정 기질을 이용하여 생육하는 미생물이 탄소원 및 에너지원으로 이용할 수 없는 2차 기질을 필요로 하지 않으면서도 산화시키는 공동대사(cometabolism)는 다양한 편리공생의 기초가 된다. 즉, 2차 기질은 특정 미생물 개체군에 의하여 동화되지 않지만, 산화된 산물은 다른 미생물 개체군에 의하여 이용될 때를 공동대사라고 한다. 예를 들면, *Mycobacterium vaccae*는 propane을 기질로 하여 생육하는 동안 cyclohexane을 공동대사할 수 있다. Cyclohexane은 cyclohexanol로 산화되며, 이것은 다른 미생물 개체군이 이용할 수 있다(그림 10-1). 이것은 cyclohexane을 이용하지 못하는 미생물 개체군에게는 이익이 되며, *Mycobacterium*은 이 관계를 통하여 아무런 영향을 받지 않는다.

편리공생에 대한 또 다른 기본요소는 독성물질의 제거나 중화이다. 독성물질을 파괴하는 능력은 미생물 군집 내에 널리 펴져 있다. *Beggiatoa*에 의한 황화수소의 산화는 황화수소에 예민한 호기성 미생물 개체군에 이익을 주는 중화과정의 한 예이다. 황산염 환원 미생물에 의한 수은과 같은 중금속의 침전도 무독화 과정의 한 예이다. 수중 서식지에서 미생물 개체군에 의한 휘발성 수은 화합물이 생성되면 이러한 독성 금속은 서식지로부터 제거된다.

일부 미생물 개체군은 부동화(immobilization)에 의하여 화합물을 무독화시킬 수 있다. 예를 들면, *Leptothrix*는 일부 서식지에서 망간의 농도를 감소시켜 다른 미생물 개체군의 생장을 가능하게 한다.

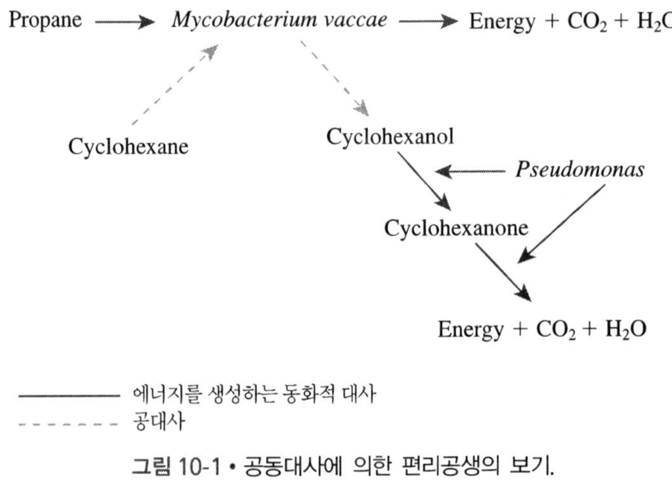

그림 10-1 • 공동대사에 의한 편리공생의 보기.

10.2.3 원시협동(Synergism, Protocooperation)

두 미생물 개체군간의 원시협동 관계는 두 개체군 모두 서로 이익을 얻는 것을 말한다. 그러나 이 관계는 상리공생과 달리 절대적인 관계는 아니다. 두 개체군은 자연환경에서 독자적으로 생존할 수 있지만 이 관계를 통하여 두 개체군 모두 이익을 얻게 된다. 원시협동 관계는 한 개체군이 종종 다른 개체군으로 쉽게 대체될 만큼 느슨한 관계이다. 어떤 경우에는 한 개체군이 정말로 이익을 얻는지를 결정하기가 어렵기 때문에 편리공생 또는 원시협동으로 결정될 수도 있다. 또 다른 경우에는 이 관계가 절대적이어서 상리공생으로 결정될 수도 있다.

원시협동은 미생물 개체군들로 하여금 어느 한 쪽 개체군 만으로서는 수행할 수 없는 물질을 합성할 수 있게 한다. 즉, 두 미생물 개체군의 원시협동적 활동은 한 미생물 개체군에 의해서는 불가능한 대사경로를 완전하게 해줄 수 있다.

협동영양(syntrophism)은 각 개체군이 필요로 하는 영양원을 공급하는 둘 또는 그 이상의 개체군에서의 상호작용을 의미한다. 그림 10-2는 협동영양의 일종인 교차급식(cross feeding)의 이론적인 예를 보여준다. 개체군 1은 화합물 A를 대사하여 화합물 B를 생성하나 이후의 대사과정에 필요한 효소가 없기 때문에 다른 개체군의 협동 없이는 더 이상 대사가 진행되지 않는다. 개체군 2는 화합물 A를 이용할 수 없으나 화합물 B를 이용하여 화합물 C를 생성할 수 있다. 따라서 개체군 1과 2는 공동으로 화합물 C를 생성하고, 동시에 C 이후의 대사과정을 수행함으로써 어느 한 개체군만으로는 생산할 수 없는 에너지를 생산한다.

이러한 협동영양의 예는 *Streptococcus faecalis*와 *Escherichia coli*에서 볼 수 있다(그림 10-3). 두 세균 단독으로는 arginine을 putrescine으로 전환시킬 수 없다. *S. faecalis*는 arginine을 ornithine으로 전환시킬 수 있고, ornithine은 *E. coli*가 이용하여 putrescine을 생성한다. 즉, *E. coli*는 arginine을 이용하여 agmatine을 생성할 수 있으나 *S. faecalis*의 도움 없이는 putrescine을 생성할 수 없다. Putrescine이 한 번 생성되면 두 미생물 모두 이용할 수 있다.

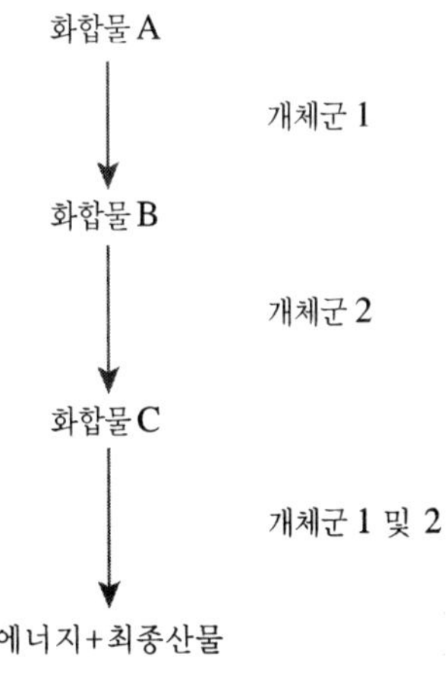

그림 10-2 • 교차섭식에서 볼 수 있는 원시협동관계.

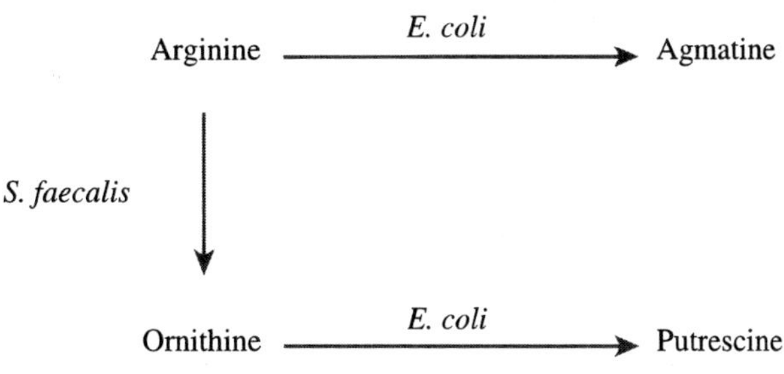

그림 10-3 • Arginine으로부터 putrescine의 생성을 가능하게 하는 두 미생물간의 원시협동.

협동영양관계는 다른 개체군이 필요로 하는 생육인자를 공급하는 한 개체군의 능력에 기초한다. 최소배지에서 *Lactobacillus arabinosus*와 *S. faecalis*는 함께 있으면 생육할 수 있으나 각각 단독으로는 생육할 수 없다. *S. faecalis*가 필요로 하는 folic acid를 *Lactobacillus*가 생성하고, *Lactobacillus*가 필요로 하는 phenylalanine은 *Streptococcus*가 생성함으로써 두 미생물 개체군은 함께 생육할 수 있다.

시클로헥산은 *Nocardia*종과 *Pseudomonas*종의 혼합배양에 의하여 위에 언급된 방법과 유사하게 분해되며, 어느 한 개체군만으로는 분해되지 않는다. *Nocardia*는 시클로헥산을 *Pseudomonas*가 이용할 수 있는 형태로 전환시키고, *Pseudomonas*는 *Nocardia*의 생육에 필수적인 biotin과 생육인자를 생산한다.

황화수소와 이산화탄소가 있는 서식지에서 *Chlorobium*은 광에너지를 이용하여 유기물을 생산한다. 황원소와 formate가 있다면 *Spirillum*은 황화수소와 이산화탄소를 생성하게 된다. 이에 따라 *Chlorobium*과 *Spirillum*은 서로가 필요한 영양원을 공급하게 된다. 황화수소가 농축되면 *Spirillum*은 죽게 되므로 *Chlorobium*에 의한 황화수소의 황원소로의 전환은 일종의 무독화 과정이다. 이것과 비슷한 관계가 *Desulfovibrio*와 *Chlorobium*간에도 일어난다. *Desulfovibrio*는 *Chlorobium*에게 황화수소와 이산화탄소를 제공하고, *Chlorobium*은 *Desulfovibrio*에게 황산염과 유기물을 제공함과 동시에 유독한 황화수소를 제거한다. 이러한 관계는 단일 미생물 단독으로는 살아갈 수 없는 기질의 제한과 생성물의 억제작용이 있는 서식지에서 두 미생물 개체군 모두 생육할 수 있게 해준다.

가끔 원시협동은 미생물간에 공간적으로 근접한 관계를 유도한다. 조류부착 세균은 조류의 표면에서 종종 볼 수 있다. 조류부착 세균과 조류와의 관계는 조류가 빛을 이용하여 세균이 호기적 종속영양대사에 필요한 유기물과 산소를 생산할 수 있는 능력에 기초를 두고 있다. 세균은 분비된 유기물을 광물질화하여 조류의 광합성에 필요한 이산화탄소 및 경우에 따라서는 광영양 대사에 필요한 생육인자를 제공한다.

화학주성(chemotaxis)은 수 생태계에서 조류와 세균이 연합하는데 중요한 역할을 담당한다. 조류는 유기물을 배출하며, 이들 중 일부가 세균을 유인한다. 세균은 조류가 이용하는 비타민을 생성한다. 조류의 세포외 생산물은 특정 해양세균 개체군을 선택적으로 유인하여 세균 개체군들과 연합체를 형성하도록 한다. 조류로 이동하는 세균 개체군은 비교적 높은 유기물 농도로 인하여 이익을 얻는다.

원시협동의 또 다른 관계는 제2개체군이 제1개체군의 성장률을 촉진시킬 수 있는 능력에 달려있다. 몇몇 *Pseudomonas* 종은 orcinol이 있어야 생육할 수 있지만 다른 세균 개체군이 존재하면 이 기질에 대한 친화성이 증가하여 더 빨리 생육한다. 제2개체군은 orcinol을 이용할 수 없으며, *Pseudomonas*에 의하여 생성된 유기물을 이용함으로써 이익을 얻는다. *Pseudomonas*의 성장률이 다른 개체군 존재 하에 가속되는 이유는 부정적 feedback을 통하여 이화작용을 억제하는 유기물을 제2개체군이 제거해 주기 때문이다.

어떤 원시협동 관계는 두 미생물 개체군 중 한 개체군만으로는 생산할 수 없는 효소를 생산할 수 있도록 해준다. 예를 들면, 유연관계가 가까운 *Pseudomonas*의 두 개체군을 함께 생육시키면 lecithinase를 생산하나 각각 단독으로는 생산할 수 없다. Lecithinase의 생성은 두 개체군들이 lecithin을 이용할 수 있도록 이익을 준다.

농약의 몇 가지 중요한 분해과정에서도 원시협동 과정이 일어난다. 토양에서 분리된 *Arthrobacter*와 *Streptomyces*는 유기인계 살충제인 diazinon을 완전히 분해하며, 유일한 탄소원 및 에너지원으로 diazinon을 이용하여 생육할 수 있다. 이것은 원시협동적 분해에 의하여 달성된다. 한 개체군만으로는 diazinon의 pyrimidinyl 고리를 끊을 수 없기 때문에 영양원으로 이용해서 생육할 수 없다. 연속배양조를 이용한 농화배양에서 *Pseudomonas stutzeri*는 유기인계 살충제인 parathion을 *p*-nitrophenol과 diethylthiophosphate로 분해할 수 있지만 생성된 두 산물을 이용하지는 못한다. *Pseudomonas aeruginosa*는 *p*-nitrophenol을 이용할 수 있지만 parathion을 분해하지 못한다. 그러나 두 개체군을 혼합배양하면 *Pseudomonas stutzeri*는 *Pseudomonas aeruginosa*가 배출한 생성물을 이용하면서 parathion을 대단히 효율적으로 분해한다.

보다 복잡한 원시협동은 독성물질의 제거와 이용가능한 기질의 생성이 동시에 일어나는 경우이다. 토양균류인 *Penicillium piscarium*과 *Geotrichum candidum*은 제초제인 propanil을 원시협동적으로 분해하고 무독화시킨다. *Penicillium piscarium*은 propanil을 propionic acid와 3,4-dichloroaniline으로 분해한다. Propionic acid는 탄소원 및 에너지원으로 이용되지만 독성이 있는 3,4-dichloroaniline은 더 이상 분해되지 않는다. 그러나 *Geotrichum candidum*은 propanil을 분해할 수 없지만 3,4-dichloroaniline을 3,3,4,4-tetrachloroazobenzene과 다른 azo 화합물로 분해한다. 이들 최종산물은 3,4-dichloroaniline이나 propanil보다 토양균류에 대한 독성이 약하므로 다른 탄소원이 존재하면 두 균류 개체군의 생장효율은 증가한다. 이러한 원시협동적 생장촉진은 제초제가 존재할 때만 일어나며, 제초제가 없을 때는 두 균류는 사용 영양원에 대해 서로 경쟁하고, 결과적으로 한 개체군의 생장효율은 감소한다.

10.2.4 상리공생(Mutualism, Symbiosis)

상리공생은 원시협동의 확장된 개념이다. 상리공생은 공생(symbiosis)이라고도 하며, 두 개체군 모두 이익을 받는 절대적인 관계이다. 상리공생은 긴밀한 물리적 접근을 요구한다. 이 관계는 대단히 특이적이어서 상호작용하는 한 구성원은 다른 관련 구성원으로 대체되지 않는다. 상리공생은 한 개체군 단독으로는 생존할 수 없는 서식지에서 생존할 수 있게 해주지만 각 개체군이 서로 분리되어 다른 서식지에서 독립적으로 생존할 수 있는 가능성을 배제하지는 않는다. 상리공생 관계에 있는 미생물의 대사활성과 생리적 내성은 개체군들이 독립적으로 존재할 때와는 크게 다르다. 미생물간의 상리공생은 개체군들이 독특한 동일성을 가진 하나의 생물로 행동할 수 있도록 해준다.

1) 지의류(Lichens)

1차 생산자인 조류 공생체(phycobiont)와 분해자인 균류 공생체(mycobiont)로 구성된 지의류가 미생물 개체군간의 상리공생 관계를 나타내는 대표적인 보기이다. 조류 공생체는 광에너지를 이용하여 균류 공생체가 이용하는 유기물을 생산한다. 균류 공생체는 조류 공생체를 보호하는 역할을 하며, 조류 공생체가 필요로 하는 무기물을 공급한다. 어떤 경우에는 균류 공생체는 조류 공생체가 이용할 수 있는 생육인자를 생산한다.

지의류를 형성하는 조류 및 균류 공생체는 원시적인 조직역할을 담당하는 뚜렷한 층을 만든다. 조류 공생체로는 cyanobacteria, 녹조류, 황녹조류 등이 있다. 이중에서 녹조류인 *Trebouxia*와 cyanobacteria인 *Nostoc*은 지의류의 가장 일반적인 광합성 공생체이다. 이들 지의류의 공생관계는 특이성은 있으나 절대적이지는 않다. 하나의 조류는 공생관계를 맺을 수 있는 다수의 균류 중 어느 하나와 지의류를 형성하며, 반대로 하나의 균류도 공생관계를 맺을 수 있는 다수의 조류 중 어느 하나와 관계를 맺어 지의류를 형성한다. 몇몇 지의류 중에는 다수의 조류 공생체 또는 다수의 균류 공생체가 존재하기도 한다.

지의류의 공생관계는 실제로 조류가 기생성 균류에 대해 어느 정도 저항성을 획득한 상태라 할 수 있는데, 지의류 중 조류는 기생성 균류에 의하여 일정 비율로 죽어가지만 그 비율만큼 새로운 조류세포가 생성되는 상태임을 의미한다. 따라서 지의류는 조류가 기생성 균류에 대해 저항성을 발달시키는 과정에서 균류의 기생을 잘 조절하는 관계임을 알 수 있다.

지의류는 매우 느리게 성장하지만 다른 미생물의 생육을 허용하지 않는 서식지에 집락화할 수 있다. 대부분의 지의류는 극단적인 온도와 건조에 저항성이 있기 때문에 바위표면 같은 열악한 환경에서도 자랄 수 있다. 또한 지의류는 바위의 광물질을 용해할 수 있는 유기산을 생성함으로써 바위에서 자랄 수 있다.

일부 지의류는 대기 중 질소를 고정할 수 있어서 몇몇 서식지에서 중요한 질소원이 된다. 예를 들면, 툰드라 지역의 토양에서 남조류인 *Nostoc*을 포함하는 지의류인 *Peltigera*는 생물군집에 질소를 제공하는 주된 역할을 한다. 산림에서 자라는 질소고정 지의류는 하부 식생에 고정된 형태의 질소를 제공한다. 지의류에 고정된 질소는 폭우가 내리는 동안 지의류로부터 씻겨나가 산림 식생의 노면에 유입되어 식물 뿌리에 의하여 흡수된다.

지의류 내에서의 상리공생은 매우 민감하게 균형을 이루고 있으며, 환경변화에 의하여 파괴될 수도 있다. 지의류는 열악한 환경에서 자랄 수 있음에도 불구하고 대기오염에 특히 민감하여 공장지역에서는 사라지게 되며, 대기가 오염된 도시에서도 나타나지 않는다. 이것은 대기 중의 아황산 가스가 조류 공생체의 생장을 억제함으로써 나타나는 현상이다. 즉, 조류 공생체의 광합성 효율이 저하되고, 이에 따라 균류 공생체는 과도 생육함으로써 상리공생 관계는 깨어진다. 조류 공생체가 없어지면 균류 공생체 또한 생존할 수 없게 되어 결국은 서식지로부터 없어지게 된다.

2) 원생동물의 내부 공생자

지의류 외에 조류와 원생동물 개체군 간에도 흥미로운 상리공생 관계가 존재한다. *Paramecium*은 세포질 내에 수많은 *Chlorella* 세포를 함유할 수 있다. 조류는 원생동물에게 유기탄소와 산소를 공급하고, 원생동물은 조류를 보호하고 이동성을 부여함과 동시에 이산화탄소 및 생육인자 등을 제공한다. 섬모충류 내에 *Chlorella*가 존재하면, 이 원생동물은 충분한 빛이 존재하는 한 조류 없이는 생존할 수 없고 산소가 없는 서식지로 이동할 수 있다. 일부 유공충(foraminiferans)은 황갈색 편모조류(Pyrrophycophyta) 또는 황녹조류(Chrysophycophyta)와 상리공생 관계를 맺음으로서 원생동물은 붉은 색을 띠게 된다. 이 관계는 조류가 유공충에게 산소와 광합성 산물을 공급하고, 유공충은 조류를 채식자(grazer)로부터 보호해 줌으로서 이루어진다. 정상적인 환경조건에서는 이러한 상리공생 관계가 이루어지지만 스트레스가 가해지면, 예를 들어 빛이 장기간 비치지 않는다면, 원생동물은 조류 개체군을 섭식한다.

많은 원생동물들도 내부공생성 조류와 cyanobacteria의 숙주가 된다. 각 원생동물은 50~100개의 조류세포를 함유할 수 있다. 담수산 원생동물에서 발견되는 조류는 보통 녹조류에 속하며, 동물성 클로렐라(zoochlorella)라고 불린다. 해양산 원생동물의 내부 공생성 조류는 대부분이 와편모조류(dinoflagellate)이며, 황록조류인 경우도 있다. 이러한 내부공생성 해양조류를 zooxanthellae라 한다. 담수산 및 해양산 원생동물에 모두 존재하는 내부공생성 cyanobacteria를 cyanella라고 한다.

전자현미경 관찰에 의하면 많은 원생동물 내에서 내부공생 세균이 발견되는데, 아직까지 이들 세균의 분리 및 배양이 이루어지지 않고 있다. 일부 내부공생 세균은 원생동물의 핵에서, 일부는 세포질에서 증식한다. 이들 내부공생 세균은 원생동물의 영양요구성에 공헌하는 것 같다. *Blastocrithidia*와 *Crithidia*와 같은 편모충류의 경우, 내부공생 세균은 원생동물에게 hemin과 생육인자를 공급한다. 따라서 내부공생 세균이 없는 원생동물은 외부로부터 생육인자를 획득해야 한다.

원생동물과 세균간의 가장 흥미로운 상리공생 관계 중의 하나는 *Paramecium aurelia*와 이전에 kappa 입자로 알려졌던 내부공생 세균 *Caedibacter* 사이의 공생관계이다. *Paramecium aurelia*는 다른 짚신벌레를 잡아먹는 killer form과 그렇지 않은 sensitive form의 두 가지 형태가 있다. Killer form은 내부공생체를 함유하고 있으나 sensitive form은 내부공생체가 없다. Killer form과 관련된 독성물질의 성질 및 내부공생체의 존재로 인한 면역 기전은 완전히 알려져 있지 않다. 내부공생체인 *Caedibacter*가 killer form에 killer 특성을 부여하는데, 이 세균은 R body라는 굴절성의 세포내 봉입체를 가진다. R body에 대한 유전정보는 *Caedibacter*의 플라스미드에 암호화되어 있다. 비록 R body 자체는 독소로서 작용하지 않지만 R body와 독소는 플라스미드의 동일부위에 암호화되어 있다. Killer form이 세포 외로 R body나 R body를 가진 *Caedibacter*를 유리시키면 sensitive form이 이것을 섭취하게 되고, 결과적으로 R body는 독소로 작용하여 sensitive form을 죽인다. 이러한 내부공생체 *Caedibacter*의 존재는 killer form이 sensitive form과의 경쟁에서 이기게 해주며, *Caedibacter*는 killer form으로부터 영양원을 공급받는다.

3) 기타 상리공생

메탄 생성에 관계하는 세균 개체군간에 흥미로운 상리공생 관계가 존재한다. 한때 순수분리된 단일 종이라고 믿어졌던 일부 메탄생성 세균은 상리공생 관계에 있는 세균임이 밝혀졌다. 메탄 생성에 관련된 세균 개체군간의 상리공생 관계는 전자전달에 기초한다(그림 10-4). *Methanobacterium omelianskii*는 아세트산을 이용하는 S 생물과 공생관계를 맺는데, S 생물은 *Methanobacterium*에게 전자를 공급한다. *Methanobacterium*은 이산화탄소를 환원하여 메탄을 생성하는데 이 전자를 이용한다.

다른 상리공생의 예로, 용원성 phage와 세균 개체군간에 일어나는 관계를 들 수 있다. Phage의 유전정보는 세균의 유전자에 도입된다. 이것은 phage가 긴 시간동안 휴지상태로 생존할 수 있는 기전이 된다. 용원성 phage 또는 결손(defective) phage는 정상적인 조건하에서 숙주인 세균을 용균시키지 않으며, 용원성 phage의 DNA는 숙주에서 감지되기가 쉽지 않다. Phage DNA가 세균의 게놈에 도입되면 세균의 유전정보와 능력이 증가된다. 용원 phage를 함유하고 있는 세균은 높은 감염성을 보이거나 감염이 안 된 세균에는 없는 효소들을 생성하기도 한다. 세균과 약독(temperate) phage 또는 용원성 phage간의 관계 또한 형질도입을 통하여 세균 DNA의 유전자 교환을 가능하게 한다. 용균 사이클로 들어가지 않는 용원성 phage를 가지고 있는 세균은 용균 사이클로 들어가는 용원성 phage를 가진 세균과의 경쟁에서 우위를 점한다. 용원성 phage에 감염된 세균과 용원성 phage의 생존은 그들 사이의 관계에 의하여 증가된다.

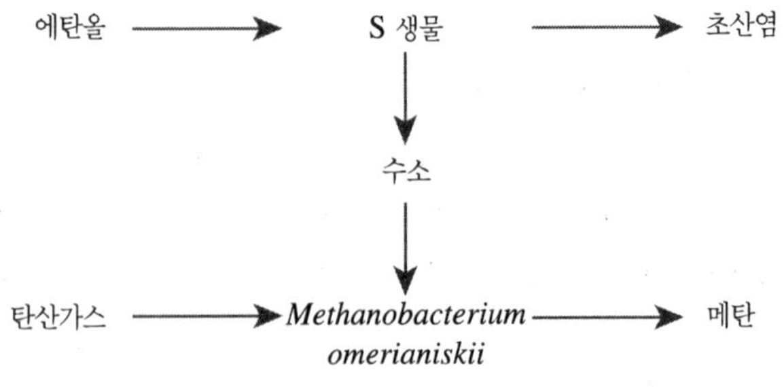

그림 10-4 • 메탄세균의 수소이전에 기초한 상리공생.

10.2.5 경쟁(Competition)

경쟁은 긍정적인 상호관계와는 반대로 두 개체군 모두 그들의 생존과 생육에 불리한 영향을 받게 되는 부정적 상호작용이다. 개체군은 경쟁이 없는 상태보다 더 낮은 밀도나 생장율을 보인다. 경쟁은 두 개체군이 공간이나 제한된 영양원과 같은 동일한 자원을 이용할 때 일어난다. 이 장에서는 단지 자원 이용형의 경쟁만을 논한다. 화학물질을 통한 간섭 및 억제는 편해공생(amensalism)에서 따로 논의한다. 경쟁은 어떠한 생육 제한인자에 대해서도 일어날 수 있다. 즉 탄소, 질소, 인산, 산소, 생육인자, 물 등의 미생물이 이용하는 모든 자원에 대해서 경쟁이 일어날 수 있다.

경쟁은 서로 밀접하게 관련되어 있는 개체군들을 경쟁을 통하여 생태학적으로 분리시키는 경향이 있으며, 이것은 경쟁적 배제의 원리로 알려져 있다. 경쟁적 배제에 의하면, 한 개체군은 경쟁에서 이기고, 다른 개체군은 제거되기 때문에 두 개체군이 동일한 생태학적 지위를 차지할 수 없게 만든다. 그러나 두 개체군들이 서로 다른 시간대에 서로 다른 자원을 이용함으로써 경쟁을 피할 수 있다면 서로 공존할 수 있다.

경쟁적 배제의 고전적인 예는 Gause가 2종의 근연성이 높은 섬모충류인 *Paramecium caudatum*과 *Paramecium aurelia*를 사용하여 실험적으로 보여주었다(그림 10-5). 개체군별로 세균 먹이를 적당히 공급하여 배양하였을 때, 두 개체군 모두 각각 잘 생장하여 일정한 개체군 수준을 유지하였다. 그러나 두 개체군을 함께 배양하면 *P. aurelia*만이 16일 후에 생존하였다. 두 종 모두 다른 종을 공격하거나 독성물질을 분비하지 않았다. 이것은 *P. aurelia*가 더욱 빠른 생장율을 보여 가용먹이에 대한 경쟁에 있어서 *P. caudatum*을 능가하였기 때문이다. 이것

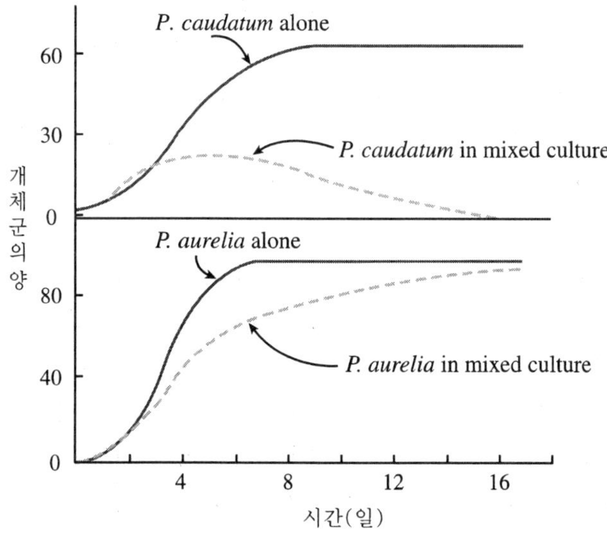

그림 10-5 • 유사한 지위에서 살고 있는 두 원생동물간의 경쟁.

과 달리 *Paramecium caudatum*은 *Paramecium bursaria*과 혼합배양하였을 경우, 두 개체군 모두 생존하였고 안정한 평형상태에 도달하였다. *P. caudatum*과 *P. bursaria*는 동일한 먹이를 놓고 경쟁하지만 배양용기 내에서 각각 다른 부위에서 생육하였다. 이것은 두 개체군이 동일한 먹이에 대한 중첩되는 생태적 지위를 가지고 있지만, 서식지가 서로 다르기 때문에 동시 공존이 가능함을 의미한다. 다른 서식지를 차지하는 능력은 경쟁을 최소화하고, 한 종이 멸종되는 것을 방지하는 기전이 된다.

연속배양조(chemostat)를 이용한 실험 역시 경쟁적 배제의 원리를 설명한다. 제한된 조건하에서 단일 미생물만이 연속배양조 내에서 생존할 수 있으나 제한 영양원에 대해 경쟁하는 다른 미생물은 이 시스템에서 제거될 것이다. 실험조건하에서 생장율이 높은 미생물은 생존하고, 생장율이 낮은 미생물은 제거된다. 그러나 한 미생물 개체군이 배양조 벽면에 부착하여 이 시스템으로부터 씻겨나가지 못하도록 하는 벽효과(wall effect)가 존재하거나 경쟁보다 원시협동 또는 상리공생 관계가 우세하게 되면 이런 현상을 발생하지 않는다.

다양한 환경조건하에서 서로 경쟁하는 개체군들의 내적 생장율이 다르다는 것은 동일 서식지에서 동일 자원을 놓고 경쟁하는 개체군들이 서로 공존할 수 있는 이유가 된다. 예를 들면, 해양에 서식하는 저온성(psychrophilic) 세균과 저온영양성(psychrotrophic) 세균은 저농도의 유기물에 대하여 경쟁하지만 서로 공존한다. 저온에서 저온성 세균은 높은 내적 생장율을 가지게 되므로 충분한 시간이 주어지면 저온영양성 세균을 배제시킨다. 그러나 높은 온도에서는 저온영양성 세균이 높은 내적 생장율을 나타내어 저온성 세균을 배제시키게 된다. 온도가 수시로 변하는 서식지에 있어서는 개체군들의 우점성도 변하므로 자연적 수 서식지 내에서 저온성 세균과 저온영양성 세균과의 비율은 계절에 따라 변동할 것이다. 어떤 경우에는 한 개체군이 온도 등의 환경요인이 다른 개체군과 완전한 경쟁을 이루는 조건이 아닐 때에도 낮은 생장율로 인하여 시스템에서 배제된다. 그러나 환경조건이 변하게 되면 이 두 개체군을 서로 경쟁을 하게 됨으로써 배제되었던 개체군이 우점종이 될 수도 있다.

다양한 환경조건하에서 동일 기질에 대하여 서로 경쟁하는 유황세균들은 공존할 수도 있다. 생장율을 제한하는 기질로 sulfide를 공급하고, 지속적으로 빛을 조사하면 *Chromatium vinosum*은 *Chromatium weissei*와의 경쟁에서 이겨 *C. weissei*를 제거시킨다. *C. vinosum*의 비생장율은 sulfide의 농도와 관계없이 *C. weissei*의 비생장율을 능가한다. 그러나 간헐적으로 빛을 조사하면서 연속배양을 하면 두 개체군은 서로 공존하면서 균형을 이룬다. *C. vinosum*의 상대적 비율은 빛을 조사하는 시간과 비례하고, *C. weissei*의 비율은 암기의 길이에 비례한다. 즉, 빛을 조사하는 동안에 *C. vinosum*에 의해 대부분의 sulfide가 산화됨으로써 두 개체군이 생육하고, 암기에는 sulfide가 축적되나 조명에 따라 축적된 sulfide의 대부분이 *C. weissei*에 의하여 산화되어 두 개체군이 생육한다. 따라서 명기와 암기의 반복은 두 개체군간의 균형을 변화시켜 주면서 이들이 서로 공존하게 해준다.

우점 개체군들이 발달하는 것은 경쟁적 배제가 있었음을 나타낸다. 온도, pH 및 산소 등의 무생물적 요소들을 미생물 개체군의 내적 생장율과 경쟁에도 큰 영향을 미친다. 예를 들면, 고농도의 기질 존재 시 해양성 *Spirillum*과 *E. coli* 사이의 경쟁은 *Spirillum*을 배제시키나, 저농도의 기질이 존재할 경우에는 *E. coli*가 배제된다. 유기물 함량이 높은 하수를 강으로 방류했을 때, 유기물이 광물질화 및 희석되어 그 농도가 감소하기 때문에 하수에 우점하는 미생물 개체군은 강의 토착성 미생물과의 경쟁에서 배제된다.

경쟁에서 우위를 점하는 것은 오직 기질을 빠르게 이용하는 능력에만 근거하는 것이 아니다. 환경 스트레스에 대한 저항성 역시 미생물 개체군간의 경쟁을 결정하는 중요한 요소이다. 예를 들면, 가뭄조건하에서 건조에 가장 저항성을 가진 개체군들이 이보다 저항성이 적은 개체군들을 배제시킨다. 마찬가지로, 고온이나 높은 염분 농도와 같은 환경 스트레스 하에서도 가장 저항성이 있는 개체군이 경쟁에 유리할 것이다. 이런 경우는 생육하지 않는 상태에서의 생존경쟁을 의미한다. 활발하게 생육하는 상태에서는 가장 높은 생장율을 가진 개체군이 경쟁적 우위를 차지하게 된다.

10.2.6 편해공생(Amensalism; 길항, Antagonism)

경쟁하는 상대 개체군에게 독성을 띠는 물질을 생성하는 미생물은 자연적으로 경쟁적 우위를 갖게 될 것이다. 한 미생물 개체군이 다른 미생물 개체군을 저해하는 물질을 생산할 때, 두 개체군간의 관계를 편해공생이라 한다. 저해물질을 생산하는 미생물은 아무런 영향이 없으며, 경쟁상 이익을 얻는다. 이러한 화학적 저해작용을 나타내기 위하여 항생(antibiosis) 및 상대억제(allelopathy)라는 용어가 사용된다.

편해공생은 서식지를 선점함으로써 집락화를 이룰 수 있게 한다. 젖산, 초산 및 저분자 지방산의 생성은 많은 미생물 개체군을 생육을 억제한다. 젖산을 생성하고 고농도의 젖산에 견디는 미생물 개체군은 다른 미생물 개체군들의 생육이 배제되도록 서식지를 변형시킬 수 있다. *E. coli*는 반추동물의 제1위(rumen, 혹위)에서 생육하지 못하는데, 이것은 아마 제1위의 혐기성 종속영양 미생물 개체군들이 생산한 휘발성 지방산 때문일 것이다. 피부표면에서 미생물에 의하여 생성된 지방산들은 피부표면에 다른 미생물 개체군이 생육하지 못하게 하는 것으로 추정된다. 피부표면에서 효모 개체군은 지방산을 생성하는 미생물 개체군들로 인하여 낮은 밀도로 존재한다. 질관(vaginal tract)에서 미생물 개체군에 의하여 생성된 산은 *Candida albicans*와 같은 병원균의 감염을 방지해 주는 역할을 한다.

*Thiobacillus thiooxidans*에 의하여 유황이 산화되면 황산이 생성된다. 결과적으로 수 서식지의 pH를 산성으로 변화시킨다. *T. thiooxudans*는 석탄 퇴적물과 결합되어 있는 황화합물을 기질로 하여 생육한다. 이 결과, 황산이 용탈하여 산성광산배수(acid mine drainage)가 만들어

진다. 산성광산배수가 유입되는 하천의 pH는 약 1～2로서, 대부분의 미생물 생육을 저해한다. *T. thiooxidans*는 산성광산배수에 의하여 저해되는 미생물 개체군들과의 이러한 편해공생적 관계로부터 이익을 본다고는 알려져 있지 않다.

산소의 소비나 생성은 미생물 개체군에게 해롭도록 서식지를 변경시킬 수 있다. 조류에 의한 산소 생성은 절대혐기성 미생물의 생육을 저해한다. 조류 개체군에 의하여 산소가 생성되는 서식지에는 절대혐기성 미생물이 거의 발견되지 않는다. 일부 미생물 개체군에 의하여 생성되는 암모늄은 다른 개체군을 저해한다. 예를 들면, 단백질과 아미노산의 분해과정에서 생성되는 암모늄은 질산염을 산화시키는 *Nitrobacter*의 생육을 억제한다.

일부 미생물은 알코올을 생성한다. 에탄올과 같은 저분자 알코올은 많은 미생물 개체군의 생육을 억제한다. 효모에 의한 에탄올의 생성은 에탄올이 축적되는 서식지에서 대부분의 미생물 생육을 억제한다. 따라서 포도가 발효되는 서식지(포도주)에 존재하는 미생물 개체군은 거의 없다. *Acetobacter*는 산소가 충분히 존재할 때, 에탄올을 초산으로 전환시킨다. 생성된 초산 역시 많은 미생물의 생육을 억제한다. 치즈 속의 젖산과 프로피온산, 식초 속의 초산과 같은 억제 화합물들은 식품의 부패를 초래하는 미생물 개체군의 생육을 억제한다.

일부 미생물들은 항생물질을 생산한다. 항생물질이란 미생물이 생산하는 물질로서, 낮은 농도에서도 다른 미생물을 죽이거나 생육을 억제한다. 항생물질의 사용은 사람의 질병을 제어하는 능력과 일부 미생물 개체군의 분포에 큰 영향을 미쳤다. 그러나 자연 서식지에 있어서 항생물질의 역할에 대한 논란의 여지는 있다. 항생물질의 생성에 유리한 조건은 자연 서식지에 존재하지 않는다. 항생물질은 2차 대사산물로서, 기질이 과잉으로 존재할 때 생산된다. 대부분의 토양 및 수 서식지에서는 유기물 기질이 제한되어 있으므로 항생물질이 그와 같은 환경에 축적되지 않는다. 많은 미생물 개체군들은 항생물질에 내성이 있으며, 항생물질을 분해할 수도 있다. 수계에서는 항생물질이 효과를 발휘할 수 없는 농도로 신속하게 희석되고, 토양에서는 점토 광물질이나 다른 입자상 물질과 결합하여 비활성화될 수도 있다. 항생물질을 생산하는 미생물들은 일반적으로 토양이나 수계에서 우점하지 않는다. 마찬가지로 항생물질을 생산하는 미생물이 발견되는 서식지에서 항생물질에 내성이 있는 미생물이 차지하는 비율은 높지 않다. 그러나 항생물질이 자연환경에서 아무런 역할을 하지 않는다면 항생물질 생산 미생물들은 진화과정에서 선택되지 않았을 것이므로 지금과 같이 널리 분포하지 않았을 것이다.

논란의 여지는 있지만 항생물질은 토양 및 수 서식지에서 주된 기능을 담당하지는 않는 것 같다. 그러나 항생물질의 생산은 미소환경이나 어떤 특정 환경 내에서 일어나는 편해공생 관계를 확립시키는데 중요한 역할을 담당하는 것으로 추정되고 있다. 토양에서 발효적(zymogenous) 미생물과 같은 기회적 미생물들은 유기물 농도가 높은 국소적인 환경에서 생육한다. 이러한 환경은 항생물질이 생산되도록 허용할 수도 있다. 따라서 이러한 미소환경에서 생육하는 개체군들은 항생물질을 생산하는 편해공생적 관계를 통하여 가용 기질에 대한 다른 개체군들의 경쟁을 억제할 수 있다면 확실한 우위를 차지하게 된다.

2차 대사산물 생성에 필요한 에너지가 충분히 존재하는 식물 잔재물과 관련된 미생물에 의한 항생물질 생산은 개체군간에 일어나는 상호관계에 있어 중요한 기능을 담당하는 것 같다. *Cephalosporium gramineum*은 죽어있는 밀 조직에 생존하는 밀 병원균이며, 항진균 물질을 분비하여 죽은 밀 조직에 집락화하려는 다른 균류 개체군을 배제시킨다. 항진균 물질을 생산하지 않는 *C. gramineum*은 다른 균류 개체군이 죽은 밀 조직에 집락을 형성하는 것을 덜 방해함에 따라 이 서식지에서 생존할 수 있는 능력이 떨어진다. 또 다른 흥미로운 예는, Newzealand 고슴도치의 피부에서 볼 수 있다. *Trichophyton mentagrophytes*는 고슴도치의 피부에서 페니실린을 생산한다. 같은 서식지에서 발견되는 *Staphylococcus*는 페니실린에 저항성이 있다. *T. mentagrophytes*에 의한 페니실린의 생산은 고슴도치 피부에 집락화하려는 페니실린 비내성 개체군들과 편해공생 관계를 맺는다. 페니실린에 저항성이 있는 *Staphylococcus*는 *T. mentagrophytes*의 편해공생적 영향을 무력화시킬 수 있도록 적응되었다. 따라서 적응은 공존하는 미생물 개체군들의 공동 진화를 반영할 수 있을 것이다.

10.2.7 기생(Parasitism)

기생관계에 있어서 이익을 얻는 기생자는 보통 피해를 입는 숙주로부터 필요한 영양원을 획득한다. 숙주-기생 관계는 비교적 긴 시간의 물리적, 대사적 접촉이 특징이다. 일반적으로 기생체는 숙주보다 크기가 작다. 일부 기생체(ectoparasite)는 숙주세포의 외부에 존재하고, 일부 기생체(endoparasite)는 숙주세포 내로 침입한다.

보통 숙주-기생 관계는 매우 특이적이다. 즉 절대기생성 개체군들이 이용할 수 있는 숙주는 제한되어 있다. 어떤 경우에 숙주 특이성은 숙주세포에 대한 기생체의 물리적 접촉을 이루는 숙주표면의 성질에 좌우된다.

바이러스는 숙주 특이성이 높은 절대 세포내 기생체이다. 바이러스에 대한 숙주로는 세균, 곰팡이, 원생동물 등이 있으며, 일부 서식지에서 바이러스는 세균 개체군들의 감소와 사멸의 원인이 된다고 추정된다.

박테리오파아지와 숙주세균간의 상호작용은 환경요인의 변화에 영향을 크게 받는다. 숙주세균과 phage는 퇴적물에서 점토입자에 흡착될 수 있다. 염분이 함유된 퇴적물에서 대장균과 같은 분변유래 미생물은 점토입자에 흡착함으로써 phage의 공격으로부터 보호된다. 염분농도가 낮아지면 대장균 및 phage는 점토입자로부터 탈착되고, 결과적으로 phage는 숙주세균에 기생하여 사멸시킨다. 점토입자로의 흡착은 숙주개체군이 바이러스의 기생을 차단하는 중요한 기전이다.

*Bdellovibrio*는 그람음성 세균에 기생한다. *Bdellovibrio*는 운동성이 매우 커서, 숙주인 대장

균이 1초당 세포길이의 10배 정도의 이동성을 갖는데 비하여 1초당 세포길이의 100배 만큼의 속도를 낼 수 있다. 포식자와 피식자의 접촉은 무작위로 일어나며, 이들의 접촉이 화학주성적이라는 명백한 증거는 없다. 그람음성 세균의 세포막 외부에 *Bdellovibrio*가 접촉하는 비율은 매우 낮으나 영구적인 접촉을 초래한다. 부착된 *Bdellovibrio*는 숙주세균의 세포막 외부를 뚫고 들어가 주변질에 머무른다. 따라서 *Bdellovibrio*는 외부 기생체(ectoparasite)이다. 약 1시간 동안의 기생성 상호작용동안 *Bdellovibrio*는 분해와 합성의 두 방식으로 숙주의 세포벽을 변형시킨다. 따라서 숙주는 원래의 모양을 잃고 구형(bdelloplast)으로 전환된다. 그러나 여전히 *Bdellovibrio*가 이용할 수 있는 세포 내용물은 남아 있다. 숙주의 세포 내용물은 *Bdellovibrio*에 의하여 효율적으로 분해 및 이용된다. *Bdellovibrio*가 주변질로 들어갔을 때, 편모를 상실하면서 세포분열 없이 섬유사(filament)로 생육한다. 숙주세포의 내용물이 고갈되면, 섬유사는 개개의 세포로 분열하고 편모가 생기게 된다. 그 후, bdelloplast는 용균되고, 새로 생긴 *Bdellovibrio*를 방출한다. 숙주세포당 방출되는 *Bdellovibrio*의 수(burst size)는 숙주세포의 크기에 의존하는데, 대장균은 4개이고 크기가 큰 *Spirillum serpens*는 20개이다. 야생형 *Bdellovibrio*는 절대 기생체이지만 박테리오파아지와 달리 완전한 합성, 분해 및 에너지생성 효소를 가지고 있다. *Bdellovibrio*와 숙주인 대장균간의 상호관계는 montmorillionite 점토(clay)가 존재하면 억제된다. 즉, 점토입자는 대장균의 주위에 피막을 형성하여 *Bdellovibrio*가 숙주세포에 도달하는 것을 방해한다(그림 10-6).

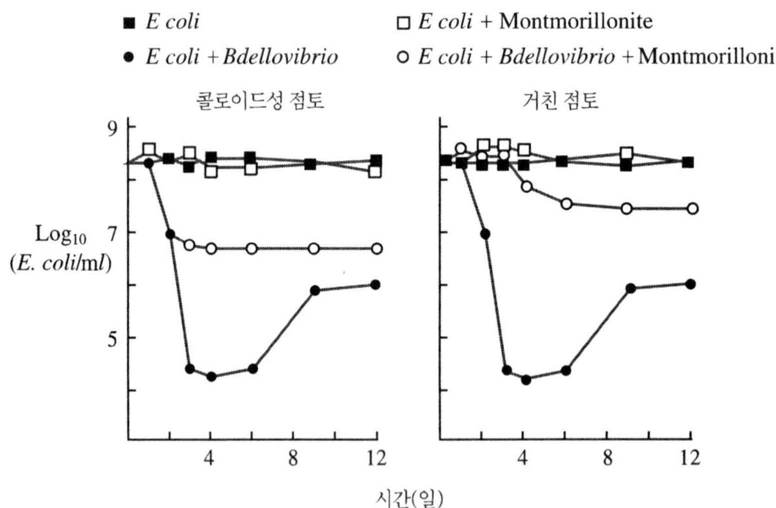

그림 10-6 • *Bdellovibrio*와 *E. coli*의 상호작용에 있어서 점토입자의 영향.

다른 외부 기생체 미생물은 직접적인 접촉없이도 세균을 용균시킬 수 있다. 예를 들면, *Myxobacteria*는 세포외 효소의 도움을 받아 일정거리에 떨어져 있는 미생물을 용균시켜 용균된 미생물로부터 방출된 영양원을 이용한다. 토양 *Myxobacteria*는 그람음성 및 그람양성 세균을 용균시킬 수 있다. *Cytophaga* 등은 조류를 용균시킬 수 있는 효소를 생산한다. 일부 세균 개체군들은 키틴분해효소를 생성하여 키틴을 함유하는 곰팡이 세포벽을 용해하거나 또는 섬유소 분해효소를 생성하여 일부 조류와 곰팡이의 세포벽을 분해한다. 모든 경우에 있어서 외부 기생체들은 숙주세포를 용균 및 영양원을 방출시킨 후, 방출된 영양원을 이용한다. 그러나 많은 외부 기생체가 절대 기생성은 아니며, 다른 방법으로 영양원을 획득할 수 있다.

일부 미생물 개체군은 용균에 대해 저항성을 가진다. 많은 미생물 개체군들은 포낭체(cyst)나 포자와 같이 영양세포보다 외부 기생체의 용균에 저항성이 있는 휴면체를 생성할 수 있다. 이것은 외부 기생체의 압력을 피하여 숙주 개체군이 생존할 수 있는 기전이 된다.

조류 역시 균류에 의하여 공격받는데, chitrid가 대표적인 예이다. 일반적으로 편모가 한 개인 chitrid는 외부 기생체이며, 두 개의 편모를 가진 chitrid는 내부 기생체이다. Chitrid는 담수 조류들을 공격하여 그 수를 감소시킨다.

*Agaricus*와 같은 담자균류는 *Trichoderma*와 같은 다른 곰팡이의 공격을 받는다. 이러한 감염은 상업적으로 버섯을 재배하는데 어려움을 준다.

기생체로 작용하는 미생물이 다른 기생체의 숙주가 되기도 하는데, 이러한 현상을 과기성(hyperparasitism)이라고 한다. 예를 들면, 세균에 기생체인 *Bdellovibrio*는 적당한 phage 개체군의 숙주가 된다. 조류 기생성 곰팡이 개체군은 세균과 바이러스의 숙주가 될 수 있다.

숙주-기생관계에서 기생체들이 얻을 수 있는 직접적인 이익을 훨씬 초과하는 이익이 존재한다. 숙주-기생관계는 개체군 조절의 기전이 된다. 기생의 정도는 숙주 개체군 밀도에 의존하기 때문에 기생체는 숙주 개체군이 풍부하게 존재하는 한 번성하게 된다. 따라서 숙주-기생관계는 개체군 조절의 기전이 된다. 기생은 숙주 개체군 밀도의 감소를 가져오며, 숙주에 의하여 이용될 환경자원의 축적과 재생을 허용한다. 숙주 개체수가 감소하면 기생체가 이용할 자원도 감소하여 기생체 개체군의 감소를 가져온다. 기생에 의한 음성적 feedback 조절이 없다면 숙주 개체군들은 그들의 생육에 필요한 자원이 고갈될 때까지 무제한으로 계속 생육할 것이며, 이것은 결과적으로 기생체 개체군의 격감과 멸종을 가져올 것이다.

10.2.8 포식(Predation)

미생물의 세계에서 기생과 포식의 구분은 명확하지 않다. *Bdellovibrio*와 이에 감염되는 그람음성 세균간의 상호작용을 어떤 사람은 기생으로, 어떤 사람은 포식으로 규정하고 있다. 포식은 전형적으로 포식자 생물이 피식자 생물을 삼켜서 소화할 때 일어난다. 보통 포식자-피식자 관계는 짧은 시간동안 일어나며, 포식자는 피식자보다 크다.

포식자－피식자 관계에 대한 초기 이론에 의하면, 포식자와 피식자의 상호작용은 두 개체군

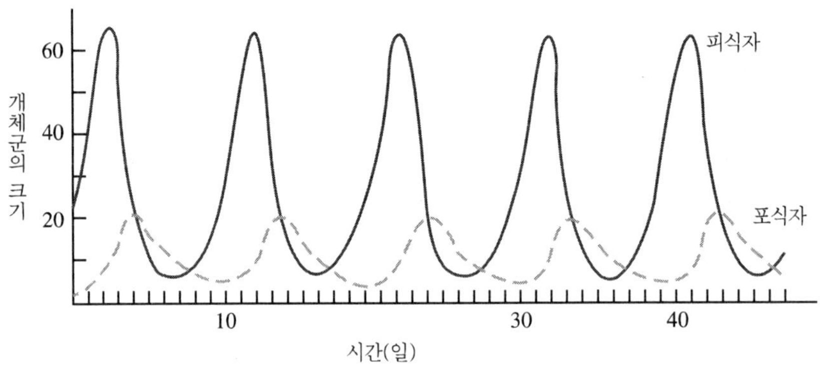

그림 10-7 • 이론적인 포식자 - 피식자 변동

의 규칙적인 순환변동을 일으킨다고 예측되었다(그림 10-7). 각 주기에 있어서 피식자 개체군이 증가하면 포식자 개체군은 그 보다 더 증가하여 피식자 개체군이 감소한다. 포식자는 피식자가 감소함에 따라 그 수가 감소하고, 이에 따라 피식자는 다시 증가하게 된다. 피식자가 증가하면 다시 포식자도 증가한다. 이론적으로 이러한 포식자-피식자 개체군은 영원히 반복 순환할 것이다.

Gause는 *Didinium nasutum*과 *Paramecium caudatum*을 함께 배양했을 때 *D. nasutum*은 *P. caudatum*이 멸종될 때까지 포식함을 보여주었다. 그러나 피식자가 멸종되자 포식자 또한 멸종되었다. 소수의 피식자가 숨을 곳이 있어서 포식을 피할 수 있다면 피식자는 포식자가 멸종된 후, 다시 회복될 수 있다. 이 실험은 포식자-피식자 관계는 두 개체군 모두 멸종에 이르게 할지도 모른다는 것을 시사한다.

포식이 비록 개체들을 파괴하지만 전체적인 피식자 개체군은 영양원의 순환이 가속화됨으로써 이익을 얻을 수 있다. 동물성 플랑크톤의 포식에 의해 질소가 재생되고, 이에 따른 식물성 플랑크톤의 증가는 동물성 플랑크톤에 의하여 초래되는 식물성 플랑크톤의 사멸을 충분히 보상해 준다. 적당한 포식압력은 피식자의 환경수용능력을 고갈되지 않도록 하며, 역동적인 생육상태를 유지하게 한다.

포식자-피식자 관계는 적응적이다. 포식자와 피식자의 개체군 크기를 조절하는 음성적 feedback과 같은 조직적인 조절기구가 존재한다. 만약 포식자나 피식자 중 어느 하나가 제거되면 남아있는 개체군도 해를 입게 된다. 포식성 원생동물인 *Tetrahymena pyriformis*와 피식성 세균인 *Klebsiella pneumoniae*를 대상으로 한 실험에서, 안정된 포식자-피식자 관계는 두 개체군의 생존을 보장할 수 있는 수준에서 확립됨이 밝혀졌다. 포식자-피식자 체계 내에서의 자연선택은 포식자는 피식자를 발견하여 삼키는 능력이 증가하도록, 피식자는 포식을 피할 수 있도록 적응시켰다.

기아상태에서는 가장 작은 포식자만이 생존한다. 즉, 피식자 개체군이 감소함에 따라 소형의 포식자가 선택된다. 포식압력이 강한 조건하에서 세균은 캡슐 생성을 중지함으로써 보다 더 잘 생육하고, 보다 더 고형물 표면에 잘 부착하도록 한다. *Tetrahymena*와 *Klebsiella*의 경우, 두 개체군의 공존은 피식자가 피신처를 발견할 수 있는 능력에 좌우된다. 포식자와 피식자의 공존은 공존하는 두 개체군의 서로 다른 지위를 차지하는, 이른바 지위의 다양성에 의하여 부분적으로 격리되는 환경의 이질성으로부터 올 수 있다. 다양한 서식지의 존재는 개체군들의 주기적 변동과 공존을 허용할 수 있다.

점토입자는 피식자 세균이 포식자로부터 보호되는 기전이 된다. 거친 점토는 포식자와 피식자간의 물리적 격리를 일으켜 *Vexillifera*가 *E. coli*를 포식하는 비율을 감소시킨다. 이것은 자연 서식지 내의 물리적 구조가 피식자에 대한 포식압력을 감소시켜 공존을 허용하는 기전이 됨을 보여준다.

미생물의 포식에 있어서 포식자와 피식자간의 크기 차이는 크다. 섬모충류, 편모충류, 아메바형 원생동물은 세균 개체군을 무차별적으로 포식하는데, 이러한 것을 채식(grazing)이라고 한다. 원생동물 개체군은 식세포 작용(phagocytosis)에 의하여 세균을 삼키며, 피식자는 섭취된 후 용해효소에 의하여 분해된다.

편모충류에 의한 포식은 수 서식지에서 비교적 안정된 세균 개체군을 유지해 주는 원인이 된다. 이러한 채식활동은 먹이망 내에서 탄소를 유지시킨다. *Paramecium, Vorticella, Stentor* 등의 섬모충류는 *Enterobacter aerogenes*와 같은 평균적 피식자 세균보다 세포의 질량이 10^3 ~10^4배 크다. 이렇게 비교적 큰 포식성 원생동물은 종종 여과 섭식(filter feeding)을 채택함으로써 작고, 에너지 함량이 적은 피식자를 추적하는데 자신의 에너지를 너무 소비하지 않도록 한다. 그러나 여과 섭식은 피식자의 밀도가 너무 낮을 때에는 에너지상의 적자를 본다. 이러한 경우에 많은 여과 섭식형 원생동물은 여과 섭식을 중단하여 에너지를 절약한다. 이것은 부유 피식자의 밀도가 10^5~10^6/ml 이하로 떨어질 때 발생하는 것으로 추정되며, 여과 섭식의 일시 정지는 피식자의 회복에 좋은 기회가 된다.

일부 미생물 구조는 포식자에 저항성을 갖는다. 예를 들면, 토양 아메바는 *Bacillus*의 영양세포를 섭취하나 내생포자는 잘 포식되지 않는다. 원생동물인 *Entodinium caudatum*은 자기보다 큰 원생동물인 *Entodinium vivax*에 의하여 포식된다. *E. caudatum*에는 가시가 있는 세포와 가시가 없는 세포가 존재하는데, *E. vivax*는 가시가 없는 세포를 먼저 포식한다. 따라서 가시가 없는 세포는 멸종되나 가시가 있는 세포는 포식자를 피하여 생육할 수 있다.

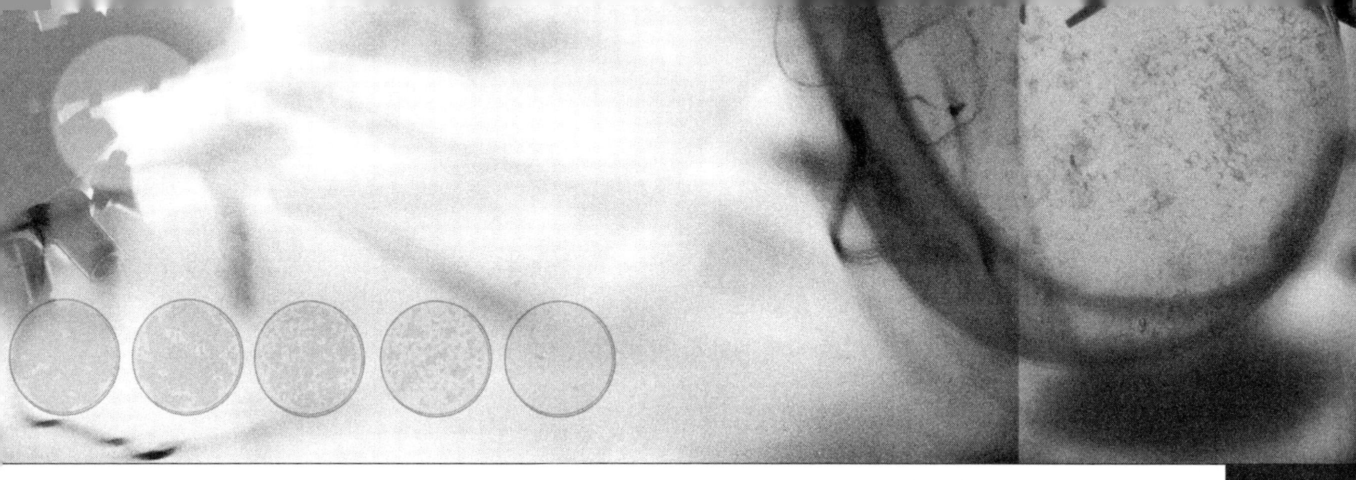

제 11 장
미생물과 식물의 상호작용

미생물은 그들 개체군 간에 중립작용, 편리공생, 원시협동, 상리공생, 편해공생, 경쟁 및 기생관계를 가질 뿐만 아니라 식물과도 똑같은 유형의 상호작용을 한다. 이러한 상호작용 중에는 식물과 미생물 개체군들 모두에게 이익이 되는 것도 있고, 식물 또는 미생물 개체군들에게 해가 되는 것도 있다.

11.1 식물뿌리와 상호작용

11.1.1 근권(Rhizosphere)

근권은 식물 뿌리 주위의 공간을 말하는 것으로, 미생물 생육에 적합한 서식지를 제공함과 동시에 미생물의 생육 및 활성을 촉진시킨다. 식물 뿌리로부터 당류, 아미노산, 호르몬 및 비타민 등의 물질이 분비되고, 미생물은 이것들을 이용하여 활발하게 생육할 수 있다. 이것은 실제 식물 뿌리의 표면인 근면(rhizoplane)에서 많은 미생물이 발견되는 것으로 보아 사실임이 명백하다.

미생물의 밀도는 식물 뿌리에 엉성하게 부착되어 있는 토양을 흔들어서 제거한 후, 근계(root system)에 부착되어 있는 얇은 층인 근권 토양에서 높다. 근권의 크기는 식물의 뿌리 구조에 따라 좌우되나 대체로 토양과의 접촉 면적이 매우 크다(그림 11-1). 수염뿌리를 가진 화본과 식물은 직근을 가진 식물보다 식물체의 총 생물량에 대해 넓은 표면적을 제공한다. 밀 한 포기의 근계의 길이는 200 m를 넘을 수 있다. 뿌리의 평균 직경을 0.1 mm라고 가정하면, 한 뿌리의 표면적은 6 m^2 이상으로 계산된다. 그러나 실제로 근권 중 4~10%만이 미생물들과 직접 물리적 접촉을 하고 있으며, 뿌리에 관련된 대부분의 미생물은 근권 주위에 존재한다.

근권이 변형된 것으로 근초(root sheath)가 있는데, 이것은 식물의 뿌리에 부착되어 있는 비교적 두꺼운 원통형 피막이 특징이다. 근초는 사막에서 자라는 몇몇 화본과 식물에서 볼 수 있으나 이보다 덜 혹심한 환경에서 자라는 몇몇 화본과 식물에서도 볼 수 있다. 근초 안에 있는 모래입자는 뿌리 세포에서 분비된 점질 겔(mucigel)에 의하여 시멘트화되어 있다. 근초의 형성은 수분보존을 위한 하나의 적응 기전으로 보이지만 뿌리와 미생물간의 폭넓은 상호작용이 발생하는 환경을 제공해주는 역할을 한다. 이러한 증거로는 근초의 토양에서 일어나는 질소고정 활동의 증가를 들 수 있다.

1) 미생물 개체군에 미치는 식물 뿌리의 영향

식물 근계의 구조는 근권 미생물 개체군의 정착에 영향을 미친다. 식물 뿌리와 근권 미생물 간의 상호작용은 대부분이 식물에 의한 수분 흡수, 식물 뿌리로부터 토양으로의 유기물질의 배출, 미생물에 의한 식물 성장인자의 생산 및 미생물을 매개로 한 광물질의 가용화 등과 같은 과정에 의하여 토양환경이 상호작용적으로 변화되는 것에 기초한다. 근권 내에서 식물 뿌리는 토양 미생물 군집의 조성과 밀도에 직접적인 영향을 주는데, 이것을 근권 효과(rhizosphere effect)라 한다. 근권 효과는 근권 토양 내에 있는 미생물 수와 근권에서 멀리 떨어져 있는 비근권 토양에 존재하는 미생물 수의 비율(R/S 비)을 조사하면 알 수 있다. 일반적으로 R/S 비는 5~20이다. 그러나 R/S 비가 100, 즉 뿌리가 없는 주변 토양의 미생물 개체군수보다 근권 내의 미생물 개체군수가 100배인 경우도 드물지 않다. 근권 효과의 실제 범위는 개개의 식물과 그 생리적 완숙도(maturity)에 달려 있다.

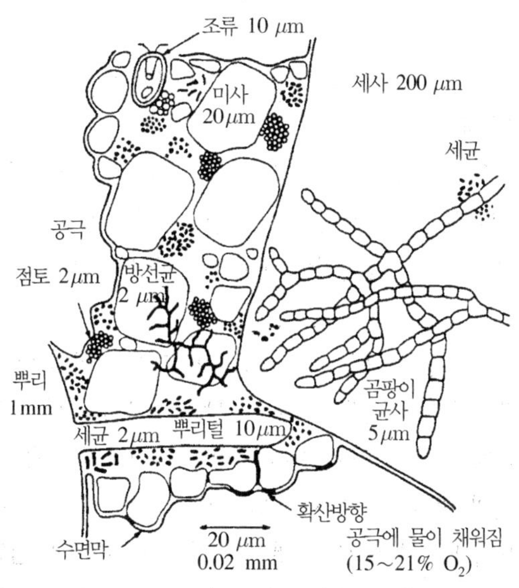

그림 11-1 • 토양 내의 근권.

근권에는 식물의 뿌리가 없는 토양에 비하여 그람음성 세균과 막대형 세균이 많고, 그람양성 세균, 구균, 다변형(pleomorphic) 세균은 적다. 근권에는 토양의 다른 부분보다 *Pseudomonas*와 같이 운동성이 있으며, 빨리 생육하는 세균들이 비교적 높은 비율로 존재한다. 이러한 미생물의 수적 증가는 식물 뿌리의 유출물(exudate)이 토양 미생물에게 직접적인 영향을 주어 높은 내적 생장율을 가진 미생물에게 유리하게 작용함을 나타낸다. 뿌리로부터 배출된 유기물에는 아미노산, 케토산, 비타민류, 당류, 탄닌류, 알칼로이드류, 인지질 및 기타 미동정 물질들이 있다. 비록 이러한 물질들 중 소수는 미생물의 생육을 억제하지만 대부분은 미생물의 생육을 촉진한다. 식물에 의해 토양으로 방출된 물질이 미치는 영향은 근권 내에 있는 세균 개체군들이 식물 뿌리가 없는 토양 중에 있는 세균과 특이할 만큼 다른 영양상의 특성을 가진다는 것에 의하여 입증된다. 많은 근권 세균이 최대로 생육하기 위해 아미노산을 요구하며, 이러한 물질은 뿌리의 유출물에 의하여 공급되는 것으로 추정된다.

토양에 흔히 존재하는 *Azotobacter*는 근권에 존재하는 경우가 드문데, 이것은 아마 뿌리의 표면에 집락화하여 빨리 생육하는 다른 종속영양 세균과 경쟁할 수 없기 때문일 것이다. 그러나 *A. paspali*와 또 다른 호기성 질소고정세균인 *Azospirillum*은 몇몇 열대성 초본의 근권과 밀접하게 관련되어 있다. 이러한 세균들은 이들의 탄소 및 에너지원으로서 뿌리의 유출물을 이용하며, 상당한 질소고정 활동으로 식물에 이익을 준다. 마찬가지로 얕은 해수의 침수식물인 뱀장어풀(*Zostera*)과 거북풀(*Thalassia*), 혐기성 세균인 *Clostridium*은 높은 효율로 질소를 고정하는데, 이것은 아마 뿌리의 유출물에 의해 탄소와 에너지가 적절하게 공급되기 때문일 것이다.

식물 뿌리에 의한 유기물의 배출은 근권에서 뿌리를 둘러싸고 있는 미생물에 의해 영향을 받는다. 미생물로 둘러싸인 식물의 뿌리는 멸균된 뿌리보다 몇 배 더 많은 탄수화물을 근권으로 배출한다. 어떤 세균은 뿌리의 유출물에 화학주성을 보여, 이들이 이러한 물질을 생산하는 식물의 뿌리로 신속하게 이동할 수 있도록 해준다. 식물 뿌리에서 근권으로 유기 영양원이 분비되어 이곳에서 뚜렷한 미생물 군집이 발달되는 이유는 식물 뿌리의 유출물에 의하여 연속적인 우점배양이 일어나고, 가용자원에 대한 미생물 개체군간의 경쟁에 의해 일정한 천이가 발생되기 때문이다.

근권 내의 미생물들은 식물의 발아와 성숙에 따른 천이적 변화를 보인다. 식물의 발아 과정 중 근권에서 뚜렷한 천이가 발생함으로써, 빨리 생육하고 생육인자를 요구하는 기회적인 미생물 개체군들이 남게 된다. 이러한 천이적 변화는 식물의 성숙 과정 중에 식물 뿌리에서 근권으로 배출된 물질의 변화에 대응하여 발생한다. 성숙 초기에 유출되는 탄수화물과 점액성의 물질은 식물의 표피세포 내의 간극, 뿌리 표면, 뿌리 주변의 점액성 층에 많이 존재하는 미생물의 생육을 부양한다. 식물이 생장함에 따라 뿌리의 정상적 발달과정의 하나로서, 뿌리 중 일부가 자가분해되어 간단한 당류 및 아미노산이 토양으로 방출된다. 이렇게 되면, 내재적으로 높은 생장율을 가진 *Pseudomonas*와 기타 세균의 생육이 촉진된다. 식물이 생장을 멈추고 노화하면 보통 R/S 비는 감소한다.

2) 식물에 미치는 근권 미생물의 영향

식물이 뿌리 주변의 미생물 개체군들에게 직접적인 영향을 주는 것처럼 근권 내에 있는 미생물들도 식물의 생장에 상당한 영향을 준다. 근권 내에 적절한 미생물 개체군들이 없다면 식물의 생장은 저해될 것이다. 근권에 있는 미생물 개체군들은 광물질의 재순환 및 용해 촉진, 식물 생장을 촉진하는 비타민, 아미노산, auxin, gibberellin의 합성, 항생물질을 생산하는 편해공생 관계를 통하여 잠재적 식물 병원체의 길항작용 등 다양한 방법으로 식물에게 이익을 줄 수 있다.

침수된 퇴적층이나 토양에서 자라는 식물은 줄기로부터 뿌리로 산소를 전달하는 적응적 진화를 하였다. 그러나 이러한 혐기성 환경에서 뿌리는 황산염의 산화에 의하여 생성되는 유독한 황화수소에 견딜 수 있어야 한다. 아마 벼 및 기타 부분적 침수식물들은 *Beggiatoa*와의 상리공생적 관계에 의하여 황화수소의 독성으로부터 보호되는 것 같다. 이러한 미호기성, catalase 음성 및 황화수소 산화 사상세균은 벼 뿌리로부터 산소나 catalase를 얻고, 대신 유독 황화수소를 무해한 황이나 황산염으로 산화하여 벼 뿌리의 시토크롬계를 보호함으로써 벼에 이익을 준다.

근권에 있는 미생물들은 식물 뿌리의 증식에 영향을 주는 유기 화합물, 즉 auxin과 gibberellin과 유사한 물질을 합성하며, 이러한 화합물들은 종자의 발아율을 증가시키고, 식물의 성장을 돕는 근모의 발달을 촉진시킨다. 근모에서 발견되는 *Arthrobacter, Pseudomonas, Agrobacterium*은 식물의 생장을 촉진하는 유기 화합물을 생산하는 것으로 보고되어 있다. 예를 들면, 밀 유묘의 근권은 식물 뿌리의 생장을 증가시킬 수 있는 indoleacetic acid(IAA)를 생산하는 세균을 높은 비율로 함유하고 있다. 밀의 포기가 늙게 되면 근권에서 IAA를 생산할 수 있는 미생물은 낮은 비율로 존재한다. 이것은 뿌리의 유출물 생성이 감소함에 따른 반응이며, 식물의 생장 호르몬에 대한 요구도가 감소하므로 오히려 유리한 반응이 된다.

근권에서 미생물에 의하여 방출된 상대억제(alleopathic), 길항작용적 물질은 식물로 하여금 다른 식물과 편해공생적 관계를 맺도록 해준다. 일부 식물을 둘러싸고 있는 이러한 상대억제 물질은 다른 식물이 서식지를 침입하지 못하도록 하며, 이것은 또한 식물과 그 근권 미생물 군집간의 원시협동적 관계를 나타낸다. 어린 밀 모종의 근권에 존재하는 세균 개체군들은 완두와 상치의 성장을 방해함이 밝혀졌다. 밀의 포기가 성숙하면 이러한 세균 개체군의 비율은 감소하고, 대신에 gibberellin 유사 생장촉진 물질을 생산할 수 있는 미생물들이 높은 비율을 차지하게 된다.

근권에 존재하는 미생물들은 어떤 경우에는 제한된 농도의 무기 영양원이 식물 뿌리에 도달하기 전에 이를 이용하기도 하고, 다른 경우에는 식물에게 무기 영양원의 가용성을 증진시킴으로써 식물이 광물질을 이용하는데 영향을 미친다. 근권 미생물은 물질의 용해화를 통하여 식물이 이용할 수 없었던 인산염의 가용성을 증가시킨다. 식물은 무균 상태의 토양에 있을 때보다 근권 미생물과 관련되어 있을 때 더 높은 인산염의 섭취율을 보임이 밝혀졌다. 인산염의 가용성을 증가시키는 주된 기전은 미생물이 인회석(apatite)을 용해하는 산을 생성하여 인을 가용성 상태로 방출시키는 것이다. 철과 망간은 유기 착화제(chelating agent)를 생산하는 근권 미생물이 철과 망간의 용해도를 증가시킴으로써 식물의 이용이 증진될 수 있다. 또한, 뿌리 표면에 있는 미생물들은 뿌리의 칼슘 흡수를 상당히 증가시킨다고 알려져 있다. 이러한 칼슘의 흡수 증가는 근권에서 미생물에 의하여 생산된 고농도의 이산화탄소가 칼슘의 용해성을 증가시킴으로써 발생하는 것으로 추정되고 있다.

비록 근권 미생물에 의하여 광물질의 흡수가 증가되는 것은 식물에 이익이 되나, 어떤 경우에는 근권에 풍부한 미생물 개체군들에 의해 식물에게 필요한 광물질의 부족이 초래될 수도 있다. 과수의 소엽병(小葉病) 및 귀리의 회색 반점병은 세균이 아연을 부동화 또는 망간을 산화시킴으로써 각각 발생하는 것이다. 근권에 있는 미생물은 질소를 부동화시켜 식물이 이용할 수 없도록 할 때도 있다. 근권 미생물에 의한 질소의 부동화는 식물에게 이용될 질소비료의 상당량이 소실되는 이유를 설명해 준다. 질소의 일부는 미생물의 단백질 형태로 부동화되나 일부는 탈질에 의하여 대기 중으로 소실되기도 한다.

비록 다양하고 복잡하지만 근권에서 발생하는 대부분의 상호작용은 식물과 미생물 모두에게 이익이 되며, 원시협동적인 성격을 가진다. 이러한 상호작용을 좀 더 조사하고 최적화시키면 작물 생산성에 큰 향상을 가져올 것이다.

조류권 (Phycosphere)

수 생태계에는 근권 군집과 유사한 미생물 군집이 존재한다. 이들 미생물은 조류 배설물이나 분해세포를 영양원으로 이용한다. 조류의 표면에 아주 가까이 서식하고 있는 이들 미생물을 조류권 미생물총(phycosphere microflora)이라고 한다. 근권 미생물 개체군이 식물 생장에 중요한 것처럼, 조류권 미생물 개체군은 조류의 생장에 필수적인 영양원을 재순환시키므로 조류의 생장에 매우 중요하다. 조류는 꽤 자라야만 미생물 개체군을 유지할 수 있는 충분한 양의 유기물을 배설한다. 늙은 세포는 구멍이 생기게 되고, 세포 내 물질을 배설한다.

다세포 조류는 여러 층의 세포로 구성되어 있으며, 항상 세포 중 일부는 죽어가고 있고, 조류의 줄기에 큰 손상 없이 자기분해를 한다. 이들은 미생물에게 배설물과 자기분해 물질을 모두 공급한다는 측면에서 단세포 조류와 다르다. 이러한 점으로 볼 때, 다세포 조류는 식물의 뿌리와 유사하다. 이들은 일생에 걸쳐 조류권 미생물을 가지게 되며, 이들 조류권 미생물에 의하여 광물질화된 영양원을 계속하여 이용한다.

11.1.2 균근(Mycorrhizae)

일부 균류는 식물의 뿌리와 균근이라는 상호의존 관계를 맺고 있는데, 대부분의 육상식물 뿌리는 균근을 형성하는 것으로 추정되고 있다. 이때, 균류는 실제로 뿌리의 물리적 구조로 통합된다. 균류는 식물의 영양에 공헌하면서 식물 뿌리로부터 영양적인 이익을 얻으며, 식물에 질병을 일으키지 않는다. 균근 관계는 고도의 특이성이 있으며, 식물-균류간의 밀접한 결속이 있기 때문에 식물과 미생물사이의 근권 관계와는 다르다. 즉, 균근 관계는 식물의 뿌리와 균류의 균사가 통합되어 하나의 통일된 형태적 단위를 형성한다. 균류와 식물 뿌리 사이에 균근 관계가 널리 존재함은 이러한 상호작용의 중요성을 입증해 준다.

균근 관계는 식물과 균류 사이에 건강한 생리적 상호작용을 유지시켜 주며, 오랫동안 존속된다. 또한, 균근 관계는 구조적 및 생리적 기능에 있어 양쪽 모두에 유리한 영양원의 교환을 성취하는 다양한 관계를 나타낸다. 많은 균근 관계에 있어서 물과 광물질, 특히 인과 질소의 흡수가 증진된다. 따라서 균근을 형성하는 식물은 균근이 없을 경우에는 점유하지 못할 서식지를 점유할 수 있다.

균근 관계에는 외부균근(ectomycorrhizae)과 내부균근(endomycorrhizae)의 두 가지 기본적인 유형이 있다. 외부균근에서는 균류(자낭균류 또는 담자균류)가 뿌리 외부에 두께 40 μm 이상의 가유조직초(pseudoparenchymatous sheath)를 형성하며, 이것이 균근 구조 건조량의 40%에 이른다(그림 11-2). 균류의 균사는 식물표피의 세포간극과 내초(cortex)까지 침투하나 살아있는 세포의 속까지 침투하지는 않는다. 이렇게 되면 뿌리의 형태가 변하여 짧아지고 이분지형의 덩이(cluster)를 형성하며 형성층 부위가 줄어든다.

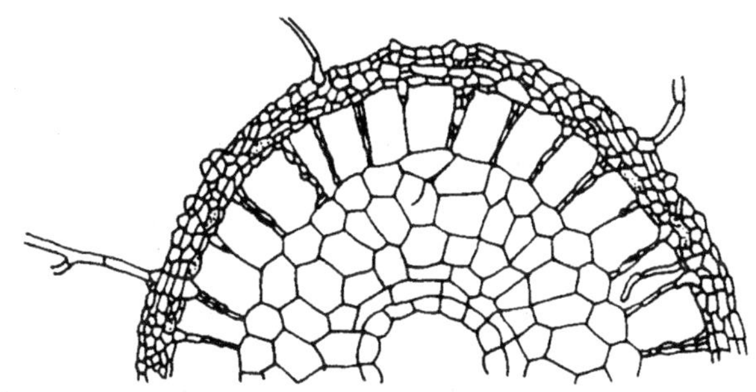

그림 11-2 • 외부균근의 횡단면.

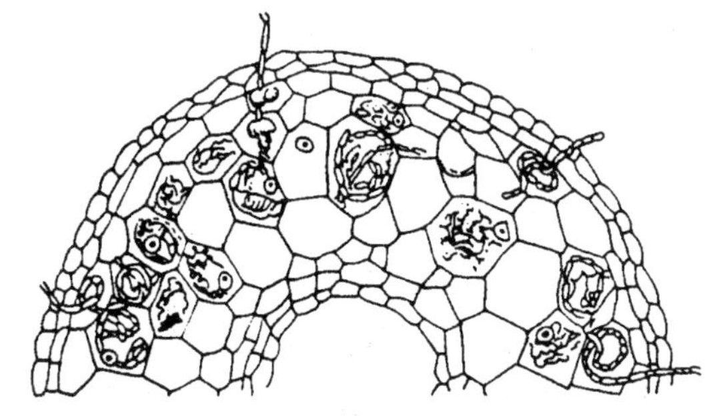

그림 11-3 • 내부균근의 횡단면.

이같이 외생적 성격이 강한 외부균근에 비해 내부균근은 뿌리의 살아있는 세포에 침입하여 이곳을 균괴(fungal cluster)로 채운다(그림 11-3). 가장 널리 존재하는 내부균근의 한 종류는 세포간에 존재하는 균괴의 현미경적 모양때문에 소낭수상형(vesicular-arbuscular; VA) 균근이라고 불리운다(그림 11-4). 또한, 외내부균근(ect-endomycorrhizae)이라고 불리는 외부균근과 내부균근의 조합형이 있다.

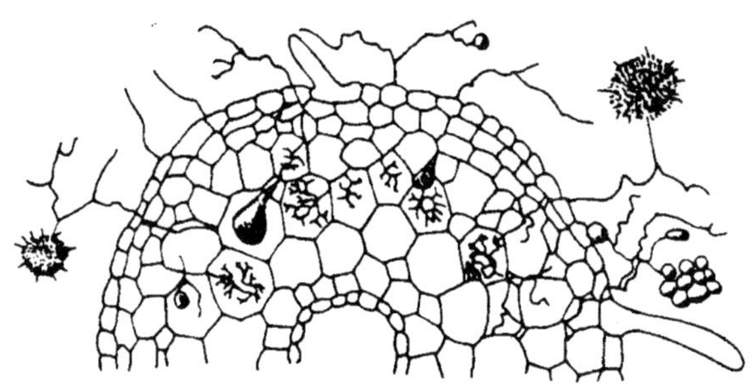

그림 11-4 • 소낭수상형 균근의 횡단면.

1) 외부균근

외부균근은 피자식물과 참나무, 너도밤나무, 자작나무 및 송백류를 포함한 나자식물에 흔하다. 온대 산림에 있는 대부분의 나무들은 외부균근 관계를 가지고 있다. 송이버섯과 같은 자낭균류, *Boletus* 및 *Amanita*와 같은 담자균류를 비롯하여 많은 균류가 식물 뿌리와 외부균근 관계를 맺는다. 외부균근을 형성하는 균류는 대체로 15~30℃의 최적 생육온도를 가지며, pH 4~6 또는 pH 3에서 최적 생육을 보이는 호산성이다. 대부분의 외부균근형성 균류는 이당류, 당알코올 등의 간단한 탄수화물을 기질로 하여 잘 생육한다. 이들은 복잡한 유기 질소원, 아미노산 및 암모늄염을 이용하고, 많은 종이 thiamine, biotin 등의 비타민을 요구하며 auxin, gibberellin, cytokinin, 비타민, 항생물질, 지방산을 생산하여 식물에게 배출한다. 일부 외부균근형성 균류는 cellulase와 같은 효소를 생산하나 이러한 활동은 통상 숙주식물 내에서는 억제되므로 식물의 뿌리를 분해하지는 않는다.

아마 식물은 외부균근형성 균류로부터 식물 뿌리의 신장, 토양으로부터 영양원 흡수율 증대, 토양으로부터 특정 이온들의 선택적 흡수, 식물 병원체 및 독소에 대한 저항성 증대, 온도, 건조 및 pH와 같은 환경인자들에 대한 내성범위의 증대 등 몇 가지 이익을 얻는 것으로 추정된다. 외부균근형성 균류는 숙주식물로부터 광합성 산물을 얻기 때문에 유기물에 대한 토양 내 다른 생물과의 강한 경쟁을 피할 수 있다. 균류에게 영양적 이익이 주어진다는 것은 균근형성 균류가 식물과의 균근형성이 없는 조건하에서 영양세포의 부생적 생육은 가능하나 자실체를 형성하지 못한다는 것으로 입증된다.

외부균근적 감염은 외부균근형성 균류가 생산한 성장호르몬 때문에 특징적인 이분지 형성, 성장기간의 연장, 식물 뿌리의 생존을 달성하는 형태적, 유전적 효과를 가진다. 근모(根毛)의 형성은 억제되나 근모의 기능은 균류의 균사가 대신하여 식물의 영양원 이용반경을 크게 증대시킨다. 외부균근은 균근을 형성하지 않는 식물보다 인산염과 칼륨염 등의 영양원을 많이 흡수한다. 흡수기전은 균류의 대사활동에 좌우된다. 1차적으로 균류의 균사초 내에 인산염이 축적된 후, 이것이 식물의 뿌리로 이동한다. 질소함유 화합물과 칼슘도 균류의 균사초로 흡수된 다음 식물의 뿌리로 이동한다. 식물의 뿌리와 외부균근형성 균류와의 상호작용은 양자가 서로 주영양원 및 부영양원을 공급해줄 수 있는 능력에 기반을 두고 있다.

외부균근을 가진 식물은 가지지 않았을 때보다 식물 병원체에 저항력이 강하다. 외부균근형성 균류가 형성한 외초는 식물의 뿌리로 침입하는 병원체에 대한 효과적인 장벽이 되며, 외부균근을 형성하는 많은 담자균류는 항생물질을 생산한다. 외부균근을 가진 식물은 식물의 뿌리를 통하여 침입하는 병원체를 접종한 토양에서 생존한다. 예를 들면, 토양에 외부균근을 형성할 수 있는 균류를 접종한 결과, 더글라스 가문비나무(Douglas fir)와 같은 숙주식물의 고사율이 현저히 감소하였다. 또한 외부균근은 균류억제 효과를 가진 각종 휘발성 유기산을 생산한다. 외부균근형성 균류에 감염된 숙주세포가 이러한 화합물을 증산하면 공생균류와 균형을 유지하면서, 병원균류의 감염을 저지할 수 있다. 대부분의 식물은 식물체 자신이 억제물질을 생산하여 균근형성 균류의 감염에 반응하며, 또한 외부균근의 병원체에 대한 저항성 증진에도 공헌하는 것으로 추정되고 있다.

2) 내부균근

소낭수상형이 아닌 내부균근은 소귀나무(arbutus), 철쭉, 만병초, 서양만병초가 속하는 진달래목과 같은 일부 식물에 존재한다. 진달래목에 속하는 식물 속의 내부균근은 격막이 있는 균사가 뿌리의 피층(cortex)까지 질병을 일으키지 않고 침입하여 세포사이에 코일 모양의 균사를 형성하는 것이 특징이다. 비록 균류가 대기 중의 질소를 고정하지는 않지만 비균근 식물에 비하여 질소영양 상태가 좋듯이 내부균근 관계는 토양 중에 결합된 질소에 대한 접근도를 증가시킨다. 비균근보다 균근에 있어서 phosphatase의 활성이 높으며, 균근형성 균류는 외부로부터 인산염을 숙주식물에 이동시켜 준다. 진달래목에 있어서 내부균근 관계는 영양원이 부족한 토양에서 숙주식물의 성장을 향상시키는 것으로 추정되며, 진달래목에 내부균근이 많이 형성되는 것은 이러한 식물의 뿌리조직이 내부균근형성 균류에 대해 좋은 생태학적 서식지를 제공해 주는 것을 의미한다.

실제로 모든 난(orchid)의 뿌리는 내부적으로 균류의 균사에 의해 감염되며, 균사가 표피세포를 뚫고 피층세포까지 들어가 균근을 형성한다. 균류는 피층의 외곽세포내에서 코일모양을 형성하며, 이후에 균사는 형태가 분해되어 대부분의 내용물이 숙주세포에 흡수된다. 난은 자연 상태에 있어서 절대적으로 균근을 형성하며, 균근형성 균류는 대부분 *Armillaria mellea* 및 *Rhizoctonia solani*이다. 이러한 내부균근 관계는 난의 종자가 발아하는 능력을 증진시켜 주지만 균류가 숙주식물에 기생할 때도 있다. 반대로 식물이 일부 균류의 균사를 소화한다는 사실은 이러한 양자의 관계가 미묘하게 균형 잡힌 상호기생적 성격을 띠고 있음을 의미한다.

소낭수상형 내부균근 관계는 뿌리의 형태에 커다란 영향을 주지 않기 때문에 종종 발견하기가 어렵지만 내부, 외부균근의 모든 유형보다도 많이 존재한다. 소낭수상형 균근은 밀, 옥수수, 감자, 강낭콩, 대두콩, 토마토, 딸기, 사과, 오렌지, 포도, 목화, 담배, 차, 커피, 카카오, 사탕수수, 고무나무, 물푸레나무, 개암나무, 인동덩굴 및 각종 초본과 식물에 발생한다. 이들은 나자식물, 피자식물, 양치식물, 선태류 및 대부분의 농작물에도 발생한다. 소낭수상형 내부균근을 형성하는 균류는 아직까지 순수배양된 적이 없다. 소낭수상형 균류는 규칙적인 격막이 없기 때문에 전통적으로 *Endogone*속에 포함되었는데, 현재는 이 속이 몇 개의 속으로 세분화되었다.

소낭수상형 균근의 주된 특성은 뿌리의 피층에 소낭형 균사와 수상형 균사가 있다는 점이다. 피층에는 세포간 및 세포 내 균사가 존재하며, 뿌리 내부에 감염된 균사는 외부의 균사와 직접 연결되어 토양으로 뻗는다. 대체로 균사는 토양에서 엉성한 망상구조를 형성한다. 소낭수상형 균근 관계가 형성되면 식물의 인산염 흡수가 증가하고, 토양으로부터 아연, 황, 암모늄 등의 이온 흡수가 증진된다.

소낭수상형 균근 관계는 생리적으로 외부균근과 유사하다. 이러한 균근 관계는 식생이 없는 토양에 재집락화 할 수 있는 능력을 높여준다. 균근형성 균류를 가진 식물은 영양원이 부족한 토양으로부터 영양원을 흡수하는 능력이 증진되며, 이러한 균근에 의한 영양원 흡수율의 증가는 종종 식물의 생존에 필수적이다.

온대림에 있어서 잔재물 및 토양 부식물질이 주된 영양원 저장고가 된다. 반면, 생물학적 분해속도를 증진시키는 높은 온도와 습도 때문에 열대 우림에는 소량의 부식물질과 잔재물이 존재하며, 영양원의 주된 저장고는 살아있는 식물의 생물량이다. 매일 쏟아지는 폭우로 인한 용탈 때문에 열대 우림 토양에는 사실상 용해성 광물질이 없다. 이러한 상황에서 균근 관계는 영양원 보존의 주축이 된다. 균근형성 균류는 종종 부생자 생활을 계속하며, 식물로부터 새롭게 떨어져 나오는 잔재물들을 빠른 속도로 분해한다. 방출되는 영양염류는 토양으로 들어가 신속하게 용탈되지 않고, 균근의 균사에 의하여 직접 식물의 뿌리로 이동한다. 이러한 폐쇄형 영양원 순환은 대단히 효율적인 보존기구가 된다.

온대지역에 있어 깨끗하게 벌채된 산림의 회복, 석탄 채굴지역 및 노면 채광지역과 같은 폐토지의 재식생화는 종종 적당한 균근 관계를 가진 식물을 이용함으로써 달성할 수 있다. 예를 들면, 소나무의 종자에 외부균근형성 균류인 *Piolithus tinctorius*를 미리 접종하면 고지대나 기타 열악한 서식지를 재식생화시키는 능력이 증대된다.

비근권 토양, 근권 토양 및 균근 토양에서 일어나는 생물지구화학적 순환과 영양원의 특성을 표 11-1에 나타내었다.

표 11-1 • 비근권, 근권 및 균근 토양의 특성 비교

비근권 토양	근권 토양	균근 토양
모든 생물지구화학적 순환. 순환율은 유기물 이용정도에 의하여 제한	최대의 생물지구화학적 순환	모든 생물지구화학적 순환은 식물 유래원과 토양 부식물 조성에 의하여 유지 및 조절된다.
영양원들이 뿌리조직이나 지하수에 용해될 수 있다.	영양원들은 미생물의 생체량 합성이 일어나는 만큼 광물화되어 식물량에 직접적으로 이용된다.	영양원들은 균체량에 편입되어 식물조직에 전달된다.
영양원들은 미생물량에 직접적으로 편입될 수 있다.		
미생물량은 탄소원과 에너지원에 의해 조절된다.	미생물량의 합성은 식물 생산성과 뿌리에서 유래하는 배출량의 비율에 의하여 조절된다.	생체량은 식물 생산량과 곰팡이에 전달되는 광합성 산물에 의해서 조절된다.
비근권 토양의 대사활성은 근권의 상호작용에 의해 직접적인 영향을 받지 않으나 균근의 곰팡이는 비근권 토양에 들어가 생물지구화학적 과정을 촉진할 수 있다.		

11.2 뿌리혹 내의 공생적 질소고정

미생물과 식물간의 가장 중요한 상호의존적 관계의 하나는 적합한 숙주식물의 뿌리에 질소고정 세균이 침입하여 뿌리혹을 형성하고, 그 안에서 세균이 대기 중의 질소를 고정하는 공생관계이다. 질소의 공생적 고정은 토양의 비옥도를 유지시키는데 매우 중요하며, 이것은 농작물의 수확량을 증대시키는데 이용된다.

11.2.1 *Rhizobium* – 콩과식물간의 질소고정

*Rhizobium*과 콩과식물간의 질소고정(diazotrophic) 관계는 질소순환과 농업에 큰 중요성을 가진다. 최근까지 콩과식물과 관련된 뿌리혹 질소고정 세균은 *Rhizobium*만이 알려져 있었으나 현재는 *Azorhizobium* 및 *Bradyrhizobium* 등 두 속이 더 추가되었다.

Rhizobium 속의 종들은 토양에서 자유생활을 하는 종속영양 생물로 존재하나 이들은 뿌리

가 없는 토양에 존재하는 미생물 군집의 우점종은 아니며, 자유생활형 *Rhizobium* 속의 종들은 대기 중 질소를 고정하지 않는다. 그러나 적당한 조건이 되면 *Rhizobium* 속의 종들은 근모에 침입하여 혹을 형성하고, 질소고정 활동을 시작한다. *Rhizobium*과 식물 뿌리간의 관계는 매우 특이적이며, 양쪽이 화학주성에 의하여 상대편을 식별하고, 근모 표면의 특정부위에 결합한 후, 근모로 침입하여 뿌리혹을 형성한다. 콩과식물의 뿌리는 *Rhizobium* 속의 특정 개체군을 식별하며, *Rhizobium* 개체군은 특정 콩과식물의 뿌리를 식별한다. 근권 내에서 식물의 뿌리는 *Rhizobium*에게 모종의 화학물질을 공급하는데, *Rhizobium*은 이 물질을 변화시켜 감염을 시작하고, 뿌리혹을 형성하는데 필요한 화합물을 생산한다. 근권에 적당한 *Rhizobium* 개체군이 발달하는 것이 감염의 절대적 선행조건이다.

토양조건은 *Rhizobium*의 생존과 근모의 감염능력에 큰 영향을 미친다. *Rhizobium* 속의 종들은 중온성이나 일부 종은 5℃의 저온에도 견디며, 어떤 종은 40℃에서도 견딘다. *Rhizobium*의 일부 종은 낮은 pH에 취약하여 산성토양에서 근모 감염을 달성하지 못한다. 아질산염 및 질산염 이온은 비교적 낮은 농도에서 뿌리혹 형성을 억제한다.

뿌리혹 형성과정은 *Rhizobium*과 식물 뿌리 사이의 복잡한 일련의 상호작용의 결과이다. 감염된 조직 내에서 *Rhizobium*은 증식하여 세균 유사체(bacteroids)라고 불리는 세포를 형성한다. 뿌리혹에는 세균 유사체로 가득 찬 세포들 사이에 감염되지 않은 액포함유 세포들이 존재하는데, 이들은 식물과 미생물 조직간의 대사물질 전달에 관여하는 것으로 추정된다. 정상적인 *Rhizobium* 세포들이 세균 유사체로 변하는 동안 염색체는 퇴화하며, 결과적으로 세균 유사체는 독립적인 증식능력을 상실한다. 세균 유사체 세포들은 nitrogenase를 생산하는데, 숙주식물 조직이 nitrogenase 합성 개시 및 조절에 어떤 역할을 하는 것으로 알려져 있다. 뿌리혹 속에 있는 세균 유사체가 대기 중 질소를 고정한다.

활발한 질소고정을 위해서는 식물과 *Rhizobium*의 관계에서 각종 유기 및 무기 화합물이 필요하다. 미량원소인 몰리브덴도 필요한데, 이것은 nitrogenase의 중요 구성성분이 된다. Nitrogenase는 고농도의 황과 철을 함유하고 있는데, 이것들 역시 활발한 질소고정을 위하여 필요한 물질이다. 또한, 코발트와 구리도 소량 필요하다.

뿌리혹은 leghemoglobin의 존재로 인하여 적갈색을 띠게 되는데, 이것은 모든 콩과식물 뿌리혹 중심부위 조직의 두드러진 특징이다. Leghemoglobin은 전자전달체로서 작용하여 세균 유사체 세포들에게 ATP 생산을 위한 산소를 공급하고, 동시에 산소에 민감한 nitrogenase를 보호해 주는 역할을 한다. Leghemoglobin은 *Rhizobium* 또는 식물 단독으로는 합성할 수 없다. 즉, leghemoglobin의 heme 부분은 *Rhizobium*에 의하여 만들어지고, globin 부분은 콩과식물에 의하여 만들어진다. Leghemoglobin은 식물에만 존재하며, 특히 콩과식물 뿌리에만 존재한다.

11.2.2 비콩과식물의 상호의존적 질소고정

*Rhizobium*과 콩과식물간의 상호의존적 관계 외에도 세균과 비콩과식물 간에 뿌리혹이 형성되고, 대기 중 질소를 고정할 수 있는 상호의존 관계가 존재한다. 비콩과식물에 있어서 뿌리혹 형성은 *Rhizobium*, cyanobacteria, 방선균이 관계한다.

방선균인 *Frankia*에 의한 공생은 온대 및 주극지대(circumpolar region)에서 종종 볼 수 있으며, cyanobacteria나 *Rhizobium*에 의한 공생은 열대 및 아열대 지방에서 흔히 볼 수 있다. 방선균에 의한 공생은 피자식물에서 발생하며, 오리나무 등의 *Alnus* 속, 소귀나무 등의 *Myrica* 속, *Hippophae* 속, *Casuarina* 속, *Dryas* 속 등의 종에서 특징적으로 발견된다. 스칸디나비아와 같은 고위도 지방에서 토양 중 질소의 대부분은 방선균의 공생에 의한 뿌리혹으로부터 유래한다.

방선균의 균사가 뿌리에 침입하면 피층세포의 세포분열이 자극된다. 균사는 분열하는 세포로 침투하여 숙주세포 내에 괴(cluster)를 형성하며, 균사의 말단 주위에는 소낭이 형성된다. 초기에 감염된 조직의 주변에는 뿌리의 전구체(primodium)가 피층 속으로 성장을 시작한다. 그러면 방선균은 전구체의 분열조직 세포로 침입하며, 방선균이 생산한 물질에 의하여 뿌리 전구체의 발달이 촉진된다. 상부 분열조직이 이분지 형태로 분열되어 근양막(rhizothamnion)이라는 돌출괴를 형성하는데, 이것이 모든 방선균 뿌리혹의 전형적인 형태가 된다. 이 뿌리혹 속에서 방선균은 nitrogenase를 생산하여 대기 중 질소를 고정한다.

일부 이끼류, 우산이끼, 양치식물, 나자식물 및 피자식물은 질소고정 cyanobacteria인 *Nostoc*이나 *Anabaena* 속과 공생관계를 맺는다. 이러한 공생관계에 있어서 cyanobacteria는 종속영양 대사만 수행한다. 즉, 식물은 광합성을 통하여 적당한 유기물을 cyanobacteria에 공급하고, 뿌리 속에 있는 cyanobacteria는 고정된 형태의 질소를 생산하여 식물에게 공급한다. 자유생활을 하는 cyanobacteria에 비하여 비콩과식물과 공생관계에 있는 cyanobacteria가 비교적 많은 질소를 분비한다.

11.3 미생물과 식물 지상부의 상호작용

식물의 줄기, 잎, 열매는 외부착생 미생물 개체군들에게 적합한 서식지를 제공한다. 종속영양 세균 및 광합성 세균, 균류, 특히 효모, 지의류 및 일부 조류가 이러한 식물의 지상부위에 고정적으로 존재한다. 잎의 표면에 인접한 서식지를 엽권(phyllosphere)이라 하고, 직접적으로 잎의 표면에 존재하는 서식지를 엽면(phylloplane)이라 한다. 엽권과 엽면은 각종 세균 및 균류 개체군들이 점유한다. 잎 표면에 존재하는 미생물 수는 계절과 잎의 일령에 따라 달라진다.

식물의 표면에 존재하는 외부착생 미생물은 기후변화에 직접적으로 노출된다. 이러한 개체군들은 직사광선, 건기, 고온 및 저온기를 견뎌야만 한다. 가장 성공적인 외부착생 생물은 색소가 침적되어 있으며, 이러한 환경조건을 견디는데 적응된 구조를 하고 있는 특수한 방어적 세포벽을 가지고 있다.

외부착생 미생물은 다양한 포자 배출기구를 가지고 있어서 이들이 한 식물표면에서 다른 식물표면으로 이동할 수 있게 해준다. 곤충은 열매의 표면에 있는 미생물의 전파에 중요한 역할을 한다. 과일파리는 과일의 표면에 효모를 전파한다. 어떤 경우에는 무화과, 효모, 무화과말벌 사이와 같이 미생물, 곤충, 식물 사이에 원시협동에 가까운 관계가 성립한다.

몇몇 소나무 종의 푸른 침엽의 엽권에 존재하는 주된 개체군은 *Pseudomonas fluorescens*를 비롯한 *Pseudomonas* 속의 종들이다. 소나무의 엽면에 존재하는 개체군들은 이러한 나무 밑의 잔재물층에 존재하면서 지질분해 및 단백질분해 활동을 보이는 세균 개체군들에 비하여 당류 및 알코올을 탄소원으로 이용하는데 있어서 더 효율적이다.

효모도 식물의 잎에 종종 서식한다. *Sporobolomyces roseus, Rhodotorula glutinis, Rhodotorula muciliginosa, Cryptococcus laurentii, Torulopsis ingeniosa, Aureobasidium pullulans* 등은 엽면에 정상적으로 서식한다. 잎의 표면에는 색소를 함유한 효모 및 세균 개체군들이 풍부히 존재한다. 이러한 미생물 개체군들의 색소는 잎의 표면에 쬐는 직사광선의 노출로부터 개체군들을 보호해 준다. *Sporobolomyces*가 엽권에 있어 아마 가장 성공적인 균류일 것이다. 이 균류는 한 잎에서 다른 잎으로 쏠 수 있는 사출포자(ballistospore)를 생산하여 분산을 쉽게 한다. 자낭균류, 담자균류 및 불완전균류를 비롯한 수많은 균류들이 엽권에서 분리되는데, 이들 중 일부는 타지성 개체군이며 일부는 식물의 질병과 관련이 있다.

꽃은 외부착생 미생물들에게 단기간의 서식지를 제공한다. *Candida reukaufii* 및 *Candida pulcherrima*는 꽃에서 발견된다. 꽃의 밀선(nectar)은 당 함량이 높기 때문에 효모 개체군에게 적합한 서식지가 된다. *Candida, Torulopsis, Kloeckera* 및 *Rhodotorula*를 비롯한 수많은 효모들이 꽃에서 발견된다. 꽃의 화관(corolla) 및 꽃받침(calyx)보다 암술과 수술에 더 많은 효모가 서식한다고 밝혀져 있다. 꽃이 수정된 후, 과일이 성숙되는 과정에서 환경조건이 바뀌고, 따라서 미생물 개체군의 천이가 일어나 때때로 *Saccharomyces*가 우점종이 된다.

식물의 표면에 존재하는 미생물 개체군간에는 긍정적 및 부정적 상호작용이 존재한다. 고삼투압성 효모는 당의 농도를 낮추어 다른 미생물 개체군들이 침입하기에 적합하도록 서식지를 변화시킨다. 효모에 의하여 생산된 불포화 지방산은 과일 표면에서 그람양성 세균의 발달을 저해한다. 과일 표면에 발달하는 세균 개체군들의 생육은 효모에 의하여 생산되는 thiamine과 nicotinic acid 등 생육인자에 좌우된다. 효모 개체군들의 생육 역시 과일 표면에 존재하는 세균이 생산하는 생육인자에 의존한다.

미생물은 나무의 수피에서도 생육한다. 지의류, 까치발 곰팡이 및 선반형 곰팡이 등은 나무

수피에서 생육하는 특징적인 균류이다. *Licea, Trichia, Fuligo*를 포함한 Myxomycetes는 나무의 수피에 자실체를 형성한다. *Collectotrichum* 및 *Taphrina*와 같은 균류는 목본경과 나무의 수피에서 생육한다. 일부 지의류는 주위의 식생이 이용할 수 있는 대기 중 질소를 고정한다.

뿌리 이외의 식물 부위와 미생물간의 상호의존적 관계에 의하여 질소를 고정하는 경우가 있다. 수서 고사리와 cyanobacteria인 *Anabena*가 이러한 경우에 해당한다. 수서 고사리인 *Azolla*는 열대 및 아열대 지역의 고요한 물 표면에서 자란다. *Azolla* 잎의 표면 하부에는 항상 *Anabena*를 함유한 점액성 공동(cavity)이 존재한다. *Azolla* 잎의 발달 과정 중 *Anabena* 주위에 공동이 형성된다. 이러한 공동안에서 *Anabena*는 다량의 대기 중 질소를 고정한다. *Azolla*는 *Anabena*에게 영양원과 생육인자를 공급하고, *Anabena*는 *Azolla*에게 고정된 형태의 질소를 공급하므로 양자간의 관계는 상리공생적이다. *Azolla*는 아시아 지역의 벼를 경작하는 논에서 아주 잘 자라는데, 이들의 공생체인 *Anabena*는 연간 50∼150 kg/ha의 대기 중 질소를 고정할 수 있다. 따라서 이러한 관계는 지속적인 질소비료 공급이 거의 없는 아시아 지역의 논 농사에 있어 논의 비옥도를 유지시켜 주는 주요한 요인이 된다.

질소고정 세균은 송백류의 엽면을 비롯하여 다른 지상식물의 엽권에서도 발견된다. 엽면에서 고정된 질소의 일부는 엽면 내에 보전된 후, 미생물 개체군에 의하여 재순환되고, 일부는 토양으로 용탈되며, 일부는 식물의 잎에 의하여 직접 흡수되고, 일부는 초식동물에 의하여 섭식된다. 어떤 세균은 뽕나무 등의 Myrsinaceae과의 잎에 침입하여 잎혹(leaf nodule)을 형성하는데, 일부 잎혹은 질소를 고정할 수 있다.

곤충과 초식동물의 채식 압력에 대응하여 각종 식물은 섭식을 저해하는 독성물질이나 맛없는 물질을 생성하도록 진화하였다. 흥미로운 공생관계의 하나는 내부착생 균류인 *Acremonium coenophialum* 및 *A. loii*와 큰 김의털아재비(tall fescue) 및 다년생 독보리(rye grass)의 관계이다. 내부착생 균류는 식물에는 질병을 유발하지 않으나 선충류, 진딧물, 곤충 및 포유 초식동물에게는 독성으로 작용하는 ergopeptide, lolines, lolitrems와 같은 알칼로이드를 생산한다. 특히, lolitrem은 포유동물에게 신경독으로 작용하므로 내부착생 균류가 심하게 감염된 목초지에서 가축을 방목할 경우, 가축 손실을 초래할 수도 있다. 내부착생 균류는 화본과 식물의 종자에 계속적으로 감염되나 종자를 고온에서 보존하면 제거할 수 있다. 이러한 관계에서 균류는 식물로부터 영양원과 보호된 서식지를 획득하고, 식물은 채식 압력의 감소로 인하여 이익을 얻는다.

세균과 식물간의 생태학적 관계에서 가장 흥미로운 보기 중의 하나는 엽권에 존재하는 세균 가운데 빙핵을 형성하여 식물에 동해를 입히는 것이다. 일부 *Pseudomonas syringae*와 *Erwinia herbicola*는 일종의 표면 단백질을 생산하여 얼음 결정체 형성이 시작되도록 해준다. 많은 식물에 있어서 빙핵형성 활동을 촉진하는 표면서식 세균 개체군들이 다량으로 존재한다. 이러한 빙핵형성 세균 개체군이 잎의 표면에 존재하면 이들은 주위의 온도가 −2∼−4℃에 달할 때 식물에게 동해를 입히는 얼음을 형성시킴으로써 그 자신이 서식하는 식물 부위가 과도하게 냉각되지 않도록 해준다. 이러한 외부착생 세균은 조건적 식물 병원체로서, 결빙과정을 개시할 수 있는 온도에서만 동해로 인한 식물의 고사를 일으킨다. 빙핵형성 세균대신 빙핵형성 개시단백질을 생산하지 못하는 돌연변이 균주로 대체하면 −7～−9℃에서도 얼음 결정이 생기지 않아 동해를 감소시킬 수 있다는 보고도 있다.

이러한 실험결과에 의거하여 유전공학적으로 개발된 돌연변이 균주를 야외작물에 처리하여 동해를 방지하자는 제안이 제시되고 있으나 아직까지 빙핵형성 세균의 정상적인 기능 및 이들이 서식하는 식물간의 생태학적 관계를 변화시켰을 때 나타나는 환경 변화에 대해 알려진 것이 없으므로 돌연변이 균주를 사용하는데 있어 그 효용과 안정성에 대한 논란이 많은 실정이다.

11.4 식물과 식물병원성 미생물간의 관계

미생물에 의한 식물의 질병은 바이러스, 세균, 균류 또는 원생동물 중 어느 것에 의하든지 간에 생태학적, 경제적으로 중요하다. 미생물에 의한 식물질병은 식물에 악기능을 초래함으로써 식물의 생존과 생태학적 지위를 유지할 수 있는 능력을 감소시키는 것이다. 식물의 질병은 식물을 고사시키고, 식물의 성장을 크게 저해할 수도 있다. 때때로 미생물에 의한 식물 질병은 기근을 일으켜 대규모 인구이동의 원인이 된다. 1845년 아일랜드에서 만연했던 감자의 줄기썩음병으로 인하여 대량기근과 북미로의 대규모 이민이 발생하였다. 밤나무의 동고병은 Appalachian 지역에서 중요한 환금작물인 북미자생 밤나무를 멸절시켰다. 1970년에 발생한 옥수수의 잎마름병은 1,000만 에이커 이상의 옥수수밭을 고사시켰다.

미생물 병원체에 의한 식물 질병의 유발은 보통 식물과 미생물과의 초기 접촉, 병원체의 식물로의 침입, 감염미생물의 생육, 식물 질병 증상의 발현 등의 순서로 진행된다. 병원성 미생물은 주로 근권 또는 엽권에서 식물과 접촉한다. 대부분의 병원성 균류는 포자로서 대기 중으로 전파되기 때문에 이들은 종종 식물의 잎이나 줄기와 접촉한다. 대부분의 바이러스에 의한 식물 질병은 곤충 매개체에 의하여 전염되는데, 이들 병원체 대부분은 식물과 엽권에서 접촉한다. 일부 병원성 세균 및 병원성 균류도 역시 곤충매개체에 의하여 전염된다. 선충류와 같은 토양서식 동물은 식물의 근권과 접촉하여 일부 병원체들을 전파한다. *Pseudomonas* 등의 식물병원성 세균, *Oidium* 등의 균류를 포함하는 운동성이 있는 토양 병원 미생물들은 화학주성에 의하여 식물에 이끌리어 근권에서 식물과 접촉한다.

식물 병원체는 보통 상처 또는 기공과 같은 자연적인 구멍을 통하여 식물로 침입한다. 어떤 바이러스는 식물이 흡수하는 물을 통해 뿌리로 들어가기도 하지만 많은 바이러스는 바이러스를 전파하는 매개체가 만든 상처를 통하여 식물로 침입한다. 일부 식물 병원체는 식물체를 직접 뚫고 침입할 수 있다. 이러한 침입방식에는 병원체가 식물에 부착한 후, 큐티클층과 세포벽을 통과하는 침투쐐기(penetration peg)를 형성한다. 식물 병원체의 침입은 물리적이거나 또는 효소작용에 의한다. 식물체의 조직은 종종 침입지점 주위의 식물조직을 연화시키는 병원체의 효소에 의하여 공격받는다는 증거가 있다. 어떤 경우에는 병원체가 큐티클층을 뚫을 수 있다. 흰가루병균(powdery mildews; *Erysiphe*)과 무름병균(soft rot; *Botrytis cinerea*)이 그 예이다.

식물체에 성공적으로 들어간 병원체는 분해효소, 독소, 성장조절인자를 생산하여 정상적인 식물 기능을 와해시킨다. 토양서식 식물 병원체는 식물의 구조를 분해하는 pectinase, cellulase, hemicellulase를 형성하여 연부(軟腐) 및 기타 손상을 초래한다. 병원체에 의한 식물성장조절인자의 파괴는 왜소증을 초래하며, 일부 식물병원체에 의해 IAA, 지베렐린, 싸이토키닌이 생산되면 옹아리(gall)가 형성되고, 식물의 줄기가 지나치게 신장된다. 식물에서 병원체에 의해 생산되거나 유도된 독소는 식물의 정상적 대사활동을 교란한다. *Pseudomonas tabaci*가 생산하는 독소(β-hydroxydiaminopimelic acid)는 담배의 마름병(wildfire disease)을 일으킨다. 이 독소는 식물의 메티오닌 대사를 방해한다.

식물은 미생물의 감염 결과, 다양한 형태적 또는 대사적 비정상 상태를 초래할 수도 있다(표 11-2). 어떤 경우에는 병원 미생물이 식물에 침입하면 식물이 급속도로 고사한다. 다른 경우에는 식물이 서서히 변화할 때도 있다. 식물체에 직접 침투하는 병원체는 식물이 종종 유두체(papillae)를 형성하도록 하는 형태적 반응을 유발시킨다. 이러한 반응은 병원체의 전파를 억제하려는 시도인지도 모른다. 감염된 식물조직의 세포벽은 종종 변형되어 커지거나 다른 세포 부위가 변형된다. 식물병원체가 침입하면 세포의 투과성이 변하고, 세포수의 불균형이 초래되어 식물세포의 균열 및 사멸을 초래할 수 있다. 투과성의 변화는 식물 병원체가 생산하는 pectinase 또는 독소의 변화에 의하여 발생한다.

*Erwinia amylovora*와 같이 배와 사과의 적반(赤斑)을 일으키는 세균성 암종병(癌腫病)은 식물의 통수(通水) 조직에 손상을 입힌다. 또한, 물 수송의 차단은 목부(xylem)를 통한 물의 유량이 감소됨으로써 발생하는 토마토의 *Fusarium*성 위축병과 같이 건조와 시드는 증세를 유발시킬 수 있다. 다양한 세균 병원체는 기공을 차단하고, 식물에 증산과 물의 수송을 억제함으로써 시드는 증세를 유발한다.

식물 병원체는 식물의 대사활동을 변화시킬 수 있다. 병든 식물은 때때로 전자전달 동반작용(coupling)의 실패 또는 탄수화물 대사 중 해당과정이 변화됨으로써 호흡활동이 변한다. 식물 병원체는 이산화탄소의 고정을 방해할 수도 있다. 잎에 존재하는 병원체는 때때로 백화현상을 초래하여 식물이 산화적 광인산화를 수행하지 못하고, 이산화탄소 고정에 필요한 ATP를 생성하지 못하게 한다. 식물 병원체는 단백질합성 대사를 변화시킬 수도 있다. 과도성장 및 옹아리 형성(gall formation)은 단백질 합성을 조절하는 핵산의 기능이 변경됨으로써 야기된다. 단백질 합성이 변화됨으로써 대사경로 및 생성된 효소의 활성이 변할 수 있다.

일단 식물이 1차적으로 식물 병원체의 침입에 의해 질병의 증상을 보이면, 기회적인 2차 병원체에 의해 부가적인 침입을 받는다. 표면구조 및 세포벽의 견고성이 상실되면 많은 기회적인 미생물들의 침입이 허용된다. 토양 표면에 떨어지는 죽은 식물재는 잔재물이 되어 기회적 토양 미생물들이 신속하게 집락화한다.

표 11-2 • 미생물에 의한 식물병의 증세

괴사(썩음)	식물세포의 사멸. 국부적인 반점으로 나타날 수 있다.
암종(Canker)	통상 줄기에 있어서 국부적인 괴사에 의해 생성된 손상부위
시듦	막압의 손실에 의한 축 처짐
고엽(Blight)	잎이 떨어짐
백화(Chlorosis)	엽록소가 백화하여 광합성 능력을 상실
왜소증(Hypoplasia)	성장 왜소
거대증(Hyperplasia)	과도 성장
옹아리(Gall)	혹 발생
딱지(Scab)	약간 올라오거나 내려앉은 손상

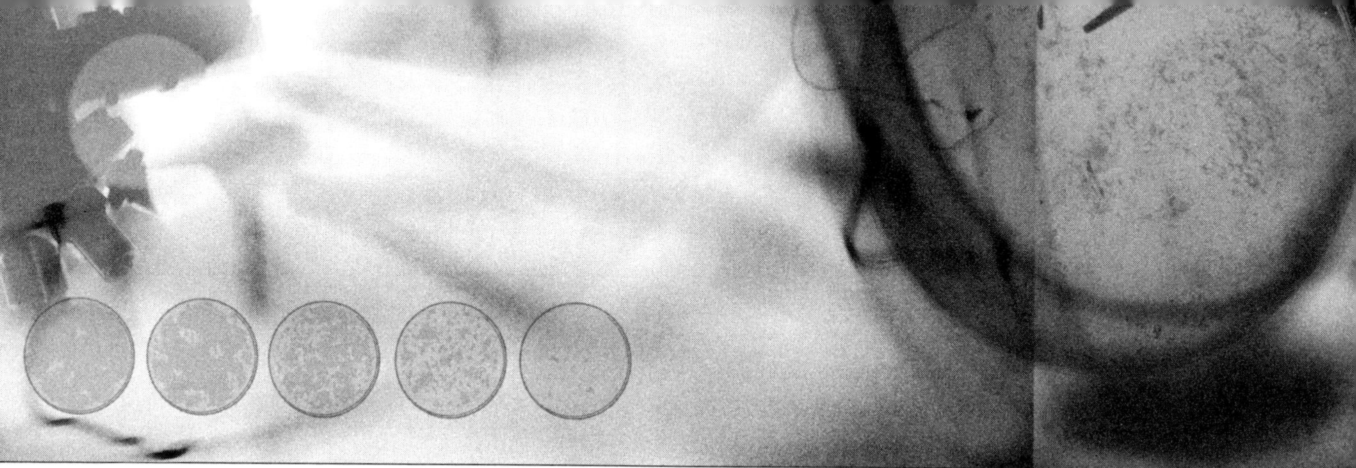

제 12 장 미생물과 식물플랑크톤의 상호작용

12.1 해양 부유생물

12.1.1 부유생물의 의미

그리스어의 'plank'와 'ton'의 합성어로 떠 있는 생물(부유생물, plankton)을 가리킨다. 즉, 유영능력이 미약하거나 전혀 없기 때문에 해류나 조류와 같은 물의 흐름에 따라 수동적으로 떠다니는 부유생물을 말한다.

플랑크톤은 광합성 능력, 크기, 생활사 등을 기준으로 분류된다. 가장 일반적인 구분 방법으로 광합성 능력의 유무를 기준으로 스스로 무기물에서 유기물을 합성할 수 있는 식물플랑크톤과 광합성 능력이 없어 다른 생물을 잡아먹거나 이미 만들어져 있는 유기물을 이용하여 살아가는 동물플랑크톤으로 크게 나눈다. 또 플랑크톤은 크기에 따라서 0.02~0.2 μm 사이를 펨토플랑크톤(femtoplankton), 0.2~2.0 μm 사이를 초미소플랑크톤(picoplankton), 2.0~20 μm 사이를 미소플랑크톤(nanoplankton), 20~200 μm 사이를 소형플랑크톤(microplankton), 0.2~20 mm 사이를 중형플랑크톤(mesoplankton), 2~20 cm 사이를 대형플랑크톤(macroplankton), 그리고 20~200 cm 사이를 거대플랑크톤(megaloplankton)으로 나누기도 한다. 생활사를 기준으로 하여 일생동안 부유생활을 하는 종생플랑크톤(holoplankton)과 저서동물, 유영동물 등의 알과 유생처럼 생활사 중 일정 기간만 부유 생활하는 정기성 플랑크톤(meroplankton)으로 나누기도 한다.

12.1.2 식물플랑크톤

식물플랑크톤(phytoplankton)은 해양에서 일어나는 일차생산의 대부분을 담당하는 가장 중요한 생산자이며 대부분이 현미경으로만 볼 수 있는 작은 단세포 식물이다. 분류학상으로 식물플랑크톤은 남조류, 녹조류, 유글레나, 규조류, 편모조류 등으로 구성되어 있다. 이 중 황금색조식물에 속하는 규조류와 나조식물에 속하는 와편모조류 등은 해양에서 정량, 정성적으로 매우 중요한 역할을 한다.

남조류(藍藻類, blue-green algae, cyanobacteria)는 해조류 중 가장 원시적인 단세포생물이며, 크기가 작아 현미경으로만 볼 수 있지만, 흔히 여러 세포가 모여 사상체(絲狀體, trichome)를 이루는데, 많은 사상체가 모여 군체(群體, colony)를 이루게 되면 쉽게 눈에 띈다. 열대 해역에 분포하는 *Trichodesmium(=Oscillatoria)*은 질소고정 능력이 있어, 해양의 질소순환에 중요한 역할을 담당한다.

규조류(硅藻類, diatom)는 수적으로나 양적으로 가장 풍부한 식물플랑크톤이며, 크기는 지름이 2~3 μm에서 1 mm까지 다양하다. 세포질은 규산질(SiO_2)로 된 상·하각에 싸여 있다. 규조류는 이분열법과 증대포자(增大胞子, auxospore)로 번식하며, 단세포로 존재하거나 여러 세포가 모여 군체를 형성하기도 한다. 우리나라 주변 해역에서 흔히 볼 수 있는 규조류로는 *Coscinodiscus*, *Chaetoceros*, *Skeletonema*, *Thalassiosira*, *Rhizosolenia* 등이 있다.

와편모조류(渦鞭毛藻類, dinoflagellate, 'dino'는 twist, 渦를 의미한다)는 규조류 다음으로 중요한 식물플랑크톤이며 2개의 편모(종편모, 횡편모)를 이용하여 이동한다. 이분열법으로 번식하며, 흔히 단세포로 존재하나 드물게 군체를 형성하기도 한다. 중요한 와편모조류는 *Gymnodinium*, *Gonyaulax*, *Alexandrium*, *Protoperidinium*, *Ceratium*, 야광충 등이 있다. 와편모조류는 부영양화되어 있고, 해수 교환이 잘 이루어지지 않는 내만에서 적조를 일으켜 어패류에 큰 피해를 주기도 한다.

인편모조류(Coccolithophore)는 크기가 2~3 μm 정도로 매우 작고, 외각은 석회질($CaCO_3$)의 작은 원판꼴의 코콜리드(coccolith)로 둘러싸여 있다. 인편모조류는 열대 해역에 많으며, 그곳의 일차생산에 크게 기여한다.

식물플랑크톤은 물, 빛, 이산화탄소, 무기 영양염을 이용한 광합성작용(photosynthesis)으로 유기물질을 합성해 내는 생산자인데, 생산 작용에는 온도, pH 등의 물리, 화학적 환경요인이 큰 영향을 미친다. 이들 요인의 변화에 따라 식물플랑크톤의 성장에 적합한 환경이 형성될 경우 그들은 대증식(blooming)을 일으키게 된다. 대증식은 주로 부영양화된 환경에서 일어나며, 대증식 현상 중 생태계에 악영향을 미치는 것을 harmful algal blooms(HABs)이라고 부르며, 대증식 원인생물이 가진 색소에 따라 갈조, 적조, 홍조 및 녹조 등으로 부른다.

12.1.3 미세조류와 미생물의 상호작용

식물 플랑크톤을 비롯하여 미세조류와 미생물은 해양에 분포하고 있는 생물 중에서 가장 많은 수가 분포하고 있는 생물군이고, 서로 다양하게 상호작용을 하면서 생활하고 있다. 미세조류와 미생물의 상호작용에 대해서는 비교적 많은 연구가 진행되어 있다. 그림 12-1은 미세조류와 미생물의 상호관계를 표시한 것이다. 미세조류가 미생물에 미치는 영향이나 미생물이 미세조류에 주는 직, 간접적 영향, 증식을 촉진하는 경우 또는 저해하는 경우 등의 상호관계를 나타내었다.

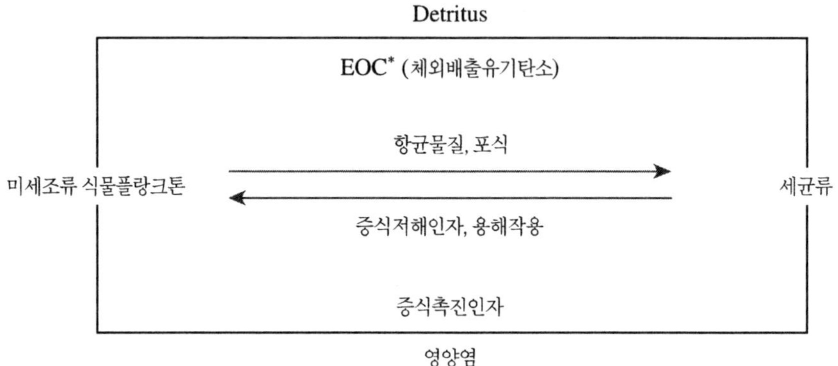

그림 12-1 • 미세조류와 미생물의 상호관계를 표시한 모식도.

12.2 적조 현상

12.2.1 적조의 정의

적조(red tide) 현상이란 '해양에 서식하는 동·식물플랑크톤, 원생동물 및 박테리아와 같은 미생물이 일시에 다량으로 증식되거나 또는 물리적으로 집적되어 바닷물의 색깔을 변화시키는 현상'이라고 정의할 수 있다. 그러나 바닷물의 색깔이 변하는 적조현상이 발생하더라도 해양생태계나 인간에게 해를 끼치지 않는 경우도 있기에 이와 구분하기 위해서 최근에는 harmful algal blooms (HABs) 라는 용어를 사용한다.

적조발생은 플랑크톤 증식이라고 하는 생물 고유의 특성 외에도, 유동하는 수중에서 일어나는 점에서, 적조생물의 집적과 같은 역학적 물리 환경작용도 직접 관여하고 있다. 따라서 수중에서 부유생활을 영위하는 여러 다른 종류의 플랑크톤 중에서, 어느 종이 적조현상을 일으키는가 하는 문제는 물리적 작용 외에도 성장, 사망, 포식 등의 생물적 요인에도 큰 영향을 받는다. 이와 같은 적조현상은 우리나라에서도 구줏물 또는 적조(赤潮)로 부르고 있고, 유럽과 아메리카에서는 red tide, water bloom, dinoflagellate bloom 등 다양하게 표현되며, 일본에서는 적조, 수화(水華), 중국에서는 유해적조 또는 유해조화(有害藻花) 등으로 불리고 있다. 그러나 최근에는 수색을 변화시키지 않는 낮은 농도에서도 수산생물 및 사람에게 피해를 주는 적조현상을 유해적조(harmful algal blooms, HABs)라고 부르는 것이 세계적인 추세이다. 한편 적조현상이 발생했을 때의 바닷물의 색은 적조생물에 따라 다르지만 일반적으로 규조류인 *Chaetoceros*와 *Skeletonema*는 황갈색을 그리고 편모조류인 *Heterosigma*, *Prorocentrum*, *Eutreptiella*는 적갈색 또는 황록색을 띤다.

보통 적조현상은 편의상 구성하고 있는 생물의 종류에 따라 규조적조, 편모조적조, 세균적조, 수색에 따라 청조, 적조, 백조 그리고 적조의 모양에 따라 띠상적조와 반점적조, 발생해역에 따라 연안성 적조, 외양성 적조 등으로 구분하기도 있다.

1) 적조의 명칭

① 미국, 유럽 : Harmful algal blooms, red tide, water bloom, dinoflagellate bloom, algal bloom, red water, brown water, yellow water, green water, discolored water, stinking water, baccy juice, weedy water 등

② 일본 : 적조, 수화, 고조, 액수, 청조, 백조, 약수 등

③ 구성 종에 따라 : 규조적조, 편모조 적조, 세균적조, 녹조 등

④ 수색에 따라 : 적조, 청조, 백조, 녹조 등

⑤ 모양에 따라 : 띠상적조, 반점적조 등으로 불린다.

12.2.2 적조의 분류

1) 유해성 여부에 따른 적조의 분류

① 무해적조 : 적조를 일으키는 생물이 어패류 등 해양생물이나 사람에게 직접적인 생리 장애나 치사 등을 일으킬 수 있는 독성물질을 생성하지 않는 종에 의한 적조로서, 주로 규조류에 의한 적조가 여기에 속한다.

② 유해적조 : 적조를 일으키는 생물이 어패류를 폐사시킬 수 있는 물질을 생산하는 종에 의한 적조로서, 최근 어패류 대량 폐사를 초래하고 있는 *Cochlodinium polykrikoides*, *Gymnodinium mikimotoi* 및 *Chattonella* sp.에 의한 적조가 여기에 속한다.

③ 유독적조 : 부유생물이 생산하는 독소물질이 어패류를 독화시키고 독화된 어패류를 사람이 섭취하면 식중독을 일으키는 적조이다. 여기에는 설사성 식중독을 일으키는 *Dinophysis*와 같은 종이 대표적이다.

12.2.3 적조생물의 발생환경

적조현상은 크게 생물적 특성과 환경변화에 따라 다르게 나타나고 있다. 현재 세계적으로 적조를 일으키고 있는 종류는 약 150종 정도로 추정하고 있는데 이들 중 규조류는 주로 고위도 해역에서, 편모조류는 적도 아열대 해역에서 적조의 우점종으로 출현하고 있으며, 우리나

라와 같은 온대 해역에서는 계절에 따라서 규조류와 편모조류가 교대로 출현하는 우점종 천이 현상을 나타내고 있다. 즉 적조 우점종은 위도에 따라서 일차적으로 크게 결정되며, 동일한 위도에서의 적조 우점종은 계절 변화에 의해 종의 천이가 일어나며, 같은 계절일지라도 환경의 차이에 의해 우점종이 변하기도 한다.

우리나라의 남해안의 적조생물은 계절적 환경지표인 수온과 염분 변화에 대한 적응 정도에 따라 다르게 나타난다. 즉 저온, 고염인 겨울철에는 주로 규조류에 의한 적조현상이 발생되고, 봄철에는 규조류와 소형 편모조류가 그리고 여름철에는 대형 편모조류가 적조를 일으키고 있다. 편모조류의 경우에도 초봄의 수온이 낮을 때는 *Heterocapsa triquetra*가, 여름철 수온이 높을 때는 *Gymnodinium mikimotoi*, *Cochlodinium polykrikoides* 등이 적조를 일으키며, 같은 수온 분포일지라도 염분이 낮은 수역에서는 *Heterosigma akashiwo*가 그리고 염분이 높은 수역에서는 *Prorocentrum micans*가 적조 우점종으로 출현하고 있다.

이와 같이 적조발생 시의 우점종은 발생환경 조건에 따라서 크게 다르며 최근의 연구 결과에 의하면 수온, 염분 등의 환경 요인 외에도 용존 유기물질, 비타민류, 미량원소 등의 존재 형태와 농도에 따라서도 다르게 나타난다. 우리나라에서는 약 40여종이 적조를 일으키고 있다.

12.2.4 적조생물

1) 적조생물의 종류

적조를 일으키는 원인생물로는 홍색유황세균이나 원생동물 외에도 남조(Cyanophyceae), 크리프토조(Cryptophyceae, 갈색편모조), 와편모조(Dinophyceae), 규조(Bacillariophyceae), 라피도조(Raphidophyceae), 황금색조(Chrysophyceae), 하프토조(Haptophyceae), 유글레나조(Euglenophyceae), 프라시조(Prasinophyceae) 및 녹조(Chlorophyceae)의 10 분류군에 속하는 다양한 조류가 알려져 있다. 이러한 조류 중에서 남조와 규조를 제외한 조류는 편모를 가지고 활발히 운동할 수 있기 때문에, 편모충으로서 동물계의 일원으로 분류시키기도 한다. 세계적으로 보고된 적조발생 종은 약 150여종으로, 우리나라에서 적조를 일으키는 종은 약 40여종이다. 이 중에서 4종은 담수 내지 기수종이고 해산종으로는 규조류가 13종, 라피도조류가 3종, 편모조류가 20종이다.

2) 우리나라의 대표적 적조생물 *Cochlodinium polykrikoides*

① 형태적 특징

세포는 대체로 8~16개체의 연쇄상 군체를 형성하며 크기는 길이가 30~40 μm, 폭이 20~30 μm 정도이다. 횡구는 잘 발달되어 있으나 종구는 폭이 매우 좁고 얕다. 횡구는 세포의 정단에서 체장의 1/4～1/5 지점에서부터 시작되며, 세포의 주위를 약 2주기 정도 감싼다.

② 생태적 특성

출현 특성은 1995년 이후부터 8월경 남해안의 나로도 주변 해역에서 가장 먼저 출현하여, 인근 해역으로 확산되면서 1～2개월간 가까이 적조가 지속되는데, 적조의 확산시기와 지속 기간 등은 발생해역의 해양 환경과 생물학적 특성 등에 따라 다르다. 주간에는 무리를 이루고, 뚜렷한 주야 수직일주운동을 보여 오전 11시～오후 4시까지의 한낮에는 90% 이상이 표층으로부터 3 m 이내에 분포하고 있다. 적조발생 시기는 수온 20～28℃이나, 실내 실험결과 25℃ 내외에서 가장 성장이 좋은 것으로 나타났다. 이 종은 협염성으로 염분 25 ‰ 이하의 낮은 구간에서보다는 35 ‰ 내외의 고염에서의 성장률이 높다. 또한 조도가 높을수록 성장률도 높은 것으로 나타났는데, 이것은 자연 상태에서 주간에 최대한 표층 가까이 부상함으로써 성장률을 극대화시키는 것과 관련이 있는 것으로 추정된다.

12.2.5 우리나라의 적조발생 현황

우리나라의 적조발생 현황은 국립수산진흥원에서 1967년에 처음으로 남해안에서 적조발생을 보고한 이래, 진해만(마산만), 사천만에서 매년 적조가 발생되어 점차 어패류 양식장에까지 피해를 주고 있다. 국한된 해역에서 짧은 기간에 발생하였다가 소멸되었던 적조가 1981년 이후에는 남해안 전역으로 확산되고 장기간의 적조가 발생하게 되었다. 시기적으로는 봄에서 가을에 걸쳐 매년 발생하고 있으며 1980년 이후에는 와편모조류가 우점종으로 발생하고 있다. 특히 1995년 *Cochlodinium polykrikoides* 적조가 발생하여 막대한 피해를 주었다. 우리나라에서 가장 문제가 되고 있는 *C. poltkrikoides*는 주로 8월 중순에 발생하여 9월 하순까지 대증식을 하여 연안어장에 막대한 피해를 주고 있다. 연안해역의 적조생물의 이상증식을 억제시키는 방법으로 '황토살포법'이 개발되어 있으나, 해양생태계에 2차오염을 일으킬 가능성이 제기되어 현재 적조구제법에 대한 다양한 연구가 진행되고 있다.

12.2.6 세계의 적조발생 상황과 국제 공동연구

1960년대 후반부터 세계 각지에서 적조와 관련된 유독 플랑크톤에 의한 패류독화가 진행되고 있어 그 대책에 고심하고 있는 상황이다. 적조 및 유독 플랑크톤에 의한 피해 발생은 세계 대부분의 연안에서 나타나고 있지만, 특히 동아시아와 북유럽에 피해가 심하다. 1988년 스웨덴과 노르웨이의 스카겔락 해협 연안에서 *Chrysochromulina polylepsis* 라는 그때까지 적조로서 보고되지 않았던 종류에 의해 양식 중인 연어 수백만 톤이 폐사하였다. 캐나다의 동해안에서도 *Heterosigma akashiwo*(침편모조류)에 의한 연어의 폐사나 *Pseudonitzschia multisseries*(규조류)에 의한 굴의 독화와 이것에 의한 기억상실성 중독(amnesic shellfish poisoning, ASP)이라는 새로운 굴 중독이 보고되고 있다.

아시아에서는 한국의 연안에서 *C. polykrikoides*와 *H. akashiwo*에 의한 양식 어패류의 피해가 발생하고 있다. 필리핀에서는 *Phyrodinium bahamense*(와편모조류)에 함유된 마비성 패독이 담치나 어류에 축적되어서 인명 피해가 다발하고, 1983년경부터 최근까지 80명 가까운 사망자를 포함하여 1,500명에 이르는 중독이 보고되어져 있다. 이로 인해 필리핀의 연안어업은 수백만 달러에 달하는 피해를 보고 있고, 필리핀 수산자원청이 추진하는 패류 양식 추진 사업의 큰 장애가 되고 있다. 더욱이 말레이시아, 인도네시아, 보르네오, 그 외의 태평양 연안국에도 유독 플랑크톤에 의한 피해가 확대되고 있다.

호주의 타스마니아 등의 주요 항만에서는, 일본으로부터 유조선 등의 발라스트수(ballast water)에 의해 유독 플랑크톤의 휴면포자(cyst)가 운반되어 양식어의 피해 및 해양생물의 독화가 생기고 있는 실정이다. 이상과 같이 세계 연안 각지에서 적조가 빈발하고 광역화되고 있으나, 그 원인은 다음과 같은 점을 들 수 있다.

① 동남아시아 모든 나라를 포함하여 연안지역의 산업발전과 도시 개발에 따른 각종 배수의 유입 증가와 연안 이용의 다양화에 의한 해역의 부영양화 진행
② 양식 어업의 진흥에 의한 자가 오염
③ 어패류의 이식이나 선박 집적수의 방출 등에 의한 유독 플랑크톤의 이동과 광역화(무역 등에 의한 생물 오염)

이들 적조 플랑크톤의 증식에 직접 관련되는 인간 활동과 함께, 엘리뇨와 같은 지구 전체 규모의 환경변동 등도 지적되지만, 여기에 대해서는 아직 많은 연구와 시간을 필요로 한다. 물론, 지식의 보급에 의해 적조나 유독 플랑크톤에 관한 보고 및 정보가 증가하고 있는 것은 사실이다.

지구환경으로서의 해양환경보전의 중요성은 리오데자네이로에서 열린 지구정상회의에서도 지적되었던 점이고, 해양환경보전은 국제협력을 필요로 하는 문제이다. 적조는 폐쇄성 해역의 문제로서 다루어져 왔으나, 현재로서는 지구환경규모의 문제로서 생각할 수밖에 없는 상태에까지 도달해 있다. 적조를 일으키는 부영양화의 진행이 해수의 유동, 수온, 염분 등의 해양환경 특성에 좌우된다고 하지만 원인에 대해서는 질소나 인의 인위적인 부하 증대라는 점에서 세계의 연안 각국에 공통된 문제이다. 원인생물이 선박의 운행이나 수산생물의 이식 등에 의해서 태평양이나 대서양을 넘어 운반되어져 환경에 적응을 해 나가며 생존해역을 확대시키고

있기 때문이다.

또한, 적조에 의한 피해 발생은 아시아나 유럽에서 수산 증양식의 발전을 저해하고 있고, 더군다나 마비성 패독의 생산종인 *Alexandrium catenella*나 설사성 패독의 원인 종인 *Dinophysis fortii* 등에 의한 패류 독화에 대해서는 반드시 부영양화되어 있다고 생각되지 않는 해역에서도 발생하고 있어 해양 전체의 문제로 인식되기에 이르렀다. 양식 어패류의 피해와 유독 플랑크톤에 의한 패류 독화의 진행은 최근 식량으로서의 수산물에 대한 세계적인 중요성이 강조되는 시점에서 점차 심각한 양상을 띠고 있고, 이후의 대책 수립은 국제 사회의 협력 하에서 대처해야만 될 문제이다.

식물플랑크톤이 생산하는 유독 물질에 의한 패류 독화에 관한 연구는 19세기 후반부터 구미 각국에서 진행되었고, 적조에 의한 어류 폐사에 대해서도 그때쯤에 보고되었다. 원인 생물인 미세조류의 분류학, 생리학적 연구는 20세기 전반부터 유럽이나 미국에서 활발하게 진행되었다. 배양에 관해서는 1950년 이후 L. Provasoli와 그의 Haskins Laboratory의 연구에 의한 공이 크며, 그들은 각종의 배양용 인공해수의 정밀한 조성을 발표하였다. 특히, 최근의 연구성과로는 유독 성분의 연구에서 남방독어(시가테라)의 원인생물인 와편모조류 *Gambierdiscus toxicus*의 발견, 시가독소(Ciguatoxin)와 마이토독소(Mitotoxin)의 물질구조 규명 등을 들 수가 있다.

1974년 보스톤에서 처음으로 'International Conference on Toxic Dinoflagellate Bloom'이 개최되었고, 특히 플랑크톤에 관한 생리학, 생태학, 독성학 등에 대해 국제적인 토의가 열렸다. 1978년 플로리다에서도 이 회의가 개최되었는데 이들 회의를 통해서 점차 적조가 전 세계 범위의 해양환경문제로 대두되게 되었다. 그 후, 1983년 6월 호주 크로뉴라에서 UNESCO, IOC 내에 조직되었던 WESTPAC(서태평양 공동 연구사업)에 의한 적조 심포지움이 개최되었다. 현재는 UNEP나 ICES(International Council for the Exploitation of the Sea) 등에서도 다루어지고 있고, IOC에서도 전 세계의 해역을 대상으로 세계적조 연구계획(Global HAB)을 계획하고 있다. 캐나다 국제개발청(CIDA)은 벌써 ASEAN 각국에 적조공동 프로젝트를 실시하여 인적·경제적인 협력을 하고 있다.

12.3 미생물과 적조생물의 상호작용

해양 및 호수의 오염은 전 지구적 규모로 진행되어 세계 각지에 여러 가지 피해를 입히고 있다. 특히 적조에 관한 연구로서는 기초에서 응용까지 여러 가지 연구가 진행되었으나 아직까지 뚜렷한 원인 규명과 발생 억제 방제책 등이 여전히 과제로 남아 있다. 적조의 발생이 해역의 부영양화에 기인하는 것은 알려진 사실이지만, N 및 P의 영양염류 농도가 높은 것이 곧 적조발생에 연결되는 것은 아니다. 적조는 해역 및 계절에 의한 온도, 염분 및 풍파 등의 물리적 요인을 포함하여 상당히 복잡한 요인에 의해 발생하기 때문이다. 아직까지 특정 적조생물의 출현을 예측하는 데는 이르지 못하고 있는데, 여기에는 보다 복잡한 생물적 요인이 관련되어 있기 때문이다. 특히 미생물적 요인 즉, 세균, 바이러스라고 하는 미생물의 역할은 다양하며, 그 연구는 아직 질적 수준을 벗어나지 못하는 단계로 화학 및 물리적 요인처럼 양적 수준까지 해석하기에는 좀 더 많은 시간이 걸릴 것이다. 적조소멸에 관한 연구에 있어서도 마찬가지이다.

적조처럼 특정의 미세조류가 우세하게 되는 것은 생물의 다양성이 저하하는 것을 의미하며, 환경 완충능력의 저하를 초래한다. 따라서 이에 관련되는 미생물상에도 균형을 잃게 되어 적조생물과 특정 미생물의 상호작용이 무시할 수 없을 만큼 강하게 된다고 생각할 수 있다. 이와 같이 적조발생 기구에 관해서는 물리학 및 화학분야에서 상당한 발생기구 해명이 되어가고 있다고 생각되지만, 적조의 주체가 되는 생물학적 측면에서는 적조생물의 종류가 다양하고 생물 상호간의 작용 등이 복잡하기 때문에 아직 많은 문제점들이 남아 있다. 우선 현장에서 적조생물이 생육하는 조건과 연구실 내에서 연구하는 조건도 다르기 때문에 현장의 조건에 최대한 접근시켜 적조발생의 근본적 억제를 시키기 위한 대책이 필요하다. 해양이나 호수 등 자연생태계에서 적조발생과 소멸과정이 자주 관찰되는데, 이 과정에서 바이러스, 미생물이나 원생동물이 적조생물의 발육억제 등의 작용을 추적할 수 있다. 본 장에서는 적조발생 시에는 촉진작용, 소멸 시에는 저해작용을 하는 미생물의 동태와 작용기작에 대하여 고찰하고자 한다.

12.3.1 미생물에 의한 적조생물의 증식 촉진

적조생물뿐만 아니라 많은 미세조류는 해양 및 호수 등에서 중요한 1차 생산자이고, 기본적으로는 광합성 독립영양생물로 빛 에너지에 의존하며, 무기의 N원과 C원을 이용하여 증식한다. 그러나 많은 적조생물은 증식 보조물질로 비타민류(주로 B_1, B_{12}와 biotin), 금속 킬레이트 및 미량 금속(Fe, Mn, Mo, Co, Cu, Se, Zn 등)을 요구한다. 이처럼 미세조류의 영양요구에 대하여 종속영양세균은 유기물의 분해자로서 미세조류에 CO_2, NH_4, PO_4 등을 공급하는 것은 잘 알려져 있다. 비타민류 및 킬레이트 등은 육지로부터 오염물질과 더불어 유입되거나 미생물에 의한 저질에서의 용출, detritus 분해에 의해 유래한다. 이들 미생물에 의한 작용은 적조생물 전반에 영향을 미치며, 특이성은 낮다. 물론 B_{12} 요구성은 비교적 한정된 조류(와편모조류, 침편모조류 등)의 특성이며, 이것을 생산하는 미생물과의 상호관계가 깊다. 더구나 특이성이 높은 물질을 요구하는 적조생물도 몇몇 알려져 있다.

예를 들면, 일본의 마이쯔루만의 *Asterionella glacialis* 적조 시에 특정종의 미생물 *Flavobacterium* sp.가 우세하였는데, *A. glacialis*는 이 미생물의 공존 하에 증식이 가능하며, 이 미생물의 배양여액에 증식유효인자가 포함되어 있었다. 더구나 *Flavobacterium* sp.와의 공존배양에 *Pseudomonas* sp.를 접종하면 2배 정도로 세포수가 더욱 더 증가하였는데, *Vibrio* sp.를 접종하면 전혀 효과가 없었다. 또한 일본의 고카쇼만의 *Gymnodinium mikimotoi* 적조발생 시에 이 적조생물의 증식을 촉진시킨 미생물 *Pseudomonas* sp.가 분리되었고, 이 균의 공존 하에서 *G. mikimotoi*의 세포수량은 50～300%가 증가하였다. 또한 water bloom(수화, 물꽃)을 형성하는 남조류 *Anabaena oscillarioides*의 질소고정 능력이 *Pseudomonas* sp.의 heterocyst에의 부착에 의해 높아졌음도 밝혀졌다.

한편 세균을 섭식하는 것(phagocytosis)에 의해 세균 중의 특정 성분을 이용하고 있는 조류는 와편모조류, 황색편모조류 및 착편모조류가 있다. 예를 들면, 비광합성 와편모조류 *Oxyrrhismarina*는 기존의 유기물 배지에서는 증식할 수 없고, 미소 규조류 *Nannochloris oculata* 외에 여러 종류의 미세조류 및 효모를 섭식하여 증식하고, 그 필수성분은 ubiquinone이었다.

황색편모조류에서는 담수성 *Ochromonas danica*가 유명하다. 광합성 독립영양, 광합성 종속영양 및 화학합성 종속영양으로도 증식할 수 있는 이 조류는 무기배지에서는 세균을 섭식하고 지방산을 얻고 있다. 또한 이와 근연종이며, 일본의 비와호에서 적조를 형성하는 *Uroglena americana*는 광합성 종속영양생물이며, 세균을 섭식하여 그 세포막의 인지질(phosphatidyl ethanolamine 등)을 필수로 한다. 캐나다의 Memphremagog호에서 발생한 *Dinobryon* sp.도 세균을 섭식하며 그 섭식 속도는 0.125 bacteria/min/alga에 달하고 있으며, 이 값은 섬모충 등보다 높고 이 호수에 있어서 최대의 세균 포식자이다.

이처럼 해양 및 호수할 것 없이 미세조류의 증식에는 어떤 형태로든 미생물이 관여하고 있다. 특히 적조생물의 대부분을 차지하는 와편모조류, 황색 편모조류 및 착편모조류의 증식에는 미생물에 대한 의존도가 상당히 크다고 할 수 있다. 적조생물의 무균 clone 배양이 곤란한 경우(와편모조류 *Dinophysis* sp. 등), 가령 무균 clone 배양이 성공한다고 해도 장기간의 계대배양 사이에 점차 증식이 저하하기 때문에 다시 유균 배양으로 돌아오지 않으면 안 되는 경우(규조 *Eucampia* sp. 등)를 자주 경험한다. 그들은 어쩌면 미생물의 대사산물 혹은 미생물의 세포성분 섭식을 필요로 하는 것이라고 추정된다. 지금까지 무균 clone 배양이 성공하지 못한 적조생물의 대부분은 미생물 의존성이라고 하여도 과언이 아닐 것이다.

12.3.2 미생물에 의한 적조생물의 증식 저해

적조의 발생과정에 비하여 적조의 소멸과정에 대한 연구는 미진하다. 종래 적조의 소멸은 자연 상태의 결과로 적조 최성기에는 증식과 집적(集積)에 의해 영양염 및 CO_2가 부족하며, 정상기에 들어간 조체의 세포가 약해져 종속영양세균에 의한 분해를 초래하고 있는 것으로 생각하였으며, 미생물 및 바이러스가 적극적으로 적조생물을 녹이거나 죽이는 것은 생각하지 못

했다. 그러나 종래의 적조발생에서 소멸에 이르는 과정에 대한 자료를 면밀히 살펴보면, 적조의 소멸이 자주 또한 급격히 일어나는 것을 알게 된다. 이것은 단순히 자연소멸이 아니고 무엇인가의 외부 스트레스가 있는 것으로 판단할 수 있다. 물론 파도, 바람과 같은 물리적 요인도 있겠지만 생물적 요인도 묵과할 수 없다.

1960년부터 1970년에 걸쳐 담수성 남조류의 소멸에 관련된 바이러스 및 미생물에 관한 연구가 행해졌다. 원생동물에 의한 적조의 소멸도 보고되었지만, 진핵성 미세조류에 대해서는 적조를 발생시키지 않는 클로렐라와 같은 녹조류에 한정되어 있었다. 1980년대 후반이 되어 진핵성의 적조생물의 소멸에 관련된 미생물에 관한 연구가 급속히 진전되고 있다.

1) 담수성 적조생물을 죽이는 미생물

호수에서 water bloom(수화, 물꽃)을 형성하는 남조류에 대한 용조(溶藻) 및 살조(殺藻; 조류를 죽이는 것)미생물은 주로 활주세균(sliding bacteria)에 의한 것이다. Stewart 그룹은 스코틀랜드의 호수에서 4종의 남조류 용해미생물을 분리하였는데 자실체(字實體)를 형성하지 않는 *Myxobacter*로 동정하였다. 이 미생물은 남조류 세포에 접촉하여 분해효소를 분비하여 남조류를 용해하였다. 이 미생물을 남조류의 대증식시에 투여하면 대증식이 소멸되는 것으로부터 자연계에서도 이와 같은 미생물이 남조류 대증식의 소멸에 깊이 관여하고 있는 것으로 추정하고 있다.

Saprospira 속 미생물은 일반적으로 담수역이나 토양중의 고엽(枯葉), 기수역의 해조(海藻) 위에서 분리되며, 식물사체나 현탁물질(detritus, 유기 분해물)의 분해 과정에 관여하는 세균군으로 알려져 있다. 그러나 Ashton과 Robarts(1987)는 담수성 남조류 *Microcystis*가 *Saprospira albida*에 의하여 용조되는 것을 보고하였다.

일본의 연구진들은 비와호에서 *A. solitaria*의 대증식시에 *Anabaena* sp.를 기질로 한 한천중층배지를, 스와호에서 *M. aeruginosa*의 대증식시에 *M. aereginosa*를 기질로 한 한천중층배지를 각각 사용하여 용조미생물을 분리하였다. 대증식과 용조미생물의 개체수 사이에 높은 상관관계를 보였다. 특히 *Anabaena*의 대증식시에는 사상성 남조류를 특이적으로 용조하는 활주세균이, *Mycrocystis*의 대증식에서는 단세포성 남조류를 특이적으로 용조하는 활주세균이 우점종으로 분리되었다. 전자는 자실체를 형성하지 않은 *Lysobacter* sp.이었지만, 후자는 계대배양이 곤란하여 동정되지 못 했다. 이처럼 호수에 있어서 남조류 대증식의 소멸에 활주세균이 기여하고 있는 가능성은 극히 높다. 그러나 담수에 있어서 진핵성 미세조류에 의한 적조에 대한 용조 및 살조미생물에 대한 연구는 적으며, 녹조류를 용해하는 활주세균으로 *Polyangium parasiticum*이, *Chlorella vulgaris* 분해세균으로 *Bdellovibrio* sp.가 보고되어 있는 정도이다.

2) 해양성 적조생물을 죽이는 미생물

해양에 있어서 적조소멸에 관여하는 미생물에 대한 연구의 역사는 짧다. 1980년 후반 일본의 아리아케해 하카다만에 *Chattonella* 적조가 발생하지 않은 것에 착안하여 그 저질로부터 *C. antiqua*를 살조하는 미생물이 분리되었다. 이 미생물은 *Vibrio algoinfestus*라고 명명되었는데, 이 미생물 및 그 세포 추출물이 *C. antiqua*뿐만 아니라, 와편모조류 및 침편모조류도 살조하는 것이 밝혀졌다. 또한 일본의 히로시마만에서 발생한 *H. akashiwo*와 *C. antiqua*의 침편모조류 적조에 대한 현장 연구의 결과를 살펴보면, *H. akashiwo*의 적조소멸 시에 *H. akashiwo*의 살조미생물이 증가하고 있지만, *C. antiqua*의 살조미생물은 거의 증가하고 있지 않다. 이러한 경향은 1992년, 1993년 및 1994년의 3년에 걸쳐 계속적으로 관찰되어 *H. akashiwo* 소멸에 이들 살조미생물이 관여하고 있을 가능성이 높은 것으로 생각된다. 또한 일본의 아리아케해에 있어서 여름 규조류 *S. costatum* 적조발생 시에 규조류의 살조미생물수는 3.8×10^4cell/ml이며, 그 대부분은 *Alteromonas* sp.에 의해 점유되어 있었지만, 겨울의 규조적조(주로 *Chaetoceros* sp.) 시의 살조미생물은 2.5×10^1/ml로 낮았고, 우점종은 *Cytophaga* sp.였다. 여름과 겨울 전체를 통하여 적조발생 시에 우세했던 *Flavobacterium* 속은 살조활성을 나타내지 않았다. 이처럼 적조생물의 소멸 시에는 대개의 경우, 살조미생물이 증가하고 있는 것으로부터 살조미생물이 적조소멸의 원인 중의 하나일 가능성이 매우 높다.

그러나 여기에서 문제가 되는 것은 적조생물의 세포 밀도에 비하여 살조미생물의 개체수가 1~2승 낮다는 것이다. 여기에는 어쩌면 살조미생물의 계수법에 문제가 있는 것으로 생각할 수 있다. 즉, 살조미생물의 계수법은 규조류를 숙주로 하는 경우를 제외하고, 해당 적조의 액체배양을 배지로 사용하여 적당히 10배 희석한 시수를 접종하여 MPN법으로 계수하려는 것으로, 시수 중에 포함되어 있는 살조미생물뿐만 아니라 증식을 촉진하는 미생물 및 살조물질을 분해하는 미생물 등이 혼합되어 있기 때문에 살조작용이 상쇄됨으로써 검출할 수 없거나 낮아졌을 가능성이 높다. 그 예로 일본의 고카쇼만에서 분리된 살조미생물 *Alteromonas* sp. (배양여액의 저분자물질에 살조활성이 있었다)는 *G. mikimotoi*를 특이적으로 살조하지만, 다른 미생물이 공존할 경우 증식이 늦어 살조능력이 저하되는 것을 지적할 수 있다. 이것은 히로시마만 해수시료를 통상의 한천평판배지에 도말하여 얻을 수 있었던 colony의 전부에 대하여 *H. akashiwo* 살조활성을 조사하여 얻은 살조미생물수는 *H. akashiwo* 배양을 액체배지로 사용하여 MPN법으로 계수한 살조미생물수에 비하여 1~2승 높았던 결과로 설명할 수 있을 것이다. 외양과 달리 적조가 발생하는 연안해역에서는 한천 평판배지에 의한 생균수는 직접 검경에 의한 전 세균수의 수십 %를 점하는 것으로부터 한천평판법이 우수하다는 것이 밝혀져 있지만, 많은 노력과 시간을 요하게 된다. 다만 규조의 용조미생물 계수에는 중층한천평판법이 사용되므로 계수가 용이하며, 게다가 계수값은 비교적 높다. MPN법에 의한 경우에는 적어도 분리 미생물이 한천평판법에서 얻은 살조미생물과 분류학적으로 근연종인가 또는 계수값을 검증할 필요가 있을 것이다.

해조류 밀도가 높은 해수시료를 현미경을 통하여 관찰할 경우 종종 긴 섬유상의 세균이 발견되어 조류와 생태적인 어떤 관계를 가지고 있는 것으로 판단된다. 조류 *Chaetoceros calcitrans* 배양액에서 10～20 μm의 나선형 사상세균이 고밀도로 관찰되었는데, 이때 조류가 용해된 것을 알 수 있었다. 사상세균의 균수가 10^5～10^6 cells/ml 정도에서 용조현상이 일어났다.

최근 많은 해역으로부터 용조 또는 살조미생물이 다수 분리, 보고되었다. *Saprospira* sp., *Cytophaga* sp., *Vitreoscilla* sp.와 같은 활주세균(원핵생물)과 *Labyrinthula* sp.와 같은 점균(진핵생물), 아메바는 해수 중에 서식하면서 조체에 접촉했을 때, 세포벽을 녹여 살조한다. 이들은 숙주 특이성이 넓고, 각종 규조류뿐만 아니라 침편모조류, 와편모조류도 용조 또는 살조하는 것이 많다. 규조류의 용조미생물로 분리된 *Saprospira* sp. 균주는 규조 중층한천배지에서 규조를 용조하고 투명한 용균반을 형성하지만, 이 배지에 peptone, glutamic acid, glycine, α-ketoglutaric acid, malic acid의 유기산을 첨가하면, 모든 경우 colony를 형성하며 용균반을 형성하지 않았다. 즉 이 미생물은 이들 화학물질이 있으면 규조를 용조하지 않게 된다는 것이다. 진정세균에서는 *Alteromonas* sp., *Flavobacterium* sp., *Pseudomonas* sp., *Vibrio* sp.가 살조능력이 있는 종이 많으며, 그 대부분은 신종일 가능성이 높다.

한편 일본의 양식장에서 방어의 대량 폐사가 일어나 그 원인이 적조생물 *Chattonella antiqua*때문이라는 것이 밝혀져 살조미생물에 대한 연구가 진행되었다. 그 결과 활주세균의 일종인 *Cytophaga* sp. J18/MO1이란 균주를 발견하였다. 이 미생물을 *C. antiqua*에 첨가하면 1～2일 후 적조생물의 형태가 변형되고 조체가 파열되었다. 이 균주는 *C. antiqua*를 포함하여 9종의 적조생물을 살조시켰으나, 유각(有殼)종인 *Scrippsiella trochoidea*에는 약간의 영향만을 주었다. 즉 적조생물의 종류에 따라 살조특이성이 나타났는데 이것은 적조생물의 생리적 특성, 세포벽 조성의 차이, 외부 자극에 대한 저항력 또는 내성의 차이 등에 기인하는 것으로 판단된다. 이러한 이유를 명확히 밝히기 위해서는 살조물질의 구조와 특성, 살조기작과 적조생물의 세포막 구성 성분과 면역 저항성, 생리 및 생화학적 반응 메카니즘의 규명 등을 포함하는 분자 세포생물학적인 많은 연구가 진행되어야 할 것이다.

이러한 종 특이성은 각각의 살조미생물들이 해양환경에서 종 특이적으로 적조생물 군집에 영향을 미친다는 것을 시사한다. 한편 지금까지 밝혀진 살조미생물은 크게 '직접공격형'과 '살조물질분비형'으로 나눌 수 있는데, '직접공격형'은 주로 다양한 적조생물에 대해 살조활성을 나타내며(종 특이성이 낮음), 대부분의 '살조물질분비형' 살조미생물은 특정의 적조생물에만 살조활성을 나타내어 종 특이성이 높다고 보고되고 있다. 한편 이들 살조미생물이 적조생물을 용조 또는 살조하는데 필요한 미생물의 밀도는 숙주 적조생물과 미생물의 종에 따라 다르지만 대체로 $10^{3\sim6}$cell/ml 정도이다

한편 우리나라 연안에서 자주 발생하고 있는 적조생물 *Cochlodinium* 및 *Prorocentrum* 등

을 죽이는 살조미생물에 관한 연구도 많은 성과를 거두고 있다. 지금까지 우리나라 연안에서 분리, 보고된 살조미생물로는 *Alteromonas*속, *Micrococcus*속, *Pseudomonas*속, *Vibrio*속, *Bacillus*속, *Dietzia*속, *Janibacter*속 등이 있으며, 이들의 대부분은 '살조물질분비형'이었으며 종 특이성이 높았다.

12.4 미생물 유래 적조생물 살조물질

살조작용은 접촉에 의한 경우도 있지만 세포 외로 분비된 고분자 또는 저분자물질에 의한 경우가 많은데, 아직까지 이들 물질에 대한 연구는 많이 진행되지 못하고 있다. 이들 물질은 종 특이성(또는 숙주 특이성)이 높은 것이 많다. 예를 들면, 일본의 우라노우치만의 *G. mikimotoi* 적조소멸 시에 분리된 *Flavobacterium* 5N-3은 *G. mikimotoi*만을 살조하였고, 그 살조작용은 배양여액 중의 수용성 저분자물질로 밝혀졌지만 그 구조는 아직까지 밝혀지지 못 했다. 한편 일본의 아리아케해에서 분리된 *Cytophaga* sp. 균주는 *S. costatum*과 같은 규조류 및 *C. antiqua*를 살조하지만, 그 작용은 세포 외로 분비한 단백질물질로 규조류를 protoplast화 시켜 살조시킨다. 또한 일본 타나베만에서 분리된 살조미생물은 10 kDa 이상의 단백질을 세포외로 물질을 분비하는 것으로 밝혀졌는데, 이 물질은 *G. mikimotoi*와 *G. catenatum*은 살조하지만 침편모조류 및 규조류에는 작용하지 않았다. 살조 과정은 우선 적조생물의 운동이 멈추어진 후, 세포 일부가 풍선상(風船上)으로 부풀어 올라 파괴되어 사멸하였다. 이 살조물질은 본 균이 *G. mikimotoi*의 배양여액과 접촉한 경우에만 분비되는 점으로 미루어 보아 본 균과 *G. mikimotoi*의 사이에는 밀접한 상호관계가 있는 것으로 판단된다(예를 들어 접촉 유도물질 또는 살조물질 분비 유도물질의 존재 등). 한편 Daft 등(1973)은 남조류 용해가 활주세균이 조체(藻體)에 직접 접촉하여 일어나므로 접촉부위에서 lysozyme상 효소를 생산하여 남조를 용해하는 것으로 추정하였다. 조류를 용해시키는 이유는 영양요구와 관계가 있고 특정 아미노산 및 유기산이 부족할 경우에 용해시키는 현상이 생긴다고 보고되고 있다.

적조제어를 위한 살조물질에 대한 연구가 2,000년 이후에 활발히 진행되었으나, 살조미생물 유래의 살조물질로서 그 구조가 완전히 밝혀진 것은 별로 없는 실정이다. 남조류에 대해서 *Pseudomonas* 속이 생산하는 harmane이 알려져 있으며, 와편모조류에 대해서 *Bacillus* 속이 생산하는 인돌알칼로이드 계통의 신물질 bacillamide 정도가 밝혀졌을 뿐이다. 특히 bacillamlde는 적조생물에는 높은 활성을 가지나, 규조류, 녹조류, 남조류, 곰팡이, 효모, 미생물에는 영향이 없는 것으로 밝혀졌고 최근 대량 합성 방법이 개발되어 그 응용가치가 주목된다.

12.5 생물학적 적조제어를 위한 연구방향

생물학적인 적조제어를 연구의 일환으로 적조생물에 대한 살조미생물이나, 적조생물을 치사시키는 생리활성물질을 추출, 합성하여 이용하는 방법 등이 최근 활발히 연구되고 있다. 그러나 아직까지 현장적용이 가능한 효과적인 적조 구제방법은 개발되지 않았으며 황토살포에 의한 긴급 구제방법만이 이루어지고 있는 실정이다. 특히, 미생물을 이용한 적조구제 방법이 최근 각광을 받고 있는데 우리나라의 연구진에 의해서도 적조를 죽이는 살조미생물들이 많이 분리되었고, 이들이 생산하는 생리활성물질의 구조도 밝혀졌다. 이 방법은 대상 적조생물에 대한 특이성이 높고, 다른 해양생물에 미치는 영향이 적으므로 2차오염이 없는 자연생태 조화형, 환경 친화적 적조구제 기술로서 앞으로 적조구제의 새로운 장을 열 것으로 기대된다. 그러나 무엇보다도 살조미생물을 이용한 적조구제법의 실용화를 위해서는 현장에 응용하기에 앞서 해양생태계에 미치는 영향을 면밀히 조사하는 해양생태 안전성시험이 선행되어야 할 것이다.

적조의 발생에서부터 소멸에 이르는 과정에서 어떤 미생물이 천이하고 있는가를 정확히 밝히는 것은 상당히 어렵다. 그러나 살조미생물이 적조발생 해역의 상당 부분을 점하고 있다면, 그들의 16S rDNA의 염기배열을 밝히고 그 특징이 되는 부분을 DNA 형광 probe로 현장에 응용하면 살조미생물의 현장에서의 동태파악과 생리, 생태 규명이 가능할 것이다. 또한 히로시마만의 *H. akashiwo* 적조의 발생과 소멸의 과정에서 출현한 주요 살조미생물의 RFLP(Restriction Fragment Length Polymorphism, 제한효소단편장다형)를 조사한 결과, 적조발생 시에는 다양한 양상으로 구성되어 있었지만, 적조소멸 시에는 동일 양상으로 점유되고 있다는 것이 판명되었다. 물론, 하나의 양상 중에 몇몇의 종 혹은 개체군이 포함되어 있다고 생각되지만, 아무튼 근연종인 것은 틀림이 없다. 또한 경우에 따라 항체(단, 클론항체이면 보다 정확)를 tag로 하는 방법도 유효하다. 이와 같은 연구도 분자생태학의 하나이다. 그리고 현장 응용성의 문제도 최근에 개발된 인공위성을 이용한 적조 pre-monitoring 기술과 형광 *in situ* hybridization(FISH)법의 개발을 통해 적조발생 해역에서의 살조미생물의 현장동태 파악이 가능하다면 적어도 반폐쇄 내만의 가두리 양식장에서의 적조로 인한 경제적 손실은 줄일 수 있을 것이다.

자연환경에 서식하는 살조미생물을 활용한 생물정화(생물환경수복, bioremediation) 기술로 적조발생을 미연에 방지하는 것은 자연을 교란하지 않고 환경과의 조화를 이룬다는 의미에서 유효한 적조 방지의 수단이라고 생각할 수 있지만, 해양과 같은 유동개방계에서는 현재의 기술 수준으로서는 적용하기 어려운 것이 현실이다. 이 문제의 실마리를 풀기 위해서라도 살조미생물의 생태 규명과 이에 입각한 현장적용성의 증대를 위한 연구는 여전히 중요하다. 그러나 적조방제 기술개발을 위해서 생물공학적, 분자생태학적 연구도 중요하지만, 진정한 2차오염이 없는 생물학적 방제법을 개발하기 위해서는 해양생태계에 미치는 영향을 최소화하기 위한 노력도 아끼지 말아야 할 것이다.

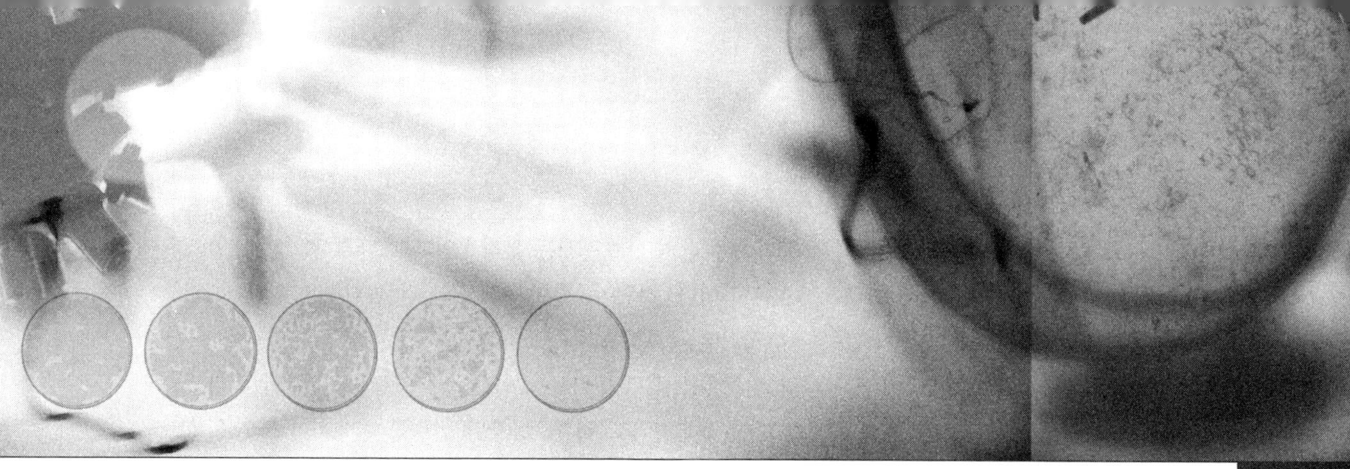

제 13 장 미생물과 동물의 상호작용

일반적으로 널리 알려진 미생물과 동물간의 상호관계는 부정적인 상호관계, 즉 미생물이 동물에게 질병을 유발하는 경우가 대부분이다. 천연두, 결핵, AIDS와 같은 질병은 인간 사회에 심각한 충격을 야기하기 때문에 부정적인 상호작용이 강조되고 있지만 미생물은 인간을 포함한 동물과 서로 이익이 되는 다양한 관계를 맺고 있다는 것을 우리는 간과해서는 안 된다. 많은 동물은 미생물을 직접 먹이로 하여 생존하기도 하며, 영양원 섭취를 미생물이 도와주기도 한다. 따라서 이러한 미생물의 작용이 없다면 대부분의 동물은 생존할 수 없게 될 것이다.

13.1 동물의 영양과 미생물

13.1.1 동물에 의한 미생물의 포식(Predation)

포식성 동물은 통상 매우 작은 피식자만을 먹이로 하여 생존할 수 없는데, 이것은 포식에서 얻어지는 에너지보다 피식자를 잡는데 더 많은 에너지가 소비되기 때문이다. 그럼에도 불구하고 많은 무척추 동물은 그들 자신보다 10^5~10^7배 정도로 생물량이 적은 미생물을 포식함으로써 필요로 하는 영양원의 전부 또는 일부를 충당하고 있다. 이렇게 생물량이 매우 적은 먹이를 획득하는 기구는 미생물 집합체를 채식(grazing)하거나 여과 섭식(filter feeding)함으로 이루어진다.

1) 채식(grazing)

물에 서식하는 복족류(달팽이), 극피동물(바다성게), 삿갓조개과는 수중에 잠겨있는 물체의 표면에 존재하는 미생물 껍질층을 긁어서 섭취함으로써 크기가 작은 먹이를 섭식한다. 이때, 달팽이의 치설(radula)과 바다성게의 다섯 개의 이빨이 있는 아리스토텔레스 랜턴(lantern of Aristotles)과 같은 입이 물체의 표면을 긁을 수 있도록 하는 기능을 수행한다. 채식에 있어 포식자는 개개의 피식자보다 수백만 개체의 밀집된 미생물 덩이를 섭식 대상으로 하므로 포식자와 피식자간의 크기 차이는 그다지 중요하지 않다.

배설물이나 분비물과 관련된 미생물은 많은 수서 및 일부 육상동물의 중요한 먹이원이 된다. 음식물이 소화관을 통과할 때 발생하는 소화는 통상 불완전하다. 당류, 지질 및 단백질은 우선적으로 소화되어 흡수되나 셀룰로오스성 및 기타 섬유성 물질은 대부분 그대로 남는다. 배출된 배설물 덩이는 잔류하는 장내세균과 환경으로부터 부가되는 미생물에 의하여 더욱 분해된다. 이 과정에서 난분해성의 식물성 중합체는 용해되어 일부는 미생물의 생물량으로 된다. 이러한 배설물 덩이를 같은 동물이나 다른 동물이 다시 섭식하게 되면 음식물내의 자원이 보다 완전하게 이용된다. 잘 소화되지 않는 식물성 섬유를 보다 잘 소화하는 미생물 생물량으로 변화시키는 것 외에도 미생물은 가끔 음식물에 결여되어 있는 중요한 비타민류를 공급해 준다.

육상환경에서 각종 미소 토양 절지동물과 토끼를 비롯한 설치류는 분식성(糞食性)이며, 그 자신의 배설물을 규칙적으로 재섭식한다. 수중환경에서 달팽이와 같은 일부 무척추동물은 다른 동물들이 퇴적한 배설물 덩이 위에 생육하는 미생물 개체군들을 채식한다. 바다의 동물군은 점질성 궤적물(slime trail)을 분비하고, 여기에 세균, 균류 및 조류 개체군들이 집락화한다. 이러한 점질성 궤적물은 미생물 개체군들의 생육을 위한 영양원을 제공해 준다. 미생물들은 점질물에 부착하는데, 이것은 끈끈한 덫으로 작용한다. 이때, 동물들은 그들의 발자취를 재추적하여 점질물 위에서 생육하여 끈끈한 점액성 궤적물에 포집되어 있는 미생물 개체군들을 채식한다.

많은 해양 및 담수 무척추동물들은 잔재물 입자 위에서 생육하는 미생물 개체군을 섭식한다. 이러한 동물들은 미생물을 이용하여 영양원을 농축하고, 미생물은 잔재물 입자에 존재하는 낮은 질소:탄소비를 가진 식물성 중합체를 높은 질소:탄소비를 가진 단백질성 미생물의 생물량으로 변화시켜 잔재물의 영양가를 높인다. 많은 잔재물 섭식자들이 잔재물 입자들과 관련된 미생물 생물량을 소화한다. 소화되지 않은 식물성 중합체에는 미생물이 재집락하며, 새로운 미생물 생물량이 형성된 잔재물 입자들은 잔재물 섭식자에 의하여 재섭식된다. 이것과 비슷하게, 토양 중에서 지렁이는 섭식된 토양입자 내에 함유된 미생물을 소화한다.

일부 무척추동물은 특정 미생물을 선택적으로 채식한다. 예를 들면, 물벼룩(*Daphnia*)에 의한 조류(*Sphaerocystis*)의 섭식은 실제로 조류의 성장을 증진시킨다. 섭식된 대부분의 *Sphaerocystis* 세포는 *Daphnia*의 내장을 통과하여도 살아남는다. 반면에, *Chlamydomonas*와 같은 조류는 물벼룩에 의하여 효율적으로 소화된다. *Sphaerocystis*는 *Daphnia*의 영양에 별로 공헌하지는 않지만 그 자신은 *Daphnia*의 장내에서 다른 조류 종의 소화된 찌꺼기로부터 인과 같은 영양원을 얻는다. 이러한 경우, *Sphaerocystis*의 성장을 증진시키는 것은 동물의 소화활동이다. 동물성 플랑크톤 채식자가 없는 경우에는 *Sphaerocystis* 개체군이 감소하여 cyanobacteria 개체군으로 대체된다.

2) 여과 섭식(filter feeding)

많은 정착성 바닥살이 및 부유성 무척추동물은 현탁되어 있는 부유성 미생물 피식자를 섭식하는데 있어 여과 섭식을 이용한다. 이 동물들은 일정시간동안 일정장소에 정주하면서 현탁액으로부터 피식자를 여과한다. 이러한 섭식은 에너지학상 매우 유리한데 이것은 피식자가 너무 작고, 비교적 균일하게 현탁액 중에 분산되어 있기 때문이다. 포식성 동물은 섬모나 다리, 안테나, 촉수, 아가미빗(gill), 꼬리와 같이 적응된 기관을 이용하여 입 주위에 물의 흐름을 유지시킨다. 미생물은 아가미빗, 촉수 및 점액성 강(綱, net)을 통하여 물로부터 여과된다. 그러므로 아가미빗은 먹이와 산소공급을 보장해 주는 두 가지 목적으로 사용될 수 있다. 동물성 플랑크톤의 여과 섭식 활동은 대부분의 피식생물이 1차 생산자이므로 때때로 채식이라고 할 수 있으나 이 과정에서 또한 2차 생산자(세균), 포식자(원생동물) 및 비생물성 잔재물 입자들이 섭식되므로 여과 섭식이라 부르는 것이 보다 더 정확하다.

13.1.2 동물에 의한 미생물의 배양

대부분의 초식동물은 식물체의 셀룰로오스 부분을 소화할 수 없다. 셀룰로오스의 소화는 셀룰로오스를 분해하여 동물이 이용할 수 있게 해주는 미생물의 효소 능력에 의존한다. 앞에서 서술한 바와 같이 분식 및 미생물로 덮여진 잔재물의 섭식은 동물이 미생물을 먹는 것이라고도 볼 수 있으며, 먹이의 소화에 있어서 엉성하게 형성된 원시협동적 노력이라고도 볼 수 있다. 한편, 먹이소화에 있어 이것과는 다른 상호의존적 관계도 존재한다. 이런 관계는 장내 공생체의 형태로 나타나거나 나중에 소비할 목적으로 미생물을 일정장소에 기를 때에 발생한다. 식물의 잎을 먹는 일부 곤충은 실제로 식물 조직에 미생물을 순수배양하여 상호의존 관계를 맺는다. 단백질이 풍부한 미생물 생물량은 곤충 개체군의 주된 먹이원으로 이용되며, 미생물은 이동 및 서식지를 곤충으로부터 얻는다.

식물의 잎을 자르는 각종 개미 개체군은 균류와 상호의존적 관계를 맺는다. 개미는 미생물에게 식물조직을 공급함과 동시에 식물조직 절편에 균류를 접종해 줌으로서 이들을 다른 지역으로 전파시킨다. 개미는 균류를 경쟁자로부터 보호해 주며, 개미가 제거된다면 급속히 없어질 단일 배양계를 유지시켜 준다. 단일 종의 균류를 길러 곰팡이 밭(garden)을 유지시키는 개미의 능력은 개미 개체군의 유지에 필수적이다. 이러한 곰팡이 밭에서 개미에 의한 곰팡이의 재배와 손질은 곰팡이의 형태를 크게 변화시킨다. *Acromymex disciger* 개미와 *Atta* 종 개미는 *Leucocoprinus* 또는 *Agaricus* 등의 균류를 재배하는 것으로 추정되며, *Cyphomymex rimoseus* 개미는 *Tyridomyces formicarum*을 재배하고, *Cyphomyrmex costatus* 및 *Myricocrypta buenzlii* 개미는 *Lepiota* 종을 재배한다. *Apterostigma mayri* 개미는 *Auricularia* 종과 관계를 유지한다. *Atta* 속 개미는 열대 우림 지역의 토양에 대량의 유기물을 공급하기 때문에 중요하다. 이렇게 생산된 유기물은 그 안에서 몇 종의 다른 동물 개체군이 관계하는 먹이망(food web) 상호작용의 기반을 형성한다.

어떻게 개미들이 이러한 순수 균류배양을 유지하는가를 생각해 보면 흥미롭다. 이것은 개미 또는 배양 미생물에 의하여 생산된 선택적인 억제물질 때문이라고 제안되었으나 아직 입증되지는 않았다. *Atta* 종 개미에 의하여 배양되는 담자균류에는 개미가 이 균류를 배양하지 않는다면 개미는 protease가 부족하게 되고, 담자균류는 다른 균류와의 경쟁에서 이길 수 없게 된다. *Atta* 종 개미는 녹색 잎을 잘라서 지하의 둥우리로 운반하며, 이곳에서 잘게 잘라 protease

를 함유한 침과 배설물을 혼합한 후, 균류의 균사를 접종한다. 이 경우, 항생작용이 아니라 보완적 효소작용 및 선점적 집락화에 의하여 순수배양이 유지된다. 잎을 자르지 않는 개미는 나무 부스러기 및 기타 식물성 잔재물을 둥우리로 운반하여 균류를 접종한다. 균류가 배양되는 방법에 관계없이 개미들은 나중에 균류 생물량 및 부산물의 일부를 수확하여 섭식한다. 개미는 스스로 합성하지 못하는 cellulase를 이 과정 중에 획득하는데, cellulase는 개미의 장 속에서 계속 활성이 유지되므로 체내에 들어온 셀룰로오스를 소화할 수 있게 된다.

별미 딱정벌레(ambrosia beetle)와 같은 나무에 서식하는 곤충도 균류와 상리공생 관계를 맺는다. 별미 딱정벌레 각 단일 종은 단일 종의 균류와 관계를 맺으며, 이러한 균류에는 *Monilia, Ceratocystis, Cladosporium, Penicillium, Endomyces, Cephalosporium, Endomycopsis* 등이 있다. 많은 별미균류는 균사형과 효모형의 두 가지 형태(dimorphism)를 가진다. 균류는 균사낭(mycangia) 또는 균사체낭(mycetangia)이라는 주머니 모양의 특수한 구조체 속에 들어 있어서 건조로부터 보호된다. 균사체낭은 별미 딱정벌레의 한쪽 성(性)에만 부착되어 있다. 별미 딱정벌레가 나무 속에 구멍을 뚫고 들어갈 때, 균류의 포자가 균사체낭으로부터 떨어져 나와 나무의 표면이나 구멍내부 표면에 접종된다. 이때, 나무의 표면에는 딱정벌레가 포자의 발아에 필요한 영양원을 분비해 놓았으므로 포자는 발아하게 된다.

배양되는 균류의 생육은 온도와 수분에 따라 달라지는데, 특히 나무의 수분함량이 35% 이상이 되어야 균류의 생육이 양호하다. 별미 딱정벌레는 통로에 있는 잔재물과 분변을 청소하며, 통로의 입구를 기후조건에 따라 개폐함으로써 균류에게 환경적으로 유리한 생육조건을 유지해 준다. 구멍 속에서 균류가 순수배양되는 것은 기회적으로 침입하는 미생물에 대한 균류의 길항작용과 딱정벌레가 선택적인 항생작용을 하는 분비물을 배설하기 때문인 것으로 추정되고 있다. 딱정벌레가 이 구멍을 버리고 다른 곳으로 떠나면 다른 균류가 급속하게 침입하여 생육함으로써 별미균류의 생육을 압도하게 된다.

별미 딱정벌레는 스스로 셀룰로오스를 소화할 수 없으며, 셀룰로오스를 단백질이 풍부한 생물량으로 전환시키는 것은 균류에 의존한다. 몇몇 종은 특히 유충단계에서 그들의 먹이원으로 완전한 별미균류의 섭식에 의존한다. 균류는 곤충과 유충이 요구하는 먹이를 제공하므로 딱정벌레의 생존을 위해서는 균류와의 상호의존적 관계가 필요하다. 별미 딱정벌레의 번데기화는 관계를 맺고 있는 균류 개체군이 생산하는 ergosterol에 의해 일부 좌우된다. 딱정벌레는 이렇게 하여 파놓은 구멍 속의 습한 공기 속에서 목재조각과 배설물로 구성된 적합한 서식지를 균류에게 제공하며, 딱정벌레의 활동은 별미균류의 성장에 좋은 환경조건을 유지시켜 준다.

일부 고등 흰개미 개체군들은 균류를 배양하는 개미와 매우 비슷한 방법으로 담자균류인 *Termitomyces* 종을 배양한다. 흰개미는 새로운 둥우리를 짓기 위하여 균류의 포자를 모아서 전파시킨다. 하등 흰개미는 내부의 원생동물과 상호의존 관계를 유지하는데, 이 원생동물은 셀룰로오스를 분해하여 흰개미가 동화할 수 있는 대사물질을 생산한다. 이 하등 흰개미는 외부의 곰팡이밭과 관계를 맺고 있지 않다. 균류 개체군들을 배양하는 고등 흰개미는 내부에 cellulase 생성능이 있는 원생동물 개체군들을 가지지 않는다.

일부 흰개미와 목재를 먹는 바퀴들의 장에서 발견되는 원생동물 개체군들은 셀룰로오스를 혐기적으로 분해하여 이산화탄소, 수소 및 아세트산염을 생산한다. 아세트산염은 흰개미의 후장벽을 통하여 흡수된 후, 호기적으로 산화되어 이산화탄소와 물로 전환된다. 셀룰로오스를 분해하는 원생동물 개체군이 생산한 이산화탄소와 수소는 흰개미의 장내에 존재하는 메탄세균이 이용한다. 흰개미가 이러한 메탄생성 세균의 활동으로부터 어떠한 이익을 얻고 있는가 또는 이익이 있다면 그 이익이 얼마나 되는가에 대해서는 알려진 바 없다.

흰개미는 원시협동적 세균 개체군들을 함유하는데, 이들 중 일부는 장내에서 대기 중 질소를 고정한다. 예를 들면, *Enterobacter agglomerans*는 일부 흰개미의 장에서 분리되었으며, 산소의 장력이 감소된 조건에서 질소를 고정할 수 있음이 밝혀졌다. *E. aggromerans*의 질소 고정 활동은 특히, 일부 흰개미 개체군의 발육 단계의 질소경제에 중요한 것으로 추정되고 있는데, 이것은 흰개미가 먹는 셀룰로오스성 먹이에 질소가 부족하기 때문이다.

흡혈곤충 종은 생활사의 초기에 거의 언제나 미생물을 섭식한다. 보통 이렇게 한정된 먹이를 먹고사는 곤충들은 이들의 생존에 필수적인 미생물 개체군과 상호의존적 관계를 맺는다. 이러한 미생물 개체군은 종종 세포덩어리(mycetome) 내에 존재하며, 생육인자를 생산하여 동물에게 영양 부족물질을 보충해준다. 예를 들어, 이(lice)의 mycetome으로부터 미생물 개체군을 제거하면 생식능력을 잃지만, 비타민 B와 효모추출물을 공급해 주면 생식활동과 성장이 회복된다.

식물을 먹는 일부 조류들은 cellulase를 생산하는 세균 및 균류 개체군들을 장내에 유지한다. 이러한 미생물 개체군들은 새의 장관 내에서 셀룰로오스를 분해하여 영양원을 공급한다. 벌집을 먹는 벌꿀새는 장관세균에게 보조인자를 공급한다. 즉, *Micrococcus cerolyticus*나 *Candida albicans* 등의 장관미생물이 보조인자를 공급받으면 벌집을 분해하게 되고, 벌집의 분해로 생성된 영양원은 새들이 동화하게 된다.

각종 물고기와 수서 무척추동물은 먹이의 소화에 공헌하는 미생물 개체군들을 소화관 내에 함유하고 있다. 예를 들면, 양각류(amphipod)는 chitinase를 생산하는 *Vibrio* 종을 높은 비율로 함유하는데, 이 세균들은 무척추동물이 삼킨 키틴을 부분적으로 분해함으로써, 무척추동물이 흡수하여 이용할 수 있는 단량체를 생산한다. 메기나 잉어와 같은 일부 물고기는 cellulase를 생산하는 미생물 개체군들을 함유한다. 물고기의 장내에서 세균 개체군들은 셀룰로오스를 분해하여 물고기가 흡수할 수 있는 대사산물을 생산한다.

사람을 포함한 대부분의 온혈동물들은 소화장관 내에 대단히 복잡한 미생물 군집을 함유한다. 후장(lower intestine)에는 400종에 달하는 미생물이 대변 1 g당 약 10^{11}개 존재한다. 사람의 장내에서는 절대 혐기성세균인 *Bacteroides, Fusobacterium, Bifidobacterium* 및 *Eubac-*

terium 속이 가장 많으나 이렇게 고도로 다양한 미생물 군집에서 주도적 역할을 하는 단일 종은 없다. 돼지와 같은 일부 동물에서 소화장관의 미생물 개체군들은 탄수화물을 발효시킴으로써 동물의 영양에 기여한다. 나이가 든 돼지에서는 장관 미생물이 셀룰로오스를 분해하여 돼지가 그 분해산물을 이용할 수 있도록 한다는 몇몇 증거가 있다. 소화장관 내에서 아미노산을 분해하는 미생물의 기타 활동은 동물에게 해로울 수도 있는데, 이것은 이러한 영양원을 놓고 동물과 미생물간에 경쟁이 일어나기 때문이다.

위가 하나인 동물에서 장내 미생물 개체군들이 소화에 기여하는 주된 기능은 부분적으로 분해된 기질의 생산보다는 생육인자의 생산에 있다. 비록 동물들이 삼킨 먹이를 미생물이 분해하여 생성된 대사산물을 동물이 흡수하지만 미생물의 대사산물 중 어떤 것이 실제로 요구되는지는 명확하지 않다. 어떤 경우에는 미생물은 비타민 K와 같은 필수 비타민을 공급한다. 그러나 적합한 미생물 개체군이 없는 무균동물은 비타민 결핍증세를 보인다. 정상적인 소화장관 내 미생물 개체군들은 소화와 영양에 기여하는 것 외에도 이들이 선점적으로 집락화하여 존재함으로써 장내 병원체의 공격에 대하여 중요한 방어작용을 한다. 이것은 장기간의 항생물질 요법 후나 무균동물에게 살균되지 않은 정상적인 먹이를 주었을 때 장내감염이 심하게 일어나는 것으로 증명된다.

13.1.3 화학독립영양 세균과 심해열수 분출공 동물과의 관계

심해열수 분출공(hydrothermal vent)을 조사해 보면 화학독립영양 세균을 섭식하는 것처럼 보이며, 높은 생물량을 가진 각종 동물로 구성된 특수한 군집이 존재하는데, 대형의 관벌레(tube worm) 및 이매패류가 우점하고 있음이 관찰된다. 따뜻한 심해열수 분출공에서 관찰되는 우점적 생물량은 *Calpytogena magnifica* 조개와 관벌레인 *Riftia pachyptila*와 원핵생물간의 공생적 관계에 의해 발생된다. 입과 장이 없는 관벌레인 *Riftia pachyptila*는 화학독립영양 세균인 황산화 세균과 관계를 맺음으로서 생존을 세균에게 의존한다.

원핵세포적인 구조, DNA 염기비율, 유전자의 크기 및 효소작용을 보면 공생자가 세균임을 알 수 있다. 이들은 *C. magnifica*의 아가미빗(gill) 세포내 및 *R. pachyptila* 체강내의 독립적인 영양조직(trophosome tissue) 속에서 발견된다. 영양조직은 생체중량의 60%까지 차지할 수 있다.

미생물 공생체에 대한 동물의 의존성이 진전되면 동물은 삼키고 소화하는 기관의 모든 형태적 특성이 없어질 정도로 보인다. 동물의 혈관은 영양조직 내 세균에게 화학독립영양 대사를 위한 H_2S와 O_2를 공급해 준다. *Calytogena* 아가미빗과 *Riftia*의 영양조직으로부터 메탄산화 세균이 분리되는데, 이것은 이곳에서 메탄의 동화에 의한 화학적 합성이 일어날지도 모른다는 것을 의미한다.

13.1.4 반추위 내에서의 소화

반추동물의 먹이소화에 기여하는 미생물 개체군들에 대하여 많은 연구가 이루어졌다. 반추동물에는 사슴, 순록, 영양, 기린, 들소, 젖소, 양, 염소 등이 있는데, 이러한 동물은 섬유소가 풍부한 화본과 풀, 나뭇잎, 가지를 먹는다. 반추동물을 비롯한 젖먹이 동물은 자신이 섬유소 분해효소를 생산하지 않고, 섬유소분해 미생물에 의존하고 있다. 반추동물은 먹이의 소화에 기여하는 많은 원생동물 및 세균 개체군을 함유하는 반추 제1위(rumen)라는 특수한 기관을 가진다. 반추 제1위는 혐기적이며, 30~40℃, pH 5.5~7.0인 비교적 균일하고 안정된 환경이다. 관련 미생물에게 최적인 이러한 조건들과 섭식된 식물의 계속적 공급은 미생물 개체군들이 높은 밀도로 발생할 수 있도록 해준다.

반추 제1위에서 일어나는 전체적인 발효반응은 다음 식으로 나타낼 수 있다.

$$57.5(C_6H_{12}O_6) \rightarrow$$
$$65\text{acetate} + 20\text{propionate} + 15\text{butyrate} + 60CO_2 + 35CH_4 + 25H_2O$$

셀룰로오스, 전분 및 기타 섭식된 영양원은 반추 제1위에서 미생물에 의하여 이산화탄소, 수소가스, 메탄 및 초산, 프로피온산, 부틸산과 같은 저분자 지방산으로 전환된다. 유기산은 동물의 혈류로 흡수되며, 이곳에서 호기적으로 산화되어 에너지가 생산된다. 반추동물도 관련 미생물 개체군들이 생산한 단백질을 이용할 수 있다. 반추 제1위에서 메탄생성세균에 의하여 생산된 메탄은 방출되며, 동물의 영양에는 기여하지 않는다.

반추 제1위 내의 혐기적 환경은 미생물의 소화과정 중 동물 내에서 손실되는 열량이 비교적 낮도록(약 10%) 해준다. 손실된 에너지의 일부는 체온을 유지시키는데 도움이 되므로 동물에게 이익을 준다. 반추동물은 먹이로서 가치가 떨어지는 높은 셀룰로오스 함량의 먹이를 효율적으로 이용하지 못한다. 고급사료에 포함된 단백질을 포름알데히드로 처리하여 교차 연결시키면 반추 제1위 미생물에 의한 분해가 방지되어 귀중한 단백질이 메탄으로 발효되지 않고 소화장관에서 소화 및 흡수되도록 해준다.

반추 제1위는 다양한 미생물을 함유한다(표 13-1). 세균 개체군으로 셀룰로오스 분해세균, 전분 분해세균, 헤미셀룰로오스 분해세균, 당류 발효세균, 지방산 이용세균, 메탄생성 세균, 단백질 분해세균 및 지방 분해세균 등이 있다. 이러한 개체군에 속하는 세균으로 *Bacteroides, Ruminococcus, Succinomonas, Methanobacterium, Butyrivibrio, Selenomonas, Succinivibrio, Streptococcus, Eubacterium, Lactobacillus* 속이 있다. 이러한 세균 개체중의 많은 종류가 반추 제1위 내의 주된 산인 아세트산을 생산한다. 이들은 반추동물에 의하여 탄수화물로 전환될 수 있는 유일한 발효성 산인 프로피온산을 생산한다. 반추 제1위 내의 다양한 미생물 군집은 반추동물이 섭식한 각종 식물성분을 소화하는데 필요한 효소들을 생산한다.

반추 제1위는 세균 외에도 많은 원생동물 개체군들을 함유하는데, 대부분은 섬모충류이며,

표 13-1 • 일부 반추 제1위 세균의 발효산물 및 에너지원

세균	에너지원	발효산물
Bacteroides succinogenes	cellulose, starch, glucose	acetate, succinate
Bacteroides amylophilus	starch	acetate, succinate, formate
Bacteroides ruminicola	starch, xylan, glucose	acetate, succinate, formate
Ruminococcus flavefaciens	cellulose, xylan, glucose	acetate, succinate, formate, hydrogen
Succinivibrio dextrinosolvens	glucose	acetate, succinate
Succinomonas amylolytica	starch, glucose	succinate
Ruminococcus albus	cellulose, xylan, glucose	acetate, ethanol, formate, hydrogen
Butyrivibrio fibrisolvens	cellulose, starch, xylan, glucose	butyrate, formate, hydrogen
Eubacterium ruminantium	xylan, glucose	butyrate, formate, lactate
Selecomonas ruminantium	starch, glucose, lactate, glycerol	acetate, propionate, lactate
Veillonella alcalescens	lactate	acetate, propionate, hydrogen
Streptococcus bovis	starch, glucose	lactate
Lactobacillus vitulinus	glucose	lactate
Methanobacterium ruminantium	H_2+CO_2, formate	methane

편모충류도 일부 존재한다. 반추 제1위에 존재하는 섬모충류는 혐기적으로 자라고, 식물을 발효하여 에너지를 획득하며, 높은 밀도로 존재하는 세균 개체군들에 견딜 수 있는 매우 특수한 그룹이다. 반추 제1위에 존재하는 일부 원생동물들 개체군들은 셀룰로오스와 전분을 분해할 수 있으며, 일부 개체군들은 탄수화물을 발효시킨다. 일부 원생동물은 세균 개체군을 포식하며, 이들의 단백질은 반추동물의 효소에 의하여 소화된다. 반추 제1위 서식 원생동물은 다량의 탄수화물을 축적하는데, 이것은 반추동물이 원생동물의 생물량과 함께 소화한다. 원생동물의 소화는 반추 제1위에 인접한 반추 제3위와 제4위에서 이루어진다. 세균에서 원생동물을 거쳐 반추동물로의 탄소 이동은 짧고, 효율적인 먹이사슬을 형성한다. 원생동물은 세균보다 더 효율적으로 소화되는데, 이것은 세균이 내구성이 있는 세포벽과 높은 핵산함량을 가지기 때문이다.

반추동물과 반추 제1위 내의 미생물 개체군간의 관계는 원시협동과 상리공생 관계의 경계에 위치한다. 이들 양자는 분명히 이 관계로부터 이익을 얻는다. 반추 제1위 내의 미생물은 식물체를 소화하여 반추동물이 이용할 수 있는 저분자량의 지방산과 미생물 단백질을 만든다. 반추 제1위 내의 일부 세균 개체군들은 생육인자를 요구하지만 어떤 개체군들은 그들 자신과 반추동물의 영양적 요구를 충당시키는 비타민류를 생산한다.

반추 제1위는 이러한 미생물들의 발효활동을 위한 적합한 환경과 기질을 계속적으로 공급해준다. 반추작용(이미 삼킨 먹이를 다시 씹는 것)은 식물체를 물리적으로 잘게 부수어 미생물이 공격하기 쉽도록 표면적을 증대시켜 준다. 반추동물의 침 또한 삼켜진 식물체가 미생물의 공격에 약해지도록 하는데 기여한다. 반추위의 운동은 미생물의 최적생육과 대사활동을 위한 충분한 혼합작용을 수행한다. 반추 제1위로부터 저분자 지방산이 동물의 혈류로 흡수되어 제거되면 미생물 개체군이 계속적으로 생육할 수 있게 된다. 이러한 산들이 축적되면 미생물에게 유독할 수도 있다.

반추 제1위에 존재하는 미생물 개체군들의 높은 다양성은 미생물 군집으로 하여금 반추동물의 먹이변화에 적절히 반응할 수 있도록 해준다. 섭식된 식물체의 일부는 셀룰로오스를 다량 함유하며, 어떤 것은 다량의 헤미셀룰로오스, 어떤 것은 다량의 전분을 함유한다. 반추 제1위 내 미생물 개체군들의 구성비는 섭식된 식물체의 성질에 따라 변화된다. 겨울철의 건초에서 봄철의 초원 목초로 먹이의 급격한 변화는 반추 제1위의 발효체계를 혼란시킴으로써 메탄이 과도하게 생산되며, 반추 제1위가 확장되어 폐를 압박하게 됨으로써 동물이 질식사할 수도 있다. 이러한 현상은 양이나 가축의 고창증(bloat)으로 알려져 있으며, 일단 이러한 상태가 발생하면 반추 제1위에 구멍을 내어 과도한 메탄을 방출시켜야만 동물을 구할 수 있다.

반추동물과 비슷한 소화유형을 보이는 동물에는 콜로비드 원숭이, 나무늘보, 하마, 낙타 등이 있다. 말, 돼지, 토끼와 같이 식물체를 먹고사는 비반추 동물에서는 확대된 맹장(공장, cecum)에서 미생물에 의한 소화가 일어나 휘발성 지방산이 생성된다. 이러한 지방산은 장벽을 통하여 혈류로 들어가며, 동물세포 내에서 최종적으로 산화되어 이산화탄소와 물이 생성된다.

13.1.5 동물과 광합성 미생물간의 공생관계

일부 무척추동물은 단세포 조류와 cyanobacteria를 비롯한 광합성 미생물과 상리공생 관계를 맺는다. 분류상으로 이러한 미생물은 내생성(endozoic) 조류라고 한다. 만약 이들 조류세포가 노란색 또는 적갈색을 띠고 있으면 동물성 조류(zooxanthellae)라고 하는데, 와편모조류(dinoflagellate)와 화조류(Pyrrophycophyta)도 여기에 포함된다. 조류세포가 연한 녹색 또는 밝은 녹색이면 녹조공생자(zoochlorellae)라고 하며, 청록색을 띠면 시안공생자(cyanellae)라고 한다.

다모류, 편형동물, 연체동물, 극피동물, 히드라, 해파리, 바다 아네모네, 산호, 해면 등의 일부 종에서 광합성 미생물과의 공생관계가 보고되어 있는데, 특히 히드라, 바다 아네모네, 산호와 같은 강장동물이 내생적인 조류를 가지는 흔한 동물이다. 해면은 cyanobacteria의 가장 흔한 숙주가 되며, 녹조류는 주로 담수 무척추동물에서 발견된다. 와편모조류는 해양 무척추동물에서 가장 흔하게 발견되는 공생조류이다. 그러나 내생성 조류를 숙주동물로부터 분리하여 순수배양할 수 없기 때문에 그 분류는 모호한 실정이다.

1차 생산자인 미생물과 소비자인 동물 개체군간의 상리공생 관계는 미생물이 동물에게 유기 영양원을 공급할 수 있는 능력과 동물이 미생물에게 생리적 및 영양적으로 적합한 환경을 제공할 수 있는 능력에 의존한다. 어떤 경우에는 미생물과 동물이 서로 접촉되도록 형태적인 적응이 일어남으로서 양자간의 효율적인 물질전달이 일어난다. 섬모가 있는 편형동물인 *Convoluta roscoffensis*와 녹조류인 *Platymonas convolutae*간의 공생관계는 심도 깊게 조사되었다. 이 조류는 편형동물에게 아미노산, amide, 지방산, 스테롤 및 산소를 공급하고, 편형동물은 조류에게 이산화탄소와 요산(uric acid)을 공급한다.

강장동물인 산호는 내생적 와편모조류와 상리공생 관계를 맺는다. 산호초는 칼슘함유 홍조류에서 볼 수 있는 것처럼 외부에 원시협동적 조류 개체군의 성장에 적합한 서식지를 제공해 준다. 산호의 성장은 산호개체의 조직 내에 살고 있는 내생적 와편모조류의 대사활동에 의존한다. 산호는 관계를 맺고 있는 조류의 광합성이 최대에 도달할 때 해수 중의 칼슘을 침전시킨다. 조류에 의하여 이산화탄소가 동화되면 보다 용해성인 중탄산염이 다소 불용성인 탄산염으로 전환된다. 성장하고 있는 산호 개체는 조류가 생산한 유기물질을 이용하고, 또한 조류는 산호체 내에 축적되는 암모니아를 제거해 준다. 내생적 조류와 산호간의 상호의존적 관계는 탄소, 질소, 인 및 산소 함유 화합물의 교환에 근거하는 것으로 추정되고 있다.

내생적 조류를 함유하는 동물들은 조류에게 이익을 주는 행동특성, 즉 주광성(phototaxis) 반응을 보인다. 예를 들면, 산호개체는 빛이 있는 곳으로 뻗어나가서 조류가 광합성을 할 수 있는 조도에 접근시켜 준다. 동물성 갈조를 가진 바다 아네모네 역시 주광성 반응을 보이며, 내생성 조류를 가진 자유유영 동물도 조류의 광합성에 가장 적당한 빛이 투과되는 깊이까지 이동한다.

광합성 미생물과 동물간의 이러한 상리공생적 관계는 1년 중 특정기간 동안 동물의 성장에 보다 유리한 조건을 제공해 준다. 예를 들면, *Convoluta*는 해양성 생물에게 영양원을 공급해 주는 육지로부터의 방류수가 없는 겨울철에 영양원을 보유하고 재순환시킬 수 있는 효율적인 기전이 필요하다. 일부 실잠자리 유충과 유글레나 간에도 흥미로운 계절적 내부공생 관계가 관찰된다. 이러한 공생관계는 여름에는 발생하지 않고 겨울에만 발생하는데, 겨울철에는 유충의 소화관에 유글레나가 공생함으로써 서식처가 얼어붙는 환경에서도 서로가 생존할 수 있으며, 여름철에는 이러한 상리공생 관계가 깨어짐으로서 서로가 단독으로 생활한다.

13.2 동물을 포식하는 균류

13.2.1 선충류를 포획하는 균류

일부 균류는 선충류를 영양원으로 포식한다. 선충류를 포획하는 가장 흔한 균류로는 *Arthrobotrys, Dactylaria, Dactlyella* 및 *Trichothecium* 속이 있으며, 선충을 포획하는 기전에는 점착성의 망상형 가지, 줄기에 달린 점착성의 혹, 점착성의 올가미, 수축성 고리 등이 있다. 선충이 끈끈한 균사 구조물을 지날 때 이것이 선충에 붙어서 포획된다. 선충이 수축성 고리 속으로 지날 때 균류의 고리는 삼투압의 급격한 팽창에 의하여 선충류를 포획한다. 선충류가 빠져 나오려고 격렬히 움직여도 대체로 성공하지 못한다. 균류의 균사는 포획된 선충 속으로 침입하여 선충을 효소적으로 분해한다. 일부 선충을 포획하는 균류는 선충이 없을 때는 포획기구를 만들지 못하는데, 이것은 피식자가 존재함으로써 이들을 포획하고 소비할 수 있는 포획기구의 형성이 유도되는 아주 독특한 관계이다.

13.2.2 균류와 비늘벌레 곤충(scale insect)과의 관계

비늘벌레 곤충과 균류인 *Septobasidium*간에 흥미로운 관계가 존재한다. 비늘벌레 곤충은 식물 기생체로서 긴 흡수관(hastorium)으로 식물의 즙액을 빤다. 비늘벌레 곤충은 식물의 비늘로부터 나올 때 균류에 감염된다. 균류는 균사를 뻗어 비늘벌레 곤충 주위를 둘러싸서 이들을 가두는데, 일시에 죽이지는 않는다. 따라서 일부 비늘벌레 곤충은 비늘을 둘러싼 균사체 내에서 새끼를 낳으면서 살아간다. 또한 균사체는 비늘벌레 곤충의 성충만 포획하기 때문에 어린 비늘벌레 곤충의 새끼는 균사 사이로 빠져나가 식물을 먹는다. 이 관계에서, 균류는 비늘벌레 곤충을 다른 기생자 및 포식자로부터 보호해 주고, 비늘벌레 곤충은 균류가 이용하는 영양원을 공급한다. 동시에 어린 비늘벌레 곤충이 한 식물에서 다른 식물로 이동함으로써 균류 역시 다른 곳으로 전파된다. 일부 성숙한 비늘벌레 곤충은 겨울동안 살아남아 균류에 의하여 죽기 전에 유충을 생산하지만 나머지는 성숙하여 생식하기 전에 균류가 침입함으로써 죽게 된다. 균류는 비늘벌레 곤충에 과기생(hyperparasitize)하여 영양원을 획득하고, 비늘벌레 곤충은 균류에 의하여 보호를 받는다.

이러한 균류와 비늘벌레 곤충간의 관계에서 보다 흥미로운 것은 *Septobasidium*이 비늘벌레 곤충 새끼의 성(性)을 결정할 수도 있다는 사실이다. 모든 비늘벌레 곤충의 알이 *Septobasidium*과 공생 관계를 맺는 것은 아니지만 *Septobasidium*과 공생 관계를 맺는 알은 암컷으로 되고, 그렇지 않은 알은 수컷으로 된다. 아직까지 왜 이런 일이 발생하는가에 대한 이유는 밝혀지지 않고 있다.

13.2.3 공생적 빛의 생성

일부 해양 무척추동물과 물고기는 발광세균과 공생관계를 맺는다. 이 발광세균은 숙주에 따라 눈 근처, 배, 직장, 턱 등과 같이 서로 다른 기관에 존재한다. 예를 들면, 오징어의 경우 발광세균은 잉크주머니 근처의 외투강에 있는 한 쌍의 선(gland)안에 존재한다. 발광세균인 *Beneckia*와 *Photobacterium*은 주머니 비슷한 특수한 기관 속에 들어 있고, 이곳에 외부공이 있어서 세균이 출입할 수 있으며, 주위의 바닷물이 교환될 수 있다. 물고기는 세균에게 영양원을 제공하고, 경쟁 미생물로부터 보호해 준다.

발광세균은 대체로 빛을 발하나 일부 물고기는 이러한 세균이 들어있는 기관을 조절하여 빛을 껐다 켰다 할 수 있다. 섬광물고기(flashlight fish)인 *Photoblepharon*은 발광기관 위에 검은 차폐막 또는 격막을 드리움으로서 빛을 차단할 수 있다. 발광기관은 발광세균이 가득 채워진 세포들로 구성되어 있다. 현재까지 이러한 세균들을 분리하여 배양하려는 노력은 실패하였다. *Photoblepharon*은 야행성이며, 군집성이다. 발광은 야간에 이동을 위한 전등의 역할, 무리형성 및 포식자를 퇴치하는데 도움이 되는 것으로 추정되고 있다.

*Photoblepharon*은 얕은 물에 살지만 발광세균과 공생관계를 맺는 대부분의 물고기는 빛이 투과하지 못하는 심해에 서식하고 있다. 이러한 심해어의 발광세균에 의한 발광은 빛을 발함으로써 서로를 인식하고 구별할 수 있게 한다. 또한, 물고기 발광기관의 유형과 위치 및 종종 발광기관이 한쪽 성에만 존재한다는 사실은 발광세균이 물고기의 짝짓기 상대를 구별하는데도 중요하게 작용할 수 있다는 것을 의미한다. 눈 밑에 자리잡고 있는 일부 발광기관은 guanine을 함유한 세포들로 구성된 오목거울형이며, 렌즈와 비슷한 초점 조절구조라는 사실은 물고기가 빛을 탐사용으로 이용한다는 것을 나타낸다. 발광기관이 이동한다는 사실은 물고기가 먹이를 유인하고, 다른 물고기와 의사를 교환하도록 해줄지도 모른다. 심해어는 살아있는 상태로 획득하기가 어렵기 때문에 심해어와 발광세균간의 관계를 규명하는데 큰 애로가 되고 있다.

13.2.4 생태학적 관점에서 본 동물의 질병

각종 바이러스, 세균, 원생동물, 조류를 비롯한 일부 미생물은 동물에게 질병을 일으킨다. 발병 기전은 두 가지로 구분할 수 있는데, 하나는 미생물이 직접 동물의 표면이나 내부에 생육함으로써 질병을 초래하는 감염이고, 다른 하나는 동물에게 질병을 일으키는 독성물질을 생성하거나 동물의 서식지를 변화시켜 이들이 더 이상 건강한 상태로 존재할 수 없게 하는 경우이다.

물이나 토양과 같이 자연적인 서식지에서 생육하는 미생물들은 자연적 조건들을 변경하여 이러한 서식지를 점유하는 동물 개체군들에게 불리한 영향을 미칠 수 있다. 이러한 상황은 미생물 군집 내에서 개체군이 불균형을 이룰 때 발생한다. 예를 들면, 부영양화된 호수에서 조류의 대번성이 발생하였을 때, 원인 생물인 광합성 독립영양 개체군들은 호수에 다량의 유기물을 제공하는데, 나중에 이 유기물이 종속영양 미생물들에 의하여 분해되는 과정에서 용존산소가 고갈되어 혐기성 상태가 유발된다. 이러한 산소 고갈은 산소를 필요로 하는 동물 개체군들에게 질병과 죽음을 초래하며, 때로는 물고기의 대량 폐사를 일으킨다.

또한, 미생물 개체군들은 동물에게 질병을 일으키는 무기화합물 또는 유기독소를 생산할 수 있다. 퇴적층에서 미생물 개체군들에 의하여 생산된 황화수소는 퇴적층에 굴을 파는 동물들에게 유독한 농도로 축적될 수 있다. 미생물에 의한 황의 산화로 발생하는 산성광산배수는 배수되는 하천에 강산성 조건을 생성시켜 수서 동물의 질병과 죽음을 초래할 수 있다. 숙주동물의 외부에서 미생물이 생산하는 독소는 종종 동물이 미생물을 먹이로 섭취할 때 식중독을 일으킨다. 많은 종류의 버섯은 이를 섭취하는 동물에게 극히 유독하여 심한 질병을 유발하고, 가끔 죽음을 초래한다. *Aspergillus* 종에 의하여 생성되는 aflatoxin은 가금류나 이 독소가 함유된 식품을 먹은 동물 개체군에게 질병을 일으킨다. 미생물 독소는 이것을 생산하는 개체군이 생존 및 생육되지 않는 조건에서도 활성을 유지할 수 있다.

동물의 외부에서 생육하면서 독소를 생산하는 미생물에 의해 발생된 동물 질병과는 대조적으로 감염성 병원체 또는 기생성 미생물은 동물의 조직 내 또는 조직 표면에서 생육할 수 있어야 한다. 일부 병원성 미생물은 절대적 세포간 기생체이며, 그들의 존재나 생존은 전적으로 어떻게 동물세포 내에 성공적으로 침입하여 증식하느냐에 달려있다. 비록 병원균과 숙주 사이의 평형상태가 존재하는 안정된 보균상태가 존재할 수 있기는 하지만 질병을 유발시키는 감염성 미생물은 감염된 동물체 내에서 제한된 기간 동안만 생육하며, 그 후에는 숙주동물이 죽어서 병원균의 서식지가 파괴되거나 병원체가 더 이상 생육하지 못하도록 하는 면역반응이 형성된다. 그러므로 병원성 미생물 개체군들이 계속적으로 생육하기 위해서는 새로운 감염성 동물 개체군의 구성원들에게 전파되어야 한다. 따라서 전파경로, 병원체의 숙주동물 밖에서의 생명유지 기간, 생존에 필요한 환경인자 및 특정 병원성 개체군들에 대한 저장원이나 대체 숙주 개체군들을 고려하는 것이 중요하다.

병원성 미생물은 보통 호흡관 및 소화장관과 같은 동물의 정상적인 개구부를 통하여 동물체 내로 침입하며, 숙주동물의 외부 피부층을 통하여 감염되지는 않는다. 그러나 예외적으로 itch 병을 유발하는 섬모충류 원생동물은 물고기의 피부를 뚫고 침입할 수 있다. 또한, 상처나 곤충이 물어서 보호작용을 하는 피부표면이 터지면 이곳을 통하여 병원체가 침입하기도 한다. 대부분의 병원성 미생물은 위와 같은 침입경로 중 한 가지 경로를 통해서만 침입하여 질병을 일으키며, 동물체의 다른 부분을 통해서 침입한 경우에는 질병을 일으키지 않고 다른 형태의 미생물-동물 관계를 맺는다. 어떤 경우에는 정상적인 조건에서는 질병을 일으키지 않지만 특별한 상황하에서는 질병을 일으키는 기회적인 병원체도 있다. 예를 들면, 대장균은 사람의 장내에서 정상적으로 서식하며, 이곳에는 질병을 일으키지 않으나 요도관으로 들어가면 요도관염을 일으킨다. 병원성 미생물에게 침입경로가 한정되어 있다는 사실은 침입부위 외의 다른 부위는 병원성 미생물이 생육할 수 없는 낮은 pH로 유지됨에 일부 기인하며, 침입 병원성 미생물이 질병을 유발할 정도의 농도까지 증식하지 못하도록 숙주동물의 면역반응 및 숙주동물 조직 표면에 정상적으로 존재하는 비병원성 정상균총에 의한 길항작용에 일부 기인한다.

병원성 미생물의 전파성은 병원체가 숙주동물로부터 빠져 나와 새로운 숙주동물과 접촉하여 그 동물의 조직에 성공적으로 침입할 수 있는 능력에 달려 있으며, 이때 숙주로부터 빠져나와 새로운 숙주동물과 접촉하기까지 병원체는 생존할 수 있어야 한다. 병원성 미생물은 정상적으로 직접적인 접촉, 공기나 물을 매개로 한 전파, 병원체가 존재하는 먹이의 섭식 및 매개생물을 통하여 전파된다. 공기를 통하여 오랫동안 이동하여 전파되는 병원성 미생물의 경우, 성공적으로 다른 숙주동물에 전파되기 위해서는 건조에 강해야 하며, 많은 수의 개체가 공기 중으로 방출되어야 한다. 매개체는 숙주동물의 밖에서 오랫동안 생존할 수 없는 병원체의 전파에 중요한데, 병원체-매개체-숙주동물간의 관계는 특이성이 매우 높다.

바이러스에 의하여 발생되는 희귀병인 Kyasanur 산림병을 고찰함으로써 병원성 미생물-병원성 미생물의 병원소(reservoir, 病原巢)-매개체-숙주동물간의 관계를 알 수 있다. 1965년에 발생한 이 병은 다음과 같은 인자들과 관련되어 있다. 이 병원체는 숲 속의 새, 포유동물 등이 병원소이며, 진드기가 매개생물이다. 그런데, 이 지역에 인구가 증가함으로써 많은 가축이 방목되었다. 가축과 같은 대형 포유동물은 매개생물인 진드기의 영양 요구성을 충족시켜 주었기 때문에 진드기 개체수는 증가하였다. 증가된 진드기는 바이러스에 감염되어 이를 원숭이에게 전파시켰으며, 이어서 바이러스가 증식되어 결국에는 사람에게 전파되었던 것이다.

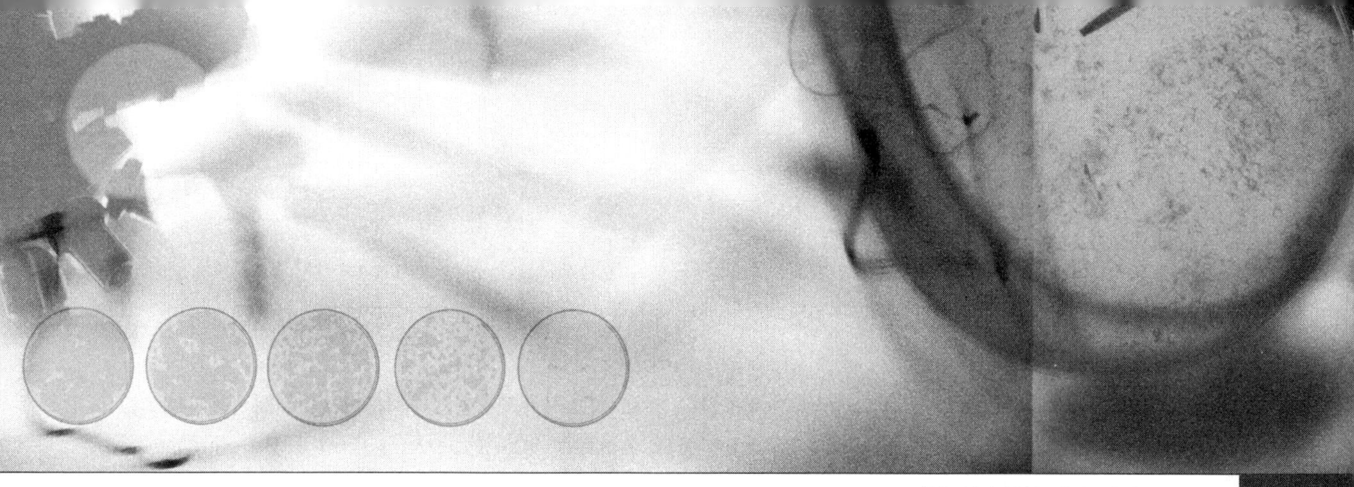

제 14 장 미생물 군집과 생태계

하나의 주어진 장소에서 살면서 상호작용하는 여러 개체군들을 군집(community)이라고 한다. 군집은 개체들과 개체군들로 구성된 생태학적 계층에 있어서 가장 상위의 생물학적 단위이다(그림 14-1). 하나의 단위군집은 하나의 호수나 잎사귀와 같은 일정량의 자원 위에 서식하는 종들의 집합체를 말한다. 한 군집 내의 개체군들은 서로 상호작용하지만 다른 군집 내의 개체군과는 상호작용하지 않으므로 단위군집은 이와 같은 방법으로 명확히 구분된다. 하나의 군집 내에서 같은 자원을 이용하는 개체군들은 길드(guild) 구조를 형성한다. 군집과 무생물적 환경은 자기 부양적 생태학적 단위인 생태계를 형성하며, 이 생태계 내에서 존재하는 군집의 여러 개체군에 의해 에너지의 유통과 물질이 순환된다.

그림 14-1 • 생태계의 조직화.

미생물 생태학은 개체군 생태학과 군 생태학으로 구분할 수 있다. 개체군 생태학은 생활사와 그 환경에 적응해가는 각 개체군의 행동연구에 중점을 두는 반면, 군 생태학은 생태계 내에서 각종 개체군 사이의 상호작용에 대한 연구를 취급한다. 군집 또는 생태계를 조사하는 연구는 군 생태학의 영역에 포함되며, 환경과 개체생물 또는 개체군의 관계를 조사하는 것은 개체군 생태학의 영역에 속한다.

14.1 미생물 군집의 발달

어떤 미생물들은 다른 미생물들이 생존할 수 없는 극한 환경에서 생존하는 데 잘 적응되어 있다. 특정 스트레스 인자들에 대한 이들의 내성한계가 염호(鹽湖), 열천(熱泉), 알칼리호, 사막토양과 같은 극한적 환경에 사는 서식생물을 대부분 결정해 준다(표 14-1). 많은 생물들이 극한 서식지에서만 살 수 있는 생리적 특성을 가진다. 보다 덜 극한적인 서식지에 있어서는 군집 내에서 확고한 위치를 점하는 개체군의 선택에 있어서 영양원과 개체군의 상호작용이 더 중요하다.

표 14-1 • 미생물의 활동에 있어서 생리학적 내성 극한치의 보기

온도	−12℃(호냉성 미생물)	>100℃(1,000 atm하의 유황세균)
Eh	−450mV(메탄생성세균)	+850mV(철 세균)
pH	0(*Thiobacillus thiooxidans*)	13(*Plectonema nostocorum*)
수압	0(각종 미생물)	1,400 atm(호압 미생물)
염도	0(*Hyphomicrobium*)	포화염수(*Dunaliella*, 절대 호염 미생물)

14.1.1 군집 내에서 개체군의 선택

고등동식물과 마찬가지로 미생물도 군집 내에서 성공적으로 생존하고, 그 자신을 유지시키기 위한 전략을 발전시켰다. 이러한 전략들은 r-전략 및 K-전략으로 구분할 수 있다. r-전략가는 군집 내에서 지속적인 생존을 위하여 높은 번식력에 의존하는 반면 K-전략가는 환경 자원에 대한 생리적 적응 또는 환경의 수용능력에 의존한다. r-전략가는 높은 번식능력을 가지는 반면에 기타 경쟁이 될 만한 적응력을 가지고 있지 않다. 이들은 영양원이 제한적이 아닌 상태와 높은 번식률이 기타 경쟁적인 적응력이 가지는 장점들보다 중요하게 작용할 때 번성하는 경향이 있다. 보다 느리게 번식하는 K-전략가는 자원 제한적인 상태에서 성공적인 경향이 있다. r-전략가의 개체군들은 심한 변동을 보인다. 이들은 조밀하지 않은 군집에서 번성하는 경향이 있으며 이들 자원의 많은 부분을 생산에 사용한다. 자원이 부족해지거나 조건이 불리해지면 이들 개체군은 급격히 감소한다. K-전략가의 개체군들은 보다 안정적이며, 군집의 영속적 구성원이 되는 경향이 있다. 이들은 개체군 밀도가 높은 조건하에서 지배적인 미생물이며, 이용가능한 자원의 소량만을 번식에 이용한다.

대형생물과 비교할 때 모든 미생물은 r-전략가로 보이며, 미생물들을 서로 비교해보면 어떤 미생물은 K전략가로 생각할 수 있다. 예를 들어 기회적(zymogenous, opportunistic) 토양미생물 개체군은 r-전략가에 가까우며, 토착성(autochthonous, humus-degrading) 미생물 개체군은 K-전략가에 해당된다. r-전략가 미생물은 빠른 성장력을 통하여 자원이 일시적으로 풍부한 상황에서 번성하는 미생물이라 할 수 있다.

인산염이나 다른 무기물 풍부한 조건에서 폭발적으로 생육하여 수화(bloom)를 일으키는 cyanobacteria와 와편모조류는 r-전략가이다. *Aspergillus, Penicillium, Pseudomonas, Bacillus* 등의 종속영양 미생물은 고농도의 유기물이 존재할 때, 이들을 기질로 하여 급속하게 증식하므로 역시 r-전략가이다. K-전략가 미생물로서 빈영양호나 연못에 사는 담수산 조류(desmid)를 들 수 있다. 또한 해양성 나선균 및 비브리오세균, 유기물이 희박한 환경에서 생육할 수 있는 부속지가 있는 세균(Prosthecate)이 이에 속한다.

14.1.2 미생물 군집 내의 천이

한 군집 내의 각 개체군은 그 생태계에 있어서 일정한 지위(niches)를 차지한다. 그러나 시간이 지남에 따라 어떤 개체군들은 그 생태계에 있어서 기능적인 역할을 보다 더 잘 수행하도록 적응된 다른 개체군으로 대체된다. 즉 군집의 구조는 시간과 함께 진화한다. 이때 군집 내에서 발생하는 개체군 간의 상호관계 유형과 개체군 내에서 일어나는 적응이 군집의 생태적 안정성을 좌우한다.

다소 안정된 군집의 발달은 보통 개체군의 천이(succession)에 의해 형성된다. 군집의 천이는 집락화(colonization) 또는 미생물 개체군들이 한 서식지를 침입함으로써 시작된다. 새로 탄생된 동물의 위장관과 같이 서식지가 이전에 집락화되지 않았던 곳에 발생하는 천이를 1차 천이라고 한다. 반면, 이전에 집락화가 이루어졌던 곳이나 천이가 한번 발생한 곳에서 일어나는 천이를 2차 천이라고 한다. 2차 천이는 1차 천이의 과정을 방해하거나 역행시키는 대이변의 결과로 시작된다.

처녀 환경에 최초로 집락화하는 생물을 개척생물(pioneer organism)이라고 한다. 이들은 처녀 환경에 도착해야 하기 때문에 효율적인 전파기구를 가지고 있어야 한다. 이 점을 제외하면 개척생물의 특성은 집락화하려는 환경에 따라서 달라진다.

개척생물이 더 이상의 천이가 진행되기 어렵게 서식지의 조건들을 변경시키면 독점적인 집락화가 일어난다. 독점적인 집락화는 개척생물의 영역을 확대시키지만 일반적으로 최초로 집락화한 생물보다 더 적응된 생물이 개척생물을 대체하여 서식지를 변경시키게 된다. 이러한 서식지가 더 변화하게 되면 2차 침입자도 다시 대체된다.

천이는 비교적 안정된 개체군들의 집합체가 이루어지면 끝난다. 고전적인 생태학적 사고에 의하면 이러한 극상(climax)군집은 일종의 평형상태를 나타낸다. 그러나 현재의 생태학적 사고에 의하면 평형상태나 극상군집은 드물게 나타나고, 여러 가지 혼란이 나타나 천이과정을 파괴하여 군집이 평형상태에 이르지 못하게 한다고 본다. 극상의 개념을 미생물군집에 항상 적용하기는 어렵다. 그러나 어떤 경우에는 미생물 개체군들이 규칙적으로 천이하여 비교적 안정된 미생물군집을 형성할 때도 있다. 몇몇 천이과정에 있어서 미생물은 새로운 개체군이 발달할 수 있도록 서식지를 변화시킨다. 예를 들면, 통성혐기성 세균이 혐기성 조건을 만들어 주어 절대혐기성 세균 개체군이 발달하도록 하는 경우가 그것이다. 이것을 자생적(autogenic) 천이라고 한다. 반면, 계절적 변화와 같은 환경적 인자에 의해 서식지가 변동될 때, 타생적(allogenic) 천이라고 한다.

1) 독립영양적 및 종속영양적 천이

천이과정은 독립영양적(autotrophic)이거나 종속영양적(heterotrophic)일 수 있다. 미생물의 독립영양적 천이는 무제한적 태양에너지가 있을 때, 유기물이 크게 부족된 환경에서 발생한다. 독립영양적 천이에 있어서는 총광합성(P)이 군집의 호흡(R)을 초과한다. 즉 P/R이 1보다 크다. 천이가 진행되어 안정된 군집이 형성되면 P/R이 1에 접근한다. P가 R보다 크면 생물량은 축적된다. 독립영양적 천이는 새롭게 노출된 화산암석 위와 같이 젊은 개체군집에 나타난다. 광합성 개척생물은 최소의 영양요구조건을 가지며, 좋지 못한 환경조건에 높은 내성을 가진다. 대기 중의 질소를 이용할 수 있는 능력은 하나의 장점이 된다. 지상에 서식하는 cyanobacteria와 지의류(lichens)는 이러한 유형의 환경에 있어서 개척자가 되는 좋은 예들이다.

종속영양적 천이에 있어서는 시스템을 통한 에너지흐름은 시간의 경과에 따라 감소한다. 즉 외부로부터 에너지 유입이 불충분하면 군집은 점차 축적된 화학에너지를 소비한다. 종속영양적 천이는 대개 일시적인데, 이는 저장된 에너지 공급원이 소진되면 군집이 소멸되어 천이가 끝나기 때문이다. 분해과정에 참여하는 많은 미생물군집이 이렇게 일시적인 천이형태를 보여준다. 예를 들면, 쓰러진 통나무 위에 형성되는 미생물군집은 통나무가 완전히 분해되면 사라진다.

2) 천이과정의 보기

잔재물 입자가 수 환경으로 들어가면 천이과정이 일어난다. 입자상 잔재물은 주로 기계적으로 부숴진 죽은 나뭇잎, 뿌리, 줄기 조직 또는 대형식물의 엽상체 조직과 그 외 다른 잔재물로 구성되어 있다. 만약 멸균된 자연산 잔재물 입자들을 소량의 자연산 잔재물 입자들이 접종되어 있는 담수에 넣으면 특징적인 생물 천이가 일어난다. 이 천이는 자연산 잔재물에서 볼 수 있는 것과 매우 비슷한 미생물군집을 형성한다. 세균은 6～8시간 후 입자표면에 소량 출현하고, 15～150시간이 지나면 최대치에 도달한다. 그 후, 세균 개체군은 감소하기 시작하여 200시간 후 비교적 안정한 상태로 된다. 소형의 동물성 편모충류는 접종 20시간 후에 출현하여 100～200시간 후에 최대 개체수에 도달한다. 섬모충류는 100시간 후 나타나서 200～300시간에 최대 수에 도달한다. 근족충류(rhizopods) 및 규조류를 비롯한 기타 미생물들은 보통 천이 후반부에 출현한다.

반추동물에 있어서는 천이가 진행되면 복잡한 절대혐기성 미생물군집이 발달된다. 반추 제1위(remen)에 존재하는 극상군집에 포함되는 개체군들은 *Bacteroides* 및 *Ruminococcus*와 같은 셀룰로오스 분해세균, *Selenomonas*와 같은 전분 분해세균, *Veillionella*와 같은 단백질 분해세균, *Methanobacterium*과 같은 메탄생성세균, *Polyplastron*과 같은 셀룰로오스 및 펙틴 분해 원생동물 및 기타 개체군들이 있다. 세균과 원생동물 개체군간에는 중요한 포식-피식관계가 존재한다. 섬모충류가 대부분인 원생동물 개체군은 복잡한 세균군집이 발달한 후 천이의 후기에 출현한다. 개척자 세균군집은 각종 휘발성 산을 생성하고 산소를 제거하여 환경을 변형시킴으로써 극상군집으로의 천이가 진행되도록 한다.

3) 항상성

확립된 많은 군집들은 고도의 안정성, 즉 변화에 대한 저항성을 가진다. 이런 저항성은 정상상태를 유지하려는 보상기구와 이 정상상태를 교란시키는 변동에 대항하는 여러 가지 조절기구에 의한 항상성(homeostasis)에 기인하다. 안정된 군집의 개념은 정적인 상태를 의미하는 것이 아니다. 각 개체군들은 규칙적 및 불규칙적 변동을 한다. 이러한 변동은 내부 또는 외부적 조건에 반응하여 일어나는 것이며, 전체적인 생태계 안정성의 유지에 기여한다. 예를 들어, 생태계에 있어서 질산염이나 황화수소가 축적되면 이러한 대사중간물질을 이용하는 개체군들이 일시적으로 증가하여, 이 증가된 개체군들은 그대로 있었다면 축적되었을 독성물질의 농도를 저하시켜준다. 개체군의 변동은 또한 계절적인 온도변화 등의 전체적인 환경조건에 반응함으로써도 발생한다. 여름 동안 중온성 개체군에 의해 점유되었던 대사적인 지위(niche)는 겨울 동안에는 호냉성 개체군에 의해 점유될 것이다. 그러나 어떠한 경우에도 생태계에 있어서 필수적인 대사기능은 수행된다. 개체군에 있어서 이러한 계절적 변동은 규칙적으로 발생한다고 알려지고 있다.

몇몇 계절적 개체군 변동은 계절의 변화와 같은 급격한 환경변화에 의한 반복적 혼란으로부터 회복하여 안정된 군집으로 가기 위한 천이라고도 볼 수 있다. 이러한 천이의 예는 북극해의 연안지역에서 해마다 발생한다. 매년 봄에 바다의 얼음 밑에서 조류의 수화(bloom)가 발생하는데, 이 수화는 매년 같은 시기에 일어나므로 규칙적인 계절적 천이라고 할 수 있다. 조류 수화가 발생한 후, 주로 *Flavobacterium*과 *Microcyclus* 종이 우점종이 된다. 얼음이 녹게 되면 서식지가 없어지므로 군집의 천이는 끝난다. 수중으로 분산된 조류 개체군은 포식자에게 먹히거나 세균에 의해 분해됨으로써 감소한다. 겨울 동안에 물 표면에 서식하는 색소를 함유한 세균 개체군들은 사라지지만 침전물에는 일부 조류 및 색소함유 세균개체군들이 생존한다. 겨울에 얼음이 다시 얼면 이러한 계절적 천이가 시작될 수 있는 적당한 서식지가 형성된다. 봄이 되어 충분한 빛이 비치면 얼음 밑에 조류의 집락화가 발생하며, 위와 같은 과정이 반복된다.

4) 미생물 군집 내 유전자 교환

적응적 특성이 유전자 풀(pool)에 도입되면 미생물의 빠른 번식력에 의해 이러한 특성은 신속하고도 널리 나타난다. 세균에 있어서 항생물질에 대한 내성이 빨리 전파되는 것이 좋은 예이다. 항생물질에 대한 내성은 항생물질이 의학적으로 널리 사용되기 이전에 이미 자연 돌연변이나 유전자 재조합에 의해 발생하였다. 다만 이것이 항생물질의 의학적인 광범위한 이용이 있기 전까지는 항생물질에 대해 내성을 가진 병원성 미생물에게 별로 큰 선택적 우위를 주지 못했던 것이다. 1950년대 이후 항생물질의 사용이 유행되자 항생물질이 투입된 개체 내에서 성장할 수 있는, 즉 개체를 감염시킬 수 있는 미생물이 특별히 선택적인 우위를 갖게 되었다.

병원과 같이 항생물질이 빈번하게 투입되는 환경에서는 항생물질에 대한 내성은 널리 퍼졌으며, 질병을 일으키는 미생물에 있어서 이것은 일반적인 특성이 되었다(그림 14-2).

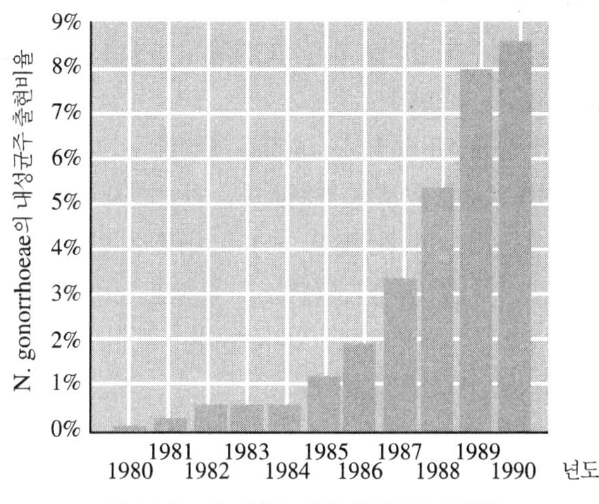

그림 14-2 • 페니실린 내성 임질균의 출현빈도.

군집 내 개체군의 영속성을 결정하는 중요한 인자는 그 개체군의 유전적 적합성이다. 즉, 개체군의 대립형질이 자손에게 전달되어 계속적으로 세대가 이어져 나간다. 또한 유전자는 군집 내에서 다른 개체군으로 전이되어 적합성이 다른 새로운 형질을 형성할 수 있다. 대립형질이나 유전자형(genotype) 간의 적합성의 차이는 사망이나 번식에 있어서 차이가 난다는 것으로 의미한다. 미생물의 경우, 제한된 자원에 대해 경쟁할 수 있는 능력, 포식자에 대한 감수성과 같은 생태학적 특성에 있어서 차이가 있음을 나타낸다.

세균 간에 새로운 형질을 유도하는 유전자 전이와 유전자 재조합 과정은 접합, 형질도입, 형질전환이 있다. 접합은 공여세포와 수용세포간의 직접적인 접촉에 의하여 유전자가 전달되는 과정이고, 형질도입은 공여세포로부터 수용세포로의 유전자 전달을 박테리오파아지(bacteriophage)가 매개하는 과정이다. 형질전환은 수용세포에 의한 유리 DNA의 흡착과정을 말한다. 이러한 세 가지 과정에 의한 유전자 전이는 특히 개체군 밀도가 높은 환경에서 비교적 많이 나타나지만 제한도 많이 받는다.

14.2 미생물 군집의 구조

14.2.1 미생물 군집의 다양성과 안정성

생물 군집은 보통 많은 개체들로 구성된 소수 종으로 형성되거나 적은 개체수로 구성된 많은 종들로 형성된다. 비록 소수의 우점종이 정상적으로 영양단계 내에서 대부분의 에너지 흐름을 결정하지만 덜 우점적이 되는 종은 대개 그 영양단계와 전체 군집에 있어서의 종 다양성(species diversity)을 결정한다. 한 개체군 또는 소수의 개체군들이 높은 밀도로 존재할 때 다양성은 감소한다. 개체수가 많다는 것은 그 개체가 경쟁에서 우위를 점함으로써 단일 개체군이 우점한다는 사실을 의미한다.

군집의 다양성과 생산성은 군집의 성숙도를 결정한다. 성숙한 생태계는 매우 복잡하며, 종 다양성도 높다. 이런 복잡한 구조와 풍부한 종을 가진 생태계는 이러한 구조를 유지하는데 소량의 에너지만을 요구한다. 이러한 낮은 에너지 요구량은 안정된 다양도 수준을 유지하면서도 단위 생물량당 낮은 1차 생산력을 나타내는 것을 보면 알 수 있다. 다시 말해, 다양도와 생산력 간에는 반비례관계가 있음을 알 수 있다. 이러한 관계는 특히 미생물의 빠른 성장에 좋은 환경적 변화가 발생할 때 현저히 나타난다.

군집의 종 다양성은 하나의 역동적인 시스템 내에서 다양한 반응을 허용한다는 점에서 한 개체군의 유전적 다양성과 다소 비슷하다. 만약 하나의 환경을 강력한 일방향적 요인이 지배한다면 안정성을 유지하기 위하여 유연성이 덜 필요하다. 이러한 경우에는 고도로 특수화된 협내성적(stenotolerant) 개체군과 그 환경에 적응한 소수의 개체군만이 우점하게 된다. 예를 들면 염호(鹽湖)의 미생물 개체군은 하구의 개체군보다 대체로 보다 협염성(stenohaline)이며, 뜨거운 온천에 서식하는 미생물 군집은 오염이 되지 않은 강에 서식하는 미생물 군집보다 종 다양성이 낮다.

물리적으로 조절되는 생태계에 있어서의 종 다양성은 낮은데, 이것은 우세한 물리화학적 스트레스에 적응하는 것이 최우선적인 일이므로 균형을 이루고, 통합된 종 다양성이 발달될 여지가 없기 때문이다. 산성 늪, 뜨거운 온천, 남극의 사막은 물리적으로 조절되는 서식지의 예이며, 이러한 곳에서의 종 다양성은 비교적 낮다.

이에 비하여 생물학적으로 조절되는 생태계의 종 다양성은 높은 경향이 있는데, 여기서는 개체군 간 상호작용의 중요도가 무생물적 스트레스를 압도하고 있기 때문이다. 이렇게 생물학적으로 조절되는 생태계에 있어서 물리화학적 환경인자는 오히려 종간의 적응력을 높여 주어 종이 다양해지도록 한다. 토양과 같은 많은 서식지에 있어서 미생물의 다양도는 높다. 반면에 감염된 식물 또는 동물의 조직과 같이 스트레스를 받거나 혼란된 조건에 있어서는 다양도가 현저히 낮다.

높은 다양성을 가진 군집은 넓은 내성범위 내에서 변하는 환경에 대처할 수 있다. 그러나 극심하고 연속적인 환경 변화에는 대처할 수 없다. 예를 들면 활성오니에 존재하는 다양하고 안정된 군집은 많은 독성물질이 낮은 농도로 유입되면 이를 견디어 낸다. 그러나 독성물질이 고농도로 투입되면 군집이 붕괴된다. 이러한 사례로서는 켄터키, 루이즈빌의 도시 하수관거에 hexachloropentadiene과 octachloropentene이 유입되었을 때 폐수공장의 미생물군집이 절멸되어 이 시의 폐수처리가 몇 달 동안 정지된 적이 있다.

14.2.2 종 다양성 지수

군집 내에서 종의 분포나 종의 풍부도를 나타내는 몇 가지 수학적 지수가 있는데, 이것을 종 다양성 지수라고 한다(표 14-2). 이런 지수를 사용하려면 많은 수의 미생물을 특정화해야 하는 기술적 어려움이 있기 때문에 미생물 군집에는 별로 적용되지 않았다. 가끔 미생물학자들은 군집의 다양성을 평판배지 상에 생성된 집락의 형태를 관찰함으로써 대충 추정하기도 한다.

표 14-2 • 다양도 지수의 예

종 풍부도(d)

$$d = \frac{S-1}{\log N}$$

여기서 S : 종수
N : 개체수

Shannon-Weaver의 다양성 지수($\overline{H}$)

$$\overline{H} = C/N(N\log_{10} N - \sum N_i \log_{10} N_i)$$

여기서 C : 2.3
N : 개체수
N_i : i번째 종의 개체수

균등도(e)

$$e = \overline{H}/\log S$$

여기서 $\overline{H}$: Shannon-Weaver 다양도 지수
S : 종수

균등화도(Equitability) (J)

$$J = \overline{H}/H_{max}$$

여기서 $\overline{H}$: Shannon-Weaver 다양도 지수
H_{max} : 조사개체군의 이론적 최대 Shannon-Weaver 다양도 지수-개개의 종은 1개의 성원(member)만 가진다고 가정한다.

종 다양성 지수는 종의 수와 각 종의 상대적 중요도를 관계 지은 것이다. 종 다양성에는 2개의 주요성분이 있는데, 이는 종의 풍부도(species richness) 성분과 균등도(evenness) 성분이다. 종의 풍부도는 총 종수와 총 개체수 사이의 단순비로 표시할 수 있다. 이것은 군집 내의 종수를 측정하는 것으로 각 종이 얼마나 많은 개체수로 구성되어 있는가는 나타내지 않는다. 균등도는 존재하는 종들의 개체수를 측정하는 것으로, 우점 개체군이 존재하는가를 알 수 있다.

널리 사용되는 다양성 지수는 Shannon-Weaver의 다양성 지수이다. 이것은 종의 풍부도와 상대적인 종의 풍부도(abundance)에 영향을 받는 가장 일반적인 다양성 지수이다. 이 지수는 시료의 수에 예민하여, 특히 시료 수가 적을 때는 해석에 주의해야 한다. 시료의 수에 무관한

균등화도는 Shannon-Weaver 지수로부터 계산할 수 있다.

이론적으로 다양성은 천이 동안 증가해야 한다. 이러한 다양성의 증가는 실제로 워싱톤호에 격자판을 담근 후, 주기적으로 꺼내어 격자판에 부착된 부착조류(periphyton)를 전자현미경으로 관찰했을 때 나타났다. Shannon-Weaver 지수로 측정한 다양도는 10일 동안에 증가하였다(표 14-3). 이 기간 동안 몇몇 개척자 개체군은 사라졌으며, 우점종은 종속영양세균에서 조류와 cyanobacteria로 바뀌었다.

표 14-3 • 물에 담근 격자판에 형성된 미생물군집의 천이

시간(日)	다양도($\bar{H}$)	생물량(세균/조류)
1	3.1	6.07
3	4.2	0.23
6	4.4	0.31
10	4.8	-

14.3 생태계

생태계(ecosystem)는 군집과 그 주위의 무생물적 환경으로 구성된 자급자족적 생태학적 단위이다. 생태계 내에서 에너지는 한쪽 방향으로 흐르고, 물질은 군집 내 여러 개체군들에 의하여 순환된다. 생태계는 대단히 복잡하므로 생태계를 움직이는 주된 동력과 생태계의 기능을 조절하는 원리를 이해하기 위해서는 어느 정도 단순화된 이론적 개념을 적용시킬 필요가 있다. 생태계 내에서 발생하는 자연적인 환경 변화는 하위 시스템의 구성성분과 하위 시스템 간의 상호작용을 조사하지 않고서는 이해하기 어렵다.

14.3.1 실험용 생태계 모델

실험용 생태계 모델은 미생물 개체군 간 및 미생물 군집과 환경과의 상호작용을 크게 단순화시켜준다. 그러나 실험용 모델을 이용하여 생태계의 구조와 기능을 조사할 때, 과연 그 모델이 얼마나 실제 생태계를 모사하고 있는가를 고려해야 한다. 즉, 실험용 모델로 부터 수집된 데이터가 실제 생태계에 적용될 수 있는가에 대한 문제를 해결해야 한다.

실험용 모델에 있어서 환경조건과 생물 개체군을 확정할 수 있다. 실험실에서 사용되는 실험용 모델을 미소생태계 또는 축소생태계(microcosm)라고 하며, 이들은 매우 복잡한 구성성

분으로 이루어져 있기 때문에 생태계 내 미생물 군집 간의 상호작용이나 미생물 개체군의 역할을 이해할 수 있게 해준다(그림 14-3).

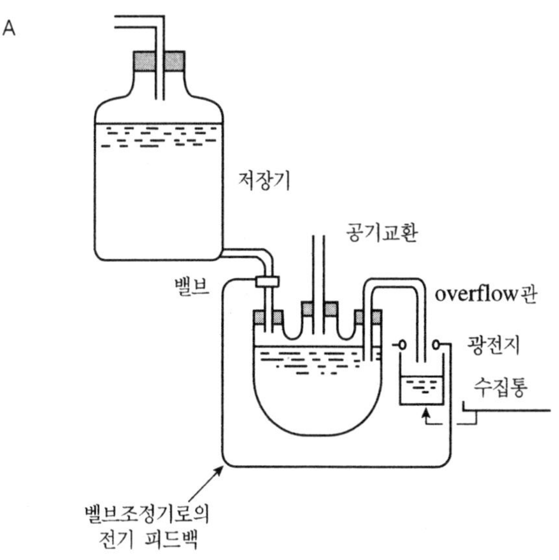

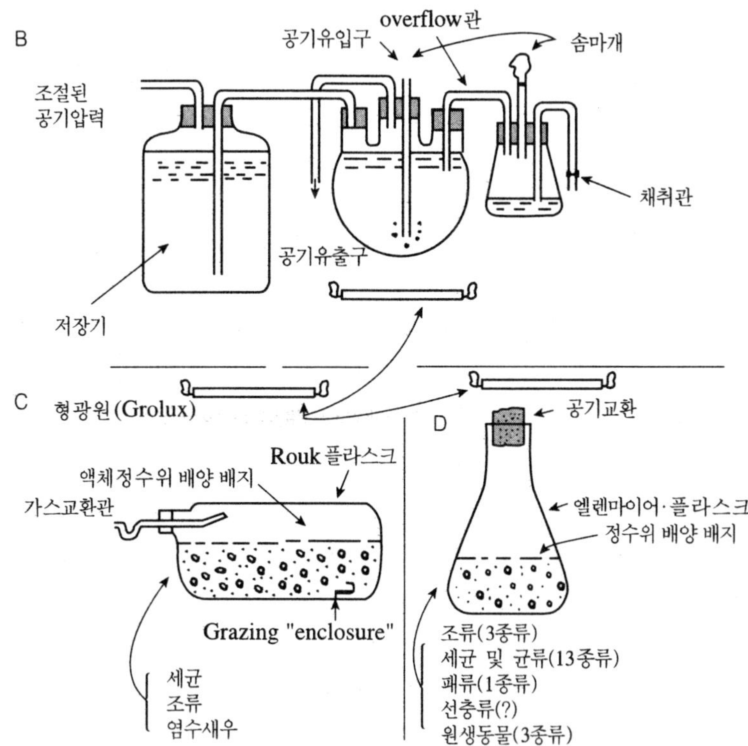

그림 14-3 • 연속흐름계(flow-through)와 회분계. A, 탁도항상기(turbidostat); B, 화학항상기(chemostat); C, D, 회분식 미소생태계(batch microcosms).

1) 회분식 모델

회분식 모델에 있어서는 생물 구성성분과 영양배지가 폐쇄된 시스템에 첨가된다. 회분식 시스템 내에 적절한 빛에너지와 광합성 독립영양 미생물이 존재한다면 자급자족적이다. 이러한 자급자족적 미소생태계 내에서 영양분은 재순환되며, 빛에너지의 유입과 열의 손실이 존재한다. 미소생태계 내에 있어서 불충분한 빛에너지가 투입되거나 광합성 독립영양 미생물이 존재하지 않는다면 이 시스템은 퇴화되어 결국 생물 군집은 사라질 것이다. 이러한 종속영양적 회분식 시스템으로부터 얻은 데이터를 실제 생태계에 적용하는 것은 어렵다. 왜냐하면 이러한 시스템에서는 일정 기간 동안 폐쇄된 공간에서 에너지가 소멸되어 미생물 군집이 사라지기 전에 미생물이 계속적으로 성장할 수 있도록 다시 영양원을 첨가하기 때문이다. 그러나 회분식 시스템은 유기물이 많이 유입되는 생태계를 모델링하기에 적합하다. 예를 들어, 가을철 낙엽이 산림 토양에 떨어졌을 때, 이 낙엽의 운명을 연구하는 데 회분식 시스템을 이용할 수 있다.

2) 연속식 모델

연속흐름계는 영양분의 농도가 생육을 제한하는 수중 서식처의 모델로서 개발되어 사용되고 있다. 생태학적 연구에 가장 많이 사용되는 연속흐름계는 화학항상기(chemostat)이다. 화학항상기는 미생물 개체군들이 담긴 용기에 생육배지가 연속적으로 공급되는 장치이다. 생육배지는 몇몇 필수영양분이 제한적인 농도로 함유되어 있기 때문에 미생물 개체군들의 비증식 속도를 조절할 수 있다.

화학항상기는 정상상태(steady state)에 도달된 자기조절적 시스템이다. 정상상태에서 비증식 속도는 생육배지의 공급속도를 배양 용기의 용량으로 나눈 값인 희석률과 같다. 만약에 배양 초기에 성장률이 희석률보다 크거나 작으면 미생물의 농도는 정상상태가 달성될 때까지 변한다. 정상상태에서 생물량(biomass)의 농도 및 배양용기 내 생육 제한기질의 농도는 유입되는 배지 내에 함유된 기질농도와 성장수확량 지수(growth yield coefficient), 즉 형성된 생물량을 사용된 기질량으로 나눈 값에 의해 결정된다.

화학항상기는 수중 미생물 개체군의 상호작용 연구를 위한 모델 시스템으로 사용하기에 적합하다. 화학항상기를 사용할 때, 같은 기질을 놓고 경쟁하는 미생물 개체군의 천이는 기질의 농도 및 최대 비증식 속도에 달려 있다. 즉 농도가 낮을 때는 특정한 개체군의 경쟁에 유리하나 농도가 높을 때는 이와 반대의 결과가 될지도 모른다. 바꾸어 말하면 어떤 미생물은 낮은 기질농도 하에서 다른 미생물보다 높은 성장률을 유지할 수 있다. 이러한 연구는 특정 미생물 개체군이 특정 시간대에 다른 미생물 개체군보다 더 성공적인가를 설명하는 데 사용될 수 있다. 이러한 경쟁에 관한 연구는 미생물 군집 내의 다양성이 기질농도에 선택성에 따라 결정된다는 것을 설명해 준다. 일정한 환경 하에서 하나의 지위가 완전히 중첩되면 화학항상기 내에는 대체로 하나의 개체군만 생존하며, 다른 비성공적인 경쟁자 개체군은 소멸될 것이다. 그러나 환경적 조건이 주기적으로 변동하여 높은 비증식 속도를 가진 미생물 개체군들이 주기적으로 번갈아가며 나타난다면 하나의 화학항상기 내에 많은 개체군들이 존재할 수 있다. 또한 개체군들이 똑같은 기질에 의해 제한되지 않거나 그 기질을 이용하는데 있어 좋은 방향으로 작용할 때에도 화학항상기 내에서 많은 개체군들이 존재할 수 있다.

3) 축소생태계

다양한 미생물, 식물 및 동물개체군을 포함하고 있는 축소생태계(microcosms)를 사용하면 좀 더 복잡한 상호작용을 조사할 수 있다. 축소생태계는 여러 가지 서식지와 계면(interface), 예를 들면 수저지(sediment), 물, 수저지-물계면 및 동식물 표면 등을 포함할 수 있다(그림 14-4). 연속형 축소생태계는 복잡한 군집 내의 미생물 개체군들의 상호작용 및 그 시스템을 통과하는 에너지와 물질의 흐름에 대한 연구를 가능하게 해준다.

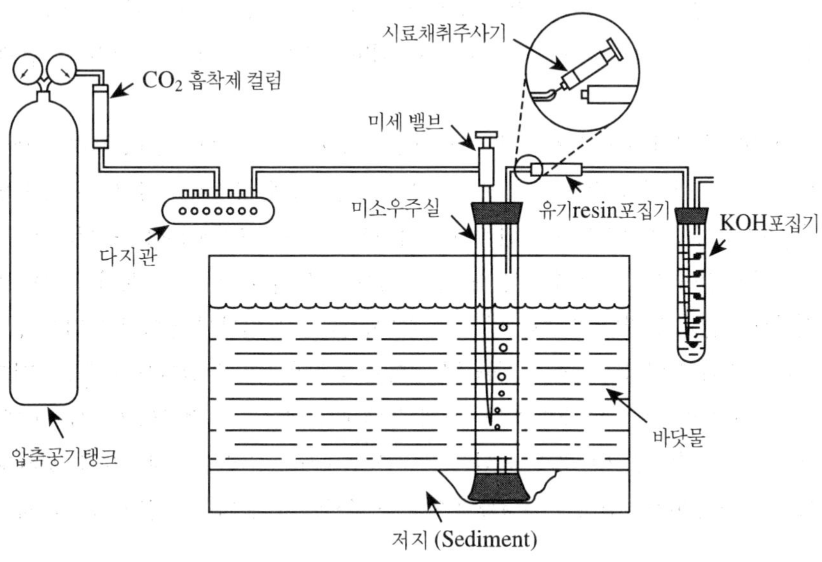

그림 14-4 • 염수 늪에 있어서 독성물질의 영향과 운명을 결정하기 위한 축소생태계.

무균상태의 동물 및 식물은 이들과 미생물과의 상호작용을 연구하는 데 적합한 실험적 모델이 된다. 모든 미생물은 물론 고등생물까지 잘 확정된 시스템을 사용하면 영양섭취에 있어서 미생물의 역할과 동물개체군의 일반적인 건강상태를 조사할 수 있다. 무균상태의 동물은 정상적인 대조군에 비해서 일반적으로 내장관(intestinal tract)이 길고 내장벽이 얇으며, 장내세균 군집에 의해 정상적으로 공급되는 비타민류가 부가적으로 요구될 수도 있다.

무균상태의 동물은 입, 피부 또는 장관과 같은 자연적 서식지에 존재하며, 그 구성종이 알려져 있는 미생물들 간의 대사적 상호작용을 직접 조사할 수 있는 수단을 제공한다. 무균상태의 동물을 사용함으로써 특정 미생물 개체군이 특정 질병과 관련되어 있음을 입증할 수 있다. 또한 동물에 있어서 특정한 질병이 진전하려면 이에 관여하는 미생물 개체군 사이에 자연적으로 상호 이로운 관계가 발생해야만 하는 필요성도 입증할 수 있다.

14.3.2 수학적 모델

실험적 모델 미소생태계 및 자연생태계의 연구는 시스템의 기능을 개념적 또는 가설적으로 이해하는데 도움을 준다. 이러한 개념과 가설 등은 수학적 관계로 표시할 수 있다. 선형방정식 및 미분방정식 등 다양한 수학적 표현을 사용하여 미생물 개체군 간이나 미생물과 그 환경과의 상호관계를 표시할 수 있다. $\frac{dN}{dt} = f(x)$란 미분방정식은 미생물의 생물량과 같은 변수, N의 시간에 따른 변화를 $f(x)$와의 특정한 관계로 표시해준다. 여기서 $f(x)$는 한 가지 또는 그 이상의 변수를 가진 갖가지 함수가 될 수도 있다. 생태학적인 관계가 엔트로피에 관한 열역학적 법칙이나 물질보존의 법칙과 같이 일반적인 법칙을 따른다면 이러한 관계는 정의될 수 있다.

이러한 수학적 모델은 생태학적 이론에 기초하여 만들 수도 있고, 특정한 생태계를 시뮬레이션하기 위해 만들 수도 있다. 이론적인 모델은 실제 생태계를 세부적으로 모방하는데 중점을 두지 않고, 기본적이고 일반적인 생태학적 원리를 묘사하는데 중점을 둔다.

이러한 것들은 대단한 수학적 배경을 요구하므로 여기서는 이런 복잡한 모델에 관한 수학을 생각하지 않기로 한다. 그러나 미생물 생태학자들은 모델화에 있어서 이러한 수학적 접근법이 있다는 것과 생태계를 정확히 시뮬레이션하는 모델의 개발에 있어서 미생물 생태학자들의 관여가 필요하다는 것을 알아야 한다. 전체 생태계에 대한 수학적 모델이 개발됨에 따라 생태계 내에서 미생물이 중요한 역할을 한다는 것과 생태계를 통과하는 에너지 및 생태계 내의 에너지 흐름을 중개하는데 있어서 미생물의 역할을 무시할 수 없다는 사실이 두드러지게 부각되었다.

14.4 자연에서의 미생물 군집

14.4.1 대형군집 내의 미생물

일차 생산자인 대형식물 군집은 눈에 띄지는 않지만 유기물의 분해와 물질의 생물지구화학적 순환에 관계하는 미생물 성분을 가지고 있다. 이러한 미생물은 군집 내의 동, 식물과 다양한 방법에 의하여 상호관계를 맺고 있으나 대형식물 군집 내에서 일차 생산자로서의 미생물의 역할은 무시되고 있다.

반면 대형식물이 존재하지 않는 깊은 담수호나 해양에서는 cyanobacteria와 조류가 일차 생산자로서 중요한 역할을 수행하고 있다. 이러한 생태계를 천수군집 및 원양군집이라고 부른다. 이들 군집 내에서 미생물은 생산자로서의 역할 외에도 분해자나 물질 순환자로서의 역할도 수행하고 있다. 동물성 편모조류를 포함한 원생동물이 대표적인 일차 소비자이다.

육상이나 연안 환경에서 빛 에너지를 포집하는 능력은 대형식물이 미생물을 능가한다. 그러나 대형식물의 성장을 제한하는 물리적 조건이 형성되었을 때, 미생물이 우점을 이루어 일차생산을 독점하게 된다. 예를 들면, 지의류는 바위표면이나 사막 지역에서 우점을 이루는 일차 생산자이다. 이들은 두꺼운 매트의 형태로 1톤/ha 정도 생육한다. 즉, 대형식물이 성장할 수 없는 환경에서 지의류는 바위 표면 등에 부착하여 생육함으로써 일차 생산자 역할을 담당한다.

14.4.2 일부 미생물 군집의 구조와 기능

일부 미생물 군집에서는 미생물과 동, 식물 간의 상호작용보다 미생물 간의 상호작용이 우점적으로 이루어진다. 미생물 군집을 구성하는 역동적인 미생물 개체군은 서식처의 환경이나 군집 내 미생물 개체군 간의 상호작용에 의하여 선택된다. 따라서 휴면구조나 효율적인 분산기구를 가진 미생물이 군집 내에서 분리되더라도 이들은 군집을 구성하는 개체군이 아니고, 단지 생존만 하는 타지성 미생물이다. 예를 들면, 영구 동토에서 발견되는 고온성 세균은 그 군집의 구성원이 아니고, 생존만 하는 타지성 미생물이다.

열대지방 해안의 염분 농도가 높은 증발층에서 관찰되는 원핵미생물 매트 군집(prokaryotic microbial mat community)은 미생물 군집의 구조와 기능을 잘 보여준다. 이 매트에서 우점을 이루고 있는 일차 생산자는 cyanobacteria이며, 그 아래층에 산소 비발생형 광합성을 하는 자색세균이 관찰되고, 그 아래층에서 다양한 황환원 세균으로 구성된 검은층이 발견된다. 황환원 세균은 해수 중의 황산염을 황화수소를 환원시키면서 cyanobacteria와 자색세균이 광합성에 의하여 생성한 유기물을 이용한다. 자색세균은 황환원 세균이 생산한 황화수소를 전자공여체로 이용하여 생육한다. cyanobacteria는 점액 다당류를 분비하여 매트에 부착시킴으로써 썰물 때 자색세균과 황환원 세균의 분리와 건조를 방지한다.

또 다른 유형의 미생물 군집은 스페인 북동부 지역에 있는 시소(Ciso) 호수에서 볼 수 있다. 이 호수는 석고층을 통과한 침출수가 지하로부터 공급되고 있으므로 황산염이 풍부하며, 바람으로부터 보호되고 있다. 이러한 조건에서는 계층화가 일어나기 쉽다. 광합성 결과 생성된 유기물은 *Desulfovibrio*와 같은 황환원 세균이 우점을 이루는 호수 바닥으로 가라앉는다. 그러면 *Desulfovibrio*가 유기물을 이용하여 생육하고, 그 결과 황화수소가 생성된다. 생성된 황화수소는 투광대로 이동하여 그 곳에서 서식하고 있는 광합성 세균(*Chromatium* 등의 자색황세균, *Chlorobium* 등의 녹색세균)이 전자공여체로 이용하여 광합성을 수행한다. *Chromatium*은 *Chlorobium*보다 산소에 덜 민감하지만 고농도의 황화수소에는 대단히 민감하다. 따라서 *Chromatium*은 *Chlorobium*의 상부에서 물 표면 가까운 영역에 서식한다. *Chlorobium*은 *Chromatium* 층 아래에 서식하며, *Chromatium*이 이용하지 못하는 파장의 빛을 이용하여 광합성을 수행한다. 결과적으로 이 호수는 상부에는 *Chromatium*이, 하부에는 *Chlorobium*이 서식하는 계층구조를 이루고 있다.

제 IV 부

미생물 생태학의 응용

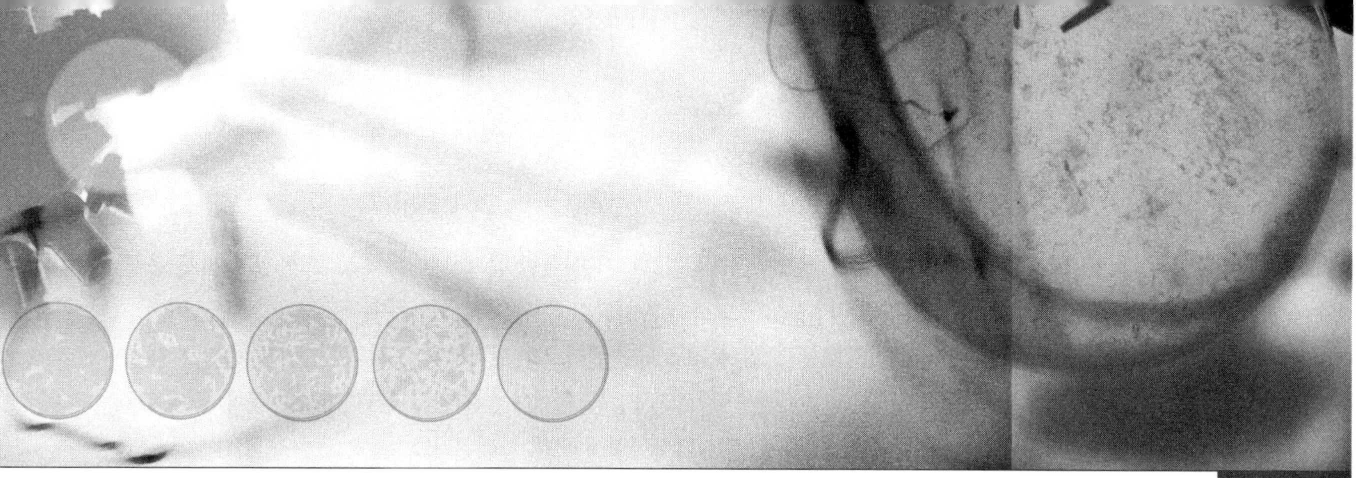

제 15 장 인공합성 화합물 오염과 생물복원

20세기 후반에 있어서 환경오염은 이전보다 더 심각한 문제로 대두되었다. 현재 우리가 봉착하고 있는 오염 문제는 거대한 규모로 증가하고 있는 재래적 오염문제와 2차 세계대전 이전에는 알려지지 않았던 새로운 오염 문제로 구분된다. 전 세계적인 도시화 및 인구 증가는 재래식 오염을 증가시켰는데 효율적으로 오염물질을 제어하기 위한 기술과 재정이 문제가 되고 있다. 이전에는 노출되어 본 적이 없는 화학물질에 의해 초래된 새로운 오염 문제의 대부분은 과학자의 관심 밖에 있었으나 이러한 오염에 대처할 필요성이 대두됨에 따라 점차 규제가 강화되고 있다.

새로운 오염현상의 대부분은 농약, 플라스틱, 기타 오래 존속하며, 분해가 느리고 덜 바람직한 산물로 변하는 등의 속성을 가진 인간이 만든 인공합성 화합물(xenobiotics)에 의하여 발생하고 있다. 또한 산성 광산배수, 유류 및 중금속에 의한 오염은 합성물질과 연관성이 없으나 인간의 활동에 의해 고농도로 환경에 유입되고 있다.

현재 위와 같은 새로운 오염 문제를 저감시키는 데 도움을 줄 수 있는 미생물의 유전공학적 개발에 대한 연구가 이루어지고 있다. 유기합성 화학의 발달과 보조를 맞출 수 있는 미생물의 진화를 가능케 하기 위해 재조합 DNA기법의 사용이 제안되고 있다. 그러나 환경정화를 하기 위한 이러한 접근법은 잠재적 문제성을 가지고 있으며, 큰 논란의 대상이 되고 있다.

15.1 인공합성 화합물 지속성과 생물농축

적당한 환경조건에서 모든 천연 유기화합물은 분해된다. 알렉산더(M. Alexander)는 이러한 일반적 인식을 '미생물의 만능성 원리'로 공식화하여 어떠한 천연 유기화합물도 환경적 조건이 유리하다면 생물 분해에 저항력을 가지는 것은 없다고 하였다.

지난 반세기 동안 합성유기화학의 큰 발전으로 인하여 수많은 인공합성 화합물이 대량으로 생산되었으며, 의도적으로 또는 사고에 의해 환경 중으로 방출되었다. 대부분의 합성화합물은 천연화합물과 매우 유사하여 미생물에 의해 대사될 수 있다. 그러나 일부 합성화합물은 생물 시스템에 현존하는 분해효소가 인식할 수 없는 구조와 화학결합을 가진 화합물이다. 따라서 이들은 미생물 분해에 저항력이 있거나 불완전하게 대사된다. 결과적으로 합성화합물은 환경 중에 축적되며, 또한 배출원으로부터 멀리 이동 및 분산될 가능성도 높다. 이들은 분산되면서 희석되기 때문에 간접적으로 노출된 환경 중에서 이들의 농도는 대단히 낮다.

그러나 이런 물질은 생물학적으로 농축(biomagnification)되기 때문에 문제가 된다. 이러한 물질들은 친유성이기 때문에 물속에 극미량이 용해되어도 생물의 세포 내 지질층에 축적된다. 그러므로 주위 환경에 비해 이들의 세포 내 농도는 증가할 수 있다. 미생물은 한 단계 높은 영양수준에 있는 생물들에 의해 섭식된다. 영양단계가 위쪽으로 한 단계 이전할 때 10~15%

의 에너지만이 고정되고, 나머지는 호흡으로 소비된다. 그러나 친유성 오염물질은 분해되거나 세포 밖으로 배출이 거의 되지 않기 때문에 손실 없이 이보다 작은 생물량(biomass)을 가진 상위 영양단계까지 이전된다. 결과적으로 이러한 물질의 농도는 지속적으로 증가한다. 이와 동일한 현상이 순차적으로 상위 영양수준에서 일어난다. 이렇게 하여 최고의 영양단계에 있는 생물에 이르면 오염물질은 환경 중의 농도보다 10^4～10^5배까지 농축된다. 이러한 농도에 이르게 되면 농약과 같이 생물학적 활성이 있는 물질은 생물체에 죽음 또는 심각한 질병을 초래한다(그림 15-1). 인간은 각종 영양단계로부터 영양원을 취하므로 최상위 영양수준에 있는 육식동물보다는 생물농축에 의한 영향이 덜하다. 그러나 DDT를 무제한적으로 사용했을 때 직접적인 노출이 없는 미국인의 체내에 존재하는 DDT 및 그 유도체의 평균농도가 4～6 ppm에 달했었다. 이러한 농도가 상당히 위험하다고 생각되지는 않았지만 생태권의 상위 영양수준에 축적되는 농도가 증가하는 경향을 보였으므로 미국을 포함한 각 선진국은 DDT의 사용을 긴급 상황을 제외하고는 전면 금지시켰다.

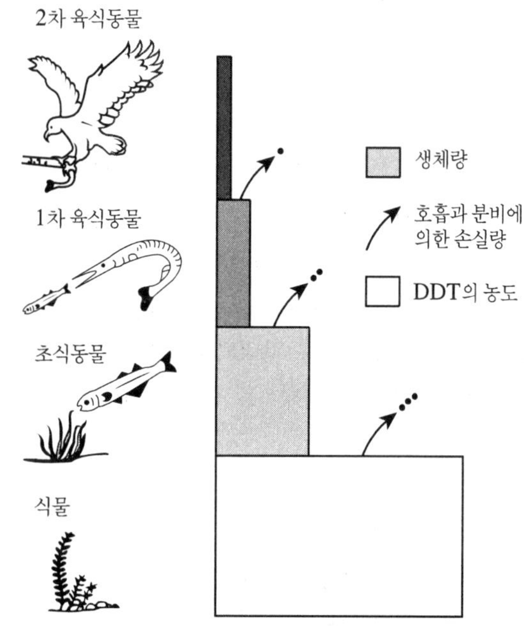

소량의 DDT는 각 영양단계에서 호흡을 통하여 손실된다.
그러나 대부분의 DDT는 상위 단계의 생물체 내에 농축된다.

그림 15-1 • DDT의 생물학적 농축.

15.2 생분해성 및 생물농축 시험

잠재적 위험성이 있는 화학물질의 제조 및 분산에 대한 미국 정부의 규제는 1976년 독성물질 규제법(TOSCA)에 의해 확충되었다. 이 법은 생산자로 하여금 새롭게 제조된 화학물질이 환경에 부작용을 미치지 않는다는 것을 증명하도록 요구하고 있다. 새로운 화학물질의 대량제조 및 판매여부는 시험결과에 따라서 결정된다.

생분해성을 시험하는 고전적인 방법은 대상물질을 기질로 하여 미생물을 배양하는 것이다. 이 방법은 대상물질을 분해할 수 있는 미생물의 순수분리에 있어서는 유용하지만 토양과 같이 자연환경 중에 존재하는 조건을 재현하는 것과는 거리가 있으며, 결과의 변동도 심하다. 기질이 유일한 탄소원으로 작용할 수 없을 때는 다른 기질의 존재 하에서 복합 미생물군에 의해서 분해될 수 있다. 또한 미생물을 분리하기 위해 선정된 배지가 자연 환경에서 가장 적합한 것이 되지 못하는 경우도 있다. 따라서 현재, 대상물질을 생물학적으로 활성인 토양이나 물 시료 등의 대표적인 환경 중에 첨가하여 생분해성을 시험한다. 항상 분해산물을 예측할 수는 없기 때문에 ^{14}C와 같은 방사성 동위원소를 사용하여 생분해성을 측정하면 좋다. 대상물질이 $^{14}CO_2$로 변환되면 가장 명확한 분해의 증거가 된다.

통제된 실험실 조건 하에서 환경시료를 배양시키고 생분해성을 측정하는 것이 가장 일반적으로 사용하는 난분해성 시험방법이다. 이 방법이 순수배양이나 혼합우점 배양(mixed enrichments)보다 우수하지만 현장 실험에 있어서는 재현성이 나타나지 않는다. 이것은 실험실에서는 광분해, 증발, 침출 등의 현상이 없거나 적기 때문이다. 만약 생분해성 시험에서 대상물질이 고도의 난분해성이자 친유성으로 판명되면 생물농축될 가능성이 높다.

멧칼프(Metcalf) 등은 생물농축 잠재력을 측정하기에 유용한 모델 생태계를 고안하였다(그림

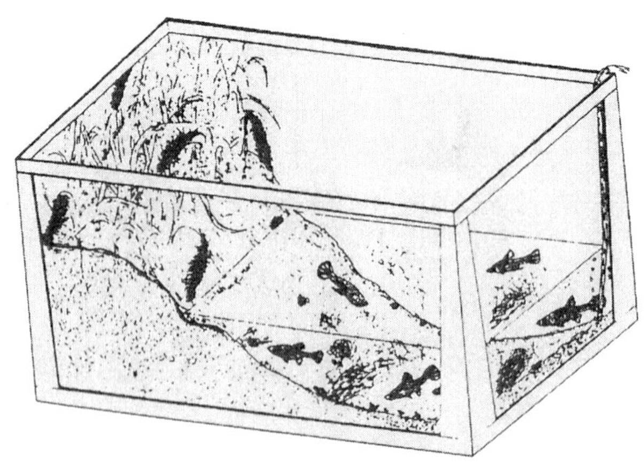

그림 15-2 • 농약의 생물농축을 시험하기 위해 개발된 모델 생태계.

15-2). 이 모델 생태계는 작은 수조 안에 담겨져 있으며, 모래로 된 경사지와 약간의 물로 채워져 있다. 모래 경사지에는 수수가 심겨져 있으며, 방사선 원소로 표지된 DDT나 유사물질을 소량의 아세톤에 녹여서 식물의 잎에 뿌려 준다. 또한 염수(鹽水) 늪에서 서식하는 *Estigmene* 나방의 유충을 수수 잎에 얹어 주어서 잎을 먹게 한다. 이 유충의 배설물은 연못에서 채취한 세균 및 플랑크톤을 혼합 접종한 물속으로 들어간다. 또한 이 모델 생태계에는 녹조류(*Oedogonium*), 수서달팽이(*Physa*), 모기유충(*Culex*), 모기물고기(*Gambusia*)를 넣는다. 다음에 방사성원소로 표지한 시험대상 화합물을 넣은 후, 30일 동안 유지시킨다. 30일 후, 대형생물은 종류별로 분류하고 플랑크톤성 생물은 여과하여 생물의 종류별로 방사능을 측정하며, 모래와 물도 방사능을 측정한다. DDT 같은 화합물은 이 모델 생태계의 최상위 영양수준에 있는 모기물고기(*Gambusia*)에 통상 10^5~10^6정도 농축된다. 잔류성이 적거나 극성이 큰 화합물은 이와 비례적으로 생물농축이 덜 일어난다. 이 모델 생태계는 유연성이 있어서 비교적 쉽게 다른 유형의 먹이연쇄를 구성할 수 있다.

농약 등의 생물학적으로 활성이 있는 물질이 대량으로 환경 중에 투입되는 경우에는 비표적 생물에게 부적절한 영향을 주지 않는다는 것이 확증되어야 한다. 이러한 실험에는 야생동물이나 물고기에 대한 독성시험도 포함될 수도 있으며, 화학물질은 토양미생물의 자연적 활동에 영향을 주므로 새로 제조된 화학물질은 토양 비옥도에 필수적인 미생물학적 과정을 교란시키지 않는다는 것이 입증되어야 한다. 가장 합리적인 시험법은 지구화학적 순환에 대한 직접적 영향을 바로 환경 중에서 측정하는 것이다. 예를 들면, 식물의 주성분인 셀룰로오스의 호기적 및 혐기적 분해에 미치는 농약의 영향은 야외에서 제안된 농도의 10배 농도 수준에서 측정할 수 있을 것이다. 질소고정, 질산화, 황 산화 및 인산화효소(phosphatase)의 활동에 미치는 농약의 영향도 이와 같은 방법으로 측정할 수 있을 것이다.

15.3 생물복원

현재 전 세계적으로 환경보전에 대한 관심이 높아지고 있는데, 이것은 역설적으로 말해 수많은 환경오염물질에 의해 생태계가 크게 오염되어 가고 있음을 의미한다. 즉, 급속한 산업화와 인구의 증가 및 생활수준의 향상으로 인하여 발생되는 각종 화합물은 생태계가 가지는 자정능력의 한계를 초월하여 토양권(lithosphere), 수권(hydrosphere), 대기권(atmosphere) 등을 오염시켜 인간의 건강과 자연환경의 쾌적성을 위협하고 있다. 또한 지금까지 지구상에 존재하지 않았던 새로운 형태의 인공합성 화합물(xenobiotic compound)에 의한 환경오염 부하가 급증하여 인류의 생존에 중대한 위협요소가 되고 있다. 특히 우리나라를 비롯한 산업화된 나라들의 국가 기간산업으로 등장한 석유화학공업, 중화학공업 및 전자공업 등으로부터 배출되는 각종 폐수는 생태계를 오염시키는 주요 원인물질로 작용하고 있다. 이들 폐수에 함유된 각종 인공합성 화합물들은 자연계에서 분해속도가 매우 느리거나 아니면 전혀 분해되지 않는 난분해성 물질로 알려져 있고, 미국의 EPA에 의하여 priority pollutants로 분류되어 있다.

최근 국내의 경우 해양에서의 기름유출 사건, 주유소 난립에 의한 유류 저장탱크로부터 유출된 유류에 의한 토양 및 지하수 오염 등 일련의 환경오염 사례가 급증하고 있고, 잠재적 환경오염물질 발생원이 도처에 존재하고 있으며, 물리화학적 처리에 의한 환경정화법도 한계에 다다른 상황이므로 새로운 형태의 처리방법의 개발이 절실한 실정이다. 이러한 새로운 형태의 환경정화법으로서 미생물이 가지는 특성이나 미생물 공정을 이용하여 오염물질을 분해하거나 무독화시키는 생물복원(bioremediation) 기술이 대표적이다.

15.3.1 생물복원 기술의 정의

생물복원 기술은 자연에 존재하는 세균, 균류 또는 효모와 같은 미생물의 대사활동에 영향을 미치는 환경요인의 최적화, 미생물의 환경으로의 투입 또는 양자 복합적인 처리를 통하여 각종 오염물질을 분해함으로써 오염된 환경을 원래의 상태로 회복시키는 것을 말하는데, 자연환경에서의 오염물질의 제거는 아주 복잡한 과정으로서, 존재하는 오염물질의 성질과 농도, 환경조건, 환경에 존재하는 토착성 미생물 군집의 조성에 따라 그 생분해성 여부와 정도가 결정된다. 따라서 이러한 요소를 파악해서 미생물에 의한 오염물질의 처리를 극대화시키는 방법이 바로 생물복원이다. 이 기술은 오염물질이 유출된 지역의 정화 또는 위험한 독성 오염물질을 처리하기 위한 가장 가능성 있는 새로운 기술로 인정받고 있어 미국을 포함한 각 선진국은 기술의 향상과 그 가능성을 평가하기 위해 field 실험을 포함한 다양한 실험을 통해 실제 오염지역의 정화를 위해 생물복원 기술을 적용하고 있다. 최초로 생물복원 기술을 적용한 사례는 1972년 미국 펜실바니아주의 Ambler 시의 파손된 가솔린 파이프라인으로부터 유출된 가솔린의 처리를 들 수 있으며, 최근의 사례로 1989년 알래스카의 Prince William만의 Exxon Valdez호의 유류 유출사고에 따른 해안의 유출 유류에 대한 처리를 들 수 있다.

15.3.2 생물복원 기술의 장점

생물복원 기술은 다음과 같은 이유로 인하여 매력적인 환경회복기술로 인정되고 있다.

① 이 기술은 물리화학적 방법에 비하여 자연적인 공정을 이용하므로 에너지 사용량이 적어 경제적이다.

② 미생물의 대사작용에 의하여 유해화합물을 이산화탄소와 물로 완전 분해시키므로 2차 오염이 거의 없어 환경친화적이다.

③ 현장(*in situ*)에서 처리가 가능하므로 이미 오염물질이 광범위하게 확산된 지역을 정화하는데 특히 효과적이다. 즉 이 기술은 일반적으로 오염이 발생된 지역에서 실시됨으로써 폐기물 처리장이 있는 지역으로 대량의 폐기물을 이동시킬 필요가 없다.

15.3.3 생물복원 기술의 원리

환경오염이 유발된 곳에서 미생물에 의한 오염물질의 분해가 일어나기 위해서는 먼저 오염물질에 노출된 미생물이 생리생태학적으로 환경에 적응하여야 한다. 따라서 생물복원 기술의 가장 중요한 원리는 특정 오염물질을 분해할 수 있는 미생물들이 잘 생육할 수 있도록, 그리고 분해활성이 높은 환경을 조성하여 오염물질을 제거하는 것이다. 미생물은 다양한 물질 및 에너지를 발생시킬 수 있고, 세포성분을 합성할 수 있는 화합물을 이용할 때에만 오염물질에 대해 작용하게 된다. 다시 말해, 미생물이 오염물질을 분해하기 위해서는 오염물질 분해와 관련된 미생물 수의 증가, 오염물질 분해에 관련된 효소생산이 원활하게 이루어져야 하며, 또한 오염물질을 분해할 수 있는 유전정보의 변이 혹은 전이가 이루어져야 한다. 미생물의 생육과 관련되는 대사활성을 이용코자 할 때에는 미생물이 빠른 속도로 생육할 수 있도록 환경을 잘 조절할 필요가 있다. 미생물의 생육속도는 온도, pH, 수분 및 각종 영양물질의 농도 등 다양한 환경요인의 지배를 받는다. 따라서 이와 같은 환경요인을 최적으로 설정하는 것이 대단히 중요하다. 또한 미생물이 가지는 분해활성을 통하여 특정 유해화합물을 제거하기 위해서는 이 화합물에 작용하는 미생물의 분해활성을 최대화하는 것이 선결조건이다. 이와 같은 경우, 미생물은 촉매와 마찬가지로 농도가 높을수록 반응속도가 빠르다. 대표적인 예로, 부적합한 온도 및 pH, 독성물질 또는 항미생물제의 존재, 영양물질 및 전자수용체 등이 부족하면 acetate와 같은 간단한 휘발성 지방산조차도 분해가 되지 않는다. 이렇게 되면 황화수소의 발생과 같이 불필요한 부산물이 집적되어 새로운 오염을 유발하므로 생육조건 조절 및 관리에 세심한 주의를 기울여야 한다. 어떠한 오염지역에 대하여 생물복원 기술이 적합한가에 대한 원리는 오염물질이 그 지역의 미생물에 의하여 분해가 가능 하느냐의 유무뿐 만 아니라, 그 지역의 지질학적, 화학적 특성과도 관련이 있으므로 오염물질의 종류 및 오염지역에 따라 효율을 극대화하기 위해서는 공학기술을 병용하여 사용할 필요가 있다.

15.3.4 생물복원 기술의 종류

오염지역의 생물복원 기술은 토양미생물을 활성화시키거나 특별히 개발된 미생물을 첨가하고 생육조건을 최적화시켜 오염물질의 생분해를 촉진시키는데 그 목적을 두고 있다. 생물복원 기술은 오염지역에 존재하는 토착성미생물의 이용유무에 따라 biostimulation과 bioaugmentation으로, 그리고 오염현장에서의 처리 유무에 따라 *in situ* 생물복원과 *ex situ* 생물복원으로 나눌 수 있다. Biostimulation은 오염지역에 영양물질이나 전자수용체를 첨가하여 오염지역에 존재하는 토착 미생물군의 분해활성을 향상시킴으로써 환경을 정화하는 방법이다. 일반적으로 산소, 영양물질의 적정한 공급, 적정온도 및 pH, 수분의 유지가 중요한 인자로 작용한다. 미생물의 성장에 요구되는 물질로서 질소, 인, 칼륨, 황 등이 있으며, 만약 영양물질이 충분히 공급되지 않는다면 미생물의 활성은 정지하게 된다. Bioaugmentation은 분해활성이 우수한 미생물을 오염지역에 투여하여 오염물질의 분해효율을 향상시키는 방법이다. 분해활성이 우수한 미생물은 농화배양이나 유전자 조작을 통하여 획득할 수 있다. 오염된 환경에 특정 미생물을 투여할 때 오염물질의 농도, pH, 온도 및 염도 등과 같은 요인으로 인하여 미생물 활성의 저하가 초래될 수 있기 때문에 기대한 만큼의 효과가 있지 못할 수도 있다. 상기 방법에 적용될 수 있는 기술로서 landfarming, 퇴비화(composting), 생물반응기(bioreactor)를 이용한 방법, 생물여과(biofiltration) 등을 들 수 있다.

1) 퇴비화

호기적인 조건에서 호기성 및 호열성 미생물에 의하여 유기물을 생물학적으로 분해하는 일종의 재활용 과정이다. 퇴비화될 물질이 영양물질과 미생물 접종원 및 열원이 되며, 파일(pile) 내의 공기순환을 위하여 팽화제나 나무조각, 톱밥, 채소쓰레기 등을 첨가한다. 전통적으로 composting은 농업폐기물을 처리하는 방법이었으나 최근에는 생활폐기물 및 하폐수 처리장에서 발생하는 슬러지의 부피를 감소시키는데도 사용되고 있다. 생물복원 기술로서 composting을 실시하는 경우는 대부분 오염물질의 농도가 높은 경우이다. 예를 들어, TNT는 상온에서 고상이기 때문에 분해율이 낮지만 약 55℃를 유지하는 파일에서는 80일 이내에 약 90% 이상이 생물학적으로 다른 물질로 전이된다.

2) 생물반응기를 이용한 방법

기본적인 처리과정은 이미 존재하거나 외부에서 공급된 미생물에 의한 오염물질의 생물학적 분해과정이다. 이 방법은 특히 고농도의 유해화합물에 오염된 토양이나 지하수를 처리하는데 효과적인데, 토양이나 지하수에 오염되어 있는 다핵방향족 탄화수소를 처리하는데 이용되고 있다. 오염된 토양을 굴착하여 물 및 기타 첨가제와 적절히 교반하여 미생물을 활성화시켜 미생물에 의한 오염물질의 분해를 촉진한다. 지하수는 양수하여 접촉성장 또는 부유성장 반응기내에서 미생물과 접촉시켜 제거하는 방법이다.

3) Landfarming

석유화학공업에서 발생하는 폐기물을 처리하는 방법으로서, 먼저 슬러지를 토양과 섞은 후, 현장(*in situ*)에서 생물복원 기술을 이용하는 것이다. 이때, 토양 물리성뿐만 아니라 지리적인 측면에서도 세심한 고려가 행해져야 한다. Landfarming의 단점은 진행이 매우 늦고 완벽하지 않을 뿐만 아니라 중금속 물질이 토양에 집적된다는 점이다.

4) Biofiltration

퇴비, 피트(peat) 및 토양과 같은 다공성의 기질 표면에 생물막(biofilm) 형태로 부착된 미생물을 이용하여 폐가스 중의 휘발성 오염물질을 생물막 층으로 흡착, 여과하면서 생물학적 분해에 의하여 제거하는 공정이다. Biofiltration은 수년간 독일, 네덜란드, 영국 및 미국 등에서 H_2S와 같은 악취물질을 제거하기 위하여 널리 이용되어 왔으며, 최근에는 각종 화학공장이나 폐수처리장으로부터 나오는 VOC의 경제적인 처리방법으로도 인식되어 그 중요성은 나날이 더해 가고 있다.

15.3.5 식물복원

현재, 빠른 속도로 개발되고 있는 새로운 생물복원 기술 중의 하나는 식물복원(phytoremediation)이다. 이것은 오염물 분해, 제거 또는 무해화를 위하여 녹색식물과 관련 생물들을 이용하는 방법이다. 식물복원에는 다음의 네 가지 종류의 분해 및 제거 반응이 일어난다.

① 식물이용 휘발화(phytovolatilization)은 토양이나 식물의 뿌리 또는 줄기를 통한 휘발화를 증가시키는 것이다. 휘발화는 나무가 휘발성 물질을 발산시키거나 보다 휘발하기 쉬운 물질로 전환시킴으로써 증대된다.

② 식물이용 분해(phytodegradation)는 식물에 의한 섭취, 식물 효소를 이용한 대사에 의하여 독성이 없는 물질로 전환되는 것을 말한다.

③ 식물이용 추출(phytoextraction)은 식물에 의한 섭취와 식물 조직으로 흡착되는 것을 말하며, 이들은 나중에 회수된다. 소수성 오염물질이 식물이용 추출에 가장 민감하다.

④ 근권분해(rhizo(sphere) degradation)가 무해한 물질을 생성시키는 것은 뿌리로부터 분비된 식물 효소 또는 근권에서 발견되는 미생물에 의하여 촉진된다.

또한, 식물복원은 식물이용 안정화(phytostabilization)라는 공정을 통하여 오염물을 격리시킨다. 식물이용 안정화의 장점은 오염물의 사람 및 다른 수용체에 대한 생물학적 가용성을 감소시킨다는 것이다. 지금까지 확인된 식물이용 안정화의 형태는 다음과 같다.

① 부식질화(huminification)는 식물 및 미생물의 효소를 이용하여 오염물을 토양의 유기물 또는 부식질과 결합시키는 것이다.
② 리그닌화(lignification)는 오염물을 식물 세포벽의 구성성분으로 만드는 것이다.
③ 숙성(aging)은 오염물이 서서히 토양 광물과 결합하는 것이다.

이러한 안정화, 분해 및 제거 메카니즘의 구분은 뚜렷하지 않다. 예를 들어, 근권의 과산화효소는 오염물을 광물화(분해)시키는 산화반응 뿐만 아니라 중합반응(부식질화)에도 관여한다.

식물복원은 아직 연구 및 개발이 초보적인 단계이다. 그럼에도 불구하고, 이 방법은 석유계 탄화수소, 다양한 염화 지방족 및 방향족 화합물, 그리고 살충제의 오염을 정화하는데 유망한 것으로 추정되고 있다. 또한, 식물이용 추출은 중금속 제거를 위한 새로운 적용방안이 될 수 있다.

15.3.6 생물복원 기술의 현황

미국의 경우, 혁신적인 오염처리기술을 적용하려는 경향으로 인하여 생물복원 기술이 최근 지속적인 주목을 받고 있음에 따라 1990년 1,500만~1억 달러, 1992년 1억~1억 2,500만 달러로, 기대했던 것보다 훨씬 높은 성장을 하였다. 또한, 생물복원 기술의 현장적용이 미국 정부의 활동으로 증가되고 있는데, EPA의 Superfund 기술개혁평가(Superfund Innovative Technology Evaluation: SITE)의 시범 프로그램과 신기술 프로그램을 통하여 개발 단계에 있는 27개의 생물복원 기술이 가동 준비 중에 있다. 미국 다음으로 환경시장 규모가 큰 곳은 유럽이다. 특히, 생물복원 활동이 가장 활발한 국가들은 유해폐기물 처리에 있어 진보적인 정책을 가지고 있는 것으로 알려진 서유럽 국가들로서, 서유럽이 1990년대 초에 환경사업에 투자한 금액은 미국의 절반에 가까운 500~600억 달러에 달한다. 이와 같은 정화 방법은 영국과 덴마크에서 시작되었지만, 현재 환경정화문제에 가장 많은 관심을 기울이고 있는 독일과 네덜란드가 유럽에서 가장 앞서 나가는 환경국가들이다. 독일의 환경재생산업은 미국과 비슷하게 다양한 생물복원 기술을 가지고 있는 많은 기업(Hochtief사, TGU사, Trischler und Partner사, ED. Zublin사)들에 의해 주도되고 있으며, 네덜란드의 경우, RIVM과 TNO 등의 연구기관과 Wageningen 농과대학, Delft 공과대학, Groningen 대학과 같은 대학의 주도로 많은 생물복원 기술이 적용되고 있다.

이미 오염된 환경을 원래의 상태로 회복하기 위해서는 막대한 경비와 노력 및 시간이 소요된다. 따라서 이러한 오염물질에 대한 효과적인 처리기술의 개발은 시급하고 중요한 사안이다.

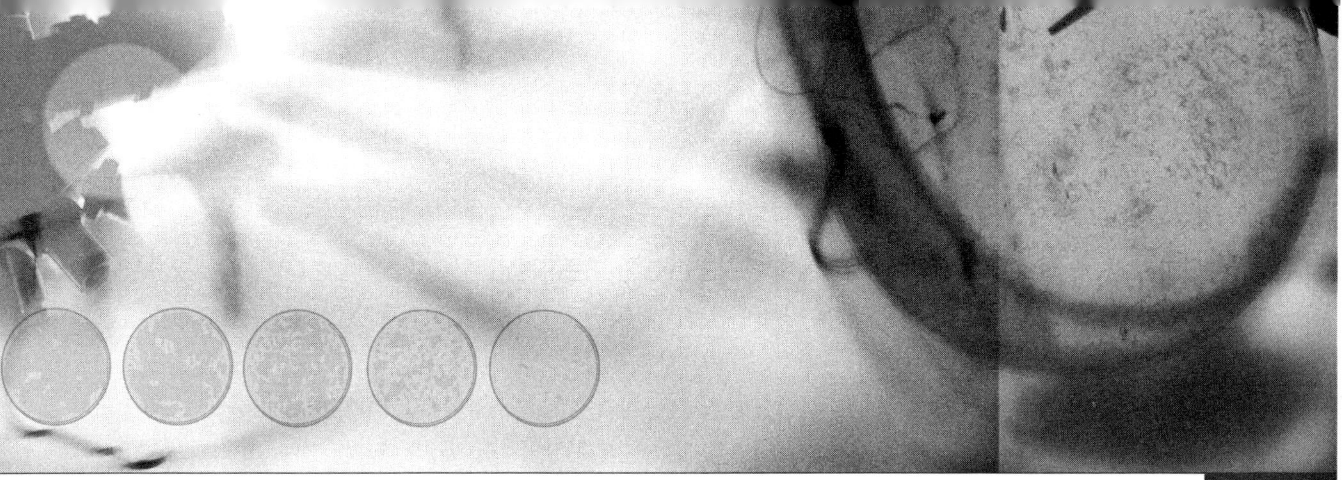

제 16 장
미생물에 의한 유해 화합물의 분해와 전환

산업이 발달하면서 인간에게 필요한 여러 가지 종류의 유기 화합물들이 대량생산되고 있다. 이들 화합물들은 미생물에 의하여 에너지원 및 세포구조 물질로 이용된다. 현재 사용되고 있는 합성 유기 화합물의 종류는 약 70,000종 이상이지만 이중 극히 일부만이 사람의 건강 및 환경에 미치는 영향에 대한 시험을 거쳤다. 과거에 널리 사용되었던 여러 물질 중 환경 및 건강에 악영향을 미치는 것으로 알려진 것들은 현재 상업적인 생산이 금지되었다. 매년 악영향을 미치는 합성 화학물질들이 새로 개발되고 있으며, 악영향을 감소시킬 수 있는 대체 물질을 만들거나 안전한 농도를 설정하기 위한 새로운 노력이 진행되고 있다.

이러한 새로운 합성 화합물을 인공합성 화합물(xenobiotics)이라고 한다. 자연계로 유출된 인공합성 화합물은 할로겐화 탄화수소, 할로겐화 방향족 화합물, 농약, PCB 등을 포함하는데, 이들 중 상당수가 난분해성 물질이다. 또한, 이러한 화합물들은 돌연변이를 유발하거나 발암성으로서 생물체에 유해하며, 생물체에 농축되기도 한다.

자연환경에는 많은 생물이 서식하고 있다. 자연환경으로 유출된 유기 화합물은 생물이 관여하는 생물적 반응과 생물이 관여하지 않는 비생물적 반응에 의하여 분해된다. 생물적 반응은 일반적으로 미생물에 의한 분해를 지칭하며, 비생물적 반응은 주로 광화학적 분해에 의한 것이다. 미생물에 의한 유기 화합물의 분해는 이산화탄소와 물로 분해되는 완전분해(mineralization)와 화합물의 구조가 일부분 변화하는 부분분해로 구분된다. 일반적으로 완전분해에 관여하는 미생물은 유기 화합물의 탄소를 이용하여 세포구성 성분을 합성하는 동시에 에너지를 획득하는 반응이기 때문에 세포증식을 동반한다. 반면, 부분분해의 경우 미생물이 부분적으로 분해하는 물질을 유일한 에너지원으로 이용하지 않는다. 이러한 대사를 공동대사(cometabolism)라고 한다.

16.1 화합물의 난분해성

생물학적, 화학적 및 환경적 요소들이 환경에서의 화합물의 운명에 영향을 미친다. 표 16-1은 이들 요소에 관하여 자세하게 설명해 준다. 일부 할로겐화 인공화합물은 미생물 작용에 상당히 저항적이어서 이들의 난분해성을 설명하기 위한 몇 가지 원인들이 제안되어 왔다. 생분해에 대한 화합물의 저항성은 다음의 이유로 설명될 수 있다.

① 분자구조상 염소 또는 다른 할로겐으로 치환
② 적절한 투과효소의 부재로 화합물의 세포내 침투 실패
③ 화합물의 불용성에 의해 화합물이 미생물 작용에 유용하지 않음
④ 적절한 전자수용체의 결핍

표 16-1 • 환경에서 인공 화합물의 운명을 조절하는 요소

요 소	결 과
화학적 요소	
분자량의 크기	제한된 능동수송
중합체의 성질	세포의 물질대사 요구
방향성	산소요구성 효소(호기성 조건하에서)
할로겐 원소의 치환	할로겐화 효소의 결핍
용해성	효소저해
독성	세포손상
환경적 요소	
용존산소	산소민감성 또는 산소요구성 효소
온도	중온성 최적조건
pH	근접한 pH 최적조건
용존탄소	생육을 위한 유기/오염물 복합체의 농도 의존성
미립자, 표면적	기질에 대한 흡착 경쟁
빛	광화학적 증대
영양원 및 미량원소	생육과 효소합성의 제한
생물학적 요소	
효소의 편재성	분해종의 낮은 분포
효소의 특이성	물질대사가 되지 않는 유사물질
플라스미드에 암호화된 효소	분해종의 낮은 분포
효소조절	이화작용 효소합성 억제
경쟁	낮은 밀도 개체수 사멸
서식지 선택	분해 개체수의 형성 결핍

⑤ 온도, 빛, 산소, pH 또는 산화환원전위 등의 불리한 환경조건

⑥ 미생물이 필요로 하는 생육인자와 영양원의 결핍

⑦ 화합물의 독성이 미생물의 생분해 잠재력에 영향을 미치고, 생분해의 결과 형성된 대사물질의 일부가 원래 화합물보다 더 유해함

⑧ 저농도의 기질이 미생물의 생분해에 영향을 미침

16.2 난분해성 유기물의 생분해

16.2.1 합성세제

비누는 합성세제가 개발될 때까지 약 20년 동안 중요한 세척제로서 사용되었다. 합성세제는 매우 강한 계면활성능을 가지고 있으므로 비누보다 훨씬 효과적이다. 비누는 생물학적으로 연성이기 때문에 미생물에 의하여 쉽게 분해된다. 그러나 초기에 사용된 세제는 경성이었다. 이들은 하천수나 하수처리 공정에서도 계면활성능을 계속 지니고 있기 때문에 대량의 거품을 발

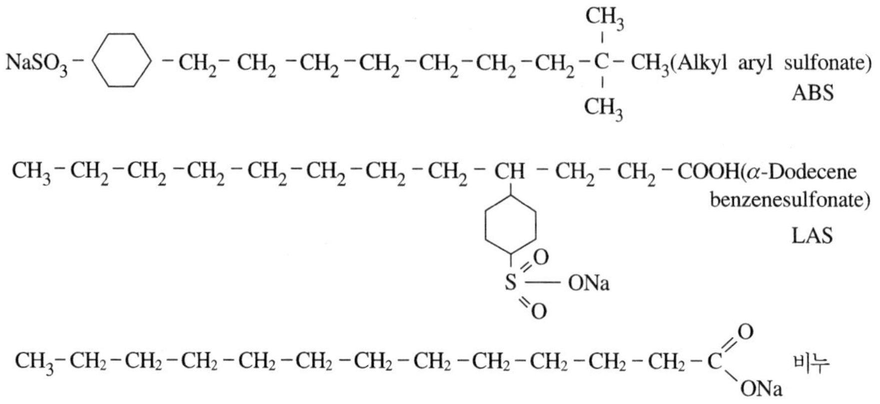

$$NaSO_3-C_6H_4-CH_2-CH_2-CH_2-CH_2-CH_2-CH_2-CH_2-C(CH_3)_2-CH_3$$ (Alkyl aryl sulfonate) ABS

$$CH_3-CH_2-CH_2-CH_2-CH_2-CH_2-CH_2-CH_2-CH(C_6H_4SO_2ONa)-CH_2-CH_2-COOH$$ (α-Dodecene benzenesulfonate) LAS

$$CH_3-CH_2-CH_2-CH_2-CH_2-CH_2-CH_2-CH_2-CH_2-CH_2-CH_2-CH_2-C(=O)ONa$$ 비누

그림 16-1 • 경성 및 연성세제의 화학적 구조.

생시킨다.

Alkylbenzene sulfonate(ABS)는 1940년대에 가정용 합성세제로서 처음으로 사용되었다. ABS는 비누보다 제조가 간단하고, 세척능력이 우수하나 생분해가 어렵고, 이를 포함하는 폐수가 하천에 유입되면 많은 거품을 일으킨다. 이러한 문제를 극복하기 위하여 linear alkylbenzene sulfonate(LAS)가 1960년대에 개발되었다(그림 16-1). ABS는 자연수에서 800시간 이상 유지되지만 LAS는 매우 짧은 시간만 유지되고 쉽게 생분해된다. *Nocardia*와 *Pseudomonas*는 합성세제를 분해시키는 능력이 뛰어나며, 대개 하수처리장이나 자연수에 존재한다.

16.2.2 농약

농약은 질병을 일으키는 병원체나 매개체로부터 인간, 농작물 및 가축을 보호하기 위하여 사용되는 물질이다. 농약은 구제대상에 따라서 살충제, 살균제, 살조제, 살서제 및 제초제 등으로 구분된다. 농약 사용으로 인하여 비약적인 농업 생산성의 향상을 가져왔으나 무분별하고, 만성적인 살포로 여러 가지 환경오염 문제에 직면하게 되었다.

1) 생분해

미생물에 의한 농약의 분해율은 농약의 구조에 의하여 결정된다. 토양과 물에서 제초제인 2,4-D와 2,4,5-T의 미생물 분해율을 비교한 것을 그림 16-2에 나타내었다. 분자구조상의 5번 탄소에 염소원자의 추가는 분해시간을 14일에서 200일로 변화시키는 것으로 보아 2,4,5-T는 토양과 물의 종속영양 미생물에게 매우 난분해성인 물질이다.

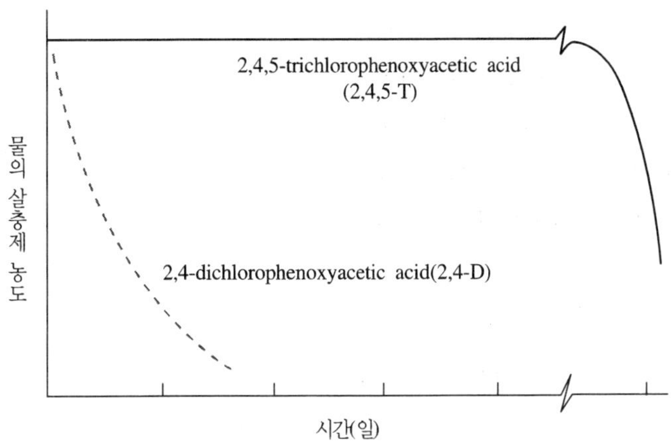

그림 16-2 • 자연수에서 2,4-D와 2,4,5-T의 미생물 분해율의 비교.

농약의 난분해성에 분자구조가 미치는 영향을 살펴볼 수 있는 중요한 또 하나의 예는, 지방족 측쇄를 가진 페녹시 농약의 미생물 분해율 비교에서 볼 수 있다. 표 16-2는 농약의 지방족 측쇄의 길이가 증가함에 따라 미생물 분해에 더욱 민감함을 보여준다. 또한 벤젠에 치환되는 화학반응기의 위치는 분해과정에서 매우 중요한 영향을 미친다. 카르복시기와 페닐기에 의해 치환된 벤젠은 미생물에 의하여 쉽게 분해된다. 그러나 염소기가 치환되어 있는 염화벤젠과 이염화벤젠은 미생물 분해에 대한 저항성이 매우 강하다.

표 16-2 • 토양에서 몇몇 phenoxyalkyl 카르복시산 제초제의 생분해율에 미치는 체인 길이의 효과

제 초 제	지방족 체인	토양에서 완전분해에 요구되는 시간(일)
2-Chlorophenoxyacetate	acetate(C2)	205
2-(4-Chlorophenoxypropionate)	propionate(C3)	205
2-(4-Chlorophenoxyvalerate)	valerate(C5)	81
2-(4-Chlorophenoxycaproate)	caproate(C6)	11

2) 난분해성과 구조

농약의 난분해성은 분자구조를 근거하여 예측할 수 있다. 분자구조를 함수로 하여 미생물 분해에 대한 저항성을 비교한 대체적인 결과를 최소 저항성 물질을 선두로 하여 아래에 나타내었다.

aliphatic acids

organo phosphates

long-chain phenoxyaliphatic acids
short-chain phenoxyaliphatic acids
monosubstituted phenoxyaliphatic acids
disubstituted phenoxyaliphatic acids
trisubstituted phenoxyaliphatic acids
dinitrobenzene
dichlorinated hydrocarbons(DDT)

특별한 농약 분해 미생물은 없다. 단지 이 물질들의 분해능력은 적당한 효소를 합성할 수 있는 미생물의 능력에 의존할 뿐이다. 종종 분해는 연속적으로 활동하는 둘 또는 그 이상의 미생물에 의존한다. 대표적인 농약 분해세균은 *Pseudomonas* 속이 있으며, 이외에도 *Bacillus*

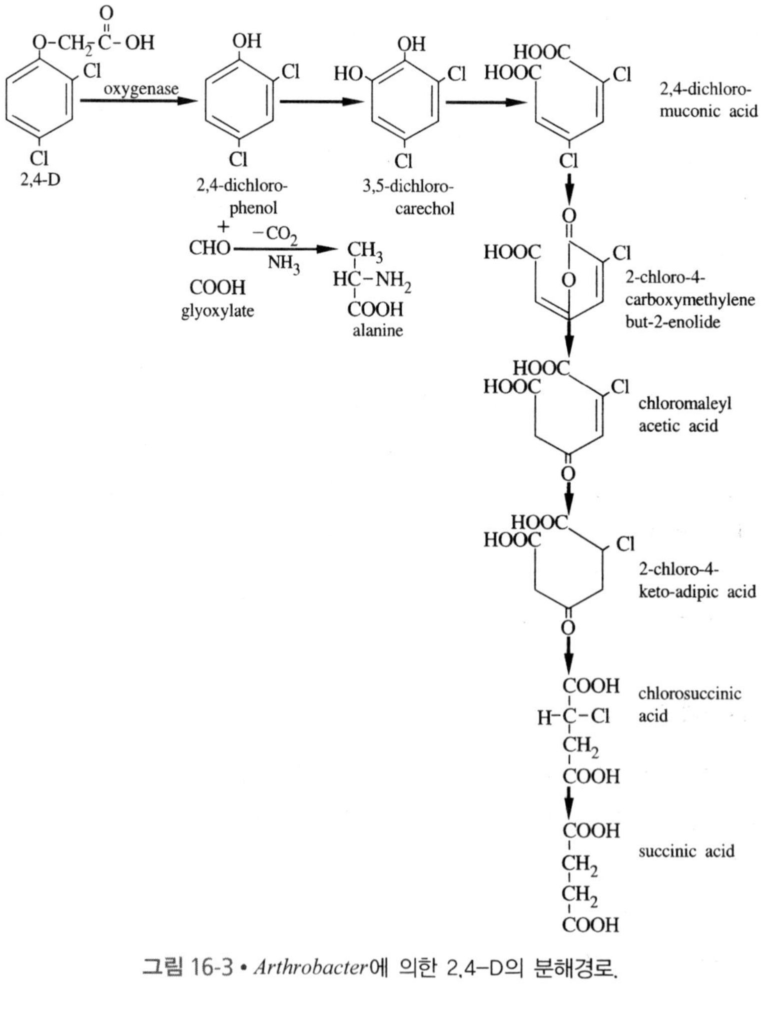

2,4-D
oxygenase
2,4-dichloro-phenol
3,5-dichloro-carechol
2,4-dichloro-muconic acid
$CHO + COOH$ glyoxylate $\xrightarrow[NH_3]{-CO_2}$ $CH_3-HC(NH_2)-COOH$ alanine
2-chloro-4-carboxymethylene but-2-enolide
chloromaleyl acetic acid
2-chloro-4-keto-adipic acid
chlorosuccinic acid
succinic acid

그림 16-3 • *Arthrobacter*에 의한 2,4-D의 분해경로.

속, *Flavobacterium* 속, *Achromobacter* 속, *Alcaligenes* 속 등이 있다. *Nocardia*는 일반적인 농약 분해 방선균이고, *Aspergillus*는 농약 분해활성이 있는 일반적인 곰팡이이다. *Arthrobacter*에 의한 2,4-D의 분해경로를 그림 16-3에 나타내었다.

3) 환경조건

농약의 분해는 온도, 토질, 경작된 정도 등 환경조건에 의하여 크게 지배된다. 온도의 효과는 aldrin과 dieldrin을 토양에 살포하여 7℃, 4주 후, 92%는 잔존하고 있으나 46℃로 유지된 토양에서는 40%만이 잔존하고 있다는 관찰에서 쉽게 알 수 있다. 토양 유기물의 농도는 농약 비활성화율을 지배한다. 유기물이 풍부한 토양은 많은 양의 살충제를 흡수하여 표면수에 유출되는 것을 방지한다. 반대로 사질토양은 농약 수용능력이 거의 없으므로 표면수로 빠르게 유출된다. 농약 분해에 토양 경작은 강한 효과가 있어서 비경작 토양보다 경작 토양에서 더욱 빠르게 분해된다. 증가된 분해속도는 토양보다 식물뿌리 부근에서 훨씬 빠르다.

16.2.3 지방족 탄화수소

지방족 탄화수소의 생분해는 *n*—heptane의 *Pseudomonas aeruginosa*에 의한 대사가 최초이다. 가장 보편적인 포화 지방족 탄화수소인 알칸의 생분해는 분자상의 산소가 mono-oxygenase의 존재 하에서 말단의 메틸기를 알코올기로 산화시킴으로써 시작된다. 산화된 알코올기는 알데히드기와 카르복실기로 전환되어 지방산을 형성한다. 지방산은 생물체의 물질대사에서 보편적인 에너지원으로서 β-산화에 의하여 대사된다(그림 16-4). 그 결과 생성되는 C_2 단위의 화합물(acetyl-CoA)은 TCA 회로를 통하여 이산화탄소와 물로 대사된다.

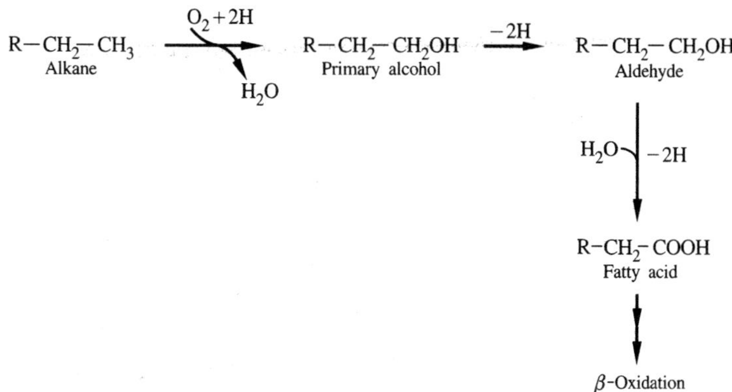

그림 16-4 • 지방족 탄화수소의 생분해 경로.

불포화 지방족 탄화수소의 생분해는 불포화 이중결합의 dihydroxylation, 불포화 결합의 에폭시화, 말단의 포화 메틸기의 산화 등에 의하여 진행된다.

16.2.4 방향족 탄화수소

방향족 탄화수소는 자연계에서 생성될 뿐 아니라 인공적인 산업공정에서도 합성된다. 인공적으로 합성되는 방향족 고리를 갖는 화합물들은 구조가 복잡하여 분해가 어렵다. 방향족의 고리 구조는 hydroxylation과 고리 개환 기작에 의하여 대사된다. 방향족 고리상의 치환기는 이러한 전환반응이 이루어지기 전에 완전히 또는 부분적으로 제거된다. 치환기로는 할로겐기, 니트로기, 술폰기 등 자연계에서 흔치 않은 기가 보편적이며, 이들 치환기가 난분해성의 원인

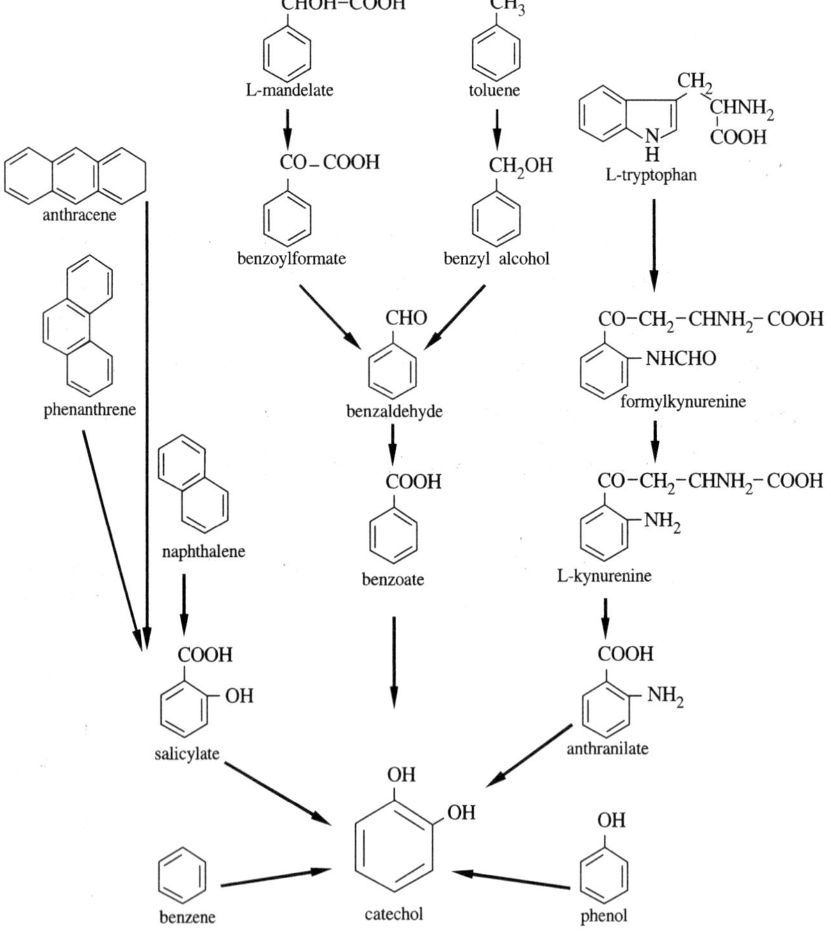

그림 16-5 • 방향족 탄화수소의 생분해 경로.

이 되기도 한다. 몇 가지 방향족 탄화수소의 생분해 과정을 그림 16-5에 나타내었다.

벤젠과 관련 화합물들은 화석연료의 성분으로서 자연계에서 발견되며, 그들은 유기물을 고온으로 가열하는 동안 생성된다. 대다수의 이들 화합물들은 용매(벤젠, 톨루엔, 자일렌)와 농약의 합성을 위한 전구물질로 사용되는데, 이들 중 많은 화합물과 그들의 중간산물은 발암성이다.

단일 탄소원으로 벤젠, 톨루엔, 자일렌 또는 다른 휘발성 방향족 화합물을 이용할 수 있는 미생물은 쉽게 농화되고 분리될 수 있다. 벤젠을 분해하는 세균은 적당한 하수나 슬러지 시료에 기체상의 벤젠을 첨가하여 선택적으로 자라게 할 수 있다.

세균에 의한 벤젠의 호기적 분해경로에서 첫 번째 단계는 dioxygenase 존재 하에 벤젠은 산소와 반응하고, 다음 단계로 이 화합물은 카테콜(catechol)로 전환된다. 카테콜은 세균과 곰팡이의 종류에 따라 두 가지 방법으로 산화적인 분해경로를 거치게 된다. 오르소 개환(*ortho* cleavage)은 카테콜의 두 수산기 사이를 공격하여 뮤콘산(*cis, cis*-muconic acid)을 형성한다. 메타 개환(*meta* cleavage)은 수산기의 인접한 위치를 공격하여 2-hydroxymuconicsemialdehyde를 형성한다. 이들 중간 대사산물들은 계속 분해되어 최종적으로 미생물이 생육에 이용할 수 있는 탄소원을 형성한다. 벤젠의 분해경로는 그림 16-6에 나타내었다. 유전학적인 연구에 의하면, 메타 위치에서 분해할 수 있는 능력은 세균의 염색체에 암호화되어 있는 것이 아니라 플라스미드에 암호화되어 있는 것으로 밝혀졌다. 따라서 메타 개환을 위한 능력은 플라스미드의 제거에 의해서 소실된다. 반면, 세균에 플라스미드를 전달시키면 메타 개환능을 가지게 된다. 이러한 발견은 분해능을 가진 미생물의 플라스미드를 집중적으로 연구하게 하는 계기가 되었다.

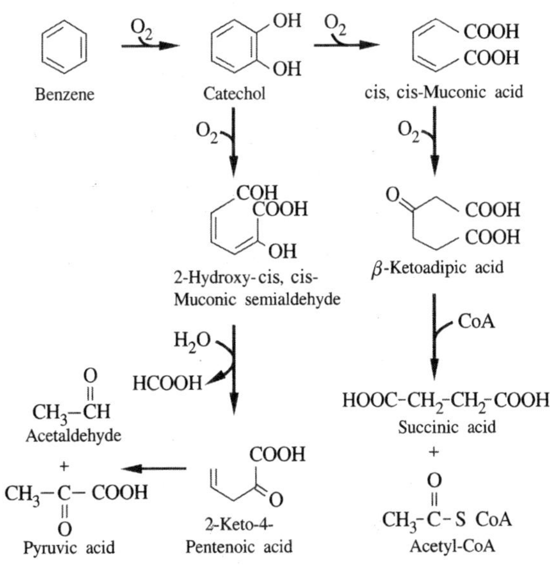

그림 16-6 • 벤젠의 생분해 경로.

톨루엔이 미생물학적으로 분해되는 몇 가지 경로가 알려져 있다. 톨루엔의 곁사슬은 산화되어 중간 대사산물인 benzyl alcohol과 benzaldehyde를 경유하여 benzoic acid을 형성하며, 벤조산은 여러 가지 경로를 통하여 계속 분해된다.

자일렌은 미생물에 의해서 dimethyl catechol 유도체로 전환되는데, *m*-xylene과 *p*-xylene의 한 개의 메틸기는 산화되어 상응하는 메틸기로 치환된 벤조산을 형성한다. 계속된 산화로 이

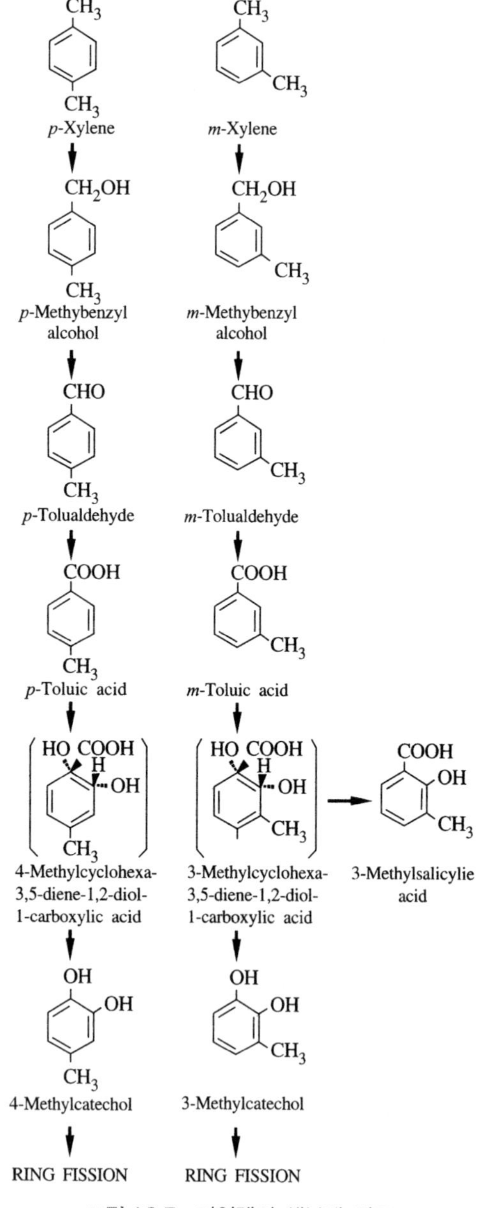

그림 16-7 • 자일렌의 생분해 경로.

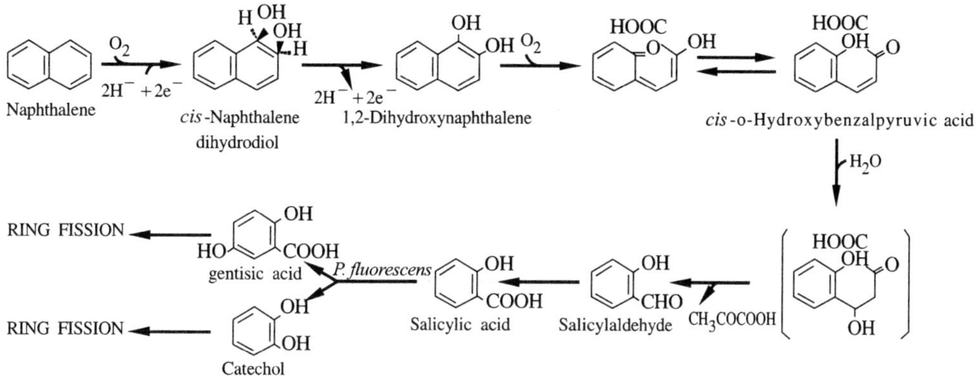

그림 16-8 • 나프탈렌의 생분해 경로.

화합물은 monomethylcatechol을 형성하고 고리가 분해된다(그림 16-7). 가장 잘 알려진 벤조산의 분해경로는 1,2-dioxygenase에 의한 공격으로 시작한다. 생성된 산물은 dioldehydrogenase에 의하여 이산화탄소가 제거되고 카테콜로 전환된다.

세균은 dioxygenase의 존재 하에서 나프탈렌을 분해하여 중간대사산물인 1,2-dihydroxynaphthalene을 형성하고, 기부 부근에서 메타 개환을 통하여 *cis-ortho*-hydroxybenzylpyruvic acid를 형성한다. 이 화합물에 물이 부가된 뒤, salicylaldehyde와 피루브산으로 분해된다. 살리실알데히드는 salicyilc acid으로 산화되어 카테콜로 전환된다(그림 16-8).

Phenanthrene도 그림 16-9에서 볼 수 있는 바와 같이 동일한 규칙의 산화적인 분해방식이 적용된다. 고리가 산화적으로 공격을 받아서 결국 1-hydroxy-2-naphthaldehyde와 피루브산이 형성된다. 알데히드로부터 형성된 1-hydroxy-2-naphthoic acid는 phthalic acid로 전환되거나 이미 서술된 나프탈렌의 분해경로로 들어갈 수 있는 1,2-dihydroxynaphthalene을 형성한다.

Anthracene은 용해도가 낮기 때문에 매우 서서히 분해되는데, 분해는 그림 16-10에 서술된

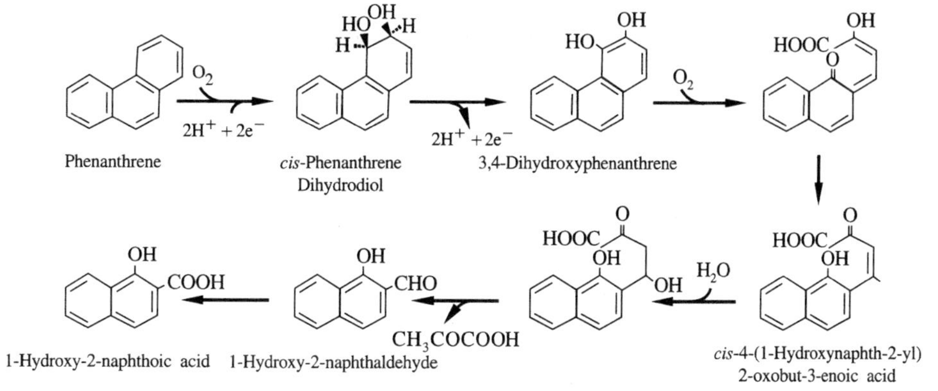

그림 16-9 • 페난쓰렌의 생분해 경로

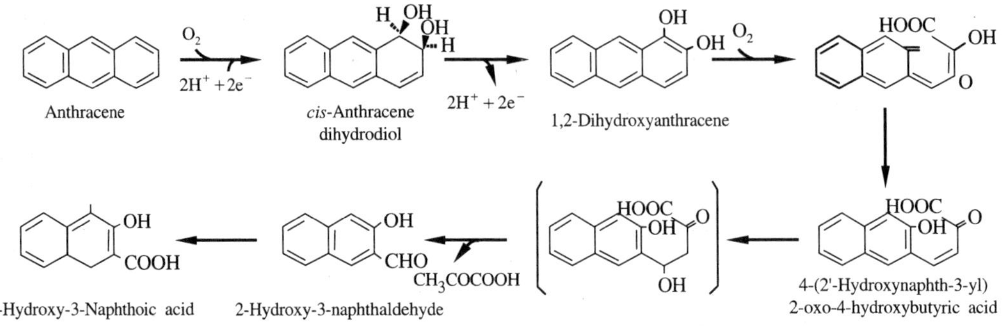

그림 16-10 • 안쓰라센의 생분해 경로.

원리에 의하여 일어나며, 그 결과 2-hydroxy-3-naphthoic acid를 생성한다. 이 화합물의 자세한 분해경로는 아직 규명되지 않고 있다.

Biphenyl은 염화비페닐(chlorinated biphenyl)의 근원이 되는 화합물이다. Dioxygenase, dioldehydrogenase, *meta*-catechase 등의 효소에 의한 연속적인 공격으로 고리가 열린 중간대사산물이 형성되며, 이는 결국 벤조산과 불포화화합물(2-hydroxypenta-2,4-dienoic acid)로 분해되어 미생물의 탄소원으로 이용될 수 있는 피루브산과 알데히드를 형성한다.

방향족 염소화합물의 분해에서, 염소는 일차반응에서 곧 방향족 고리 화합물로부터 제거되고 나중 단계인 지방족 화합물의 수준에서 자발적 또는 효소학적 반응에 의해서도 떨어져 나

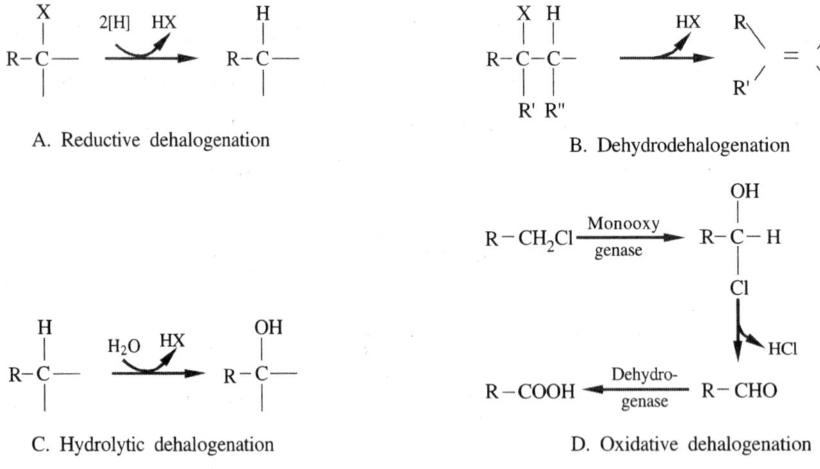

A. 염소는 수소화 반응(hydrogenation)에 의하여 환원적으로 제거된다.
B. 염소는 동일분자로부터 수소와 함께 제거된다(탈수소탈할로겐화 반응 : dehydrodehalogenation).
C. 염소는 가수분해동안 물의 수산기에 의하여 대치된다.
D. 염소는 공기중의 산소에 의해서 산화되어 제거된다.

그림 16-11 • 미생물에 의한 할로겐화 방향족 화합물로부터의 탈할로겐화 반응.

간다. 중요한 것은 할로겐-탄소 결합의 절단이며, 여기에는 몇 가지 규칙이 있다(그림 16-11).

다환성 또는 다핵방향족 탄화수소(polycyclic or polynuclear aromatic hydrocarbon, PAH)는 3개 이상의 고리 구조를 갖는 방향족 탄화수소를 말하는 것으로, 이들 화합물들은 석유화학 공업이나 자동차의 배기가스 또는 플라스틱 등 화학제품의 불완전 연소로부터 생성되며, 수질오염이나 대기오염을 일으킨다. 최근, 다환성 방향족 탄화수소에 속하는 pyrene, benz(o)pyrene, benz(o)anthracene, fluorene, fluoranthracene 등의 미생물학적인 분해가 보고되고 있다.

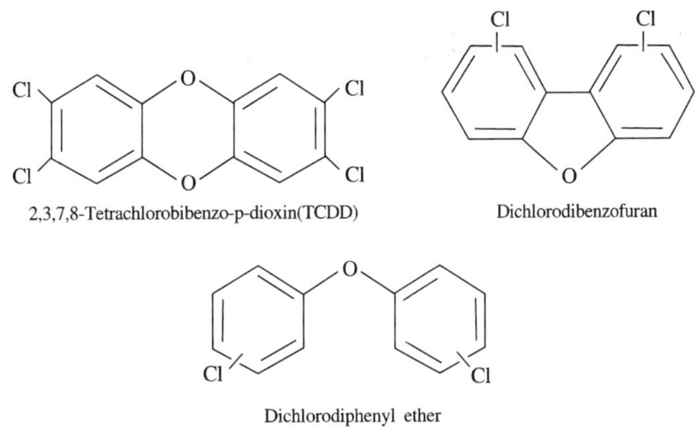

Cl Cl O Cl Cl O 2,3,7,8-Tetrachlorobibenzo-p-dioxin(TCDD)

Cl Cl O Dichlorodibenzofuran

O Cl Cl Dichlorodiphenyl ether

그림 16-12 • 염화 다이옥신과 관련된 화합물의 구조.

다이옥신류는 비록 시장에 상품으로 판매되고 있지는 않지만 환경적으로 매우 중요한 물질이다. 다이옥신류는 살충제 제조, 소각, 염소표백 및 소독, 먼지 및 퇴적물 조절시 원하지 않는 부산물로 생성된다. 다이옥신은 많은 종류가 있지만 그 중 가장 독성이 강한 것이 2,3,7,8-테트라클로로벤조-*p*-다이옥신(TCDD, 그림 16-12)으로, 이것은 가장 독성이 강한 합성 유기물로 추정된다. 다이옥신과 연관된 물질로는 dibenzofuran 및 diphenyl ether가 있다(그림 16-12). 돌연변이성 및 발암성과 같은 다이옥신의 생물학적 영향은 종, 성별 그리고 노출경로 등에 따라 변한다. 인간에 미치는 영향으로는 만성피로, 체중감소, 불면증, 간기능 장애, 자연유산 및 발암성 등을 들 수 있다. 다이옥신의 각 종류별 독성은 매우 낮은 것에서부터 극단적으로 높은 것까지 매우 다양하다. 그러므로 독성영향을 분석하기 위해서는 각 종류별 분석부터 수행하여야 한다.

다이옥신으로 오염된 토양을 처리하는 방법의 하나는 굴착 후, 소각하는 것이지만 그 비용이 매우 높다. 생분해는 바람직한 대안이기는 하지만 다이옥신과 관련된 물질들은 생분해에 대한 저항성이 매우 크다. 그럼에도 불구하고 미생물들은 다이옥신을 호기성 및 혐기성 조건하에서 변환시킬 수 있다. 그러나 다이옥신으로 오염된 현장의 정화를 위한 생물학적 분해의 장점이 현실화될 지는 앞으로 계속 연구해야 할 사항이다.

많은 호기성 생분해 연구에서 제한된 다이옥신의 변환이 관찰되었다. 이것은 일반적으로 산소화 효소가 산소를 첨가하여 모노 또는 디히드록시 유사물을 생성시키는 것을 포함하는데, 이들 물질은 더 이상 분해되지 않고 축적되려는 경향이 높다. 그러나 에테르 결합을 가진 탄소와 인근 비치환 탄소에 동시에 －OH기를 치환할 수 있는 선택적인 dioxygenase를 가진 세균은 에테르 결합을 파괴시켜 광물화를 유도한다.

16.3 무기물과 미생물의 상호작용

이 장의 전반부에서 서술한 오염문제는 대부분 미생물들이 일정한 부류의 유기물을 효과적으로 광물화시키지 못함으로써 발생한 것이다. 이에 비하여 아래에서 서술할 오염문제는 미생물의 정상적인 생물지구화학적 순환의 결과에서 오는 것이다. 미생물의 작용으로 순환하는 무기물 pool이 공업화된 사회의 활동에 의하여 우발적으로 증가하였을 때 오염이 발생한다. 본래의 무기물은 비교적 무해할지도 모르나 미생물에 의해 전환된 산물은 그렇지 않을 수도 있다. 각종 농업 및 산업활동이 환경에 미치는 영향을 예측하려면 이러한 활동에 관련된 미생물적 순환에 관한 지식이 필요하다. 아래의 사례들은 이러한 이유를 보여줄 것이다.

16.3.1 금속 화합물과 미생물

미생물에 의한 유해한 금속 화합물의 변화는 환경오염이나 환경정화에서 매우 중요한 위치를 차지한다. 금속 화합물 중 수은에 대한 미생물적 변환과 관련된 많은 연구가 이루어졌으나 기타 금속에 대해서는 아직도 그 연구가 미비한 실정이다.

미생물의 금속 화합물에 대한 작용은 효소작용을 동반하는 직접작용과 미생물의 생산물에 의한 간접작용, 흡착 및 농축 등 3가지로 구분된다.

1) 직접작용

① 산화

철산화 세균에 의한 Fe^{2+}의 Fe^{3+}로의 산화가 대표적이다.

② 환원

수은 내성균에 의한 Hg^{2+}의 Hg^{0}로의 환원이 대표적이다.

③ 메틸화

*Penicillium brevicaule*에 의한 아비산염으로부터 트리메틸알루신의 생성이 대표적이다.

2) 간접작용

미생물은 대사산물로서 황화수소, 황산, 황산철(Ⅲ), 이산화탄소, 산소, 암모니아, 유기산 및 킬레이트 작용을 가진 물질을 생성하기 때문에 이러한 물질에 의해서 금속 화합물은 변환된다. 또한 금속을 함유한 유기물이 분해되면 금속의 방출이 발생한다.

① 황화수소

혐기적인 조건에서 황산염과 수소(환원물질)의 공급이 있을 때, 황산 환원균에 의해서 황산염이 환원되어 황화수소가 발생한다. 자연계에서는 황산염의 공급이 쉽게 일어나고, 황산 환원균의 분포도 넓기 때문에 이 반응은 보편적으로 관찰된다. 특히, 유기물이 많을 때에는 혐기적 상태가 되기 쉬우므로 유기물의 혐기적 분해에 의한 수소의 공급도 일어나기 쉽다.

이 환원반응은 황산염이 호흡계의 최종 수소 수용체가 되는 혐기적 호흡반응이기 때문에 황산호흡이라고도 한다. 환산환원균의 균체탄소는 대부분이 유기물에서 섭취되기 때문에 이 세균은 종속영양균이다. 이렇게 생성된 황화수소에 의하여 대부분의 금속은 황화물이 된다. 예를 들면, 철은 다음과 같이 반응하여 황화철로 된다.

$$Fe^{3+} + SO_4^{2-} + 8H^+ + e^- \rightarrow FeS + 4H_2O$$

자연계에서는 대부분의 금속, 예를 들면 Fe, Cu, Ag, Zn, Pb, Co, Ni, Mo, As, Cd, Hg 등이 황화물로 존재하고 있다. 이러한 황화물의 생성 원인에 대해서는 비생물적인 반응의 결과라고 추정되며, 철의 경우에는 생물적인 요인의 결과라고 추정된다.

② 황산

황을 산화하는 미생물은 i) *Thiobacillus*; ii) 종속영양 세균, 곰팡이 및 방선균; iii) *Beggiatoa, Thiothrix* 및 *Thioplaca*; iv) 광합성 녹색세균(Chlorobacteriaceae) 등 4개의 그룹으로 구분된다. 이들 세균에 의하여 황(S)이 산화되어 최종적으로 황산이 된다. 예를 들면, 호기적 환경에서 *Thiobacillus*에 의하여 황이나 티오황산은 황산으로 전환된다.

$$2S + 3O_2 + 2H_2O \rightarrow 2H_2SO_4$$

$$Na_2S_2O_3 + 2O_2 + H_2O \rightarrow Na_2SO_4 + H_2SO_4$$

이 황산이 금속 화합물에 작용하면 금속을 용해시킨다. 단, $CaCO_3$에 작용하면 $CaSO_4$가 생성되어 침전물이 생긴다.

$$H_2SO_4 + CaCO_3 \rightarrow CaSO_4 + H_2O + CO_2$$

③ 황산철(Ⅲ)

철산화 세균인 *Ferrobacillus ferroxidans*나 *Thiobacillus ferroxidans*는 산성의 호기적 환경에서 $FeSO_4$를 $Fe_2(SO_4)_3$로 산화한다.

$$4FeSO_4 + O_2 + 2H_2SO_4 \rightarrow 2Fe_2(SO_4)_3 + 2H_2O$$

이 $Fe_2(SO_4)_3$가 다른 금속 화합물, 예를 들면 CuS에 작용하면 CuS는 화학적으로 $CuSO_4$로 환원된다. 여기에서 생긴 $FeSO_4$는 철산화 세균의 에너지원으로 이용되어 다시 $Fe_2(SO_4)_3$로 산화되어서 CuS에 작용한다. 이와 같은 반응이 연속적으로 일어나면, 불용성의 CuS는 가용성 $CuSO_4$로 전환되어 구리의 용출이 일어나게 된다. 이것이 미생물 제련(bacterial leaching)의 간접작용의 원리이다. 용출된 금속의 회수가 행해지지 않을 때는 그 금속에 의한 환경오염이 일어난다.

④ 이산화탄소

호흡시 생성되는 이산화탄소는 $Ca(HCO_3)_2$가 되어서 용해된다. 유기 질소화합물이 미생물에 의하여 분해되고 암모니아가 생성되어 pH가 알칼리성으로 되는 환경에서는 탄산염이 가라앉게 된다.

⑤ 암모니아

미생물의 대사산물로서 암모니아가 생성되면 용액의 pH가 상승하고, 그 결과 Cu^{2+}와 같은 중금속 이온은 $Cu(OH)_2$가 되어서 가라앉게 된다.

⑥ 유기산

*Penicillium simplicissimum*에 의해서 구연산이 생성되면 현무암에서 Si, Fe, Al, Mg 등이 용출되는데, 이것은 암석풍화의 한 원인이 되기도 한다.

⑦ 킬레이트 화합물

미생물 중에는 킬레이트 화합물을 생성하는 것도 있다. 킬레이트 화합물이 생성되면 금속은 이들 물질과 복합체를 형성한다.

⑧ 금속 복합체의 분해

금속 복합체를 함유하는 유기물이 미생물에 의하여 분해되면 금속이온의 방출이 일어난다.

16.3.2 미생물에 의한 수은화합물의 전환

유기수은은 탄소와 수은이 직접 결합하여 C-Hg 결합을 형성한 화합물을 말한다. 대표적인 것으로 초산페닐 수은(phenylmercuric acetate; PMA)과 염화메틸 수은(methylmercuric chloride; MMC)이 있다. PMA는 도열병 방제를 위하여 우리나라에서 1952년부터 1968년까지 논에 다량으로 살포된 적이 있다. MMC는 미나마타병의 원인물질로서, 황산수은을 촉매로 하는 아세트알데히드 제조 공정에 있어서 부산물로 생성된다. 무기수은에는 Hg^{2+}, Hg^{+}, Hg^{0} 및 물에 불용성인 HgS 등이 있다.

수은 화합물에 대한 미생물 작용에는 미생물 균체에 수은의 흡착, 수은이온의 환원, 유기수은의 분해, 수은의 메틸화, 황화수은의 생성 등이 있다. 최근, 수은이온의 환원, 유기수은의 분해 및 황화수은의 생성이 세균의 플라스미드에 의해서 지배되고 있는 경우가 확인되었다. 이로 인하여 플라스미드는 환경정화에 큰 역할을 하는 것으로 추정되고 있다.

1) 미생물 균체에 수은의 흡착

수은 화합물은 SH 화합물과 특이적으로 결합하며, Hg^{2+}는 암모니아, 아민, 아미노산의 아미노기, 카르복시기 및 이미다졸기, 퓨린 및 피리미딘 염기 등과 잘 결합한다. 이로 인하여 미생물 균체(예를 들면, 수은 내성균인 *Pseudomonas* sp. K62)와 수은 화합물을 접촉시키면 수은은 다량으로 균체에 결합한다.

일반적으로 어떤 물질과 결합한 수은은 그 물질보다 친화성이 높은 제2의 물질이 접근하면 최초 물질과의 결합이 끊어지고, 제2의 물질과 결합한다. 예를 들면, 유기수은은 SH 화합물과 결합하여 R'−Hg−SR을 생성한다. 수은과 친화성이 보다 강한 R−SH가 주어지면, 다음과 같은 반응이 일어나게 된다.

$$R'-Hg-SR-SH \quad \leftrightarrow \quad R'-Hg-SR \; + \; R-SH$$

이 반응은 Hg−S의 결합이 보다 강하게 되는 방향으로 반응이 진행된다는 것을 의미한다. 따라서 R−SH가 생체에 중요한 물질이라면 이 반응은 유독한 반응이 되고, 반대로 해독제 같은 물질이라면 생체성분과 결합하고 있던 수은이 생체에서 배제되는 결과가 된다.

2) 수은이온이 금속 수은으로의 환원

금속 수은은 26℃에서 0.002 mmHg의 증기압을 가지며, 기화되기 쉬운 물질이다. 수은 증기는 대부분 단원자 기체의 상태라고 추정된다. 수은이온은 환원성 물질의 존재 하에 용이하게 환원되어 금속 수은이 되면서 기화한다. 이 환원 반응은 수은 환원효소에 의하여 촉진되며, 수은 내성균인 *Pseudomonas* sp. K62에서 최초로 발견되었으며, 그 후 Hg^{2+}에 내성인 *E. coli,*

Staphylococcus, Pseudomonas aeruginosa 등에서도 이 효소가 발견되었다. *Pseudomonas* sp. K62의 수은 환원효소는 기질로 Hg^{2+}를 필요로 하는 분자량 약 70,000의 효소로서, 조효소로 FAD를 그리고 전자공여체로서 NADPH를 요구하고, 최적 pH는 8.0이다.

3) 유기수은의 분해

유기수은에 내성이 있는 *Pseudomonas* sp. K62를 수 ppm의 수은을 함유한 배지에 배양하면, 수은 화합물은 다음과 같이 환원적으로 분해된다.

$$\underset{\text{메틸수은}}{CH_3 \cdot Hg^+} \rightarrow \underset{\text{금속수은}}{Hg^0} + \underset{\text{메탄}}{CH_4}$$

$$\underset{\text{에틸수은}}{C_2H_5 \cdot Hg^+} \rightarrow Hg + \underset{\text{에탄}}{C_2H_6}$$

$$\underset{\text{페닐수은}}{C_6H_5 \cdot Hg^+} \rightarrow Hg^0 + \underset{\text{벤젠}}{C_6H_6}$$

$$\underset{\text{안식향산수은}}{HOOC \cdot C_6H_4 \cdot Hg^+} \rightarrow Hg^0 + \underset{\text{안식향산}}{C_6H_5 \cdot COOH}$$

$$Hg^{2+} \rightarrow Hg^0$$

유기수은의 환원적 분해반응을 촉매하는 효소로서 본 균의 세포추출액 중에는 유기수은 분해효소(C-Hg 결합을 절단하는 효소, Splitting enzyme, S 효소)와 앞에서 서술한 수은 환원효소가 발견되어, 그림 16-13과 같은 기전에 의하여 유기수은이 분해되는 것이 분명하게 되었다. 효소적인 분해에는 과잉의 SH 화합물(예를 들면, 시스테인이나 2-메르캅토에탄올 등)의 첨가가 필요하기 때문에 우선 유기수은(페닐수은)은 반응액 중의 SH 화합물과 메르캅티드 결합을 만든다. 여기에 S 효소가 작용하면 벤젠이 생성되고－글루코오스 탈수소효소가 공역되

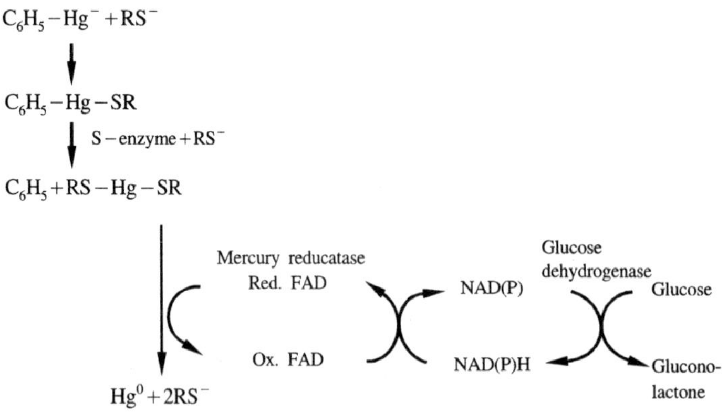

－RS는 SH 화합물, 유기수은은 페닐수은으로 표시됨.

그림 16-13 • 유기수은 화합물의 환원적 분해기구.

면-글루코오스의 산화에 의하여 생성된 NAD(P)H의 수소는 FAD를 조효소로 하는 수은 환원효소로 옮겨지고, 수은은 Hg^0로 환원된다.

4) 수은의 메틸화

메틸수은을 사용하지 않는 스웨덴에서도 새나 어류체내에서 메틸수은이 검출되었고, 이러한 현상으로부터 자연계에서 무기수은화가 일어나고 있음이 추정되었다. 양어장이나 호수 바닥에 가라앉은 물질과 승홍을 함께 두면 메틸수은이 생성되나 가라앉은 물질을 가열하여 살균하면 메틸수은이 생성되지 않으므로 수은의 메틸화는 미생물에 의한 것임을 알 수 있다.

수은의 생물 메틸화가 1969년에 처음으로 보고된 이후, 많은 세균(*Pseudomonas fluorescens, E. coli, Clostridium cochlearium* T-2)과 진균(*Aspergillus oryzae, Saccharomyces cerevisiae*)이 2가 수은을 메틸수은으로 메틸화시킴이 밝혀졌다. 비타민 B_{12}는 미생물에 의한 메틸수은의 생산을 촉진한다.

$$Hg^{2+} \rightarrow Hg^{+}-CH_3 \rightarrow Hg(CH_3)_2$$

메틸수은은 혐기성 조건에서 축적되며, 호기성 조건에서 분해된다. 황산염 환원세균 또한 수은을 메틸화시킬 수 있다. 황산염 환원세균의 저해제인 molybdate는 산소결핍 환경에서 수은의 메틸화를 95% 이상 감소시킨다. 또한, 미생물은 2가 수은 및 유기수은 화합물(메틸수은, 페놀성 수은 아세트산, 에틸 수은성 인산)을 휘발성 수은(Hg^0)으로 전환시킬 수 있다. 수은의 휘발성화는 무독화 기전으로서, 그 유전자가 밝혀져 있다. 즉, 플라스미드가 수은이나 카드뮴과 같은 금속에 대한 저항성을 암호화한다. 수은에 대한 저항성은 일련의 유전자들(*mer*A, *mer*C, *mer*D, *mer*R, *mer*T)로 구성된 *mer* 오페론에 의하여 수행된다. *mer*A 유전자는 Hg^{2+}를 Hg^0로 전환시키는 수은 환원효소(mercuric reductase)의 합성에 관여한다.

5) 황화수은의 생성

Hg^{2+}는 H_2S와 반응하여 HgS가 된다. HgS는 물에 난용성이고, HgS로부터 메틸수은이 생성되지 않기 때문에 가장 안정된 수은 화합물이다. H_2S는 황산 환원균에 의하여 황산염으로 생성되는 것 외에도 많은 미생물에 의해서 황(S)이 함유된 유기물에서도 생성된다.

6) 수은내성을 지배하는 플라스미드와 환경정화

수은내성 *E. coli, Salmonella, Staphylococcus aureus, Pseudomonas aeruginosa* 등을 대상으로 Hg^{2+}에 대한 내성인자를 연구한 결과, 수은 환원효소가 플라스미드에 의해서 지배되고 있다는 것이 밝혀졌다. 유기수은에 내성인 *E. coli*에서는 유기수은 분해효소도 플라스미드에 의하여 지배된다는 것이 보고되었다. 앞에서 설명한 메틸수은 생성균 *Clostridium cochlearium* T-2에서는, 이 세균에 메틸수은의 분해와 황화수소의 발생을 지배하는 플라스미드가 전달되면 생성된 메틸수은이 분리되어 황화수은이 생성된다. 이 플라스미드가 없어지면 다시 메틸수은이 생성된다. 수은내성 유전자 *mer*는 *mer*R(조절유전자), 오퍼레이터, 프로모터, *mer*T(수은의 혼잡으로 관계하는 유전자) 및 *mer*A(수은환원 효소의 구조유전자)로 구성된다. *mer*를 가진 플라스미드에는 전달성인 것과 비전달성인 것이 있는데, *Pseudomonas aeruginosa*의 비전달성 플라스미드 pVSI에서 *mer*은 트란스포손(Tn 501)의 형태로 유전자 사이를 전이한다는 것이 밝혀졌다.

이와 같은 사실은 자연계에 존재하는 많은 세균이 수은에 대해서 내성을 가지고 있다는 것을 의미한다. 수은에 의한 오염이 일어나지 않은 환경에서도 수은 내성균이 고빈도로 분리되므로 환경에서의 수은내성균의 증가는 수은 정화에 많은 도움을 주고 있다. 앞으로 이와 같은 플라스미드의 이용기술이 환경을 정화하는데 많은 도움을 줄 것으로 예측된다.

16.3.3 철관의 부식과 세균

지하에 매립된 철관(iron pipe)은 부식이 일어난다. 산소가 결핍된 조건이 되면 세균에 의한 부식세포(corrosion cell)가 철관 위에 생긴다. 배수가 잘 되지 않는 토양은 특히 부식을 잘 일으킨다.

부식에 관련된 세균들을 표 16-3에 나타내었다. 황산환원세균은 호흡할 때 최종 전자수용체로 황산이온을 이용한다. 이들 미생물은 탄소원으로 무기 탄소를 사용하는 독립영양균이다. 에너지는 분자상 수소나 유기물내의 수소에 의해 황산이온을 환원시켜서 획득한다. H_2S를 생성하기 위하여 분자상의 수소를 이용할 수 있다.

혐기성 부식은 보통 음극의 소극(depolarization)에 의한 결과로서 일어난다. 또한, 미생물이 수소를 소비하는 결과로 부식은 촉진된다.

양극

$$8H_2O \rightleftarrows 8H^+ + 8OH^-$$

$$4Fe + 8H^+ \rightleftarrows 4Fe^{2+} + 8H$$

음극의 소극

$$SO_4^{2-} + 8H^+ \rightleftarrows H_2S + 2H_2O + 2OH^-$$

표 16-3 • 부식과정에 관여하는 세균

세 균	산소 요구	무기성분	최종 대사산물	서식지	최적범위	
					온도	pH
황산염 환원 *Desulfovibrio desulfuricans*	혐기성	황산염, 티오황산염	황화수소	토양, 진흙, 저유탱크, 물	25~30℃	6~7.5
황산화 *Thiobacillus thiooxidans*	호기성	황, 티오황산염	황산	토양, 물	28~30℃	2~4
티오황산염 산화 *Thiobacillus thioparus*	호기성	황, 티오황산염	황, 황산	토양, 물, 진흙, 하수	28~30℃	7
철세균 *Crenothrix, Leptothrix, Gallionella*	호기성	철, 망간	철 또는 망간 산화물	물	25℃	8
질산염 환원 *Thiobacillus denitrificans*	조건적	황, 황화물, 티오황산염	황산염	토양, 진흙, 이탄, 물	30℃	7~9
수소 이용 *Hydrogenomonas*	미호기성	수소	물	토양, 물	28~30℃	7

부식 생성물

$$Fe^{2+} + H_2S \rightleftarrows FeS + 2H^+$$

$$3Fe^{2+} + 6OH^- \rightleftarrows 3Fe(OH)_2$$

알짜 변화는 양극부위에서부터 철이 계속 제거되어 움푹 패이는 부식이 일어난다.

전체반응은

$$4Fe + SO_4^{2-} + 4H_2O \rightarrow FeS + 3Fe(OH)_2 + 2OH^-$$

FeS는 금속 철에 대해서 음극이고, 이것의 존재는 부식을 가속화시킨다. 위 반응은 산화환원전위가 400 mV 미만의 혐기적 장소 및 pH가 5.5보다 높고, 황산염이 존재해야만 일어난다. 이러한 조건에서 3 mm 두께의 철관은 5~7년 내에 부식될 수 있다. 혐기성 부식은 자연에서 가장 경비를 많이 들게 하는 미생물 반응중의 하나이다. 즉, 땅에 묻힌 철관은 보호받지 않는 한 계속 교체해야 함을 의미한다. 보호조치는 관을 따라 아스팔트와 플라스틱 물질로 조심스럽게 싸거나, 반쪽전지 전극 형성으로 부식이 시발되지 않도록 약한 전류의 흐름을 유지하여 (음극보호) 이루어진다.

*Thiobacillus thiooxidans*과 같은 세균은 대사에너지를 획득하기 위하여 H_2S를 산화시킬 수 있다.

$$2H_2S + O_2 \rightarrow 2S + 2H_2O$$

$$2S + 3O_2 + 2H_2O \rightarrow 2H_2SO_4$$

이때 생성된 황산은 부식성이 매우 크고, 공격을 더욱 가속화시키는 양극 농도전지를 형성한다. 이 반응의 pH는 0.2 이하의 낮은 pH도 기록되었다.

철세균인 *Sphaerotilus, Gallionella*와 *Crenothrix*는 산화 제1철을 수산화 제2철로 전환하는 과정에서 생성된 에너지를 이용한다. 수산화 제2철은 미생물 표면에 피복을 만들고, 이것이 관의 벽에 쌓여서 수산화 제2철로 덮인 작은 표면을 이룬다. 이러한 표면에서 혐기적 조건이 존재하면 황산 환원균의 생육에 적합한 환경이 된다. 이들에 의한 부식은 혐기성 부식만큼 경제적으로 중요하지 않다.

16.3.4 산성광산배수

석탄 및 각종 금속 광석은 환원조건에서 오랜 시간동안 밀폐되어 생성된 것이다. 특히, 석탄은 종종 황철광(FeS_2)과 관련되어 있다. 채광에 의하여 이러한 물질이 공기 중 산소에 노출되면 자가산화 및 미생물이 수행하는 철 및 황 산화의 복합작용에 의하여 다량의 산이 생성된다. 철분이 풍부한 산성광산배수(acid mine drainage)는 수중생물을 죽이고, 이것으로 오염된 하천은 상수용수나 위락용으로 부적합하게 된다.

일부 산성광산배수는 지하광산에서 물이 유입되어 또는 폐광석 더미, 광석 및 석탄더미, 석탄을 운반하기 전에 상위등급의 석탄으로부터 하위등급의 석탄을 분리하여 쌓아둔 더미 위에 빗물이 흘러내려 생성된다. 이러한 문제는 한정적이며, 비교적 쉽게 제어할 수 있다. 지하탄광의 경우, 석탄을 파낸 후의 빈 공간에 찌꺼기를 메우거나 땅을 가라앉게 한다. 이렇게 하면 한 번에 한정된 양의 석탄만이 산화작용에 노출하게 된다. 이에 비해 노천광산은 위에서부터 깎아 내리고 다공성의 석탄 부스러기가 남게 되어 산소와 침투수에 노출된다. 철과 황이 산화되는 결과로 pH가 급격히 하강하며, 결과적으로 석탄 부스러기를 산소로부터 차단하여 줄 식생과 안정된 토양피복이 자리잡지 못하게 된다. 노천채광 지역은 대부분의 황화수소염이 산화되어 용탈될 때까지 산성광산배수의 생성이 계속된다. 이리하여 토지가 회복되는데는 50~150년이 걸릴 수 있다.

황철광의 산화기구는 꽤 복잡하다(그림 16-14). 중성 pH에서는 공기 중 산소에 의하여 산화가 자연적으로 신속하게 일어나지만 pH 4.5 이하에서는 자가산화는 급격하게 감소한다. pH 3.5~4.5에서는 유병 철세균인 *Metallogenium*이 산화반응을 수행한다. pH가 3.5 이하로 떨어지면 호산성 세균인 *Thiobacillus*가 이어받는다. 이 단계에 있어서는 미생물이 수행하는 산화작용은 자연적인 산화작용보다 수백 배 높다. 그러므로 황철광의 산화는 자연적으로 시작되지만 미생물은 이러한 산화반응을 높은 수준으로 유지하는데 있어서 결정적인 역할을 한다.

*Thiobacillus thiooxidans*와 자가산화에 의해 황철광으로부터 황산염과 수소이온이 생성된다.

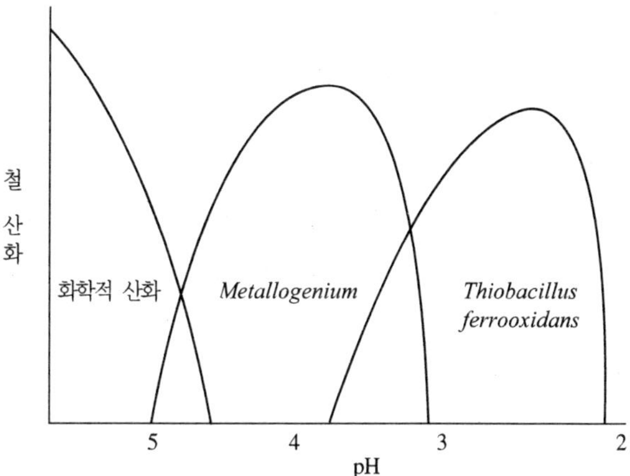

그림 16-14 • 산성광산 배수의 생성을 이끄는 생태학적 천이

$$2FeS_2 + 7O_2 + 2H_2O \rightarrow 2Fe^{2+} + 4SO_4^{2-} + 4H^+ \quad \text{①}$$

용해된 Fe^{2+} 이온은 *Thiobacillus thiooxidans*에 의하여 산화되어 Fe^{3+} 이온으로 된다.

$$2Fe^{2+} + \tfrac{1}{2}O_2 + 2H^+ \rightarrow 2Fe^{3+} + H_2O \quad \text{②}$$

두 번째 반응이 율속반응이므로 산화과정에서 가장 중요한 단계이다. 생산된 Fe^{3+} 이온은 무생물적 반응에 의하여 남아있는 황화수소염을 황산염으로 산화시킬 수 있다.

$$8Fe^{3+} + S^{2-} + 4H_2O \rightarrow 8Fe^{2+} + SO_4^{2-} + 8H^+ \quad \text{③}$$

③번 반응에 있어서, Fe^{3+} 이온은 Fe^{2+} 이온으로 다시 환원되며, 이것은 다시 ②번 반응에서 산화에 이용될 수 있다. 이와는 달리 ②번 반응에서 생성된 Fe^{3+} 이온은 수산화철로 침전하며, ②번 반응에 소비되는 수소이온 및 이보다 많은 여분의 수소이온을 생성할 수 있다.

$$2Fe^{3+} + 6H_2O \rightarrow 2Fe(OH)_3 + 6H^+ \quad \text{④}$$

황철광의 전체적인 산화반응은 다음과 요약된다.

$$2FeS_2 + 7\tfrac{1}{2}O_2 + 7H_2O \rightarrow 2Fe(OH)_3 + 4H_2SO_4$$

생성된 황산은 높은 산도의 원인이 되며, 침전된 수산화철은 배출수가 진한 갈색으로 되는 원인이 된다.

재래식 수처리 기법은 유기물 오염을 방지하기 위한 것이며, 산성광산배수에 의한 오염에는 비효과적이다. 종종 버려진 지하 광산을 덮어서 황철광의 산화에 필요한 산소를 차단하거나 산소의 이용력을 제한시키는 것이 가능하다. 노천 채광의 경우에 산성광산 배수 문제는 토지를 신속하게 개간함으로써 효과적으로 제어할 수 있다. 이것은 광석 부스러기 위에 표토를 살포하고 식생이 자라서 상부를 덮도록 해주는 것이 포함된다. 이와 동일한 기법이 광석 부스러기 더미에도 효과적이다.

황철광의 광물들을 산소와의 접촉으로부터 차단할 수 없을 때에는 철산화 세균 및 황산화 세균의 활동을 억제함으로써 적어도 이론상 산성광산배수를 제어할 수 있다. 광범위 살균제(germicide)는 그 자체가 위험한 오염물질이므로 이러한 목적에 사용될 수 없다. 실험실에서는 낮은 농도의 몇몇 카르복시산과 알파케토산으로 철산화 세균 및 황산화 세균을 제어할 수 있다. 이러한 화합물들은 다른 생물에게 유해하지 않다고 알려져 있다.

Desulfovibrio 및 *Desulfotomaculum*의 활동을 이용하여 산성광산배수를 처리하는 새로운 기법이 실험실 규모에서 증명되었다. 먼저 산성광산배수를 톱밥과 같은 다량의 유기성 폐기물과 혼합한다. 이렇게 되면 호기성 및 통성 혐기성 셀룰로오스 분해미생물의 활동에 의하여 산화환원전위가 낮아지며, 황산염 환원세균이 이용할 수 있는 중간 대사산물을 생성한다. 발생된 황화수소는 Fe^{3+}을 Fe^{2+}로 환원시킨 후 Fe^{2+}를 FeS로 침전시킨다. 이 과정을 통하여 pH가 중성으로 회복되고, 광산배수로부터 철과 유황이 제거되나 이 제안된 공정의 경제성 및 환경적 실현성은 아직 더 연구되어야 한다.

16.3.5 미생물에 의한 질산염의 전환

질산염의 환원 및 탈질은 질소 순환의 정상적 부분이며, 각 질산화 및 질소고정 과정에 균형을 유지시켜 준다. 농업에 있어서 질소비료의 대량사용은 질산염 pool을 크게 증가시킬 수 있다. 질산염 자체는 비교적 무해하지만 미생물에 의한 이의 환원형 산물은 지역적 및 지구적 오염문제를 일으킨다. 이러한 이유 때문에 음용수의 질산염은 10 ppm을 초과하지 않도록 되어 있다. 질산염은 혐기성 토양, 저니 및 수중환경에서 아질산염으로 환원될 수 있다.

식품과 사료에 있어서 질산염의 환원은 특히 관심사가 된다. 질산염 함량이 높은 축축한 사료에서 아질산염이 생성되어 가축에 독성 중독을 일으킨 적이 있다. 시금치와 같이 질산염 함량이 높은 채소가 변질되면 사람에게도 이와 비슷한 아질산염 중독을 일으킬 수 있다. 가공된 육류제품의 일부는 질산염이나 아질산염을 첨가하여 보존한다. 질산염을 첨가한 경우에는 질산염의 일부가 미생물의 작용에 의하여 강력한 보존제인 아질산염으로 전환된다. 아질산염은 myoglobin과 작용하여 가공된 고기에 빛깔 좋은 붉은색을 띠게 한다. 불행하게도 아질산염은 헤모글로빈과도 유사한 친화력이 있으므로 가공된 고기에 잔류하는 아질산염의 농도는 200 mg/kg 이하로 제한하고 있다. 아질산염은 아직까지 불분명한 기전에 의하여 가장 위험한 식중독 세균인 *Clostridium botulinum*을 억제한다. 그러므로 식품에 첨가되는 질산염과 아질산염의 안전성에 대한 우려는 가치있는 것이지만 이러한 처리제를 급격히 폐지한다면 아마 중대한 건강문제를 초래할 수도 있다.

아질산염은 직접적인 독성 외에도 환경 또는 식품 속에서 2차 아민류와 반응하여 nitrosoamine류를 형성한다. 어떤 경우에 이 반응은 자연적으로 일어날 수 있으며, 또는 미생물 효소에 의하여 중개될 수도 있다. 예를 들면, nitrosodimethylamine은 다양한 식품에서 보고되었다. Nitrosoamine류는 잠재적 발암물질이며, 식품과 물로부터 이들을 섭취하면 건강에 해롭다는 것이 증명되었다. 현시점에 있어서 건강한 사람의 장관 내에서 nitrosoamine류가 형성되는 반응이 의미있는 정도까지 진행될 수 있는가 하는 것은 불분명하다. Nitrosoamine류는 미생물에 의한 분해는 물론 화학적 분해도 받는다. 그러나 높은 잠재적 발암성을 가지고 있기 때문에 저농도나 이따금의 노출일지라도 위험하다. 이러한 오염물질의 형성과 그 영향을 보다 잘 이해하기 위하여 이미 상당한 연구가 이루어졌다.

혐기성 토양과 저니에서 미생물에 의한 아질산염의 산화가 더 진행되면 암모늄(NH_4^+)으로 되거나 산화질소(NO)를 거쳐 아산화질소(N_2O) 및 원소상태의 질소로 된다. 아산화질소와 N_2는 모두 탈질 반응의 산물이며, 낮은 pH에서 이들 가스의 방출이 지배적이다. 아산화질소는 대류권까지 상승하여 광분해를 통하여 대기 중의 오존층을 고갈시키게 된다. 이러한 방법으로 합성비료의 투입에 의해 질산염 pool이 증가되어 발생하는 과도한 탈질화는 전 세계적으로 오염문제가 되고 있다.

성층권에 있어서의 오존형성은 분자상 산소의 광분해에 의하여 시작된다.

$$O_2 + h\nu \rightarrow O + O$$

단위체(singlet) 산소의 일부는 분자상 산소와 반응하여 오존을 형성한다.

$$O + O_2 \rightarrow O_3$$

실제 반응은 보다 복잡한데, 어떤 반응은 오존 형성에 공헌하고, 어떤 반응은 오존을 고갈시킨다. 오존의 평형농도는 단위체 산소농도에 크게 지배된다.

오존은 자외선을 효과적으로 흡수한다. 보호기능을 담당하는 오존층이 없다면 다량의 자외선이 지구표면에 도달하게 되어 살아있는 생물에게 해로운 영향을 미칠 것이다. 오존층의 일부분이 파괴된다 해도 피부암의 발생율이 증가할 것이다.

아산화질소는 일련의 광화학 및 화학반응을 통하여 오존을 고갈시킨다. N_2O가 광분해되면 N_2와 단위체 산소가 생성되는데, 단위체 산소는 전자중의 하나가 여기상태(O*)로 된 것이다. 자극된 단위체 산소는 여분의 N_2O와 반응하여 NO를 형성한다.

$$N_2O + h\nu \rightarrow N_2 + O^*$$
$$N_2O + O^* \rightarrow 2NO$$

산화질소(NO)는 다음 식에 의하여 오존과 반응한다.

$$NO + O_3 \rightarrow NO_2 + O_2$$

$$NO_2 + O \rightarrow NO + O_2$$

상기의 분해작용은 NO 또는 NO_2의 농도를 변화시키지 않고 성층권의 오존과 오존형성에 관여하는 단위체 산소를 고갈시킨다. 이것은 O_3+O를 O_2로 전환시키는데 있어서 대단히 효율적인 촉매반응이다.

상기의 기전에 의하여 발생하는 오존의 고갈률과 정도를 계산하고 예측하는데는 많은 인자들을 추론해야 하고, 그 결과에도 변이가 심하다. 그러나 질소비료의 집약적인 사용에 의하여 야기되는 탈질 작용의 증가가 오존고갈에 공헌한다는 것은 의심할 여지가 없다. 불화탄소 및 내연기관과 제트엔진으로부터 발생되는 질소산화물도 또한 오존의 고갈에 기여하며, 문제를 한층 더 심각하게 만든다. 이 문제는 질소비료의 보다 신중하고 적절한 사용에 의해 제어할 수 있지만 농업 수확량은 감소될 것이다. 또한, 공생적 질소고정에 보다 더 의존하게 되면 이 문제가 경감될 것이다. 흥미로운 대안적인 접근법은 선택적인 질산화 억제제를 이용하는 것이다. 만약에 비료가 암모니아 또는 요소로서 시비된다면 이 비료가 질산염으로 산화되기 전에는 탈질이 일어나지 않는다. Nitrapyrin과 같은 질산화 억제제는 대단히 낮은 농도에서도 질산화 세균인 *Nitrosomonas*의 활동을 억제한다. 이것을 사용하게 되면 질소비료를 식물이 더 잘 이용하게 되며, 질산염 pool을 감소시킨다. 또한 감소된 질산염 pool은 지하수에서 질산염과 관련된 문제들과 질산염의 환원-탈질산물의 해로운 영향을 감소시켜 준다.

16.3.6 미생물에 의한 중금속 및 방사성 핵종의 축적

수은 외에도 주석, 코발트, 니켈, 카드뮴 및 탈륨을 비롯한 각종 중금속이 금속합금용 또는 촉매로서 사용된다. 이들의 채광, 용융 및 최종처분이 이루어지는 동안에 중금속 오염이 발생한다. 이러한 금속들은 모두 식물, 동물 및 많은 미생물에게 상당한 독성이 있다.

환경오염물질로서의 방사성 핵종(radionuclide)은 핵무기의 대기 중 실험, 우라늄 채광 및 가공, 핵폐기물의 처분, 핵발전소의 일상적 가동 및 이러한 설비에서 발생하는 사고에 의하여 발생한다. 현재까지 대기 중 핵실험이 가장 중요한 방사성 핵종의 오염원이 되어 왔으나 방사성 핵종 폐기물이 축적되어 점점 문제가 되고 있으며, 이에 대해 아직까지 만족할 만한 해결책이 없다.

미생물은 표면적 대 체적 비율의 차이가 크고, 대사능력이 높기 때문에 중금속과 방사성 핵종 오염물질을 먹이망으로 투입시켜 주는 중요한 매개생물이다. 중성 내지 알칼리성 pH에서 토양 및 저니에 있는 중금속은 침전되거나 또는 진흙내 광물질의 양이온 교환부위에 흡착됨으로써 부동화되는 경향이 있다. 미생물에 의해 산 및 착화물이 생산되면 흡착된 것을 탈착시킬 수 있으며, 독성 금속을 유동화시킨다. 금속을 착화시킬 수 있는 미생물의 대사산물에는 몇몇 enterochelin, ferrioxamine류, dicarboxylic acids, tricarboxylic acids, pyrocatechol, 방향족 hydroxy acids 및 poluols 등이 있다.

유동화 후에는 미생물과 식물뿌리에 의하여 중금속이 섭취되어 세포 내에 축적된다. 이러한 일부 독성 금속이 왜 미생물에 의해 섭취되어 축적되는가 하는 것은 완전히 규명되어 있지 않지만 이러한 물질들이 세포 내에 축적되어도 일부 세균에 있어서 중금속에 대해 저항성을 가지는 것 같다. 사상균류는 균사를 통하여 중금속과 방사성 핵종을 운반한다고 밝혀졌다. 이것은 균근형 균류가 이러한 오염물질을 고등식물로 전파시킬 수 있는 잠재적인 역할과 관련이 있다. 미생물에 의한 산의 생성 및 착화에 의해 유동화된 중금속을 식물의 뿌리가 직접적으로 흡수하는 것도 또 하나의 대안적 가능성이다.

중금속 카드뮴에 대한 염려도 이러한 견지에서 생긴다. 카드뮴은 독성이 강하며, 극히 느리게 배출되므로 매우 낮은 농도에 노출되더라도 축적되는 경향이 있다. 사람에 있어서 카드뮴의 반감기는 10년으로 추정된다. 사람이 저농도의 카드뮴에 만성적으로 노출되면 심각한 손상을 받는다. 일본에서는 공업 활동으로 오염된 논에서 자란 쌀을 통해 사람이 높은 농도의 카드뮴에 노출되었고, 그 결과 뼈와 관절에 이상현상이 초래되는 이타이이타이 병이 발생하였다. 불행하게도 카드뮴은 일부 인산염 암석에 낮은 농도로 존재하며, 이 때문에 농지에 살포되는 인산염 비료 속에도 또한 존재한다.

카드뮴과 기타 중금속의 또 다른 잠재적 원천은 폐수 슬러지이다. 이러한 슬러지는 토양 개량제로 사용된다. 슬러지 중의 상당 부분이 미생물의 생물량(biomass)으로부터 오며, 이 속에 중금속의 농도가 비교적 높다는 것은 미생물이 이러한 오염물질들을 농축시킬 수 있음을 의미한다. 따라서 농지에 폐수 슬러지를 대규모로 사용하려면 이전에 농용 토양에 있어서 중금속의 전체적인 유동성, 작물에 의한 이들의 흡수 및 이러한 과정에 있어서 토양미생물의 역할 등이 분명히 밝혀져야 한다.

사람의 건강과 분명히 관련되어 있는 방사성 핵종이 미생물적 작용에 의하여 축적되는 현상은 일부 극지방에서 증명되었다. 지의류는 대기 중의 낙진으로부터 ^{90}Sr, ^{137}Cs와 같은 방사성 핵종을 매우 효율적으로 농축시킨다. 눈이 덮여 있어서 지의류가 직접적인 낙진으로부터 차단되는 기간 동안에는 방사성 핵종의 농축이 증가된다. 지의류 → caribou 사슴 → 사람과 같은 먹이연쇄에 있어서는 지의류가 1차 생산자이므로 이렇게 농축된 원소들은 먹이연쇄의 상위 구성자에게 효율적으로 이전된다. 이러한 방사성 핵종이 뼈조직에 축적되면 골수의 혈액합성 세포에 영향을 주어 백혈병을 일으킬 수 있다.

16.4 환경호르몬과 미생물

환경호르몬이란 내분비교란 화학물질(內分泌攪亂化學物質)로 인간이 광범위하게 이용하고 있는 화학합성물질이 환경에 축적되어 인간이나, 다양한 동식물의 체내나 조직 내에 침투되어 내분비계(內分泌系)를 비정상적으로 바꾸게 하는 오염물질이다. 대표적으로 DDT 등의 농약, PCB류 등의 공업화학물질, 다이옥신 등의 비의도적 생성물(非意圖的生成物), 합성 여성호르몬으로 사용되는 DES 등의 의약품 등을 들 수 있다. 생물이 이들 물질을 극미량으로 발생초기에 침투 받거나 섭취하거나 장기간 섭취했을 때 내분비계, 면역계, 신경계에 다양한 형태로 이상(異常)이 일어난다.

화학물질에 의한 환경오염과 건강 피해는 1960년대에 이미 시작되었다. 내분비계는 생물이 극미량의 호르몬이라는 물질을 사용하여 생체를 성장시키기도 하고 조절하기도 하는 하나의 물질로 되어 있다. 환경호르몬은 내분비계를 교란시키기 때문에 문제시되고 있는 인공 화학물질이 체내에 들어오면 호르몬이 가지고 있는 정보전달 경로에 이상(異常)형의 정보를 흐르게 하거나 통신방해를 일으켜서 체내의 정상적인 기능을 흩트려 놓는다. 이러한 현상을 호르몬 저해작용이라고 한다. 환경오염물질이 피해를 주는 것은 오래된 사실이다. 다이옥신, 카드뮴은 발암성이나 급성 독성의 경우, 보는 관점에 따라서는 차이는 있으나 실제는 내분비 교란물질이다. 최근에 와서 이러한 환경 오염물질이 호르몬 저해작용을 한다는 것을 알게 되었다. 패류, 어류의 자웅의 전환, 조류의 이상한 행동, 포유동물의 생식기 이상(異常) 현상을 들 수 있다. 최근 이러한 환경호르몬을 분해하는 미생물이 다수 발견되어 생태계에서 환경호르몬 분해 미생물의 역할이 주목받고 있다.

16.4.1 내분비계 장애물질이란?

내분비계 장애물질(endocrine disrupting chemicals, EDCs)이란 내분비계의 정상적인 기능을 방해하는 화학물질로서 환경 중 배출된 화학물질이 체내에 유입되어 마치 호르몬처럼 작용한다고 하여 환경호르몬으로 불리기도 한다.

내분비계 장애물질로 알려진 물질의 대부분은 산업용 화학물질이 차지하고 있으며, 그 밖에 에스트로젠 기능약물, 식물에서 생산되는 식물성 에스트로젠 등이 포함된다. 이들 내분비계 장애물질은 생태계 및 인간의 생식기능저하, 기형, 성장장애, 암 등을 유발하는 물질로 추정되고 있으며, 생태계 및 인간의 호르몬계에 영향을 미쳐 전 세계적으로 생물종에 위협이 될 수 있다는 경각심을 일으켜 오존층 파괴, 지구온난화 문제와 함께 세계 3대 환경문제로 등장하고 있다.

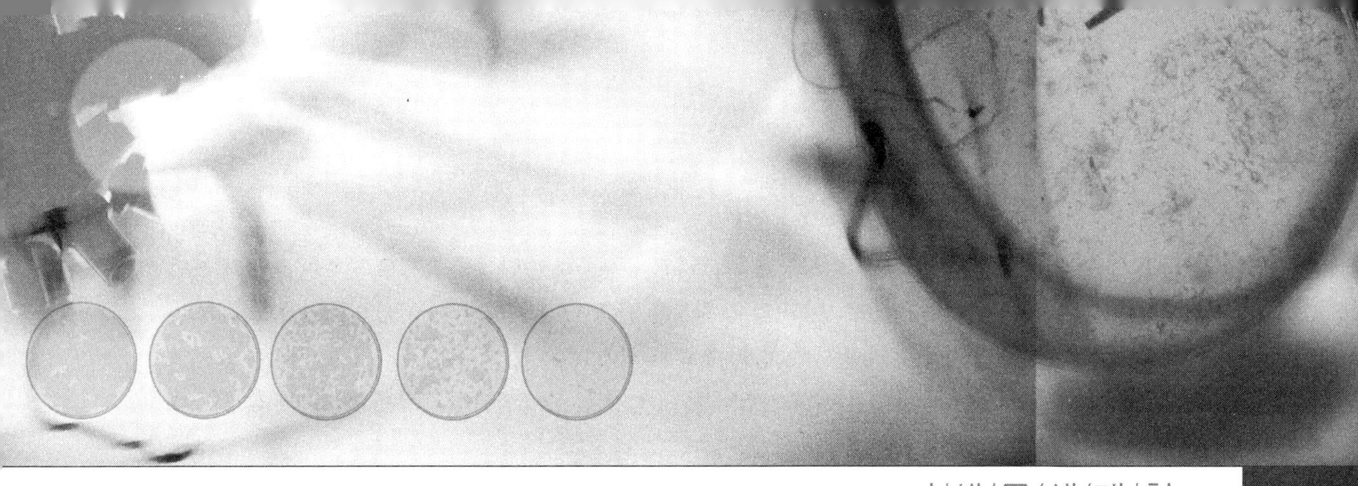

제 17 장

병충해 생물의 생태학적 제어

급속한 경제성장과 인구의 도시집중 그리고 농산물의 수입개방 등으로 인하여 국내의 농업 여건이 크게 변화하고 있고, 이와 같은 현상은 금후 더 심화되리라 추정된다. 과거의 우리 농업정책은 식량 자급을 위해 다비(多肥)에 의한 최대 수확을 추구하였으나 오늘날의 농정 기본 방향은 저비용에 의한 적정 생산과 소비자가 선호하는 고품질의 농산물을 생산하는 쪽으로 대폭 전환되었다.

다수확을 달성하기 위하여 화학농약과 화학비료를 장기간 사용함으로써 식량생산성이 크게 증가된 것은 사실이지만 이들 화학물질의 남용에 따른 토양 생산성 감소, 작물 수량 감소 및 품질저하, 생태계 파괴 등 심각한 피해가 속출하고 있는 바 세계적으로 화학비료 및 화학농약 사용에 따른 규제가 점점 더 강화되고 있다.

세계 각국은 농업생산의 안전성 향상, 환경보전, 농업 생산물의 증진 등 양적, 질적 생산성을 향상시키기 위하여 저공해 천연 생물농약의 개발에 박차를 가하고 있다. 아울러 농산물의 안정적 생산 및 쾌적한 환경보존을 위한 병충해 저항성 작물의 육종, 농산물 가공 및 이용기술의 연구개발에 많은 투자를 하고 있다.

특히, 환경보호와 생태계 보전에 관한 Green Round 협약이 국제적 관심이 되면서, 선진국에서는 환경문제와 관련시켜 저개발 국가의 무역에 압박을 가하고 있다. 또한 식량난 해결을 목적으로 무분별하게 유기화학 농약을 남용함으로써 농약중독, 농약에 의한 지하수 오염 및 토양오염, 농산물 중 잔류독성 등 생태계에 영향을 미치는 심각한 환경오염 문제가 야기되고 있다. 이를 극복하는 방안으로 새로운 생물공학 및 유전공학 기법을 이용하여 식물병 방제에 이용될 수 있는 무공해 또는 저독성 생물농약의 개발이 국제적으로 경쟁이 치열한 핵심 분야로 등장하고 있다.

17.1 숙주 및 매개생물의 조절

각종 질병을 일으키는 병원균과 해충에 대한 생물학적 방제방법에는 여러 가지가 있는데, 그 중의 하나가 숙주 및 매개생물들을 조절하는 방법이다. 숙주들은 병원균의 감염과 해충으로부터 공격을 차단할 수 있는 방어 기전을 가지고 있기 때문에 이러한 자연적인 방어 기전이 증가된 변형, 육종된 숙주는 병원균과 해충의 공격을 차단할 수 있다. 또한, 농업에 있어서는 질병을 일으키는 병원균에 대하여 유전적으로 저항성을 가진 식물들을 개발하기 위하여 저항성이 뛰어난 식물을 선택하는 선택육종이 널리 이용되고 있다.

숙주와 병원균간의 상호작용의 특성 때문에 이와 같은 선택육종을 사용하며, 많은 새로운 식물품종이 이러한 방법에 의해서 개발되었다. 이와 같이 식물은 병원균의 침입을 억제하며, 병원균에 노출되었을 때 병원균에 대한 저항성 능력이 생긴다.

근연 관계가 가까운 바이러스의 침입에 대해 보다 특징적으로 나타나는 저항성 기전을 교차방어(cross-protection)라고 한다. 한 가지 유형의 바이러스에 의하여 감염된 식물은 근연 관계가 가까운 제2의 바이러스의 침입을 받았을 때 추가적인 병 증세를 나타내지 않은 경우가 많다. 이러한 방어현상은 항상 두 개의 근연 바이러스가 침입하였을 때에만 일어난다. 이와 같은 현상으로 미루어 보아, 그 방어 기전이 동물의 면역반응과는 다르지만 비슷한 기전으로 일부 식물 병원성 바이러스로부터 식물을 보호할 수 있는 것이다.

병원성 미생물의 서식처를 제거하거나 감소시키기 위하여 여러 가지 제어방법이 이용된다. 병원균의 제어방법에는 병원균을 직접 살균하여 없애는 방법, 서식처를 제거하거나 농작물의 윤작 및 질병 매개생물을 제거하는 방법 등이 있다.

병원균을 직접 제거하는 방법의 예를 들어보면, 위생작업, 폐수처리, 음용수의 소독 등이 있다. 식품의 가공과 제조과정에서 수행되는 대부분의 많은 작업은 식품 속의 병원균을 감소시키기 위한 것이다. 이러한 작업에는 감마선 멸균, 고압습열 멸균, 여과멸균 및 저온살균 등이 있다.

식품가공에 사용된 그릇을 소독하는 것도 병원균의 잠재적인 서식처를 제거하는 것이다. 이와 비슷하게 의료 및 치과시술에 사용된 기구 및 재료는 존재할 가능성이 있는 병원 미생물을 제거하기 위해서 살균된다. 원예작업에 있어서는 식물 병원균을 제거하기 위하여 이따금 토양을 훈증하거나 직사광선을 포함한 열로 멸균시킨다. 많은 식물 병원균이 식물의 종자를 오염시키므로 종자를 화학약품이나 뜨거운 물로 처리하여 소독하면 식물 개체군 내의 질병 발생율을 크게 감소시킬 수 있다.

질병의 전파를 막기 위하여 감염된 식물 또는 동물의 조직을 제거하는 방법도 이용되는데, 이것은 병원체의 서식처를 효과적으로 감소시켜 주기 때문이다. 영농법에서 이것은 종종 윤작에 의해서 이루어진다.

또한, 감염된 작물을 제거해도 감염된 조직 내에 함유된 병원균이 제거된다. 숙주와 병원체간에는 상호작용의 특이성이 있기 때문에, 윤작에 의해 다른 작물이 재배되면 지난번에 재배된 작물을 오염시켰던 병원균을 배제시킬 수 있다.

병원균을 전파시키는 동물(보통은 곤충)들을 제거시키거나 감소시키는 방법에 의하여 전염병을 제어할 수 있다. 많은 종류의 인간의 질병은 매개생물인 모기에 의하여 전파되므로 모기의 개체군 수준을 제어함으로써 이러한 질병의 발생율을 크게 감소시킬 수 있다. 모기 개체군은 화학적 살충제를 사용하거나 생물학적 방제에 의하여, 그리고 서식지를 파괴함으로써 제어될 수 있다.

벼룩과 진드기의 제어는 종종 병원성 미생물 개체군을 보유하고 있는 매개동물을 제어하는 것이라고 볼 수 있다. 곤충과 선충은 식물의 바이러스병, 세균병 및 곰팡이병의 매개생물이다. 매개생물에 의하여 전파되는 식물병의 발생은 매개생물을 적절히 제어함으로써 피할 수 있다.

17.2 미생물 농약

미생물 상호간의 길항작용(편해공생) 관계를 이용하여 주로 식물 병원균을 제어하려는 시도가 있다. 많은 식물병은 균류 및 세균 개체군에 의해 발생하지만 식물은 주로 식물주위에서 자라는 미생물에 의하여 감염된다. 근권과 엽권에 존재하는 많은 미생물은 식물을 병원균으로부터 보호한다. 또한, 일부 세균은 항진균 물질을 생산한다. 몇몇 *Bacillus, Pseudomonas* 및 *Streptomyces*를 토양 또는 종자에 뿌려주면 시들음병을 일으키는 곰팡이, *Rhizoctonia solani*에 의한 식물병 및 오이, 완두, 상치 등 기타 몇몇 식물병이 제어됨이 밝혀졌다. 또한 *Fusarium* sp.에 의해 발생되는 카네이션의 줄기썩음병 및 시들음병은 *Bacillus subtilis*에 의하여 제어된다. 특이성이 강하고, 항생물질과 유사한 물질인 아그로신(agrocin)은 이것을 생산하는 세균과 근연 관계가 있는 *Agrobacterium* 균주를 죽이는 효과가 있기 때문에 수관 옹아리형성 감염(crown gall infection)을 제어하는데 매우 효과적이다.

1990년 초부터 최근까지 급속하게 증가하고 있는 유기합성 농약시장은 약 20조원으로, 2000년대까지 연간 매출고 27조원에 이를 것으로 전망된다. 그러나 최근에 선진 각국에서 환경오염문제가 크게 부각되면서 유기합성 농약의 성장세가 크게 둔화되어 연평균 성장률 2%로 정체상태를 면치 못하고 있다.

한편, 생물학적 방법에 의하여 농작물을 보호하려는 연구는 최근에 활기를 띠고 있으며, 생물학적 제제의 실용화 가능성에 크게 낙관적인 연구결과들이 많이 보고되고 있다. 1992년에 발표된 생물농약계의 분석 자료에 의하면 광범위한 분야에서 생물농약 개발연구가 진행되고 있다. 현재, 전세계 생물농약 시장은 7,000억 원 정도로 소규모이지만 매년 12% 정도의 고속성장을 지속하고 있으며, 특히 미생물 농약 분야는 연간 15~20%의 고속성장이 지속될 것으로 예측되고 있다.

각종 세균성 및 곰팡이성 병원균을 대상으로 한 미생물 살균제 개발 분야는 현재 초기 연구단계에 있으며, 길항세균들, 예를 들면 *Agrobacterium radiobacter, Bacillus subtillis, Pseudomonas, Streptomyces* 등을 이용한 미생물 살균제들이 보고되고 있다. 특히, *A. radiobacter*을 이용한 미생물 살균제는 *A. tumefaciens*에 의하여 발생되는 과수 뿌리혹병 방제에 큰 효과를 거두고 있는 대표적인 성공사례이다. 또한, 최근 핀란드에서는 *Streptomyces grisioviridans*를 이용한 원예작물의 모잘록병, 시들음병 등 방제약을 개발하는데 성공하였는데, 마이코스톱(Mycostop)이라 명명하여 유럽, 일본, 미국 등에 허가신청 중에 있다.

최근 길항성 곰팡이를 이용한 미생물 살균제는 주로 *Trichoderma* sp.와 *Gliocladium virens*를 이용한다. 이들 제품은 모두 포자를 아르긴산 고분자 속에 피막화시키는 방법을 이용하여 개발되었는데, 이 제품은 그리오가드(Gliogard)라 명명되어 최근 미국 환경보호청의 허가를 획득하였으며, W.R. Grace 사에 의하여 산업화가 추진되고 있다. 이 그리오가드는 토양 속에 용이하게 침입하는 *Rhizoctonia* 및 *Pythium* 질병 방제에 효과가 있는 것으로 알려지고 있다.

이상에서 살펴본 바와 같이 몇몇 성공사례는 미생물 농약의 토양처리 분야에서 유일하며, 이제 겨우 개척단계임을 알 수 있다. 미생물 농약의 엽면 살포 분야에서는 아직 뚜렷한 성공사례가 없다.

또한, 미생물에 의한 해충의 제어목적으로 상업적인 미생물 살충제가 많이 개발되어 판매되고 있는데, 이러한 제품은 작물 및 기타 식물에 손실을 주는 곤충과 질병을 일으키는 미생물을 매개하는 곤충을 대상으로 한다.

잠재적으로 많은 바이러스, 세균, 균류 및 원생동물 개체군들이 해충 및 매개생물의 방제에 사용될 수 있다. 현재 살충제로 사용되고 있거나 장래에 살충제로 사용될 잠재력을 가지고 있는 미생물은 곤충에 질병을 일으키는 병원성 세균으로서 *Rickettsiella, Popilliae, Bacillus popilliae, B. thuringiensis, B. lentimorbus, B. sphaericus, Clostridium malacosome, Pseudomonas aeruginosa, Xenorhabdus nematophilus*를 들 수 있다. 그리고 균류 중에서는 선충류를 영양원으로 포획하는 것도 있는데, 이러한 선충을 포획하는 가장 흔한 균류에는 *Arthrobotrys, Dactylaria, Trichothecium, Verticillium, Chlamydosporium, Paecilomyces* 등이 있다.

17.2.1 미생물 살충제

현재 농업 생산성을 향상시키기 위하여 많은 종류의 해충을 한 번에 죽일 수 있는 광범위 살충제를 경제적 이점 때문에 다량 사용하고 있는 실정이다. 그러나 이들 광범위 살충제는 환경적 이점이 있는 협범위 살충제에 비하여 큰 환경문제를 일으키므로 협범위 살충제 개발과 사용에 많은 관심을 가져야 한다. 그러나 무엇보다 중요한 것은 광범위 유기합성 농약 대신에 생태계 보전을 위한 천연 살충제의 개발이 시급한 실정이다.

현재, 천적 및 페로몬을 이용한 생물학적 제어와 미생물에 의한 절지동물의 제어방법이 많이 추진되고 있다. 특히, 곤충의 제어를 위해 상업적인 미생물 살충제가 많이 개발되어 판매되고 있으며, 미생물에 의한 곤충 개체군의 제어는 작물 및 기타 식물에 손실을 주는 곤충과 질병을 일으키는 미생물을 매개하는 곤충을 대상으로 한다. 현재도 선택적으로 해충 및 매개생물을 방제할 목적으로 많은 바이러스, 세균, 균류 및 원생동물을 이용한 미생물 살충제들이 계속하여 개발되고 있다.

17.2.2 미생물 제초제

미생물 농약은 곤충과 유해동물 개체군을 대상으로 한 것이다. 그 밖에도 잡초를 제어하는

데에 식물 병원성 미생물을 이용할 수 있으리라는 잠재성을 확인하는 연구가 진행되어 왔다. 이러한 병원성 미생물 개체군들을 미생물 제초제라고 한다. 따라서 식물 병원성 곰팡이를 제초제로 이용하고자 하는 연구는 최근 지속적으로 증가하고 있다. 이는 유기합성법에 의한 제초제 연구개발비가 급속히 증가하고 있으나 환경오염의 주범이 되는 문제점이 있기 때문이다. 현재 몇 가지 미생물 제초제가 산업화되었으며, 상당수가 산업화 전 단계에 도달하였다.

17.2.3 미생물 살균제

미생물 살균제의 개발에는 주로 식물 병원균에 길항작용을 보이는 세균 및 곰팡이를 이용하는 방법이 있다. 세균 중에서 *Bacillus* sp.와 *Pseudomonas* sp.를 이용하는 연구가 활발하고, 곰팡이 중에서 *Trichoderma* sp.를 이용하는 연구가 활발하다.

특히, 최근에는 유독성 농약사용에 대한 규제가 전 세계적으로 확산되는 추세이므로 많은 선진국들이 생물공학 제품 개발을 서두르고 있고, 새로운 신제품 개발 및 등록이 빠른 속도로 진행되고 있다. 현재 40여 개에 달하는 미생물 살균제들이 등록된 상태이다. 대부분의 제품들이 토양을 통하여 전염되는 *Fusarium, Pythium, Rhizoctonia, Sclerotinia, Phytophthora* 등과 같은 식물 병원성 균류에 의하여 발생하는 식물병 방제용이다.

17.3 유전공학적 병충해 방제

유전공학은 생물학적 방제에서 가장 중요한 역할을 담당하고 있다. 동식물은 질병에 대한 저항성을 키우기 위해 육종되고 선택되며, 병원성 바이러스는 교차방어 또는 면역능력을 얻기 위하여 돌연변이체를 만들고, 생물학적 방제용 생물은 병원성 생물의 병원성과 독소 생산력을 감소시키기 위하여 돌연변이체를 만들며 선택, 육종된다.

시험관 내(*in vitro*) 유전공학은 생물학적 방제용 생물을 손쉽게 설계할 수 있는 가능성을 넓혀 주었으나 이러한 가능성들이 생태계 내에서 직접 이용될 수 있는가 하는 논쟁이 계속되고 있다. 이러한 생물들이 환경 중으로 방출되었을 때 일으킬지도 모르는 예측할 수 없는 부작용에 대해 우려하는 측면도 있다. 그러나 주의 깊게 실험적으로 생태계에 방출시험을 함으로써 대부분의 과학자들이 생각하는 위험성을 감소시킬 수 있을 것이다. 유전공학적으로 제조된 생물들을 자연환경에 방출시켜서 안정성을 유지시키는 연구는 계속 수행되어야 할 것이다. 유전공학적 제품을 생태계에 적용하는 예는 다음과 같다.

식물의 잎에 서식하는 *Pseudomonas syringae*는 잎의 표면에 결빙을 유도하는 빙핵 단백질을 분비하여 식물의 잎을 정상보다 높은 온도에서 얼게 한 다음, 냉해를 받은 세포로부터 흘러나오는 영양원을 이용하는 특이한 세균이다. 이와 같은 냉해를 방지하기 위하여 빙핵 단백질 형성 유전자를 변형시킨 균주(ice-minus)를 개발하여 야생형의 ice-plus 균주가 감염되기 전에 살포함으로써 야생형의 감염을 방지하는 방법을 이용하고 있다. 이것은 일단 잎의 표면에 먼저 정착한 ice-minus 균주가 경쟁에 의하여 ice-plus 균주의 생장을 억제하는 원리를 이용하는 것이다.

식물에 종양을 형성하는 그람음성 식물 병원세균인 *Agrobacterium tumefaciens*를 이용하여 형질전환 식물(transgenic plant)을 개발하는 방법이 있다. 일반적으로 이 세균은 병독성과 관련된 커다란 Ti plasmid(tumor inducing plasmid)를 가지고 있다. Ti plasmid는 식물에 전달할 DNA를 식물체로 이동시키는 유전자를 가지고 있다. 식물체에 외부 DNA를 전달하는 기능은 Ti plasmid DNA중 일부 단편에 존재하는데, 이것을 T-DNA라고 한다.

특히, T-DNA의 양쪽 끝의 염기서열 등은 전달과정에 필수적으로 중요하다. 식물체로 운반할 외부 DNA는 T-DNA 사이에 끼워 넣어야 한다. 형질전환 식물체를 만드는 과정은 다음과 같다.

T-DNA의 일부(양쪽 배열들)를 가지고 있는 shuttle vector(보통 binary vector ; *E. coli*와 *A. tumefaciens* 두 가지 세균을 모두 숙주로 하여 복제될 수 있는 벡터)의 MCS(multiple cloning site)에 원하는 외부 유전자를 넣어 연결시킨다. 이렇게 만들어진 외부 유전자가 삽입된 플라스미드를 *E. coli*에 형질전환시켜 선택배지 위에서 원하는 클론을 선별한다. 이렇게 선별된 대장균으로부터 원하는 유전자 삽입 플라스미드를 얻은 다음, 병독성 유전자가 제거된 Ti plasmid, 즉 D-Ti plasmid를 지니고 있는 *A. tumefaciens*와 접합시킨다. 즉, 외부 유전자 삽입 플라스미드를 D-Ti plasmid를 갖고 있는 *A. tumefaciens*로 전이시킨다.

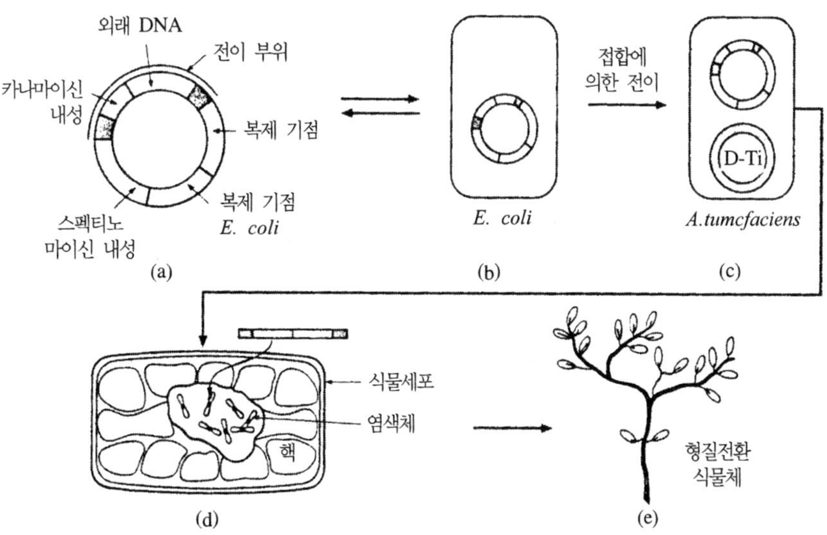

그림 17-1 • *Agrobacterium tumefaciens*를 이용한 형질전환 식물의 생산.

결과적으로 외부 유전자 삽입 플라스미드와 D-Ti plasmid를 동시에 지닌 *A. tumefaciens*를 얻을 수 있다. 따라서 외부 유전자와 표지 유전자(외부 유전자 삽입 플라스미드)는 병독성이 없고 전달기능이 있는 D-Ti plasmid에 의하여 식물세포로 전이될 수 있게 된다. 이렇게 재조합된 *Agrobacterium*을 원하는 식물의 조직배양이나 잎 절편 디스크와 함께 공존 배양하면 T-DNA의 양 끝에 존재하는 25 bp 염기를 이용하여 식물의 염색체에 삽입될 수 있기 때문에 새로운 형질전환 식물을 만들 수 있다(그림 17-1).

*Bacillus thuringiensis*가 생산하는 δ-endotoxin은 나비목 곤충에 대해 독성을 가지고 있다. 과학자들은 *B. thuringiensis* subspecies *kurstaki*로부터 δ-endotoxin을 암호화하는 유전정보를 근권에 쉽게 기생하는 세균에 전이시켜 이를 종자의 접종제로 사용할 수 있도록 하는 연구를 수행하였다. 만약, 이것이 전이된 세균으로부터 발현되면 작물이 나비목 해충에 대하여 저항성을 가질 것이다. 이렇게 유전공학적으로 제조된 생물학적 방제시스템도 야외포장에 적용시킬 때 실제로 그 이용이 가능한 것으로 보고되었다.

17.4 미생물 농약 개발 시 고려사항

미생물 농약을 개발함에 있어 단순히 특정 잡초나 병해충 생물을 길항하는 미생물을 분리해내는 것 외에 경제성, 대량생산, 품질관리, 적용성, 부작용 및 안전성 등이 고려되어야 한다. 병충해 생물을 길항한다고 알려진 많은 미생물이 실험실에서 배양이 되지 않거나 숙주 체외에서는 감염력을 잃는다. 예를 들면, 많은 원생동물을 인공배지에서 생육시키면 감염성 포자나 포낭체를 형성하지 않는다.

야외에 살포하려면 길항미생물이 안정적으로 생산되어야 하며, 저장되어야 한다. 또한 길항미생물은 생존력이 뛰어나야 하며, 생산시기가 다르더라도 동일한 효과를 나타내어야 한다.

일부 길항미생물 후보생물에 있어서는 재현성이 있는 결과를 얻기 어렵다. 환경조건이 미생물 농약의 효율성에 영향을 미치므로 이것을 감안하여야 한다. 미생물 농약은 고도의 숙주 특이성이 있어야 한다. 즉 비표적 생물체에게 질병을 유발하지 않아야 한다. 그러나 숙주 특이성은 병해충 생물 내에서 유전적 변이가 일어나면 그 효율성이 감소할 만큼 협소해서는 안 된다.

미생물 농약은 화학농약이 최대 효과를 얻을 수 있도록 제한적으로 이용하고, 농작물과 가축에게 감염과 상호작용의 기회를 최소화하도록 관리하는 종합적 방제계획에 있어서 가장 잘 이용될 것이다. 예를 들면, 곤충의 페로몬을 화학농약과 병용 사용하면 화학농약의 이용을 최소화시킬 수 있을 것이다.

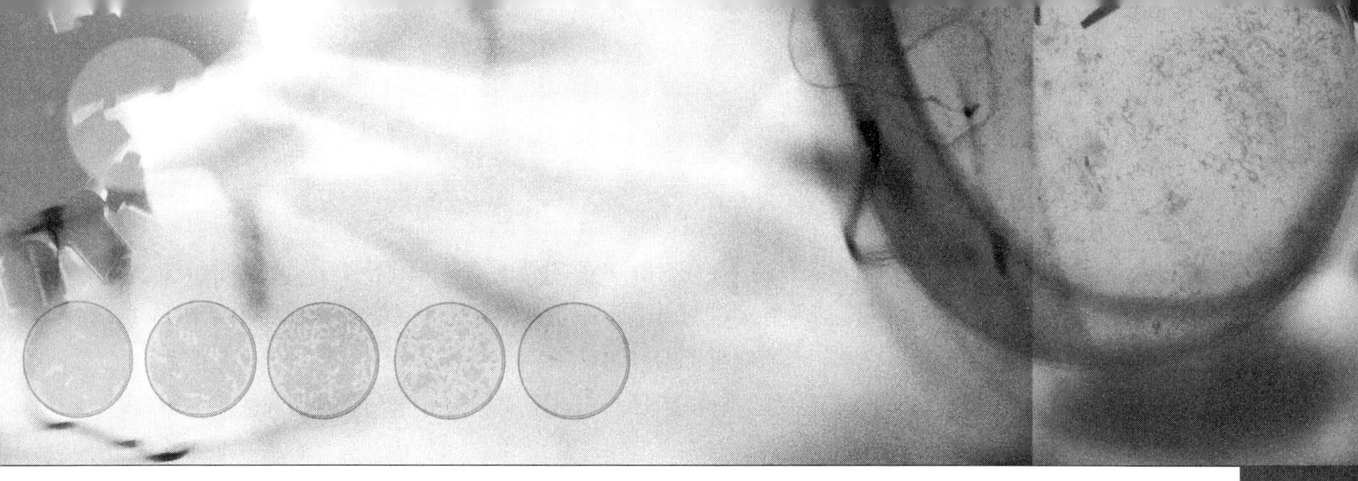

부록

용어정리

Adaptation(적응): 생물학에 있어서, 적응이란 생물의 오랜 기간에 걸친 재생산적인 번식을 증가시키는 것과 같은 자연선택의 과정을 통해 단기간 또는 장기간에 걸쳐 진화해 온 생물의 해부학적 구조나 생리학적 작용 또는 행동학적 특성을 말한다. 적응이란 용어는 가끔 자연선택의 동의어로 사용되기도 하지만 대부분의 생물학자들은 이러한 것을 싫어한다. 환경에 적응된 생물들은 공기, 물, 먹이와 영양분을 얻을 수 있고, 온도, 빛 그리고 열과 같은 물리적 조건에 대처할 수 있으며, 천적으로부터 스스로를 지키며, 번식을 하고 주위 환경 변화에 반응할 수 있는 능력이 있다.

Aerobic(호기성): 신진대사를 위해 산소를 요구하는 생물을 호기성 생물이라고 한다.

Aerobic bacteria(호기성 세균): 산소를 바탕으로 물질대사를 하는 생물체이다. 세포 호흡작용에 있어 에너지를 얻기 위해 배양기질을 산화시키기 위해 산소를 이용한다.

Air pollution(대기오염): 대기의 자연성분이 화학적, 물리적, 생물학적으로 변화하는 현상을 말한다. 대기는 동적인 자연 기체 시스템의 복합체로, 지구상에서의 삶을 유지하기 위해 필수적이다. 대기오염에 기인한 성층권의 오존 파괴는 지구의 생태계뿐만 아니라, 인간 건강을 위협하는 것으로 알려져 있다. 전 세계적으로, 대기오염은 호흡계 질환을 자주 일으키고 죽음에 이르게 하기도 한다.

Algae(조류): 광합성을 통해 발광 에너지를 가지고 그 에너지로 무기물질을 유기물질로 전환시키는데 사용하는 여러 집단의 단순 생활하는 수중 생물들을 포함한다.

Anion(음이온): 음전하를 가진 이온.

Benthos(저서생물): 해저 가까이나 해저 안에 살고 있는 생물을 말한다. 그리스어로 'depths of the sea'에서 유래된 이 말은 호수, 강, 개울과 같은 담수의 바닥에 사는 생물을 다루는 담수생물학에도 사용된다.

Bioaccmulation(생물축적): 생물이 더 높은 농도의 독성을 흡수했을 때 일어나는 현상이다.

Biogeochemical cycle(생물지화학적 순환): 생태학과 지구과학에 있어서 생물지화학적 순환은, 생태계의 생물적인 부분과 비생물적인 구획 부분이 화학적인 성분이나 분자의 이동에 의해 순회하는 것이다. 그 영향으로, 성분이 오랜 기간 동안 축적되거나 유지되는 곳에서 일어나는 어떤 순환일지라도 그 성분은 재생된다.

Bioluminescence(생물발광): 화학 에너지가 빛 에너지로 전환되는 동안의 화학반응의 결과로, 생물체에 의한 빛의 방출물과 생산물을 생물발광이라고 한다.

Biomagnification(생물농축): 생물증폭(bioamplification) 또는 생물농축이라고도 하는 biomagnification은, 살충제 DDT와 같은 물질의 농축이 증가하는 것으로, 물질의 배설, 퇴화의 낮은 비율인 먹이사슬 에너지론의 결과로 먹이사슬에서 일어난다.

Biomass(생물량, 생물총량, 현존량): 에너지 생산 산업에 있어서 생물체 총량은 연료로 사용되거나 산업 생산을 위한 모든 생물학적 물질에 관련한다. 대체적으로 생물체 총량은 생물 연료로 사용되기 위해 성장한 식물에 관련되지만, 섬유나 화학제품 또는 열의 생산을 위해 사용되는 식물이나 동물도 포함한다. 이것은 또한 연료로 태워지는 생물 분해성 폐기물도 포함하지만, 지질작용에 의해 석탄이나 석유와 같은 물질들로 변형된 유기물은 제외한다.

Bioremediation(생물복원, 생물정화): 오염물질을 원래 상태로 되돌리기 위해 미생물, 곰팡이, 녹색식물 또는 그 효소 등을 이용하는 방법을 말한다.

Cation(양이온): 양전하를 가진 이온을 말한다. 음이온의 반대말.

Chain reaction(연쇄 반응): 반응체나 반응 생성물이 부가적인 반응을 일으키는 데서 오는 여러 반응들의 연속.

Chlorophyll(엽록소): 주로 식물과 조류, 청록색 세균에서 발견되는 녹색 색소이다.

Competition(경쟁): 한 종의 개체들 사이에서 자연선택과 진화가 따르게 되는 격심한 다툼으로 특히 먹이, 수분, 영역과 빛 등의 필수 자원을 위한 경쟁으로 생존에 있어서 최고 우수한 변이 개체만 최종적으로 생존하고 지배하게 되는 것.

Competitive exclusion principle(경쟁적 배타 원리): 군집 생태학에서 이 원리는 같은 자원들을 위해 경쟁하는 두 개의 종들은 영속적으로 공존할 수 없음을 정의하는 이론이다. 두 경쟁자들 중 하나는 항상 두 번째 경쟁자의 멸종을 이끌어 내는 다른 종들이나 다른 생태적 지위를 향한 하위 경쟁자들의 진화를 능가하는 우월성을 가진다. 서로 관계된 종들끼리의 경쟁 결과, 공존하는 공간에서는 흔히 우수한 종들만 진화를 한다. 이는 약간 다른 생태적 지위 착취를 위해 각 종들이 우월성을 유지함으로써 유사 종 인식에 도움을 준다.

Condensation(농축, 응축): 기체를 액체와 같이, 물질을 보다 더 높은 밀도상태의 성분으로 바꾼다. 농축은 주로 증기가 냉각되어 액체로 되었을 때 발생하지만, 증기가 액체로 압축되었을 때나 냉각과 압축의 결정이 일어났을 때도 발생한다.

Currents(해류): 해양 해류는 지구의 해양 한 부분으로 흘러가는 다소 연속적인, 규제된 해양수의 이동이다. 해양 내 고온수 또는 저온수의 대량적 흐름으로 지구 회전, 바람, 기온과 염분 정도의 차이 그리고 달의 중력과 같이 바다에 영향을 미치는 힘들에 의해 발생된다.

Detritus(유기 분해물, 현탁물질): 생물학에서 이는 무생물 미립자로 된 유기물질을 말한다. 일반적으로는 죽은 생물의 시체나 생물의 분해물 또는 배설물이 이에 포함되며, 보통 물질을 분해하고자 하는 유기물 집단에 의해 이입된다.

Diatoms(규조류): 진핵 조류의 다수 집단으로 식물플랑크톤의 대표적 유형이다. 다소의 규조류는 연쇄나 단순 집단으로부터 형성되지만 대부분의 규조류는 단세포로 되어있다. 규조류 세포의 특징은 규산질 세포막이라 불리는 실리카 즉, 이산화규소로 만들어진 독특한 세포벽 내에 싸여져 있다는 것이다.

Dinoflagellate(와편모조류): 편모 원생동물의 대규모 집단을 가리킨다. 대부분은 해산 플랑크톤이지만 담수산인 것도 일반적이다. 그 개체수들은 온도 또는 염분이나 심도에 상관해서 분류된다. 대략 절반 이상의 와편모조류들은 광합성 능력이 있고, 이들은 규조류를 제외한 진핵 조류의 대규모 집단을 형성한다.

Dioxin(다이옥신): 다이옥신은 폴리염화 디벤조 파라다이옥신 PCDDs로 분류되는 화합물 그룹의 보통 이름이다. 이것은 할로겐 유기 화합물족으로, 지방 친화성으로 인간과 야생 생물에 생물축적되는 것으로 보여지고, 기형발생물질과 돌연변이 유발요인 및 인간 발암물질로 알려져 있다.

Ecology(생태학): 생물의 분포와 증식에 대한 과학적인 연구로, 생물과 그 환경과의 상호작용이 생물의 분포와 증식에 미치는 영향 관계를 연구하는 학문.

Ecosystem(생태계): 한 지역 내의 모든 식물과 동물 그리고 미생물들이 그 환경의 모든 무생물적인 요소와 상호작용하여 구성되어지는 자연 체계.

Eukaryotes(진핵생물): 동물, 식물, 곰팡이 및 원생생물들은 유전적 요소가 원형질막과의 핵 또는 핵들로 조직화된 하나의 복합 세포나 여러 세포들로 된 생물을 진핵 생물이라고 한다.

Euphotic zone(유광층, 진광대): 호수나 바다의 해저층으로, 광합성이 일어날 수 있는 빛 에너지에 충분히 노출되어 있는 지대를 말한다.

Eutrophication(부영양화): 생태계의 1차 생산물의 증가로 일어나는 부영양화는 질소나 인을 함유하고 있는 화학적 영양분의 증가에 기인하는데, 주로 호소나 하천수에서 일어난다.

Food web(먹이망, 먹이그물): 생태군 내 종간의 먹이 관계를 묘사한 것이다. 일반적으로 먹이망(먹이그물)은 오직 기록된 관계들만 보여주는 도표를 일컫는데, 영양분이나 에너지의 양이 이동되어지는 관계를 보여주는 먹이망(먹이그물)이나 생태계 조직망이다.

Gaia hypothesis(가이아 가설): 지구상 생물과 무생물 전체를 단일 생물체로 여겨지는 하나의 복합 상호 체계로 보는 생태학설이다.

Genetic diversity(유전적 다양성): 생태계와 유전자 집단의 특성으로 일반적으로는 생존을 위해 유리하도록 해주는 형질을 나타내는데, 여기에는 다른 표현형으로 변이하는 유사 생물들이 많다.

Global warming(지구 온난화): 최근 10년간 지구 근처 표면의 대기와 대양의 평균 온도가 상승하고 그 현상이 계속 지속되는 것을 말한다. 지구 온도가 증가함에 따라 홍수와 가뭄의 반복으로 해수면이 상승하고, 또 다른 변화가 일어나게끔 할 수 있다. 또한 극심한 기상이변도 자주 일으키게 한다.

Habitat(서식지, 자생지): 각종의 생물이 생식하고 성장하는 공간으로, 본질적으로 한 종의 번식을 이루어 내는 최소한의 자연환경이다.

Homeostasis(항상성): 특히 생물체에 있어서 일정한 상태를 안정하게 유지하기 위해 내부 환경을 조절하는 개방계(open system)와 폐쇄계(closed system)의 특성을 가진다.

Hydrocarbon(탄화수소): 유기화학에 있어서 탄화수소는 탄소와 수소만으로 이루어진 유기 화합물이다. 화학 용어와 관련해서는, 탄소 또는 수소로만 이루어지는 방향족 탄화수소나 아렌, 알칸 화합물들을 순수 탄화수소라 하는 반면에, 황이나 질소와 결합된 화합물이나 혼합물이 포함된 다른 탄화수소들은 혼합 탄화수소라 불리는데, 다소 탄화수소로 잘못 일컬어지기도 한다.

Hydrothermal vent(열수분출공): 지열로 가열된 물의 분출로 인해 한 행성의 표면에 난 균열이다. 일반적으로 활화산 지역 근처나 갈라져 움직이는 지각의 표층, 그리고 해양분지나 열지점에서 발견된다.

Isotopes(동위원소): 각각 다른 원자량을 가지는 여러 다른 형태의 원소이다. 양성자수는 같지만 중성자수가 다른 원자핵을 가진다.

Lagoon(라군, 석호, 초호): 일반적으로 모래언덕과 산호초나 그와 비슷한 부분에 노출되거나 삼켜져서 심해로부터 분리된 천해역이나 기수부분을 일컫는다. 요컨대, 환초(環礁)에 의해 노출되거나 보초(堡礁, 산호초) 및 보초도(堡礁島)에 밀려 물에 노출된 부분을 뜻하기도 한다.

Magma(마그마): 마그마는 지표 아래에 위치하고 있는 용융상태의 암석으로 종종 모여서 마그마류(溜)를 형성한다. 이는 복합적인 고온, 유동물질로 대부분은 규산염 용해물이며 인접한 암석에 관입하거나 용암으로 지표면에 분출하거나 화산 쇄설암을 형성하는 화산암재로 폭발적인 분출을 하기도 한다. 마그마의 형성 환경에는 침입대, 대륙 단층대, 해양 중앙부의 산등성과 열지점, 그리고 여러 맨틀 대류의 상승으로 인한 것들이 있다.

Mantle(맨틀): 지구 부피의 약 70%를 차지하는 2,900 km의 두꺼운 바위 같은 부분을 맨틀이라고 한다. 이것은 주로 고체이고 지구 부피의 30%를 차지하는 지구의 이온이 풍부한 중심부에 위치한다. 맨틀의 얕은 부분에서의 용해 및 화산 활동의 흔적은, 우리가 살고 있는 표면 가까이에서 결정화된 용해 생성물의 매우 얇은 지각을 생산한다.

Metabolism(물질대사): 생체 내에서 일어나는 화학적인 반응을 통틀어 물질대사(신진대사) 작용이라고 한다. 생존을 바탕으로 세포들이 성장하고 재생산되며, 필요한 구성 물질들을 유지하고 그 환경에 반응하게 하는 과정이다.

Migration(이주): 물체들이나 생물들 또는 사람들 집단이 유도되거나 조직적이고 규칙적인 이동.

Mineral(무기물): 독자적 화학 조성과 매우 규칙적인 원자결정 구조 및 특별한 물리적 성질들을 동반하는 지질 작용들을 통해 형성된 자연발생 물질이다. 비유하자면, 하나의 돌은 무기물들의 집합체이며 특별한 화학 조성을 가지지 않는다. 무기물은 그 화학 조성에 있어 순수 원소나 분해할 수 없는 염류부터 매우 복잡한 규산염에 이르기까지 수천 종으로 분류된다.

Mutualism(상호작용): 생물학에서 이는 두 개 또는 그 이상의 종들이 양자 간 이익을 이끌어내는 데에서 이루어지는 협력 관계를 말한다.

Natural selection(자연선택): 자손들을 번식시키는 한 개체의 기하급수적인 자손 출산에 있어 유리한 유전성을 가진 개체는 늘어나고, 불리한 유전성을 가진 개체는 줄어드는 진화 현상.

Nitrogen cycle(질소순환): 자연에서 질소와 질소 함유 화합물의 형질변환을 나타내는 생물지화학적 순환을 말한다.

Nitrogen fixation(질소고정): 대기 속의 질소가 비교적 비활성 분자 형태로 받아 들여져서 다른 화학 작용들에 용이한 질소 화합물로 합성되는 과정.

Oceanography(해양학): 지구의 해양을 연구하는 지구 과학의 한 분야이다. 해양 및 그 모든 영역에 걸쳐 해양 유기물과 생태계 역학, 해류와 파도 그리고 지구 물리학상 유체 역학, 지각 표층 구조 지질학과 해상(海床) 지질학, 그리고 다양한 화학물질들과 물리학적 성질들의 변화 등을 포함한 아주 광범위한 주제들을 다룬다.

Oligotrophic(저영양의, 빈영양의): 생명을 유지하는데 필요한 영양의 소량만 제공하는 어떤 환경을 말한다. 이 용어는 주로 영양 수준이 아주 낮은 물이나 토양의 농도를 나타낼 때 사용된다.

Ozone(오존): 세 개의 산소 원자로 구성된 하나의 3원자의 분자를 말한다. 2원자인 물에 비해 매우 분해되기 쉬운 산소 동소체(同素體, allotrope)이다. 지상의 오존은 동물의 호흡 기관에 해로운 영향을 주는 공기오염 물질인 반면, 초고층 대기의 오존은 생물에 해로운 자외선이 지표면에 도달하는 것을 방지·차단함으로써 생물을 보호한다.

Ozone depletion(오존 파괴): 오존 파괴는 2가지 정의로 묘사된다. 하나는, 1980년대 이후로 지구 성층권 오존의 전체양이 10년마다 계속 약 4%씩 감소한다는 기록과 관련된 것이고 다른 하나는, 같은 기간 동안 지구 극지방의 성층권 오존이 좀 더 정기적으로 감소한다는 것이다.

Ozone layer(오존층): 오존이 비교적 높은 농도로 함유되어 있는 지구 대기 부분을 오존층이라고 한다. '비교적 높다'라는 말은 대기의 낮은 농도 부분보다는 백만분 당 조금 더 많다는 뜻으로, 대기 주성분에 비해서는 여전히 작다.

Parasitism(기생): 공생의 한 유형으로 주로 개체들 중 한 개체의 수명 기간, 즉 장기간에 걸쳐 계통 발생적으로 서로 상관없이 공존하는 두 생물들 사이의 현상을 말한다.

Pesticide(살충제): 미국 환경보호 기관에서는 살충제를 '해충을 예방하거나 파괴하며, 퇴출 또는 해충에 의한 손상을 감소하기 위한 목적으로 사용되는 어떠한 물질이나 그러한 물질들의 혼합물'로 정의한다.

Photosynthesis(광합성): 일반적으로 빛, 이산화탄소, 물에 의한 3탄당 인산염(triose phosphates)의 합성을 말한다.

Phytoplankton(식물플랑크톤): 플랑크톤 중 독립영양 구성원이다. 대부분의 식물 플랑크톤은 육안으로 개별적으로 보기엔 극히 소형이지만, 매우 많은 수가 나타날 때는 식물플랑크톤의 체내 엽록소의 존재로 인해 물의 색깔이 녹색으로 변색되어 보이기도 한다.

Pollution(오염): 인간의 건강을 위태롭게 하고 생물자원과 생태계를 해치며, 쾌적한 시설과 그 환경의 다른 정당한 사용에 있어서의 공존 영역을 손상시킬 만큼 자연에 유독한 영향을 초래하는 물질이나 에너지가 환경에 유입되는 것.

Population dynamics(개체군 동태론): 하나 또는 여러 개체군의 개체수와 단일 비중 및 연대 구성에 있어 이차적이고 장기적인 변화와 그 변화들에 영향을 주는 생물학적이고 환경적인 작용들에 대해 연구하는 학문을 말한다.

Precipitation(침전): 대기 중 수증기가 지구 표면에 응축되어 생기는 것을 말한다. 이 현상은 그 물이 분해 및 응축되어서 수증기가 포화되어 일어난다. 대기는 냉각과 가습의 두 과정에 의해 포화된다.

Predation(포식, 섭식): 생태학에 있어서 육식 생물체, 즉 포식자가 다른 생물체를 먹이로 하는 생물학적 상호작용.

Primary production(1차 생산): 주로 화학합성 보다는 광합성 작용을 통한 대기나 수중의 이산화탄소에 의해서 유기물이 생산되는 것을 1차 생산이라고 한다. 지구상의 모든 생명은 이에 직·간접적으로 연관되어 있다.

Recycling(재순환): 물질들을 새로운 생산물로 재처리하는 과정을 재순환이라고 한다. 순수 생산물에 비해 용이한 물질 자원이 낭비되는 것을 방지하고 원료의 소비를 줄이며 에너지의 사용량, 즉 온실효과 가스의 배출을 줄인다.

Salinity(염분): 물에 용해된 소금 양이나 saltiness(짠 정도)이다. 해양학에서는 염분을 퍼센트로 나타내지 않고, 용액 리터당 소금의 그람수로 천분의 일로 나타낸다.

Secondary succession(2차 천이): 식물 생활의 생태학적 천이의 2가지 타입 중 하나이다. 1차 천이가 lacking soil에서 일어나는 반면에 2차 천이는 preexisting soil에서 일어나는 것처럼, 종의 좀 더 작은 개체군에 이미 생겨진 생태계를 감소시키는데서 시작되는 과정으로 1차 천이와 반대되는 개념이다.

Sediment(퇴적물): 유체 흐름에 의해 옮겨지고, 마침내 물이나 다른 액체의 바닥부분에 고체 입자층으로 퇴적되는 미립자 성분을 퇴적물이라고 한다.

Silicate(규산염): 지질학과 천문학에서 규산염은 규산염 광물이 지배적으로 존재하는 암석의 종류를 나타내는 데 사용되며, 이러한 암석에는 화성암과 변성암 그리고 침전암들이 광범위하게 포함된다. 지구의 맨틀과 지각의 대부분은 규산염 암석들로 이루어져 있으며 달과 암석이 많은 다른 행성들도 마찬가지이다.

Smog(스모그): 대기오염의 일종인 'Smog'는 smoke와 fog의 합성어이다. 원래 석탄에서 많이 생기는 스모그는 연기와 아황산가스의 혼합물에 의해 야기된다.

Sulfur dioxide(아황산가스): 화학식이 SO_2인 화학 합성물인 아황산가스는, 황 화합물의 연소에 의한 주요 발생가스이며 환경의 중요 관심사이다. 아황산가스는 화산이나 다양한 산업 처리과정에서 발생된다.

Symbiosis(공생): 한 군집에서 다른 두 종류의 생물들 간의 긴밀한 관계를 공생이라고 한다. 영구적인 공존 또는 보통 두 개의 다른 종의 개체들 사이의 최소한 한 개체군이 유익하거나 유독한 영향들을 받는 장기적 밀접 관계로 정의되기도 한다.

Thermocline(수온약층): 대기나 수중에서 온도의 변화가 급격히 일어나는 층.

Toxicity(독성): 어떤 것의 독성 또는 유독한 정도를 나타내는 표준 척도이다. 인간이나 세균, 식물 또는 세포나 그 조직 같은 생물체 구성의 최소 단위를 비롯해 모든 생물들에게 미칠 수 있는 영향까지도 말할 수 있다.

Toxonomy(분류학): 분류학은 실질적인 분류의 과학이다. 분류학은 분류군(分類群, taxa)으로 알려진 분류학적 단위로 구성되어져 있다. Taxa는 주로 구조상의 계급을 말하는데 일반적으로 부모-자식(조상-자손)간의 관계를 나타낸다.

Upwelling(용승): 용승은 차고 고밀도의 일반적으로 영양염이 풍부한 물이 대양의 표면을 향하여 올라오는 것으로, 심층해수가 따뜻하고 영양염이 결핍된 표층해수를 대체하는 해양학적 현상이다. 용승역에서는 영양이 풍부한 하층수가 상승하므로 좋은 어장이 형성되기도 한다.

Water pollution(수질오염): 인간 활동에 의해 야기된 것으로 호수, 강, 대양, 지하수와 같은 수질에 일련의 부정적인 영향을 주는 것이 수질오염이다. 화산이나, 조류(藻類)의 bloom, 폭풍우, 지진과 같은 자연현상은 오염으로 간주하지는 않지만, 물의 생태적 상황과 수질을 주로 변화시킨다. 이와 같이 수질오염은 수많은 원인과 특성을 가진다.

참고문헌

1. Environmental microbiology: from genomes to biogeochemistry, Madsen Eugene L., 2008년, Blackwell Pub.
2. Microbial biodegradation: genomics and molecular biology, Diaz Eduardo, 2008년, Intl. Specialized Book Service Inc.
3. Microbial diversity in time and space,, Colwell R.R.U., Simidu, K. Ohwada, 1996년, Plenum Press.
4. Microbial ecology: an evolutionary approach, McArthur, 2006년, Academic-Press.
5. Microbial ecology(fundamentals and qpplications), Ronald M. Atlas and Richard Bartha, 1993년, 3rd edition, The Benjamin/Cummings publishing company, Inc.
6. Microbial ecology(fundamentals and applications), Ronald M. Atlas and Richard Bartha, 1998년, 4th edition, The Benjamin/Cummings publishing company, Inc.
7. Microbial ecology cram101 textbook reviews, Ronald M. Atlas and Richard Bartha, 2007년, 4th edition, An academic internet publishers(AIPI) publication.
8. Modern mycology, J.W. Deacon, 1997년, 3rd edition, Blackwell Science.
9. Soil microbiology, ecology and biochemistry, Eldor A. Paul, 2007년, 3rd edition, Academic-Press.
10. 微生物の分類·同精實驗法, 鈴木建一郎, 平石明, 横田明 編, 2004년, Springer-Verlag Tokyo, Inc.
11. 微生物生態學入門, 日本微生物生態學會 教育研究部會 編, 2004년, 日科技連.
12. 微生物生態學 I (微生物個体群の變動および相互作用), 須藤降一 編, 1986년, 共立出版 株式會社.
13. 微生物生態學 II (生態系の微生物), 清水潮 編, 1985년, 共立出版 株式會社.
14. 水圈の環境微生物學, 前田昌調 著, 2005년, 講談社.
15. 最新環境淨化のための微生物學, 稲森悠平 編, 2008년, 講談社.
16. 土の微生物學 改訂版, 服部勉, 宮下清貴, 齋藤明廣 共著, 2008년, 養賢堂.
17. 海洋微生物とバイオテクノロジー, 清水潮 編, 1991년, 技報堂出版.
18. 海洋微生物研究法, 門田元, 多賀信夫 編, 1985년, 學會出版センター.
19. 海洋微生物學 總特集, 大和田紘一 編, 2000년, 海洋出版(株).
20. 海洋生物の連鎖, 木暮一啓 編, 2006년, 東京大學出版會.

21. 미생물생태학, 이원재, 성희경, 김무찬, 강창근, 정성윤 공저, 월드사이언스, 2007년.
22. 바이오사이언스와 방선균 -이차대사와 응용미생물학-, 일본 방선균학회 편집, 김수기, 김창한, 이창권 번역, 2004년, 월드사이언스.
23. 생물환경공학, 배우근, 배재호, 양지원 공저, 2002년, 한국맥그로힐(주).
24. 최신 환경위생학, 정문식, 김종오, 박석환, 이성홍, 정용택, 조영채 공저, 2001년, 신광출판사.
25. 해양미생물학, 이원재, 성희경, 김무찬, 강창근, 박영태, 신희재 공저, 2001년, 월드사이언스.
26. 환경미생물학, 박재림, 이상준, 손홍주 공저, 2004년, 형설출판사.
27. 환경미생물학, 안태석, 안승구, 권오섭, 박성주, 신윤근 공저, 2007년, 신광문화사.

찾아보기

영문색인

한글색인

· 이상준
이학박사, 환경미생물학 및 미생물생태학
부산대학교 자연과학대학 미생물학과

· 손홍주
이학박사, 환경미생물학
부산대학교 생명자원과학대학 생명환경화학과

· 이태호
공학박사, 환경미생물학
부산대학교 사회환경시스템공학부 환경공학전공

· 정성윤
이학박사, 미생물생태학 및 해양미생물학
대구가톨릭대학교 자연과학대학 의생명과학과

미생물생태학 정가 17,000원

인 쇄 2009년 3월 2일 초판 1쇄
발 행 2014년 3월 10일 2 판 2쇄
저 자 이상준 · 손홍주 · 이태호 · 정성윤
발행인 정우용
발행처 도서출판 동화기술
경기도 파주시 광인사길 201(문발동, 파주출판도시)
Tel (031)955-4211~6 donghwae@kornet.net
Fax (031)955-4217 www.donghwapub.co.kr
(등록) 1977년 12월 19일/9-16호

ISBN 978-89-425-1616-2